数学机械化丛书　14

分析基础机器证明系统

Machine Proof System of Foundations of Analysis

郁文生　付尧顺　郭礼权　著

科学出版社

北　京

内 容 简 介

  本书利用交互式定理证明工具 Coq, 在朴素集合论的基础上, 从 Peano 五条公设出发, 完整实现 Landau 著名的《分析基础》中实数理论的形式化系统, 包括对该专著中全部 5 个公设、73 条定义和 301 个定理的 Coq 描述, 其中依次构造了自然数、分数、分割、实数和复数, 并建立了 Dedekind 实数完备性定理, 从而迅速且自然地给出数学分析的坚实基础. 在分析基础形式化系统下, 给出 Dedekind 实数完备性定理与它的几个著名等价命题间等价性的机器证明, 这些命题包括确界存在定理、单调有界定理、Cauchy-Cantor 闭区间套定理、Heine-Borel-Lebesgue 有限覆盖定理、Bolzano-Weierstrass 聚点原理、Bolzano-Weierstrass 列紧性定理及 Bolzano-Cauchy 收敛准则等, 基于实数的完备性定理, 作为应用, 进一步给出闭区间上连续函数的重要性质——有界性定理、最值定理、介值定理、一致连续性定理——的机器证明. 另外, 还给出张景中院士提出的第三代微积分——不用极限的微积分——的形式化系统实现. 在我们开发的系统中, 全部定理无例外地给出 Coq 的机器证明代码, 所有形式化过程已被 Coq 验证, 并在计算机上运行通过, 体现了基于 Coq 的数学定理机器证明具有可读性和交互性的特点, 其证明过程规范、严谨、可靠. 该系统可方便地应用于数学分析相关理论的形式化构建.

  本书可作为数学与计算机科学、信息科学相关专业的高年级本科生或研究生教材, 也可供从事人工智能相关科研工作者参考.

图书在版编目(CIP)数据

  分析基础机器证明系统/郁文生, 付尧顺, 郭礼权著. —北京: 科学出版社, 2022.1

  (数学机械化丛书)

  ISBN 978-7-03-070671-3

  Ⅰ. ①分⋯ Ⅱ. ①郁⋯ ②付⋯ ③郭⋯ Ⅲ. ①数学分析-基础-机器证明 Ⅳ. ①O171

  中国版本图书馆 CIP 数据核字 (2021) 第 232598 号

责任编辑: 王丽平 / 责任校对: 彭珍珍
责任印制: 吴兆东 / 封面设计: 陈 敬

科 学 出 版 社 出版
北京东黄城根北街 16 号
邮政编码: 100717
http://www.sciencep.com
北京建宏印刷有限公司 印刷
科学出版社发行 各地新华书店经销

*

2022 年 1 月第 一 版 开本: 720 × 1000 B5
2023 年 1 月第二次印刷 印张: 26 1/4
字数: 500 000

定价: 198.00 元
(如有印装质量问题, 我社负责调换)

"数学机械化丛书"前言

十六七世纪以来, 人类历史上经历了一场史无前例的技术革命, 出现了各种类型的机器, 取代各种形式的体力劳动, 使人类进入一个新时代. 几百年后的今天, 电子计算机已可开始有条件地代替一部分特定的脑力劳动, 因而人类已面临另一场更宏伟的技术革命, 处在又一个新时代的前夕. 数学是一种典型的脑力劳动, 它在这一场新的技术革命中, 无疑将扮演一个重要的角色. 为了了解数学在当前这场革命中所扮演的角色, 就应对机器的作用, 以及作为数学的脑力劳动的方式, 进行一定的分析.

1. 什么是数学的机械化

不论是机器代替体力劳动, 或是计算机代替某种脑力劳动, 其所以成为可能, 关键在于所需代替的劳动已经 "机械化", 也就是说已实现了刻板化或规格化. 正因为割麦、刈草、纺纱、织布的动作已经是机械化刻板化了的, 因而可据此造出割麦机、刈草机、纺纱机、织布机来. 也正因为加减乘除开方等运算这一类脑力劳动, 几千年来就已经是机械地刻板地进行的, 才有可能使得 17 世纪的法国数学家 Pascal, 利用齿轮传动造出了第一台机械计算机——加法机, 并由 Leibniz 改进成为也能进行乘法的机器. 数学问题的机械化, 就要求在运算或证明过程中, 每前进一步之后, 都有一个确定的、必须选择的下一步, 这样沿着一条有规律的、刻板的道路, 一直达到结论.

在中小学数学的范围里, 就有着不少已经机械化了的课题. 除了四则、开方等运算外, 解线性联立方程组就是一个很好的例子. 在中学用的数学课本中, 往往介绍解线性方程组的各种 "消去法", 其求解过程是一个按一定程序进行的计算过程, 也就是一种机械的、刻板的过程. 根据这一过程编成程序, 由电子计算机付诸实施, 就可以不仅机器化而且达到自动化, 在几分钟甚至几秒钟之内求出一个未知数多至上百个的线性方程组的解答来, 这在手工计算几乎是不可能的. 如果用手工计算, 即使是解只有三四个未知数的方程组, 也将是繁琐而令人厌烦的. 现代化的国防、经济建设中, 大量出现的例如网络一类的问题, 往往可归结为求解很多未知数

---

① 20 世纪七八十年代之交, 我尝试用计算机证明几何定理取得成功, 由此提出了数学机械化的设想. 先后在一些通俗报告与写作中, 解释数学机械化的意义与前景, 例如 1978 年发表于《自然辩证法通讯》的 "数学机械化问题" 以及 1980 年发表于《百科知识》的 "数学的机械化". 二文都重载于 1995 年由山东教育出版社出版的《吴文俊论数学机械化》一书. 经过 20 多年众多学者的努力, 数学机械化在各个方面都取得了丰富多彩的成就, 并已出版了多种专著, 汇集成现在的数学机械化丛书. 现据 1980 年的《百科知识》的 "数学的机械化" 一文, 稍加修改并作增补, 以代丛书前言.

的线性方程组. 这使得已经机械化了的线性方程解法在四个现代化中起着一种重要作用.

即使是不专门研究数学的人们, 也大都知道, 数学的脑力劳动有两种主要形式: 数值计算与定理证明 (或许还应包括公式推导, 但这终究是次要的). 著名的数理逻辑学家美国洛克菲勒大学教授王浩先生在一篇有名的《向机械化数学前进》的文章中, 曾列举了这两种数学脑力劳动的若干不同之点. 我们可以简略而概括地把它们对比一下:

计算	证明
易	难
繁	简
刻板	灵活
枯燥	美妙

计算, 如已经提到过的加、减、乘、除、开方与解线性方程组, 其所以虽繁而易, 根本原因正在于它已经机械化. 而证明的巧而难, 是大家都深有体会的, 其根本原因也正在于它并没有机械化. 例如, 我们在中学初等几何定理的证明中, 就经常要依靠诸如直观、洞察、经验以及其他一些模糊不清的原则, 去寻找捷径.

2. 从证明的机械化到机器证明

一个值得提出的问题是: 定理的证明是不是也能像计算那样机械化, 因而把巧而难的证明, 化为计算那样虽繁而易的劳动呢? 事实上, 这一证明机械化的设想, 并不始自今日, 它早就为 17 世纪时的大哲学家、大思想家和大数学家 Descartes 和 Leibniz 所具有. 只是直到 19 世纪末, Hilbert(德国数学家, 1862~1943) 等创立并发展了数理逻辑以来, 这一设想才有了明确的数学形式. 又由于 20 世纪 40 年代电子计算机的出现, 才使这一设想的实现有了现实可能性.

从 20 世纪二三十年代以来, 数理逻辑学家们对于定理证明机械化的可能性进行了大量的理论探讨, 他们的结果大都是否定的. 例如 Gödel 等的一条著名定理就说, 即使看来最简单的初等数论这一范围, 它的定理证明的机械化也是不可能的. 另一方面, 1950 年波兰数学家 Tarski 则证明了初等几何 (以及初等代数) 这一范围的定理证明, 却是可以机械化的. 只是 Tarski 的结果近于例外, 在初等几何及初等代数以外的大量结果都是反面的, 即机械化是不可能的. 1956 年以来美国开始了利用电子计算机做证明定理的尝试. 1959 年王浩先生设计了一个机械化方法, 用计算机证明了 Russell 等著的《数学原理》这一经典著作中的几百条定理, 只用了 9 分钟, 在数学与数理逻辑学界引起了轰动. 一时, 机器证明的前景似乎非常乐观. 例如 1958 年时就有人曾经预测：在 10 年之内计算机将发现并证明一个重要的数学新定理. 还有人认为, 如果这样, 则不仅许多著名哲学家与数学家如 Peano、Whitehead、Russell、Hilbert 以及 Turing 等人的梦想得以实现, 而且计算将成为科学的皇后, 人类的主人!

然而, 事情的发展却并不如预期那样美好. 尽管在 1976 年, 美国的 Haken 等人, 在高速计算机上用了 1200 小时的计算时间, 解决了数学家们 100 多年来所未能解决的一个著名难题——四色问题, 因此而轰动一时, 但是, 这只能说明计算机作为定理证明的辅助工具有着巨大潜力, 还不能认为这样的证明就是一种真正的机器证明. 用王浩先生的说法, Haken 等关于四色定理的证明是一种使用计算机的特例机证, 它只适用于四色这一特殊的定理, 这与所谓基础机器证明之能适用于一类定理者有别. 后者才真正体现了机械化定理证明, 进而实现机器证明的实质. 另一方面, 在真正的机械化证明方面, 虽然 Tarski 在理论上早已证明了初等几何的定理证明是能机械化的, 还提出了据以造判定机也即是证明机的设想, 但实际上他的机械化方法非常繁, 繁到不可收拾, 因而远远不是切实可行的. 1976 年时, 美国做了许多在计算机上证明定理的实验, 在 Tarski 的初等几何范围内, 用计算机所能证明的只是一些近于同义反复的 "儿戏式" 的 "定理". 因此, 有些专家曾经发出过这样悲观的论调：如果专依靠机器, 则再过 100 年也未必能证明出多少有意义的新定理来.

3. 一条切实可行的道路

1976 年冬, 我们开始了定理证明机械化的研究. 1977 年春取得了初步成果, 证明初等几何主要一类定理的证明可以机械化. 在理论上说来, 我们的结果已包括在 Tarski 的定理之中. 但与 Tarski 的结果不同, 我们的机械化方法是切实可行的, 即使用手算, 依据机械化的方法逐步进行, 虽然繁复, 也可以证明一些艰深的定理.

我们的方法主要分两步, 第一步是引进坐标, 然后把需证定理中的假设与终结部分都用坐标间的代数关系来表示. 我们所考虑的定理局限于这些代数关系都是多项式等式关系的范围, 例如平行、垂直、相交、距离等关系都是如此. 这一步可以叫做几何的代数化. 第二步是通过代表假设的多项式关系把终结多项式中的坐标逐个消去, 如果消去的结果为零, 即表明定理正确, 否则再作进一步检查. 这一步完全是代数的, 即用多项式的消元法来验证.

上述两步都可以机械与刻板地进行. 根据我们的机械化方法编成程序, 以在计算机上实现机器证明, 并无实质上的困难. 事实上数学所某些同志以及国外的王浩先生都曾在计算机上试行过. 我们自己也曾在国产的长城 203 台式机上证明了像 Simson 线那样不算简单的定理. 1978 年初我们又证明了初等微分几何中主要的一类定理证明也可以机械化. 而且这种机械化方法也是切实可行的, 并据此用手算证明了不算简单的一些定理.

从我们的工作中可以看出, 定理的机械化证明, 往往极度繁复, 与通常既简且妙的证明形成对照, 这种以量的复杂来换取质的困难, 正是利用计算机所需要的.

在电子计算机如此发展的今天, 把我们的机械化方法在计算机上实现不仅不难, 而且有一台微型的台式机也就够了. 就像我们曾经使用过的长城 203, 它的存数最多只能到 234 个 10 进位的 12 位数, 就已能用以证明 Simson 线那样的定理. 随着超大规模集成电路与其他技术的出现与改进, 微型机将愈来愈小型化而内存却愈来愈大, 功能愈来愈多, 自动化的程度也愈来愈高. 进入 21 世纪以后, 这一类方便的小型机器将为广大群众普遍使用. 它们不仅将成为证明一些不很简单的定理的武器, 而且还可用以发现并证明一些艰深的定理, 而这种定理的发现与证明, 在数学研究手工业式的过去, 将是不可想像的. 这里我们应该着重指出, 我们并不鼓励以后人们将使用计算机来证明甚至发现一些有趣的几何定理. 恰恰相反, 我们希望人们不再从事这种虽然有趣却即是对数学甚至几何学本身也已意义不大的工作, 而把自己从这种工作中解放出来, 把自己的聪明才智与创造能力贯注到更有意义的脑力劳动上去.

还应该指出, 目前我们所能证明的定理, 局限于已经发现的机械化方法的范围, 例如初等几何与初等微分几何之内. 而如何超出与扩大这些机械化的范围, 则是今后需要探索的长期的理论性工作.

4. 历史的启示与中国古代数学

我们发现几何定理证明的机械化方法是在 1976 年至 1977 年之间. 约在两年之后我们发现早在 1899 年出版的 Hilbert 的经典名著《几何基础》中, 就有着一条真正的正面的机械化定理: 初等几何中只涉及从属与平行关系的定理证明可以机械化. 当然, 原来的叙述并不是以机械化的语言来表达的, 也许就连 Hilbert 本人也并没有对这一定理的机械化意义有明确的认识, 自然更不见得有其他人提到过这一定理的机械化内容. Hilbert 是以公理化的典范而著称于世的, 但我认为, 该书更重要处, 是在于提供了一条从公理化出发, 通过代数化以到达机械化的道路. 自然, 处于 Hilbert 以及其后数学的一张纸一支笔的手工作业时代里, 公理化的思想与方法得到足够的重视与充分的发展, 而机械化的方向与意义受到数学家的忽视是完全可以理解的. 但电子计算机已日益普及, 因而繁琐而重复的计算已成为不足道的事情, 机械化的思想应比公理化思想受到更大重视, 似乎是合乎实际的.

其次应该着重指出, 我们从事机械化定理证明工作获得成果之前, 对 Tarski 的已有工作并无接触, 更没有想到 Hilbert 的《几何基础》会与机械化有任何关系. 我们是在中国古代数学的启发之下提出问题并想出解决办法来的.

说起来道理也很简单: 中国的古代数学基本上是一种机械化的数学. 四则运

算与开方的机械化算法由来已久. 汉初完成的《九章算术》中, 对开平、立方与解线性联立方程组的机械化过程, 都有详细说明. 宋代更发展到高次代数方程求数值解的机械化算法.

总之, 各个数学领域都有定理证明的问题, 并不限于初等几何或微分几何. 这种定理证明肇始于古希腊的 Euclid 传统, 现已成为近代纯粹数学或核心数学的主流. 与之相异, 中国的古代学者重视的是各种问题特别是来自实际要求的具体问题的解决. 各种问题的已知数据与要求的数据之间, 很自然地往往以多项式方程的形式出现. 因之, 多项式方程的求解问题, 也就自然成为中国古代数学家研究的中心问题. 从秦汉以来, 所研究的方程由简到繁, 不断有所前进, 有所创新. 到宋元时期, 更出现了一个思想与方法的飞跃: 天元术的创立.

"天元术" 到元代朱世杰时又发展成四元术, 所引入的天元、地元、人元、物元实际上相当于近代的未知元或未知数. 将这些未知元作为通常的已知数那样加减乘除, 就可得到与近代多项式和有理函数相当的概念与相应的表达形式和运算法则. 一些几何性质与关系很容易转化成这种多项式或有理函数的形式及其关系. 这使得过去依题意列方程这种无法可循需要高度技巧的工作从此变成轻而易举. 朱世杰 1303 年的《四元玉鉴》又给出了解任意多至四个未知元的多项式方程组的方法. 这里限于 4 个未知元只是由于所使用的计算工具 (算筹和算板) 的限制. 实质上他解方程的思想路线与方法完全可以适用于任意多的未知元.

不问可知, 在当时的具体条件下, 朱世杰的方法有许多缺陷. 首先, 当时还没有复数的概念, 因之朱世杰往往限于求出 (正) 实值. 这无可厚非, 甚至在 17 世纪 Descartes 的时代也还往往如此. 此外朱世杰在方法上也未臻完善. 尽管如此, 朱世杰的思想路线与方法步骤是完全正确的, 我们在 20 世纪 70 年代之末, 遵循朱世杰的思想与方法的基本实质, 采用美国数学家 Ritt 在 1932 年、1950 年关于微分方程代数研究书中所提供的某些技术, 得出了解任意复多项式方程组的一般算法, 并给出了全部复数解的具体表达形式. 此后又得出了实系数时求实解的方法, 为重要的优化问题提供了一个具体的方法.

由于多种问题往往自然导致多项式方程组的求解, 因而我们解方程的一般方法可被应用于形形式式的问题. 这些问题可以来自数学自身, 也可以来自其他自然科学或工程技术. 在本丛书的第一本书, 吴文俊的《数学机械化》一书中, 可以看到这些应用的实例. 在工程技术方面的应用, 在本丛书中已有高小山的《几何自动作图与智能 CAD》与陈发来和冯玉瑜的《代数曲面造型》两本专著. 上述解多项式方程组的一般方法已推广至微分方程的情形. 许多应用以及相应论著正在酝酿之中.

5. 未来的技术革命与时代的使命

宋元时代天元术与四元术的创造, 把许多问题特别是几何问题转化成代数方程与方程组的求解问题. 这一方法用于几何可称为几何的代数化. 12 世纪的刘益将新法与 "古法" 比较, 称 "省功数倍", 这可以说是减轻脑力劳动使数学走上机械化的道路的一项伟大的成就.

与天元术的创造相伴, 宋元时代的数学又引进了相当于现代多项式的概念, 建立了多项式的运算法则和消元法的有关代数工具, 使几何代数化的方法得到了系统的发展, 见于宋元时代幸以保存至今的杨辉、李冶、朱世杰的许多著作之中. 几何的代数化是解析几何的前身, 这些创造使我国古代数学达到了又一个高峰. 可以说, 当时我国已到达了解析几何与微积分的大门, 具备了创立这些数学关键领域的条件, 但是各种原因使我们数学的雄伟步伐就在这些大门之前停顿下来. 几百年的停顿, 使我们这个古代的数学大国在近代变成了数学上的纯粹入超国家. 然而, 我国古代机械化与代数化的光辉思想和伟大成就是无法磨灭的. 本人关于数学机械化的研究工作, 就是在这些思想与成就启发之下的产物, 它是我国自《九章算术》以迄宋元时期数学的直接继承.

恩格斯曾经指出, 枪炮的出现消除了体力上的差别, 使中世纪的骑士阶级从此销声匿迹, 为欧洲从封建时代进入到资本主义时代准备了条件. 近年有些计算机科学家指出, 个人用计算机的出现, 其冲击作用可与枪炮的出现相比. 枪炮使人们在体力上难分强弱, 而个人用计算机将使人们在智力上难分聪明愚鲁. 又有人对数学的未来提出看法, 认为计算机的出现, 将使数学现在一张纸一支笔的方法, 在历史的长河中, 无异于石器时代的手工方法. 今天的数学家们, 不得不面对计算机的挑战, 但是, 也不必妄自菲薄. 大量繁复的事情交给计算机去做了, 人脑将仍然从事富有创造性的劳动.

我国在体力劳动的机械化革命中曾经掉队, 以致造成现在的落后状态. 在当前新的一场脑力劳动的机械化革命中, 我们不能重蹈覆辙. 数学是一种典型的脑力劳动, 它的机械化有着许多其他类型脑力劳动所不及的有利条件. 它的发扬与实现对我国的数学家是一种时代的使命. 我国古代数学的光辉, 鼓舞着我们为实现数学的机械化, 在某种意义上也可以说是真正的现代化而勇往直前.

吴文俊

2002 年 6 月于北京

前　　言

数学史上最使人惊奇的事实之一, 是实数系的逻辑基础竟迟至 19 世纪后叶才建立起来. 而自然数理论公理体系的建立更是基于 Dedekind 总结出的五条基本性质, 以 Peano 发表于 1889 年的《算术原理——用一种新方法展现》为标志.

德国著名数学家 Landau 发表于 1929 年的《分析基础: 整数、有理数、无理数和复数的运算 (微积分补充教材)》从 Peano 五条公设出发, 依次构造了自然数、分数、分割、实数和复数, 并建立了 Dedekind 实数完备性定理, 从而迅速且自然地给出数学分析的坚实基础.

Landau 的名著在世界范围内影响了几代数学家, 德文版本有四个版次, 英文翻译本也至少出版了三个版次. 在我国, 1958 年高等教育出版社曾出版刘绂堂先生翻译的中文版. 老一辈数学家丁石孙、严士健、张恭庆等都深受此书影响, 并推荐学生研读.

20 世纪 70 年代, van Benthem Jutting 基于 Automath 软件平台完成 Landau《分析基础》的全部形式化实现. 这是数学理论计算机形式化领域里程碑式的工作, 影响深远.

数学定理的计算机形式化证明, 近年来随着计算机科学的迅猛发展, 特别是证明辅助工具 Coq 的出现, 取得了长足的进展. Coq 的基本原理是归纳构造演算, 是一个交互式定理证明与程序开发系统, 可用于描述定理内容、验证定理证明. Coq 的交互式编译环境, 使用户以人机对话的方式一问一答, 可以边设计、边修改, 使证明中的错误及时得到补证. 进入 21 世纪以来, 随着 "四色定理"、"有限单群分类定理" 及 "Kepler 猜想" 等一系列著名数学难题形式化证明的实现, 各种计算机证明辅助工具在学术界得到广泛认可.

2002 年菲尔兹奖获得者 Voevodsky 和 Gowers、2010 年菲尔兹奖获得者 Villani 都大力倡导发展可信数学. 1987 年沃尔夫奖和 2005 年阿贝尔奖获得者 Lax 认为 "(高速计算机) 对于应用数学和纯粹数学的影响可以与望远镜对天文学和显微镜对生物学的影响相比拟". 著名数学家和计算机专家 Wiedijk 甚至认为当前正在进行的形式化数学是一次数学革命.

Automath 是基于 λ 类型理论的数学定理证明器, 与基于归纳构造演算的现代类型理论存在较大差异. 基于 Automath 完成的 Landau《分析基础》形式化代码, 目前看来, 在可读性方面也不能令人满意.

2011 年, 德国 Saarland 大学著名教授 Brown 提出, 将 van Benthem Jutting 基于 Automath 完成的 Landau《分析基础》形式化代码用计算机忠实 "翻译" 成 Coq 代码的构想, 这项 "翻译" 主要是针对 Landau《分析基础》中公理、定义和定理的形式化描述而言的, 针对定理机器证明代码的 "翻译" 难度较大, 尚未见报道, 相关的研究似仍在进行中. 2011 年, Smolka 和 Brown 指导的学生 Hornung 还给出了基于 Coq 的 Landau《分析基础》前四章形式化代码的一个版本.

应当指出, 在数学定理机器证明方面, 由我国吴文俊院士开创的 "吴方法" 的研究在国际上是独具特色和领先的. 吴文俊院士早年留学法国, 深受布尔巴基学派的影响, 在拓扑学领域取得了举世瞩目的成果, 晚年致力于数学定理机器证明的研究, 并提出了数学机械化纲领. 吴先生开创的定理机器证明 "吴方法" 主要基于多项式代数方法, 依赖符号计算和数值计算, 有完备的算法, 但算法复杂性高, 在变量或参数过多的情况下, 受硬件物理条件限制. 形式化证明主要基于逻辑的推理, 人机交互可将人的智慧和机器的智能结合起来. 将计算机辅助证明工具 Coq 和基于符号数值混合计算的多项式代数方法结合, 是非常有吸引力的研究课题.

本书利用交互式定理证明工具 Coq, 在朴素集合论的基础上, 从 Peano 五条公设出发, 完整实现 Landau 著名的《分析基础》中实数理论的形式化系统, 包括对该专著中全部 5 个公设、73 条定义和 301 个定理的 Coq 描述, 其中依次构造了自然数、分数、分割、实数和复数, 并建立了 Dedekind 实数完备性定理, 从而迅速且自然地给出数学分析的坚实基础. 在分析基础形式化系统下, 给出 Dedekind 实数完备性定理与它的几个著名等价命题间等价性的机器证明, 这些命题包括确界存在定理、单调有界定理、Cauchy-Cantor 闭区间套定理、Heine-Borel-Lebesgue 有限覆盖定理、Bolzano-Weierstrass 聚点原理、Bolzano-Weierstrass 列紧性定理及 Bolzano-Cauchy 收敛准则等, 基于实数的完备性定理, 作为应用, 进一步给出闭区间上连续函数的重要性质——有界性定理、最值定理、介值定理、一致连续性定理——的机器证明. 另外, 还给出林群和张景中提出的第三代微积分——不用极限的微积分——的形式化系统实现. 在我们开发的系统中, 全部定理无例外地给出 Coq 的机器证明代码, 所有形式化过程已被 Coq 验证, 并在计算机上运行通过, 体现了基于 Coq 的数学定理机器证明具有可读性、交互性和智能性的特点, 其证明过程规范、严谨、可靠. 该系统可方便地应用于数学分析相关理论的形式化构建.

作者水平有限, 书中不当之处难免, 挚诚欢迎批评指正, 以期今后改进.

作　者

2021 年 11 月

致　　谢

首先, 感谢中国科学院成都分院张景中院士、杨路教授. 张先生和杨先生自 20 世纪 80 年代即追随吴文俊院士开展数学定理机器证明的研究, 在可读性证明、数值并行法、数值符号混合计算及不等式机器证明等方面做出突出成果. 20 世纪 90 年代, 作者分别在四川大学和北京大学攻读硕士与博士学位期间, 即关注到两位先生在定理机器证明中的相关成果, 并有意识地将数学机械化的思想应用于控制理论的研究, 做出一定的成果, 后来又有幸与杨先生合作多年, 收益良多. 在此谨向两位先生致以诚挚的谢意.

回想作者 1983 年跟随章荣发教授学习菲赫金哥尔茨的《微积分学教程》, 从刚开始对 Dedekind 通过有理数分割定义实数思想的懵懵懂懂, 到后来领会实数本质的恍然大悟, 充分感受到数学思维的精细绝妙, 为后续的学习、科研工作奠定了良好的基础. 在此也向作者大学时代以章荣发教授为代表的教师们表达真诚的感谢.

感谢作者的良师益友北京大学王龙教授、夏壁灿教授和苏卫东副教授, 四川大学陈柏辉教授、章毅教授, 广州大学袁文俊教授, 上海大学曾振柄教授, 上海财经大学梁治安教授, 华东师范大学杨争峰教授、朱惠彪教授、吴敏副教授及赵世忠博士, 伊犁师范大学汤建刚教授、梁崇民老师, 成都电子科技大学黄廷祝教授, 西安电子科技大学段振华教授, 北京邮电大学忻向军教授, 中国矿业大学 (北京) 杨克虎教授, 英国赫瑞瓦特大学蒋泽云教授, 以及中国科学院信息工程研究所林东岱研究员、中国科学院软件研究所詹乃军研究员、中国科学院自动化研究所关强副研究员, 多年来作者曾与他们一起探讨学术问题, 他们都给予了作者热情的支持和帮助.

本书合作者付尧顺和郭礼权都是在读研究生, 在完成本书的多次深入讨论中, 他们对数学思想的领会, 对科学理性、美感的感悟, 都有了极大的提高, 他们为实现本书中的证明代码付出了艰辛的努力, 对程序完成过程中的酸甜苦辣, 体会深刻. 相信读者在理解、运行本书定理机器证明的过程中会有切身的认识.

作者所在工作单位北京邮电大学电子工程学院的领导, 为我们创造了良好的学术氛围, 中国电子科技南湖研究院曾提供良好的科研环境, 对本课题都有极大的支持, 深表谢意.

曾在或正在本课题组学习的一批研究生: 孙天宇、严升、郭达凯、束润东、郑旭、柴干、傅凡、袁婧、范一凡、刘雅静、席文琦、李昱辰、刘洋、于畅、赵保强、韩康康、徐嘉倩 (北京邮电大学); 糟晓燕、刘佳、吕红伟 (伊犁师范大学); 杜慧娟、陈德鹏、倪谢俊 (华东师范大学), 以及远在美国康奈尔大学求学的郁博晨博士等, 他们在提供材料、验证算例及校对文稿等方面给予了帮助, 一并致谢.

特别感谢中国科学院数学与系统科学研究院林群院士, 林先生已 85 岁高龄仍审阅本书初稿, 并推荐给 "数学机械化丛书" 编委会, 感谢丛书编委会主编、中国科学院数学与系统科学研究院高小山研究员同意将本书收入该丛书系列, 并针对可读性方面提出了有益建议, 进一步提出数学机械化领域中形式化方法与多项式代数方法相结合的研究前景. 本书的出版还得到科学出版社王丽平副编审的大力支持, 没有出版社相关人员专业认真的工作, 本书的出版是不可能的.

2020 年是一个不平凡的年份, 由于新冠病毒的侵扰, 全球各领域都遇到了前所未有的危机, 世界经济发展面临严峻的挑战, 在此大背景下, 本书得以完成, 作者衷心感谢在撰写本书过程中所有曾给予作者支持与鼓励的同志和单位, 希望本书的出版将无愧于这些支持和帮助.

最后, 感谢国家自然科学基金及华罗庚–吴文俊数学出版基金对本课题的资助.

郁文生

2020 年 8 月

符 号 汇 集

逻辑符号

$\sim$	否定 (非)
$\vee$	析取 (或)
$\wedge$	合取 (与)
$\Longrightarrow$	蕴涵
$\Longleftrightarrow$	等价

量词符号

$\exists$	存在量词
$\forall$	全称量词

基本数学常项符号

$=$	等词
$\in$	属于
$\{x \mid P\}$	满足性质 P 的所有 x 组成的类

集合与映射

$$A \cup B = \{x \mid x \in A \vee x \in B\}$$
$$A \cap B = \{x \mid x \in A \wedge x \in B\}$$
$$x \notin A \Longleftrightarrow \sim (x \in A)$$
$$A = B \Longleftrightarrow (\forall x, x \in A \Longleftrightarrow x \in B)$$
$$A \neq B \Longleftrightarrow \sim (A = B)$$
$$\varnothing = \{x : x \neq x\}$$
$$\bigcup \mathcal{A} = \{x \mid \exists A, A \in \mathcal{A} \wedge x \in A\}$$
$$\bigcap \mathcal{A} = \{x \mid \forall A, A \in \mathcal{A} \Longrightarrow x \in A\}$$
$$A \subset B \Longleftrightarrow (\forall x, x \in A \Longrightarrow x \in B)$$
$$\{x\} = \{z \mid z = x\}$$
$$\{x, y\} = \{x\} \cup \{y\}$$

$(x, y) = \{\{x\}, \{x, y\}\}$

$A \times B = \{(x, y) \mid x \in A \wedge y \in B\}$

$f \subset A \times B$

Rel f A B := $(\forall x, y, (x, y) \in f \Longrightarrow x \in A) \wedge (\forall x, y, (x, y) \in f \Longrightarrow y \in B)$

to_at_most_one_output f := $\forall x, y, z, (x, y) \in f \wedge (x, z) \in f \Longrightarrow y = z$

to_at_least_one_output f := $\forall x, x \in A \Longrightarrow (\exists y, (x, y) \in f)$

from_at_most_one_input f := $\forall x, y, z, (x, z) \in f \wedge (y, z) \in f \Longrightarrow x = y$

from_at_least_one_input f := $\forall y, y \in B \Longrightarrow (\exists x, (x, y) \in f)$

Map := to_at_most_one_output $\wedge$ to_at_least_one_output $\wedge$ Rel

Injection := Map $\wedge$ from_at_most_one_input

Surjection := Map $\wedge$ from_at_least_one_input

Bijection := Injection $\wedge$ Surjection

目　　录

表 索 引

图 索 引

第 1 章 引　　言

人工智能研究是当前科技发展的热点和前沿方向, 夯实人工智能基础理论尤为重要, 数学定理机器证明是人工智能基础理论的深刻体现, 参见文献 [4-6, 9, 10, 13, 16, 26, 59, 67-69, 78-80, 87, 134, 139, 175, 180, 184-186, 189, 198, 201, 220].

1.1　概　　述

1.1.1　证明辅助工具 Coq

数学定理的计算机形式化证明, 近年来随着计算机科学的迅猛发展, 特别是证明辅助工具 Coq、Isabelle 及 HOL 等 [14, 35, 71, 86, 92, 105, 145, 148, 183] 的出现, 取得了长足的进展 [10, 67-69, 78-80, 87, 99, 201]. Coq 是一个交互式定理证明与程序开发系统平台, 是一个用于描述定理内容、验证定理证明的计算机工具. 这些定理可能涉及普通数学、证明理论或程序验证等 [14, 35, 105, 148] 多个方面. 在推理和编程方面, Coq 都拥有足够强大的表达能力, 从构造简单的项、执行简单的证明, 直至建立完整的理论、学习复杂的算法等, 对学习者的能力有着不同层次的要求 [14, 35, 105, 148].

Coq 是一个交互式的编译环境 [14, 35, 105, 148], 用户以人机对话的方式一问一答, 用户可以边设计、边修改, 使证明中的错误及时得到补证. Coq 系统的基本原理是归纳构造演算 [14, 35, 105, 148], 是一个形式化系统. Coq 支持自动推理程序. Coq 通过命令式程序进行逻辑推导, 可以利用已证命题进行自动推理. Coq 中的归纳类型扩展了传统程序设计语言中有关类型定义的概念, 类似于大多数函数式程序设计语言中的递归类型定义 [14, 35, 105, 148]. Coq 有一支强大的全职研发队伍, 支持开源.

目前, Coq 已成为数学定理证明与计算逻辑领域的一个重要工具 [7, 9, 30, 148, 180]. 2005 年, 国际著名计算机专家 Gonthier 和 Werner 成功基于 Coq 给出了著名的 "四色定理" 的计算机证明 [67], 进而, Gonthier 等又经过六年努力, 于 2012 年完成对 "有限单群分类定理" 的机器验证 (该证明过程约有 4300 个定义和 15000 条定理, 约 170000 行 Coq 代码) [10, 68, 69], 使得证明辅助工具 Coq 在学术界得到广泛认可. 2015 年, Hales 等又在 HOL Light 和 Isabelle/HOL [71, 145] 上完成了对 "Kepler 猜想" 的机器验证 [87], Wiedijk 在文章 [183] 中指出, 全球各相关研究团队已经或计划完成包括 Gödel 第一不完备性定理、Jordan 曲线定理、素数定理以及 Fermat 大定理等在内的 100 个著名数学定理的计算机形式化证明. 这些成果使得证明辅助工具 Coq、Isabelle 及 HOL 等 [14, 35, 71, 86, 92, 105, 145, 148, 183] 在学术界的影响日益增强.

1.1.2　形式化数学

形式化数学在 20 世纪初对于数学基础的深入讨论中受到重视, 对整个 20 世纪数学的发展产生了深远的影响, 参见文献 [2, 18, 23, 39, 46, 54-56, 73, 75-77, 85, 94, 95, 97, 106, 109, 111, 113, 115, 117, 143, 159, 166, 170, 173, 179, 201, 209, 213], 虽然有时也饱受过于 "形式" 的诟病 [46, 85, 111, 115, 153, 167], 但 20 世纪 90 年代, 特别是进入 21 世纪以来, 随着计算机形式化工具的出现, 尤其是上述一系列著名数学难题形式化证明的实现, 使得形式化数学与形式化证明辅助工具的结合在学术界得到极大重视.

著名数学家和计算机专家 Wiedijk 认为当前正在进行的形式化数学是一次数学革命, 他在文章 [183] 中指出, "数学历史上发生过三次革命. 第一次是公元前 3 世纪, 古希腊数学家 Euclid 在《几何原本》引入数学证明方法; 第二次是 19 世纪 Cauchy 等引入 '严格' 数学方法, 以及后来的数理逻辑和集合论; 第三次就是当前正在进行的形式化数学" [26, 183]. 2002 年菲尔兹奖获得者 Gowers [72] 和 Voevodsky [169]、2010 年菲尔兹奖获得者 Villani [168] 以及 1987 年沃尔夫奖和 2005 年阿贝尔奖获得者 Lax 都大力倡导发展可信数学 [98]. Gowers 在文章 [72] 中指出, "21 世纪计算机在证明定理的过程中会起到巨大作用, 理论数学研究的模式将会彻底改观, 计算机的作用有可能超出我们现在的想象", 甚至预测 [72, 129] "2099 年之前, 计算机或可完成所有重要的数学. 计算机会提出猜想、找到证明. 而数学家的工作, 是试着去理解和运用其中的一些结果". Lax 认为 "(高速计算机) 对于应用数学和纯粹数学的影响可以与望远镜对天文学和显微镜对生物学的影响相比拟" [98].

当今数学论证变得如此复杂, 而计算机软件能够检查卷帙浩繁的数学证明正确性, 人类的大脑无法跟上数学不断增长的复杂性, 计算机检验将是唯一的解决方案 [168, 169]. 今后, 每一本严谨的数学专著, 甚至每一篇数学论文, 都可由计算机检验其细节的正确性, 这正发展为一种趋势. 英国帝国理工学院的数学教授 Buzzard 在剑桥举办的一次研讨会上表示: 证明是一种很高的标准, 我们不需要数学家像机器一样工作, 而是可以要他们去使用机器①!

关于数学定理的形式化证明, 必然涉及国际著名的布尔巴基 (Bourbaki) 学派 [18-21]. 布尔巴基是一群以法国人为主的数学家的共同名字, 他们的思想对于 20 世纪中叶以来的数学发展具有深刻影响 [111, 115, 173]. 该学派提出数学结构的概

---

① 科学: 纯数学陷入了危机? http://mini.eastday.com/a/190404055449350.html.

念, 并用此概念统一现代数学 [18, 111, 115, 173]. 按照布尔巴基学派的观点, 数学中有三大母结构, 即序结构 [21]、代数结构 [19] 和拓扑结构 [20]. 基于这三种结构相互交融形成了现代数学的主体内容. 利用交互式定理证明工具 Coq, 可以完整构建这三大母结构的机器证明系统, 在此方面国内外都开始进行了一些有益的研究工作 [9, 11, 47, 57, 78-80, 83, 84, 99, 130, 160-164, 180, 188, 201, 203, 207].

1.1.3　分析基础

数学史上最使人惊奇的事实之一, 是实数系的逻辑基础竟迟至 19 世纪后叶才建立起来的 [115]. 而自然数理论公理体系的建立更是基于 Dedekind 总结出的五条基本性质 [95, 173], 以 Peano [113] 发表于 1889 年的《算术原理——用一种新方法展现》为标志.

经历无数失败和挫折之后, 为分析数学寻找基础的工作逐渐有了眉目, 这个过程就是 19 世纪分析算术化的实现, 于 19 世纪末期完成, 大体包括三个阶段, 见文献 [2, 54, 74-77, 85, 97, 106, 111, 113, 115, 173]: 第一阶段——极限论建立, 主要以法国数学家 Cauchy 与德国数学家 Weierstrass 的工作为标志; 第二阶段——实数理论建立, 主要以德国数学家 Dedekind、Cantor 与 Weierstrass 等的实数构造理论为标志; 第三阶段——算术化过程完成, 以德国数学家 Dedekind 与意大利数学家、逻辑学家 Peano 的自然数理论为标志 [173]. 可以看到, 分析算术化的过程与克服数学史著名的三次危机, 即无理数的发现、分析的严密化、集合论中悖论的消解 [179], 是密切相关的 [115].

德国著名数学家 Landau 发表于 1929 年的《分析基础: 整数、有理数、无理数和复数的运算 (微积分补充教材)》[117](简称《分析基础》), 从 Peano 五条公设 [113] 出发, 依次构造了自然数、分数、分割、实数和复数, 并建立了 Dedekind 实数完备性定理, 即 Dedekind 基本定理, 从而迅速且自然地给出数学分析的坚实基础 [117].

Landau 的名著在世界范围内影响了几代数学家, 德文本即出版有四个版次, 英文翻译本也至少出版有三个版次 [117]. 在我国, 1958 年高等教育出版社曾出版有刘绂堂先生翻译的中文版 [117]. 图 1.1 是 Landau《分析基础》的德文-英文版和中文版封面. 老一辈数学家丁石孙 [211]、严士健 [196]、张恭庆 [211] 等都深受此书影响, 并推荐学生研读. Landau 的名著 [117] 问世以来, 又有多部论述实数理论的专著, 例如 [49, 142, 159, 177], 相继出版.

众所周知, Dedekind 基本定理与实数完备性的几个著名命题等价, 这些命题包括确界存在定理、单调有界定理、Cauchy-Cantor 闭区间套定理、Heine-Borel-Lebesgue 有限覆盖定理、Bolzano-Weierstrass 聚点原理、Bolzano-Weierstrass 列紧性定理及 Bolzano-Cauchy 收敛准则等, 而闭区间上连续函数的重要性质——有界性定理、最值定理、介值定理、一致连续性定理——本质上也依赖于实数完备性理论. 实数完备性各命题间等价性及闭区间上连续函数性质的人工证明散见于国内外 "数学分析" 的标准教材, 参见文献 [1,3,24,25,27,28,36,42,43,48,50,51,58,64, 66,89,100-103,107,119,120,131,149,150,152,165,178,187,191,194,211,223,225-228]. 实数完备性是极限论的基础, 上述内容一直是数学分析的重点和难点. 近年来仍有人在各类期刊上讨论有关实数完备性定理的证明, 特别指出, 广州大学袁文俊教授在文献 [204,205] 中, 从上述八大实数完备性定理中的任何一个定理出发, 放射性地推出其他七个定理, 系统总结了八大实数完备性定理的相互等价性.

图 1.1　Landau《分析基础》的德文-英文版和中文版封面

　　20 世纪 70 年代, van Benthem Jutting[13] 基于 Automath 软件平台[22,41,144,182] 完成 Landau《分析基础》[117] 的全部形式化实现. 这是数学理论计算机形式化领域里程碑式的工作, 影响深远.

　　Automath [13,22,41,144,182] 是为实现数学的表示, 1970 年由荷兰 Eindhoven 大学 de Brujin 教授设计的基于 λ 类型[135,136] 理论的数学定理证明器, 与基于归纳构造演算的现代类型理论[9,14,30,35,105,148,180] 存在较大差异. 基于 Automath[22,41,144,182] 完成的 Landau《分析基础》[117] 形式化代码[13], 目前看来, 在可读性方面也不能令人满意[182].

　　2011 年, 德国 Saarland 大学著名教授 Brown[22] 提出, 将 van Benthem Jutting[13] 基于 Automath[22,41,144,182] 完成的 Landau《分析基础》[117] 形式化代码用计算机忠实 "翻译" 成 Coq 代码的构想, 这项 "翻译" 主要是针对 Landau《分析基础》中公理、定义和定理的形式化描述而言的, 针对定理机器证明代码的

"翻译" 难度较大, 尚未见报道, 相关的研究似仍在进行中. 2011 年, Smolka 和 Brown 指导的学生 Hornung [99] 还给出了基于 Coq 的 Landau《分析基础》[117] 前四章形式化代码的一个版本. 早期关于实数理论形式化的工作还包括: Chirimar 和 Howe [31] 基于 Nuprl [33] 利用 Cauchy 序列定义实数, Harrison [90,91] 基于 Isabelle/HOL [71,145] 对实数的构造, Ciaffaglione 和 Di Gianantonio [32] 基于 Coq 直接用无穷序列表达实数, 以及 Geuvers 和 Niqui [60] 基于 Coq 利用 Cauchy 完备性构造实数等.

1.1.4　第三代微积分

微积分是数学史上最伟大的成就之一, 开启了近代科技的新纪元, 对物理学、天文学等其他学科的发展也起到了重要的促进作用. 微积分的创立距今已有三百多年的历史 [111,115,121], 由 Newton 和 Leibniz 分别创建的微积分, 是第一代微积分, 因为其对无穷小概念的定义模糊不清, 被称为说不清楚的微积分. Cauchy 和 Weierstrass 等以严格的极限理论为基础的微积分是第二代微积分, 由于其概念和推理烦琐迂回, 被称为听不明白的微积分. 为了使微积分严谨且直观易懂, 让学习者用较少的时间和精力就能明白其原理, 国内外学者长期致力于新一代微积分的研究 [216,218,219].

早在 18 世纪后期, Lagrange 就试图不用 Newton 的 "流数" 和 Leibniz 的 "无穷小" 来建立微积分学, 但其中无穷级数的收敛问题, 仍无法避开极限的概念 [121]. 20 世纪 60 年代, Ljusternik 等提出了一致可导的概念, 可以证明一致可导等价于连续可导, 直接使用一致可导概念可以简化微积分推理过程, 但其仍依赖于极限概念 [137]. 1999 年, Dovermann 基于 Lipschitz 条件引入不用极限的可微性概念, 使学生可以快速地入门微积分理论, 同时他也承认其所引入的可微性概念相对传统微积分理论是不严谨的 [45]. 2005 年, Sparks 在其著作 *Calculus Without Limits* 中避开极限概念, 用浅显易懂的例子对微积分的基本概念和公式做了直观的阐述, 但并未系统地建立不用极限的微积分完整理论 [158]. 近年来, Livshits 也提出一种不依赖实数、极限和连续等基本概念而直接定义微分和积分的方法, 这种方法也是建立在 Lipschitz 函数可微性概念的基础上的 [132,133].

在我国, 林群院士和张景中院士也大力倡导第三代微积分, 即没有极限的微积分 [125-127,214,216,218,219]. 2002 年林群指出, 采用一致微商的定义可以大大简化微积分基本定理的论证, 之后他将一致微商的思想与不等式刻画极限过程的思路结合起来, 提出了微积分的初等化方案 [125]. 2006 年以来, 张景中等提出了甲函数和乙函数的概念, 在不使用极限或无穷小的前提下建立了初等化的微积分, 大大简化了微积分理论, 做到了 "微分不微, 积分不积, 推理简化, 模型统一" [214,216,218,219]. 特别, 张景中和冯勇发表于《中国科学》上题为 "微积分基础的新视角" 的论文 [218]

中, 提出了一个函数的差商是另一个函数中值的概念, 刻画了原函数和导函数的本质, 给出直观的积分系统定义, 得到强可导和一致可导的充分必要条件, 从而简单完整地建立了不用极限的微积分系统. 2019 年, 林群和张景中避开极限概念, 运用 "差商控制函数" 简捷地解决了判断函数的增减凹凸、计算曲边梯形的面积、做曲边的切线等几大类问题 [127]. 而一旦对初等函数类找出计算 "差商控制函数" 的一般公式, 即可简捷而严谨地建立微积分系统 [216].

第三代微积分与前两代微积分, 在具体计算方法上没有不同, 不同的只是对原理的说明 [216, 218, 219]. 本书作者就此问题曾与中国科学院重庆绿色智能技术研究院张矩研究员有过深入的探讨. 第三代微积分的基本思想是微积分的初等化, 事实上, 由于在第三代微积分基本概念中使用了存在量词, 在逻辑上其原理与第二代微积分是完全等价的, 但其优点是明显的, 它将传统微积分极限概念中同时使用全称量词和存在量词、且存在量词依赖于全称量词等烦琐迂回的难点转移为仅使用存在量词的不等式描述, 得到的不等式形式也较为自然, 并且 "将微分、积分系统统一成一个系统. 而不是像以前那样, 微分系统与积分系统被人为地割裂开来, 学生通常是先学习微分系统, 然后再学习积分系统" [218], 这一点可从文献 [218] 在给出几个基本概念之后、迅速得到微积分的核心定理 "Newton-Leibniz 公式", 进而建立级数理论的描述框架中体会到. 另外, 将微积分学初等化并代数化之后, 还可方便地利用不等式定理机器证明研究取得的成果 [189, 197-200, 221], 为微积分系统机械化研究提供必要的准备. 这也是林群院士和张景中院士大力倡导第三代微积分的一个初衷.

应当指出, 在数学定理机器证明方面, 由我国吴文俊院士开创的 "吴方法" 的研究在国际上是独具特色和领先的 [184-186]. 吴文俊院士早年留学法国, 深受布尔巴基学派的影响, 在拓扑学领域取得了举世瞩目的成果, 晚年致力于数学定理机器证明的研究, 并提出了数学机械化纲领. 吴先生开创的定理机器证明 "吴方法" 主要基于多项式代数方法, 依赖符号计算和数值计算, 有完备的算法, 但算法复杂性高, 在变量或参数过多的情况下, 受硬件物理条件限制 [184-186, 189, 198, 220]. 形式化证明主要基于逻辑的推理, 算法复杂性低, 基本不受硬件物理条件限制 [104], 且人机交互, 可将人的智慧和机器的智能结合起来, 但用形式化方法直接处理等式或不等式的代数运算代价较大, 将计算机辅助证明工具和基于符号数值混合计算的多项式代数方法结合, 是今后非常有吸引力的研究课题.

传统微积分的形式化实现在 Coq 库中已有一些工作, 较为通用的可见 [15].

1.1.5 本书结构安排

本书利用交互式定理证明工具 Coq, 在朴素集合论的基础上, 从 Peano 五条公设出发, 完整实现 Landau 著名的《分析基础》中实数理论的形式化系统, 包括对该专著中全部 5 个公设、73 条定义和 301 个定理的 Coq 描述, 其中依次构造了自然数、分数、分割、实数和复数, 并建立了 Dedekind 实数完备性定理, 从而迅速且自然地给出数学分析的坚实基础. 在分析基础形式化系统下, 进而给出 Dedekind 实数完备性定理与它的几个著名等价命题间等价性的机器证明, 这些命题包括确界存在定理、单调有界定理、Cauchy-Cantor 闭区间套定理、Heine-Borel-Lebesgue 有限覆盖定理、Bolzano-Weierstrass 聚点原理、Bolzano-Weierstrass 列紧性定理及 Bolzano-Cauchy 收敛准则等, 基于实数的完备性定理, 作为应用, 进一步给出闭区间上连续函数的重要性质——有界性定理、最值定理、介值定理、一致连续性定理——的机器证明. 另外, 还给出张景中院士提出的第三代微积分——即不用极限的微积分——的形式化系统实现. 在我们开发的系统中, 全部定理无例外地给出 Coq 的机器证明代码, 所有形式化过程已被 Coq 验证, 并在计算机上运行通过, 体现了基于 Coq 的数学定理机器证明具有可读性和交互性的特点, 其证明过程规范、严谨、可靠. 该系统可方便地应用于数学分析相关理论的形式化构建.

本书结构安排如下: 第 1 章给出背景知识的介绍、初等逻辑、集合与映射的预备知识等; 第 2 章给出 Landau《分析基础》的完整形式化构建; 第 3 章给出实数完备性八大定理等价性的形式化证明; 第 4 章机器证明闭区间上连续函数的一些重要性质; 第 5 章完成第三代微积分的形式化系统实现; 第 6 章总结我们的结果并给出相关注记; 最后, 为方便读者理解运行代码, 附录部分给出本书中用到的所有 Coq 基本指令与术语的简要说明, 并列出本系统中定义的集成策略.

书中一般在相关定义、公理和定理的人工描述之后, 一并给出其精确的 Coq 描述代码, 所有定理的证明过程均通过 Coq 8.9.1 代码完成.

1.2 基本 Coq 指令清单及逻辑预备知识

在给出分析基础的完整形式化构建之前, 本节给出一些证明过程中常会用到的基本 Coq 指令及它们的简要用法说明, 这些指令在使用过程中, 根据字面词义是可读的, 也是容易理解的, 各指令的详细功能也可参见 [14, 35, 105, 148]. 主要指令清单见表 1.1.

一些初等逻辑的实用知识是必要的, 虽然并不需要熟悉形式逻辑理论, 但正如 Kelley [112] 指出, "无论如何, 对数学体系本质的理解 (在技术意义下) 有助于弄清和推进某些研讨". 我们遵循古典二值逻辑: 任何命题只允许 "真" 或 "假" 的

表 1.1　　书中涉及常用 Coq 指令简表

Coq 指令	用法
intro/intros	引入目标中的条件
apply/eapply	应用指定条件
unfold	将定义展开
rewrite H/<−H	将 H 的右边/左边当作左边/右边代入目标
subst	替换相应参数
elim	消去, 对条件进行分解
destruct	拆分指定条件中的归纳类型定义
split	拆分目标中间的合取式
left/right	证明析取式左边/右边的目标
generalize	引入假设条件
assert/cut	指定一个新的假设条件并证明
auto/tauto/eauto	自动证明策略

情形而没有其他情形. 由于 Coq 可以基于一个非常精简的逻辑——最小命题逻辑 [96,171]——实现推理技术 [14], 我们需要默认 "**排中律**" 成立. 为完整起见, 首先列出常用的初等逻辑运算符号以及本书中用到基本的逻辑性质, 这里, 采用了文献 [63] 中的一些表述方式.

通用的初等逻辑运算符号 "$\sim$" 表示**否定**, 亦即关系词 "非"; "$\vee$" 表示**逻辑析取**, 亦即关系词 "**或**".

通用的初等逻辑运算符号 "$\wedge$" 表示**逻辑合取**, 亦即关系词 "与".

符号 "$\Longrightarrow$" 表示**蕴涵**. 符号 "$\Longleftrightarrow$" 表示**等价**.

符号 "$\exists$" 表示**存在量词** (符号 "$\exists$!" 表示**存在唯一**). 符号 "$\forall$" 表示**全称量词**.

在上述记号中, "$\wedge$" 和 "$\Longrightarrow$" 可由 "$\vee$" 和 "$\sim$" 给出; "$\Longleftrightarrow$" 可由 "$\Longrightarrow$" 和 "$\wedge$" 给出; "$\forall$" 可由 "$\sim$" 和 "$\exists$" 给出 [63]. 事实上,

$$(A \wedge B) \text{ 即是 } (\sim((\sim A) \vee (\sim B))),$$
$$(A \Longrightarrow B) \text{ 即是 } (B \vee (\sim A)),$$
$$(A \Longleftrightarrow B) \text{ 即是 } (A \Longrightarrow B) \wedge (B \Longrightarrow A),$$
$$((\forall x)A) \text{ 即是 } (\sim((\exists x)(\sim A))),$$

这里, A 和 B 是命题, x 是变元.

在我们的系统中, "排中律" 是以如下公理形式描述的, 其 Coq 代码如下:

```
Axiom classicT: forall P, {P} + {~ P}.
```

需要说明, 这里引入的 "排中律" 较古典逻辑中的形式要稍强些, 利用上述公理, 对于任何命题, 可以动态地根据该命题的 "真" 或 "假" 返回需要的值, 这会为

今后表达类似分段函数的 Coq 描述带来方便[14]. 另外, 从上述公理也可在 Coq 中自然地得到古典逻辑中的 "排中律".

性质 1.1 (排中律) P 是命题, 则 $P \vee \sim P$ 成立.

古典逻辑中 "排中律" 的 Coq 代码如下:

```
Proposition classic: forall P, P \/ ~ P.
```

基于 "排中律", 容易得到本书中常用的一些基本逻辑性质如下, 其中 P 和 Q 均为命题.

性质 1.2 $(\sim (P \wedge Q) \Longleftrightarrow (\sim P) \vee (\sim Q)) \wedge (\sim (P \vee Q) \Longleftrightarrow (\sim P) \wedge (\sim Q))$.

性质 1.3 $\sim (\sim P) \Longleftrightarrow P$.

性质 1.4 $(\sim P \Longrightarrow P) \Longrightarrow P$.

性质 1.5 $(P \Longrightarrow Q) \Longrightarrow (\sim Q \Longrightarrow \sim P)$.

另外, 涉及量词的一些基本逻辑性质如下, 其中 $P\ n$ 表示 P 为依赖于变元 n 的命题.

性质 1.6 $\sim (\forall n, \sim P\ n) \Longleftrightarrow \exists n, P\ n$.

性质 1.7 $\sim (\forall n, P\ n) \Longleftrightarrow \exists n, \sim P\ n$.

性质 1.8 $\sim (\exists n, P\ n) \Longleftrightarrow \forall n, \sim P\ n$.

性质 1.9 $\sim (\exists n, P\ n \wedge Q\ n) \Longleftrightarrow (\forall n, P\ n \Longrightarrow \sim Q\ n)$.

上述基本逻辑性质的证明均已在 Coq 中完成, 我们也给出它们的验证代码. 这些性质, 可以直接调用, 对我们的系统来说, 逻辑上已经足够了.

由于相等恒用于在逻辑上同一事物的两个名字, 除了通常的相等公理 (满足自反性、对称性、传递性) 外, 还要假定一个代换规则, 特别在一个定理中, 用一个对象代替与它相等的对象, 结果仍是一个定理[112,201]. 如果两个命题等价, 则可认为两命题可相等, 亦即约定如下的 "**命题类型**" 外延性[14,17].

"**命题类型外延性**" 形式描述的 Coq 代码如下:

```
Axiom prop_ext: forall {P Q:Prop}, P <-> Q -> P = Q.
```

在 Coq 中对命题 P 进行证明时, 我们只关心证明的存在性: 只要存在证明, 那么命题 P 即为真. 基于此, 对于给定命题的不同证明是可以互换的, 这一特点称为 "**证明无关性**"[14], 可由命题类型的外延性证明, 其形式描述 Coq 代码如下:

```
Corollary proof_irr: forall {P:Prop} (p q:P), p = q.
```

类似地, 对于 Coq 中常要用到的 "**箭头类型**", 需约定其外延性[14,17].

"**箭头类型外延性**" 形式描述的 Coq 代码如下:

```
Axiom fun_ext: forall {T1 T2:Type} (P Q:T1 -> T2),
  (forall m, P m = Q m) -> P = Q.
```

本节初等逻辑预备知识的完整 Coq 代码如下:

```
(** Pre_Logic *)

(*初等逻辑模块*)

Section Logic.

Axiom classicT: forall P, {P} + {~ P}.

Proposition classic: forall P, P \/ ~ P.
Proof.
  intros; destruct (classicT P); auto.
Qed.

Proposition property_not: forall P Q,
  (~ (P /\ Q) <-> (~ P) \/ (~ Q)) /\
  (~ (P \/ Q) <-> (~ P) /\ (~ Q)).
Proof.
  intros; destruct (classic P); tauto.
Qed.

Proposition property_not': forall P, (~ (~ P) <-> P).
Proof.
  intros; destruct (classic P); tauto.
Qed.

Proposition peirce: forall P, (~ P -> P) -> P.
Proof.
  intros; destruct (classic P); auto.
Qed.

Proposition inp: forall (P Q:Prop), (P -> Q) -> (~ Q -> ~ P).
Proof.
  intros; intro; auto.
Qed.

Proposition not_all_not_ex: forall {U} (P:U -> Prop),
  ~ (forall n, ~ P n) -> exists n, P n.
Proof.
  intros; apply property_not'; intro.
  apply H; intros n H1; apply H0; eauto.
Qed.
```

```
Proposition ex_not_all_not: forall {U} (P:U -> Prop),
  (exists n, P n) -> ~ (forall n, ~ P n).
Proof.
  intros; intro. destruct H. eapply H0; eauto.
Qed.

Proposition not_all_ex_not: forall {U} (P:U -> Prop),
  ~ (forall n, P n) -> exists n, ~ P n.
Proof.
  intros; apply not_all_not_ex; intro.
  apply H; intro n; apply property_not'; auto.
Qed.

Proposition ex_not_ex_all: forall {U} (P:U -> Prop),
  (exists n, ~ P n) -> ~ (forall n, P n).
Proof.
  intros; intro. destruct H. apply H; auto.
Qed.

Proposition not_ex_all_not: forall {U} (P:U -> Prop),
  ~ (exists n, P n) -> forall n, ~ P n.
Proof.
  intros; intro; elim H; eauto.
Qed.

Proposition all_not_not_ex: forall {U} (P:U -> Prop),
  (forall n, ~ P n) -> ~ (exists n, P n).
Proof.
  intros; intro; destruct H0; eapply H; eauto.
Qed.

Proposition not_ex_and: forall {U} (P Q:U -> Prop),
  ~ (exists n, P n /\ Q n) -> forall n, P n -> ~ Q n.
Proof.
  intros; intro; elim H; eauto.
Qed.

Proposition all_imp_not: forall {U} (P Q:U -> Prop),
  (forall n, P n -> ~ Q n) -> ~ (exists n, P n /\ Q n).
Proof.
  intros; intro. destruct H0, H0. eapply H; eauto.
```

```
Qed.

End Logic.

Ltac Absurd:= apply peirce; intros.

(*命题类型外延性*)

Axiom prop_ext: forall {P Q:Prop}, P <-> Q -> P = Q.

(*命题证明无关性*)

Corollary proof_irr: forall {P:Prop} (p q:P), p = q.
Proof.
  intros. cut (P=True); intros.
  - subst P; destruct p, q; auto.
  - apply prop_ext; split; auto.
Qed.

(*箭头类型外延性*)

Axiom fun_ext: forall {T1 T2:Type} (P Q:T1 -> T2),
  (forall m, P m = Q m) -> P = Q.

(*引进记号*)

Notation "∀ x .. y , P":= (forall x, .. (forall y, P) ..)
  (at level 200, x binder, y binder, right associativity,
  format "'[ ' '[ ' ∀ x .. y ']' , '/' P ']'"): type_scope.

Notation "∃ x .. y , P":= (exists x, .. (exists y, P) ..)
  (at level 200, x binder, y binder, right associativity,
  format "'[ ' '[ ' ∃ x .. y ']' , '/' P ']'"): type_scope.

Notation "'λ' x .. y , t":= (fun x => .. (fun y => t) ..)
  (at level 200, x binder, y binder, right associativity,
  format "'[ ' '[ ' 'λ' x .. y ']' , '/' t ']'").
```

　　本节代码存为 Pre_Logic.v 文件, 其中出现的一些 Coq 术语是标准的, 参见 [14, 35, 105, 148], 在以后各章节中也会经常用到, 这些术语仅从字面上也可理解其基本含义. 常用 Coq 术语简单列表见表 1.2, 为方便读者, 本书附录部分还给出本系统中涉及的所有 Coq 术语的基本含义的简要说明, 各指令的详细功能可参阅 [14, 35, 105, 148].

表 1.2 书中涉及常用 Coq 术语的基本含义

Coq 术语	基本含义
Require Export/Import	读入库中的文件
Section	开启一个新模块
Implicit Argument	隐式参量
Parameter/Variable	全局变量/局部变量
Inductive/Fixpoint	归纳/递归
Definition/Defined	定义/定义毕
Hypothesis/Axiom	假设/公理
Theorem/Lemma	定理/引理
Proposition/Corollary	命题/推论
Ltac	组合执行若干命令, 形成一个策略
Notation	引入记号
Hint Rewrite	将文件加入重写库中
End	结束本模块
Proof/Qed	证明/证毕

另外, 代码中的 "(∗ ······ ∗)", 是为便于理解, 插入代码中的注释内容. 我们约定代码第一行 "(∗∗ ······ ∗)" 中的注释内容为相应的文件名. 代码中的 Notation 命令是按 Coq 库中的通用格式引入的一些数学符号 [14], 包括任意量词、存在量词以及标准的 λ **演算**表示法 [135, 136].

1.3 集合与映射的一些基本概念

本节给出集合与映射的一些基本概念及它们的 Coq 描述代码.

若干个固定事物的全体叫做**集合** (简称**集**).

组成一个集合的事物叫做这个集合的**元素** (有时简称**元**).

若 x 是集合 A 的一个元素, 我们说, x 属于 A, 用符号

$$x \in A$$

表示.

若对一个集合 A 来说, 至少存在一个元素 x, 使 $x \in A$, 则称 A 是一个**非空集合** (简称**非空集**).

用符号

$$\{x \mid P\}$$

表示满足性质 P 的所有 x 组成的集合.

　　需要说明的是, 我们这里仅是用朴素的观点理解集合的概念, 没有严格按照公理化的方法 [201] 建立系统的理论, 在 Coq 中先声明变量类型, 然后通过定义变量到命题的箭头类型来实现集合概念的形式化, 自然对符号 $\{x \mid P\}$ 中的元素 x 和性质 P 也都有一定的限制 [112,201], 默认它们为通常数学下有意义的项, 从而避免集合悖论的产生 [112,201].

　　上述内容的 Coq 代码如下:

```
(** Pre_Ensemble *)

(*读入库文件*)

Require Export Pre_Logic.

(*初等集合模块*)

Section Ensemble.

(*开启隐式变量模式*)

Set Implicit Arguments.

Variable U:Type.

Definition Ensemble:= U -> Prop.

(* ∈ *)

Definition In x (A:Ensemble): Prop:= A x.

Definition No_Empty (A:Ensemble):= ∃ x, In x A.

End Ensemble.

Notation "x ∈ A":= (In x A) (at level 10).

Inductive Ensemble_P {X:Type} (P:X->Prop) (x:X): Prop:=
  | intro_Ensemble_P: P x -> x ∈ (Ensemble_P P).
```

```
(* { } *)
```

```
Definition P_Ensemble {X:Type} (P:X->Prop):= (Ensemble_P P).
```

```
Notation " /{ x | P /}":= (Ensemble_P (λ x, P)) (x ident).
```

有了集合的概念和上面的记号, 我们进一步给出如下常用的一些定义.

定义 1.1 $A \cup B = \{x \mid x \in A \vee x \in B\}$.

定义 1.2 $A \cap B = \{x \mid x \in A \wedge x \in B\}$.

定义 1.1 和定义 1.2 是说, 集 $A \cup B$ 是 A 与 B 的 "**并**"; 集 $A \cap B$ 是 A 与 B 的 "**交**".

有时, 我们会考察以集合为元素的集合, 即 "**集族**". 因此下面的定义是有意义的.

定义 1.3 $\bigcup \mathcal{A} = \{x \mid \exists A, A \in \mathcal{A} \wedge x \in A\}$.

定义 1.4 $\bigcap \mathcal{A} = \{x \mid \forall A, A \in \mathcal{A} \Longrightarrow x \in A\}$.

集 $\bigcup \mathcal{A}$ 是 $\mathcal{A}$ 的 "**元的并**"; 集 $\bigcap \mathcal{A}$ 是 $\mathcal{A}$ 的 "**元的交**". 这与定义 1.1 和定义 1.2 是不同的. 这两个定义在表示集族的并或交时会方便些.

定义 1.5 $A \subset B \Longleftrightarrow (\forall x, x \in A \Longrightarrow x \in B)$.

集 A 是集 B 的一个 "**子集**", 或者说 "A **被包含于** B" 中, 或者说 "B **包含** A" 当且仅当 $A \subset B$.

定义 1.6 A 与 B 等同 $\Longleftrightarrow (\forall x, x \in A \Longleftrightarrow x \in B)$.

上述诸定义的 Coq 代码如下:

```
Section EnsembleBasic.
```

```
Set Implicit Arguments.
```

```
Variable U:Type.
Variable A B:Ensemble U.
Variable A:Ensemble (Ensemble U).
```

```
Definition Union:= /{ x | x ∈ A \/ x ∈ B /}.
```

```
Definition Intersection:= /{ x | x ∈ A /\ x ∈ B /}.
```

```
Definition EleUnion:= /{ a | ∃ A, A ∈ A /\ a ∈ A /}.
```

```
Definition EleIntersection:= /{ a | ∀ A, A ∈ A -> a ∈ A /}.
```

```
Definition Included:= ∀ x, x ∈ A -> x ∈ B.
```

```
Definition Same_Ensemble:= ∀ x, x ∈ A <-> x ∈ B.

End EnsembleBasic.

Notation "A ∪ B":= (Union A B) (at level 60, right associativity).
Notation "A ∩ B":= (Intersection A B)
  (at level 60, right associativity).
Notation "∪ 𝒜":= (EleUnion 𝒜) (at level 66).
Notation "∩ 𝒜":= (EleIntersection 𝒜) (at level 66).
Notation "A ⊂ B":= (Included A B) (at level 70).
```

类似箭头类型外延性, 有 "**集合外延性**" 如下:

(∗集合外延性∗)

```
Corollary ens_ext: ∀ {T:Type} {A B:Ensemble T},
  Same_Ensemble A B -> A = B.
Proof.
  intros; apply fun_ext; intros; apply prop_ext, H.
Qed.
```

下面给出关于映射的一些基本定义. 首先引入 "**关系**" 的概念.

定义 1.7 (关系)　f 是集合 A 与集合 B 的一个关系是指, $f \subset A \times B$, 这里

$$A \times B = \{(x,y) \mid x \in A \wedge y \in B\},$$

其中

$$(x,y) = \{\{x\},\{x,y\}\}, \quad \{x,y\} = \{x\} \cup \{y\}, \quad \{x\} = \{z \mid z = x\}.$$

上述 "关系" 概念是基于集合的记号较为严格 [63,88,112,193,201] 地给出的, 这里实际上涉及了 "单点集" "无序偶" "有序偶" "笛卡儿积" 等概念, 在我们的系统中这些概念无须特别强调, 因为在 Coq 中 "关系" 可用 "U -> V -> Prop" 类型直接描述, 代码如下:

(∗映射模块∗)

```
Section Map.

Set Implicit Arguments.
```

```
Variable U V:Type.
Definition Relation:= U -> V -> Prop.
Variable A:Ensemble U.
Variable B:Ensemble V.
Variable f:Relation.

Definition Rel:=
  (∀ x y, f x y -> x ∈ A) /\ (∀ x y, f x y -> y ∈ B).
```

定义 "关系" 的一些性质如下:

定义 1.8 (输出单值性) $\forall x, y, z, (x, y) \in f \wedge (x, z) \in f \Longrightarrow y = z.$

定义 1.9 (输入遍历性) $\forall x, x \in A \Longrightarrow (\exists y, (x, y) \in f).$

定义 1.10 (输入单值性) $\forall x, y, z, (x, z) \in f \wedge (y, z) \in f \Longrightarrow x = y.$

定义 1.11 (输出遍历性) $\forall y, y \in B \Longrightarrow (\exists x, (x, y) \in f).$

```
Definition to_at_most_one_output:=
  ∀ x y z, f x y -> f x z -> y = z.

Definition to_at_least_one_output:= ∀ x, x ∈ A -> ∃ y, f x y.

Definition from_at_most_one_input:=
  ∀ x y z, f x z -> f y z -> x = y.

Definition from_at_least_one_input:= ∀ y, y ∈ B -> ∃ x, f x y.
```

利用 "关系" 的性质进一步可定义:

定义 1.12 (映射) 满足输出单值性和输入遍历性的关系称为映射.

定义 1.13 (单射) 满足输入单值性的映射称为单射.

定义 1.14 (满射) 满足输出遍历性的映射称为满射.

定义 1.15 (双射) 单射且满射称为双射.

```
Definition Map:=
  to_at_most_one_output /\ to_at_least_one_output /\ Rel.

Definition Injection:=
  to_at_most_one_output /\ to_at_least_one_output /\
  from_at_most_one_input /\ Rel.

Definition Surjection:=
  to_at_most_one_output /\ to_at_least_one_output /\
  from_at_least_one_input /\ Rel.

Definition Bijection:=
```

```
to_at_most_one_output /\ to_at_least_one_output /\
from_at_most_one_input /\ from_at_least_one_input /\ Rel.
```

End Map.

最后指出, 在一些文献中, 例如 [63], 也径直称 "映射" 为 "函数". "双射" 有时也称为 "一一对应". 当无须强调映射的具体性质时, 在 Coq 中 "函数" 可用 "U -> V" 类型直接描述, 从计算机科学的角度来看, Coq 中的 "函数" 是把类型为 "U" 的值映射到类型为 "V" 的值的有效计算过程 (或称为 "**算法**") [14].

至此, 本系统的预备知识已经足够了. 可以看到, 利用简单通用的数学逻辑符号 "∨" 和 "~", 加上常项符号 "∈"、"=" 和 "{··· | ···}", 通过若干条公理, 即可构建起整个分析基础的形式化系统, 从而为现代数学理论构筑了坚实的基础. 正如文献 [63] 开篇指出, "目的是引进集合和函数的概念. 没有这些概念, 我们在数学上什么也不能做. 反之, 使用这些概念, 我们能够做一切".

第 2 章 分析基础的形式化系统实现

本章内容是本书的主体, 我们将利用交互式定理证明工具 Coq, 在朴素集合论的基础上, 从 Peano 五条公设出发, 完整实现 Landau 著名的《分析基础》中实数理论的形式化系统, 包括对该专著中全部 5 个公设、73 条定义和 301 个定理的 Coq 描述, 其中依次构造了自然数、分数、分割、实数和复数, 并建立了 Dedekind 实数完备性定理, 从而迅速且自然地给出数学分析的坚实基础. 全部定理无例外地给出 Coq 的计算机机器证明代码, 所有形式化过程已被 Coq 验证, 并在计算机上运行通过.

书中一般在定义、公理和定理的人工描述之后, 一并给出其精确的 Coq 描述代码, 而所有定理的 Coq 证明代码紧随对应定理描述之后. 为方便起见, 所有定义、公理和定理的序号及人工描述与 Landau 的文献 [117] 一致, 形式化过程中增加的一些辅助引理以及推论等将另行编号. 另外, 为使代码简洁流畅, 在 Coq 证明过程中适当地增加了一些注释内容和批命令策略, 这在上下文中是容易理解的.

2.1 自　然　数

2.1.1 公理

我们称为自然数的那些对象的一集合 (即整体, 亦即自然数集), 它们具有下列性质, 这些性质称为公理.

在叙述公理之前, 对符号 = 和 ≠ 略加说明. 若无其他说明, 小写拉丁文字母在本章中都表示自然数.

设 x 是已知, y 是已知, 则有下列两种情形:

或者 x 和 y 是同一的数, 这可记为

$$x = y$$

(= 读为 "等于");

或者 x 和 y 不是相同的数, 这可记为

$$x \neq y$$

($\neq$ 读为 "不等于").

照此, 根据纯粹逻辑, 下列各项成立:

1) 自反性: $x = x$.

2) 对称性: $x = y \Longrightarrow y = x$.

3) 传递性: $(x = y \wedge y = z) \Longrightarrow x = z$.

$$a = b = c = d,$$

之类的写法, 表面上虽仅指

$$a = b, \quad b = c, \quad c = d,$$

但它还有其他含义, 例如

$$a = c, \quad a = d, \quad b = d.$$

(以后各章中仿此).

上述事实, 在 Coq 中是默认成立的. 由于相等恒用于在逻辑上同一事物的两个名字, 除了通常的相等公理 (满足自反性、对称性、传递性) 外, 还要假定一个代换规则, 特别在一个定理中, 用一个对象代替与他相等的对象, 结果仍是一个定理[112,201]. 因此, 类似于预备知识中 "箭头类型外延性" 和 "集合外延性" 约定, 本系统中在个别需要用到代换规则的等同对象处, 增加对此对象的外延性描述.

现在假设自然数集具有下列公理.

公理 2.1　1 是自然数.

即自然数集合不是空集合, 它含有一对象, 这对象称为 1 (读为 "一").

公理 2.2　对每一个 x, 恰有一自然数称为的后继, 记为 x'.

对于复杂的自然数 x, 为了写出它的后继, 我们应先把这数放在括号里, 否则可能发生混淆, 对于 $x + y, xy, x - y, -x, x^y$ 等等, 本章也都是这样处理的.

根据公理 2.2, 设

$$x = y,$$

则

$$x' = y'.$$

对于公理 2.1 和公理 2.2, 可以通过声明全局变量的形式在 Coq 中描述如下:

```
Parameter Nat:Type.
```

```
Parameter One:Nat.
Notation "1":= One.

Parameter Successor:Nat -> Nat.
Notation " x ` ":= (Successor x)(at level 0).
```

为了充分发挥 Coq 的归纳构造演算功能, 可以仅用 Coq 的 Inductive 概括描述公理 2.1 和公理 2.2. 可以看到, 根据 Inductive 归纳机制定义的自然数, 后面关于自然数的三条公理就可直接作为推论得到, 这样的描述简洁、清晰, 也为今后数的运算表达提供方便.

在本系统中, 公理 2.1 和公理 2.2 由下面的 Coq 代码给出:

```
(** Nats *)

(* NATURAL NUMBERS *)

(* SECTION I Axioms *)

Require Export Pre_Ensemble.

Inductive Nat:Type:=
  | One
  | Successor: Nat -> Nat.

Notation "1":= One.
Notation " x ` ":= (Successor x)(at level 0).
```

公理 2.3 $x' \neq 1$.
即无一数的后继是 1.

```
Corollary AxiomIII: ∀ x, x` <> 1.
Proof.
  intros; intro; inversion H.
Qed.
```

公理 2.4 $x' = y' \implies x = y$.
即对每一已知数, 或是无一数以它为后继, 或是恰有一数以它为后继.

```
Corollary AxiomIV: ∀ x y, x` = y` -> x = y.
Proof.
  intros; inversion H; auto.
Qed.
```

公理 2.5 (归纳公理)   设 $\mathfrak{M}$ 是自然数的一集合, 它具有下列性质:
I) 1 属于 $\mathfrak{M}$;

II) 设 x 属于 $\mathfrak{M}$, 则 x' 属于 $\mathfrak{M}$,

则 $\mathfrak{M}$ 包含一切自然数.

```
Corollary AxiomV: ∀ 𝔐, 1 ∈ 𝔐 /\ (∀ x, x ∈ 𝔐 -> x` ∈ 𝔐)
  -> ∀ z, z ∈ 𝔐.
Proof.
  intros; destruct H; induction z; auto.
Qed.
```

公理 2.5 即归纳公理, 可以看到, 它具有 "Nat -> Prop" 类型, 因此, 它可作为 Inductive 的推论得到.

上述五条公理即著名的 "**Peano 公设**", 全部分析基础都建立在这些公设之上[117]. 本章的主要工作即是实现分析基础的计算机形式化构建. 顺便指出, Peano 公设可以在**公理化集合论**体系下作为定理得到[112,201].

2.1.2　加法

定理 2.1　$x \neq y \implies x' \neq y'$.

```
(* SECTION II Addition *)

Theorem Theorem1: ∀ x y, x <> y -> x` <> y`.
Proof.
  intros x y H H0; apply AxiomIV in H0; auto.
Qed.
```

定理 2.2　$x' \neq x$.

```
Theorem Theorem2: ∀ x, x` <> x.
Proof.
  intros; set (𝔐:=/{ x | x` <> x /}).
  assert (1 ∈ 𝔐). { constructor; apply AxiomIII. }
  assert (∀ x, x ∈ 𝔐 -> x` ∈ 𝔐); intros.
  { destruct H0; constructor; apply Theorem1; auto. }
  assert (∀ x, x ∈ 𝔐). { apply AxiomV; auto. }
  destruct H1 with x; auto.
Qed.
```

定理 2.3　$x \neq 1 \implies \exists u$ (从而依公理 2.4, 恰有一 u), $x = u'$.

```
Theorem Theorem3: ∀ x, (x <> 1 -> ∃ u, x = u`).
Proof.
  intros; set (𝔐:=/{ x | x = 1 \/ (x <> 1 -> ∃ u, x = u`) /}).
  assert (1 ∈ 𝔐). { constructor; tauto. }
  assert (∀ x, x ∈ 𝔐 -> x` ∈ 𝔐); intros.
```

```
{ destruct H0; constructor; right; intros; eauto. }
assert (∀ x, x ∈ 𝔐). { apply AxiomV; auto. }
destruct H2 with x, H3; tauto.
Qed.
```

定理 2.4 (定义 2.1)　对每一数偶 x, y, 恰有一种方式可规定一自然数, 称为 $x + y$ (+ 读为 "加"), 使

    1) 对每一 x, $x + 1 = x'$;

    2) 对每一 x 和每一 y, $x + y' = (x + y)'$,

$x + y$ 称为 x 和 y 的和, 或加 y 于 x 所得的和.

```
Fixpoint Plus_N x y:=
  match y with
  | 1 => x`
  | z` => (Plus_N x z)`
  end.


Notation " x + y ":= (Plus_N x y).

Theorem Theorem4: exists! f, ∀ x,
  (f x 1 = x` /\ ∀ y, f x y` = (f x y)`).
Proof.
  exists Plus_N; split; intros; [simpl; auto|].
  apply fun_ext; intros; apply fun_ext; intros.
  specialize H with m; destruct H. induction m0.
  - rewrite H; auto.
  - rewrite H0, <- IHm0; auto.
Qed.


Corollary NPl_1: ∀ x, x + 1 = x`.
Proof.
  intros; reflexivity.
Qed.


Corollary NPl_S: ∀ x y, x + y` = (x + y)`.
Proof.
  intros; reflexivity.
Qed.


Corollary NPl1_: ∀ x, 1 + x = x`.
Proof.
  intros; induction x; auto.
  simpl; rewrite IHx; auto.
```

```
Qed.

Corollary NP1S_: ∀ x y, x` + y = (x + y)`.
Proof.
  intros; induction y; auto.
  simpl; rewrite IHy; auto.
Qed.

Hint Rewrite NP1_1 NP1_S NP11_ NP1S_: Nat.

Ltac Simpl_N:= autorewrite with Nat; auto.
Ltac Simpl_Nin H:= autorewrite with Nat in H; auto.
```

定理 2.5 (加法的结合律) $(x + y) + z = x + (y + z)$.

```
Theorem Theorem5: ∀ x y z, (x + y) + z = x + (y + z).
Proof.
  intros; set (𝔐:=/{ z | (x + y) + z = x + (y + z) /}).
  assert (1 ∈ 𝔐). { constructor; Simpl_N. }
  assert (∀ z, z ∈ 𝔐 -> z` ∈ 𝔐); intros.
  { destruct H0; constructor; Simpl_N; rewrite H0; auto. }
  assert (∀ z, z ∈ 𝔐). { apply AxiomV; auto. }
  destruct H1 with z; auto.
Qed.
```

定理 2.6 (加法的交换律) $x + y = y + x$.

```
Theorem Theorem6: ∀ x y, x + y = y + x.
Proof.
  intros; set (𝔐:=/{ x | x + y = y + x /}).
  assert (1 ∈ 𝔐). { constructor; Simpl_N. }
  assert (∀ x, x ∈ 𝔐 -> x` ∈ 𝔐); intros.
  { destruct H0; constructor; Simpl_N; rewrite H0; auto. }
  assert (∀ z, z ∈ 𝔐). { apply AxiomV; auto. }
  destruct H1 with x; auto.
Qed.
```

定理 2.7 $y \neq x + y$.

```
Theorem Theorem7: ∀ x y, y <> x + y.
Proof.
  intros; set (𝔐:=/{ y | y <> x + y /}). assert (1 ∈ 𝔐).
  { constructor; Simpl_N; intro; eapply AxiomIII; eauto. }
  assert (∀ y, y ∈ 𝔐 -> y` ∈ 𝔐); intros.
  { destruct H0; constructor;Simpl_N; apply Theorem1 in H0; auto. }
  assert (∀ y, y ∈ 𝔐). { apply AxiomV; auto. }
```

```
    destruct H1 with y; auto.
Qed.
```

定理 2.8　$y \neq z \implies x + y \neq x + z.$

```
Theorem Theorem8: ∀ x y z, y <> z -> x + y <> x + z.
Proof.
  intros; set (𝔐:=/{ x | y <> z -> x + y <> x + z /}).
  assert (1 ∈ 𝔐). { constructor; Simpl_N; apply Theorem1. }
  assert (∀ x, x ∈ 𝔐 -> x` ∈ 𝔐); intros.
  { destruct H1; constructor; intro.
    apply H1 in H2; apply Theorem1 in H2; Simpl_N. }
  assert (∀ x, x ∈ 𝔐). { apply AxiomV; auto. }
  destruct H2 with x; auto.
Qed.
```

定理 2.9　给定 x 和 y, 则仅有下列情形之一出现:

1) $x = y.$

2) 有一 u (从而依定理 2.8, 仅有一 u) 存在, 使得

$$x = y + u.$$

3) 有一 v (从而依定理 2.8, 仅有一 v) 存在, 使得

$$y = x + v.$$

```
Lemma Lemma_T9a: ∀ x y, x = y -> ∀ u, x <> y + u.
Proof.
  intros; rewrite <- H, Theorem6; apply Theorem7.
Qed.
```

```
Lemma Lemma_T9b: ∀ x y, x = y -> ∀ v, y <> x + v.
Proof.
  intros; apply Lemma_T9a; auto.
Qed.
```

```
Lemma Lemma_T9c: ∀ x y u, x = y + u -> ∀ v, y <> x + v.
Proof.
  intros; rewrite H, Theorem5, Theorem6; apply Theorem7.
Qed.
```

```
Theorem Theorem9: ∀ x y,
  x = y \/ (∃ u, x = y + u) \/ (∃ v, y = x + v).
```

```
Proof.
  intros;
  set (𝔐:=/{ y | x = y \/ (∃ u, x = y + u) \/ (∃ v, y = x + v)/}).
  assert (1 ∈ 𝔐).
  { constructor; destruct x; auto. right;left; exists x; Simpl_N. }
  assert (∀ y, y ∈ 𝔐 -> y` ∈ 𝔐); intros.
  { destruct H0, H0 as [H0 | [[u H0] | [v H0]] ]; constructor.
    - right; right; exists 1; rewrite H0; Simpl_N.
    - destruct u.
      + Simpl_Nin H0; auto.
      + right; left; exists u; Simpl_N; Simpl_Nin H0.
    - right; right; exists v`; Simpl_N; rewrite H0; auto. }
  assert (∀ y, y ∈ 𝔐). { apply AxiomV; auto. }
  destruct H1 with y; auto.
Qed.
```

2.1.3 序

定义 2.2   设 $x = y + u$, 则 $x > y$ ($>$ 读为 "大于").

```
(* SECTION III Ordering *)

Definition IGT_N x y:= ∃ u, x = y + u.
Notation " x > y ":= (IGT_N x y).
```

定义 2.3   设 $y = x + v$, 则 $x < y$ ($<$ 读为 "小于").

```
Definition ILT_N x y:= ∃ v, y = x + v.
Notation " x < y ":= (ILT_N x y).

Corollary Nlt_S_: ∀ x, x < x`.
Proof.
  intros. red; exists 1; auto.
Qed.
```

定理 2.10   给定 x 和 y, 则仅有下列情形之一出现:

$$x = y, \quad x > y, \quad x < y.$$

```
Theorem Theorem10: ∀ x y, x = y \/ x > y \/ x < y.
Proof.
  intros; destruct (Theorem9 x y) as [H | [H | H]]; auto.
Qed.
```

定理 2.11 $x > y \implies y < x.$

```
Theorem Theorem11: ∀ x y, x > y -> y < x.
Proof.
  intros; auto.
Qed.
```

定理 2.12 $x < y \implies y > x.$

```
Theorem Theorem12: ∀ x y, x < y -> y > x.
Proof.
  intros; auto.
Qed.
```

定义 2.4 $x \geqslant y$ 表示 $x > y$ 或 $x = y$ ($\geqslant$ 读为 "大于或等于").

```
Definition IGE_N x y:= x > y \/ x = y.
Notation " x ⩾ y ":= (IGE_N x y) (at level 55).
```

定义 2.5 $x \leqslant y$ 表示 $x < y$ 或 $x = y$ ($\leqslant$ 读为 "小于或等于").

```
Definition ILE_N x y:= x < y \/ x = y.
Notation " x ⩽ y ":= (ILE_N x y) (at level 55).
```

定理 2.13 $x \geqslant y \implies y \leqslant x.$

```
Theorem Theorem13: ∀ x y, x ⩾ y -> y ⩽ x.
Proof.
  intros; red; red in H; destruct H; auto.
Qed.
```

定理 2.14 $x \leqslant y \implies y \geqslant x.$

```
Theorem Theorem14: ∀ x y, x ⩽ y -> y ⩾ x.
Proof.
  intros; red; red in H; destruct H; auto.
Qed.
```

定理 2.15 (序的传递性) $(x < y \text{ 且 } y < z) \implies x < z.$

提示 $(x > y \text{ 且 } y > z) \implies x > z.$

(因 $z < y$ 且 $y < z$, 故 $z < x$.) 这显然由倒读定理 2.15 所得, 以后对类似情形不再赘述.

```
Theorem Theorem15: ∀ x y z, x < y -> y < z -> x < z.
Proof.
  intros; unfold ILT_N in *; destruct H, H0.
  rewrite H, Theorem5 in H0; eauto.
Qed.
```

定理 2.16 $(x \leqslant y \text{ 且 } y < z)$ 或 $(x < y \text{ 且 } y \leqslant z) \implies x < z.$

```
Theorem Theorem16: ∀ x y z, (x ⩽ y /\ y < z) \/ (x < y /\ y ⩽ z)
 -> x < z.
Proof.
 intros; destruct H as [[[H | H] H0] | [H [H0 | H0]]].
 - eapply Theorem15; eauto.
 - rewrite H; auto.
 - eapply Theorem15; eauto.
 - rewrite <- H0; auto.
Qed.
```

定理 2.17　$(x \leqslant y \text{ 且 } y \leqslant z) \implies x \leqslant z.$

```
Theorem Theorem17: ∀ x y z, x ⩽ y -> y ⩽ z -> x ⩽ z.
Proof.
 intros; red in H; destruct H.
 - left; eapply Theorem16; right; split; eauto.
 - rewrite H; auto.
Qed.
```

依定理 2.15 至定理 2.17,

$$a < b \leqslant c < d$$

之类的写法是合理的; 它在表面上是指

$$a < b, \quad b \leqslant c, \quad c < d,$$

但依这些定理, 它还有例如

$$a < c, \quad a < d, \quad b < d$$

的意义 (以后各章节中写法仿此).

定理 2.18　$x + y > x.$

```
Theorem Theorem18: ∀ x y, x + y > x.
Proof.
 intros; red; eauto.
Qed.
```

定理 2.19　1) $x > y \implies x + z > y + z.$

2) $x = y \implies x + z = y + z.$

3) $x < y \implies x + z < y + z.$

```
Theorem Theorem19_1: ∀ x y z, x > y -> x + z > y + z.
Proof.
 intros; red in H; red; destruct H; exists x0.
```

```
rewrite H, Theorem5, (Theorem6 x0 z), Theorem5; auto.
Qed.

Theorem Theorem19_2: ∀ x y z, x = y -> x + z = y + z.
Proof.
  intros; rewrite H; auto.
Qed.

Theorem Theorem19_3: ∀ x y z, x < y -> x + z < y + z.
Proof.
  intros; apply Theorem19_1; auto.
Qed.
```

定理 2.20　1) $x + z > y + z \implies x > y$.

2) $x + z = y + z \implies x = y$.

3) $x + z < y + z \implies x < y$.

```
Lemma OrdN1: ∀ {x y}, x = y -> x > y -> False.
Proof.
  intros; red in H0; destruct H0; rewrite H, Theorem6 in H0.
  eapply Theorem7; eauto.
Qed.

Lemma OrdN2: ∀ {x y}, x = y -> x < y -> False.
Proof.
  intros; symmetry in H; eapply OrdN1; eauto.
Qed.

Lemma OrdN3: ∀ {x y}, x < y -> x > y -> False.
Proof.
  intros; red in H; red in H0; destruct H, H0.
  rewrite H, Theorem5, Theorem6 in H0; eapply Theorem7; eauto.
Qed.

Ltac EGN H H1:= destruct (OrdN1 H H1).
Ltac ELN H H1:= destruct (OrdN2 H H1).
Ltac LGN H H1:= destruct (OrdN3 H H1).

Lemma OrdN4: ∀ {x y}, x ⩽ y -> x > y -> False.
Proof.
  intros; destruct H; try LGN H H0; EGN H H0.
Qed.
```

```
Lemma OrdN5: ∀ {x y}, x ⩾ y -> x < y -> False.
Proof.
  intros; destruct H; try LGN H H0; ELN H H0.
Qed.


Ltac LEGN H H1:= destruct (OrdN4 H H1).
Ltac GELN H H1:= destruct (OrdN5 H H1).


Lemma LEGEN: ∀ {x y}, x ⩽ y -> y ⩽ x -> x = y.
Proof.
  intros; destruct H; auto. LEGN H0 H.
Qed.


Theorem Theorem20_1: ∀ x y z, x + z > y + z -> x > y.
Proof.
  intros; destruct (Theorem10 x y) as [H0 | [H0 | H0]]; auto.
  - apply Theorem19_2 with (z:=z) in H0; EGN H0 H.
  - apply Theorem19_1 with (z:=z) in H0; LGN H H0.
Qed.


Theorem Theorem20_2: ∀ x y z, x + z = y + z -> x = y.
Proof.
  intros; destruct (Theorem10 x y) as [H0 | [H0 | H0]]; auto.
  - apply Theorem19_1 with (z:=z) in H0; EGN H H0.
  - apply Theorem19_3 with (z:=z) in H0; ELN H H0.
Qed.


Theorem Theorem20_3: ∀ x y z, x + z < y + z -> x < y.
Proof.
  intros; destruct (Theorem10 x y) as [H0 | [H0 | H0]]; auto.
  - apply Theorem19_2 with (z:=z) in H0; ELN H0 H.
  - apply Theorem19_1 with (z:=z) in H0; LGN H H0.
Qed.
```

定理 2.21 $(x > y \text{ 且 } z > u) \implies x + z > y + u.$

```
Lemma LePl_N: ∀ x y z, x ⩽ y <-> x + z ⩽ y + z.
Proof.
  split; intros; destruct H.
  - left; apply Theorem19_1; auto.
  - subst x; right; auto.
  - left; apply Theorem20_1 with (z:=z); Simpl_N.
  - right; apply Theorem20_2 with (z:=z); Simpl_N.
Qed.
```

```
Theorem Theorem21: ∀ x y z u, x > y -> z > u -> x + z > y + u.
Proof.
  intros. apply Theorem19_1 with (z:=z) in H.
  apply Theorem19_1 with (z:=y) in H0.
  rewrite Theorem6, (Theorem6 u y) in H0; eapply Theorem15; eauto.
Qed.
```

定理 2.22　$(x \geqslant y \text{ 且 } z > u) \text{ 或 } (x > y \text{ 且 } z \geqslant u) \implies x + z > y + u.$

```
Theorem Theorem22: ∀ x y z u,
  (x ≥ y /\ z > u) \/ (x > y /\ z ≥ u) -> x + z > y + u.
Proof.
  intros; destruct H as [[H H0] | [H H0]].
  - red in H; destruct H; [apply Theorem21; auto|].
    rewrite H, Theorem6, (Theorem6 y u); apply Theorem19_1; auto.
  - red in H0; destruct H0; [apply Theorem21; auto|].
    rewrite H0; apply Theorem19_1; auto.
Qed.
```

定理 2.23　$(x \geqslant y \text{ 且 } z \geqslant u) \implies x + z \geqslant y + u.$

```
Theorem Theorem23: ∀ x y z u, x ≥ y /\ z ≥ u
  -> (x + z) ≥ (y + u).
Proof.
  intros; destruct H, H.
  - left; apply Theorem22; auto.
  - destruct H0.
    + left; apply Theorem22; left; split; try red; auto.
    + right; rewrite H, H0; auto.
Qed.
```

定理 2.24　$x \geqslant 1.$

```
Theorem Theorem24: ∀ x, x ≥ 1.
Proof.
  intros; destruct x; red; try tauto.
  left; red; exists x; Simpl_N.
Qed.


Corollary Theorem24': ∀ x, 1 ≤ x.
Proof.
  intros; apply Theorem13, Theorem24.
Qed.
```

定理 2.25　$y > x \implies y \geqslant x + 1.$

```
Lemma OrdN6: ∀ {n}, n < 1 -> False.
Proof.
  intros; GELN (Theorem24 n) H.
Qed.


Ltac N1F H:= destruct (OrdN6 H).

Theorem Theorem25: ∀ x y, y > x -> y ⩾ (x + 1).
Proof.
  intros; red in H; destruct H; rewrite H; apply Theorem23.
  split; try apply Theorem24; red; auto.
Qed.
```

定理 2.26　$y < x + 1 \implies y \leqslant x$.

```
Theorem Theorem26: ∀ x y, y < (x + 1) -> y ⩽ x.
Proof.
  intros;
  destruct (Theorem10 y x) as [H0 | [H0 | H0]]; red; auto.
  apply Theorem25 in H0; GELN H0 H.
Qed.

Corollary Theorem26': ∀ {x y}, y ⩽ x -> y < (x + 1).
Proof.
  intros; apply (Theorem16 _ x _); left; split; red; eauto.
Qed.
```

从定理 2.26 容易得到

```
Corollary Le_Lt: ∀ {x y}, y ⩽ x -> y < x`.
Proof.
  intros; apply Theorem26'; auto.
Qed.

Corollary Lt_Le: ∀ {u x}, u < x -> u` ⩽ x.
Proof.
  intros; apply Theorem26;
  apply Theorem19_3 with (z:=1) in H; auto.
Qed.

Corollary N1P: ∀ {x y}, 1 < x + y.
Proof.
  intros; pose proof (Theorem13 _ _ (Theorem24 x)).
  apply (Theorem16 _ x _); left; split; auto; apply Theorem18.
Qed.
```

```
Corollary N1P': ∀ {x y}, x > y -> x > 1.
Proof.
  intros; pose proof (Theorem13 _ _ (Theorem24 y)).
  eapply Theorem16; eauto.
Qed.
```

定理 2.27 自然数的每一非空集合中有一最小的数 (即该数小于集合中的其他任何数).

```
Theorem Theorem27: ∀ N, No_Empty N ->
 ∃ x, x ∈ N /\ (∀ y, y ∈ N -> x ≤ y).
Proof.
  intros; set (𝔐:=/{ x | ∀ y, y ∈ N -> x ≤ y /}).
  assert (1 ∈ 𝔐).
  { constructor; intros; apply Theorem13, Theorem24. }
  assert (~ ∀ z, z ∈ 𝔐 -> z` ∈ 𝔐).
  { intro; assert (∀ z, z ∈ 𝔐). { apply AxiomV; auto. }
    red in H; destruct H; destruct H2 with x`; apply H3 in H.
    pose proof (Theorem18 x 1); Simpl_Nin H4; LEGN H H4. }
  assert (∃ m, m ∈ 𝔐 /\ ~ m` ∈ 𝔐).
  { Absurd. elim H1; intros. Absurd; elim H2; eauto. }
  destruct H2 as [m [H2 H3]]; exists m; split; intros; auto.
  - Absurd; elim H3; constructor; intros.
    pose proof H5; destruct H2; apply H2 in H5; red.
    destruct (Theorem10 m` y) as [H7 | [H7 | H7]]; try tauto.
    apply Theorem26 in H7; pose proof (LEGEN H5 H7). subst m; tauto.
  - destruct H2; auto.
Qed.
```

另外, 补充一些关于自然数减法的一些定义和性质.

```
Fixpoint lt_N x y:=
  match x , y with
  | 1 , p` => True
  | p` , q` => lt_N p q
  | _ , _ => False
  end.


Corollary eqvltN: ∀ x y, x < y <-> lt_N x y.
Proof.
  split; intros; generalize dependent y;
  induction x, y; simpl; auto; intros; try (N1F H).
  - apply IHx; repeat rewrite <- NP1_1 in H.
    apply Theorem20_1 in H; auto.
```

```
  - destruct H.
  - rewrite <- NPl1_; apply N1P.
  - destruct H.
  - apply IHx in H. repeat rewrite <- NP1_1.
    apply Theorem19_1; auto.
Qed.


Theorem ltcase: ∀ x y, {lt_N y x} + {lt_N x y} + {x = y}.
Proof.
  intros. generalize dependent y.
  induction x, y; simpl; auto; intros.
  destruct (IHx y) as [[H | H] | H]; auto. rewrite H; simpl; auto.
Qed.


Theorem Ncase: ∀ x y, {x < y} + {x > y} + {x = y}.
Proof.
  intros. destruct (ltcase x y) as [[H | H] | H]; auto;
  apply eqvltN in H; auto.
Qed.


Lemma Min_N: ∀ z x (l:z>x), {y | x + y = z}.
Proof.
  intros. apply eqvltN in l. induction z.
  - destruct x, l.
  - assert ({lt_N x z} + {x = z}).
    { clear IHz. generalize dependent z.
      induction x, z; simpl; auto; intros.
      - apply eqvltN in l. N1F l.
      - apply IHx in l. destruct l; auto.
        rewrite e; auto. }
    destruct H.
    + apply IHz in l0; destruct l0.
      exists x0`; Simpl_N; rewrite e; auto.
    + exists 1; rewrite e; Simpl_N.
Qed.


Definition Minus_N z x l:= proj1_sig (Min_N z x l).


Notation " x - y ":= (Minus_N x y).


Lemma NMi_uni: ∀ z x l y, x + y = z -> (z - x) l = y.
Proof.
```

```
  intros; unfold Minus_N; destruct (Min_N z x l); simpl.
  rewrite <- H, Theorem6, (Theorem6 x) in e.
  eapply Theorem20_2; eauto.
Qed.

Corollary NMi1: ∀ x y l, ((x - y) l) + y = x.
Proof.
  intros; unfold Minus_N; destruct (Min_N x y l); simpl.
  rewrite Theorem6; auto.
Qed.

Corollary NMi1': ∀ x y l, y + ((x - y) l) = x.
Proof.
  intros; rewrite Theorem6; apply NMi1.
Qed.

Corollary NMi2: ∀ x y l, ((x + y) - y) l = x.
Proof.
  intros; unfold Minus_N; apply NMi_uni; apply Theorem6.
Qed.

Corollary NMi2': ∀ x y l, ((y + x) - y) l = x.
Proof.
  intros; unfold Minus_N; apply NMi_uni; auto.
Qed.

Hint Rewrite NMi1 NMi1' NMi2 NMi2': Nat.

Corollary NMi3: ∀ x l, ((x - 1) l)` = x.
Proof.
  intros; rewrite <- NPl1_; Simpl_N.
Qed.

Corollary NMi4: ∀ x l, (x` - 1) l = x.
Proof.
  intros; apply Theorem20_2 with (z:=1); Simpl_N.
Qed.

Corollary NMi5: ∀ x y l l', (x` - y`) l = (x - y) l'.
Proof.
  intros; apply Theorem20_2 with (z:=y`); Simpl_N.
Qed.
```

Hint Rewrite NMi3 NMi4 NMi5: Nat.

2.1.4　乘法

定理 2.28 (定义 2.6)　对每一数偶 x, y, 恰有一种方式可规定一自然数, 称为 $x \cdot y$ ($\cdot$ 读为 "乘", 但通常都不写它), 使

1) 对每一 x, $x \cdot 1 = x$;

2) 对每一 x 和每一 y, $x \cdot y' = x \cdot y + x$.

$x \cdot y$ 称为 x 和 y 的积, 或以 y 乘 x 所得的数.

```
(* SECTION IV Multiplication *)

Fixpoint Times_N x y:=
  match y with
  | 1 => x
  | z` => (Times_N x z) + x
  end.


Notation " x · y ":= (Times_N x y)(at level 40).


Theorem Theorem28: exists! f, ∀ x,
  (f x 1 = x /\ ∀ y, f x y` = f x y + x ).
Proof.
  exists Times_N; split; intros; [simpl; auto|].
  apply fun_ext; intros; apply fun_ext; intros.
  specialize H with m; destruct H. induction m0.
  - rewrite H; auto.
  - rewrite H0, <- IHm0; auto.
Qed.


Corollary NTi_1: ∀ x, x · 1 = x.
Proof.
  intros; reflexivity.
Qed.


Corollary NTi_S: ∀ x y, x · y` = (x · y + x).
Proof.
  intros; reflexivity.
Qed.


Corollary NTi1_: ∀ x, 1 · x = x.
Proof.
```

```
intros; induction x; auto.
  simpl; rewrite IHx; auto.
Qed.
```

```
Corollary NTiS_: ∀ x y, x` · y = (x · y + y).
Proof.
  intros; induction y; auto.
  simpl; rewrite IHy. repeat rewrite Theorem5.
  rewrite (Theorem6 x); auto.
Qed.
```

```
Hint Rewrite NTi_1 NTi_S NTi1_ NTiS_: Nat.
```

定理 2.29 (乘法的交换律) $xy = yx$.

```
Theorem Theorem29: ∀ x y, x · y = y · x.
Proof.
  intros; set (𝔐:=/{ x | x · y = y · x /}).
  assert (1 ∈ 𝔐). { constructor; Simpl_N. }
  assert (∀ x, x ∈ 𝔐 -> x` ∈ 𝔐); intros.
  { destruct H0; constructor; Simpl_N; rewrite H0; auto. }
  assert (∀ x, x ∈ 𝔐). { apply AxiomV; auto. }
  destruct H1 with x; auto.
Qed.
```

定理 2.30 (分配律) $x(y + z) = xy + xz$.

提示 $(y + z)x = yx + zx$.

以后相似的类推, 不需特别作为定理, 其至也不写出公式.

```
Theorem Theorem30: ∀ x y z, x · (y + z) = (x · y) + (x · z).
Proof.
  intros; set (𝔐:=/{ z | x · (y + z) = (x · y) + (x · z) /}).
  assert (1 ∈ 𝔐). { constructor; Simpl_N. }
  assert (∀ z, z ∈ 𝔐 -> z` ∈ 𝔐); intros.
  { destruct H0; split; Simpl_N; rewrite H0,Theorem5; auto. }
  assert (∀ z, z ∈ 𝔐). { apply AxiomV; auto. }
  destruct H1 with z; auto.
Qed.
```

```
Lemma Theorem30': ∀ x y z, (y + z) · x = (y · x) + (z · x).
Proof.
  intros; rewrite Theorem29, (Theorem29 y x), (Theorem29 z x);
  apply Theorem30.
Qed.
```

定理 2.31 (乘法的结合律)　$(xy)z = x(yz)$.

```
Theorem Theorem31: ∀ x y z, (x · y) · z = x · (y · z).
Proof.
  intros; set (𝔐:=/{ z | (x · y) · z = x · (y · z) /}).
  assert (1 ∈ 𝔐). { constructor; Simpl_N. }
  assert (∀ z, z ∈ 𝔐 -> z` ∈ 𝔐); intros.
  { destruct H0; split; Simpl_N; rewrite H0, Theorem30; auto. }
  assert (∀ z, z ∈ 𝔐). { apply AxiomV; auto. }
  destruct H1 with z; auto.
Qed.
```

定理 2.32　1) $x > y \implies xz > yz$.

2) $x = y \implies xz = yz$.

3) $x < y \implies xz < yz$.

```
Theorem Theorem32_1: ∀ {x y} z, x > y -> x · z > y · z.
Proof.
  intros; red in H; red; destruct H.
  exists (x0 · z); rewrite H; apply Theorem30'.
Qed.
```

```
Theorem Theorem32_2: ∀ {x y} z, x = y -> x · z = y · z.
Proof.
  intros; rewrite H; auto.
Qed.
```

```
Theorem Theorem32_3: ∀ {x y} z, x < y -> x · z < y · z.
Proof.
  intros; apply Theorem32_1; auto.
Qed.
```

定理 2.33　1) $xz > yz \implies x > y$.

2) $xz = yz \implies x = y$.

3) $xz < yz \implies x < y$.

```
Theorem Theorem33_1: ∀ x y z, x · z > y · z -> x > y.
Proof.
  intros; destruct (Theorem10 x y) as [H0 | [H0 | H0]]; auto.
  - apply (Theorem32_2 z) in H0; EGN H0 H.
  - apply (Theorem32_1 z) in H0; LGN H H0.
Qed.
```

```
Theorem Theorem33_2: ∀ x y z, x · z = y · z -> x = y.
Proof.
```

```
  intros; destruct (Theorem10 x y) as [H0 | [H0 | H0]]; auto.
  - apply (Theorem32_1 z) in H0. EGN H H0.
  - apply (Theorem32_1 z) in H0; ELN H H0.
Qed.
```

Theorem Theorem33_3: ∀ x y z, x · z < y · z -> x´ < y.
Proof.
```
  intros; destruct (Theorem10 x y) as [H0 | [H0 | H0]]; auto.
  - apply (Theorem32_2 z) in H0; ELN H0 H.
  - apply (Theorem32_1 z) in H0; LGN H H0.
Qed.
```

定理 2.34 $(x > y \text{ 且 } z > u) \implies xz > yu.$

Theorem Theorem34: ∀ x y z u, x > y -> z > u -> x · z > y · u.
Proof.
```
  intros. apply (Theorem32_1 z) in H; apply (Theorem32_1 y) in H0.
  rewrite Theorem29,(Theorem29 u y) in H0; eapply Theorem15; eauto.
Qed.
```

定理 2.35 $(x \geqslant y \text{ 且 } z > u) \text{ 或 } (x > y \text{ 且 } z \geqslant u) \implies xz > yu.$

Theorem Theorem35: ∀ x y z u,
  (x ⩾ y /\ z > u) \/ (x > y /\ z ⩾ u) -> x · z > y · u.
Proof.
```
  intros; destruct H as [[[H | H] H0] | [H [H0 | H0]]].
  - apply Theorem34; auto.
  - rewrite H, Theorem29, (Theorem29 y u); apply Theorem32_1; auto.
  - apply Theorem34; auto.
  - rewrite H0; apply Theorem32_1; auto.
Qed.
```

定理 2.36 $(x \geqslant y \text{ 且 } z \geqslant u) \implies xz \geqslant yu.$

Theorem Theorem36: ∀ x y z u,
  x ⩾ y /\ z ⩾ u -> (x · z) ⩾ (y · u).
Proof.
```
  intros; destruct H; red in H; destruct H.
  - left; apply Theorem35; auto.
  - destruct H0.
    + left; apply Theorem35; left; split; red; auto.
    + right; rewrite H, H0; auto.
Qed.
```

2.1.5   补充材料: 有限数的定义及性质

本节补充 "有限" 的定义及性质, 因为后续章节中要用到, 这里主要是完成它们的 Coq 描述和验证, 以便后续直接调用. 这些内容是熟知的, 在 Coq 代码中也是可读的和容易理解的, 因此省略它们的人工描述.

有限数的性质仅涉及前面已完成的自然数的相关内容, 读者仅需在调用时查阅相应命令的意义即可. 如果读者只关心 Landau《分析基础》[117] 一书的形式化实现, 本节内容可跳过.

本节代码存为一个独立文件, 不用时无须读入.

```
(** finite *)

(* FINITENESS *)

Require Export Nats.

Inductive Compose {U V W}
  (f:Relation U V) (g:Relation V W) x y:Prop:=
  | Com_intro: ∀ z, f x z -> g z y -> Compose f g x y.

Corollary comp:
  ∀ {U V W A B C} {f:Relation U V} {g:Relation V W},
  Surjection A B f -> Surjection B C g ->
  Surjection A C (Compose f g).
Proof.
  intros; red; repeat split; intros; try red; intros.
  - destruct H1, H2.
    assert (z0 = z1). { eapply H; eauto. }
    subst z0; eapply H0; eauto.
  - apply H in H1; destruct H1; pose proof H1.
    apply H in H2; apply H0 in H2; destruct H2.
    exists x1; econstructor; eauto.
  - apply H0 in H1; destruct H0 as [_ [_ [_ [H0 _]]]], H1.
    pose proof H1; apply H0 in H1.
    apply H in H1; destruct H1. exists x0; econstructor; eauto.
  - destruct H1; eapply H; eauto.
  - destruct H1; eapply H0; eauto.
Qed.

Definition Fin_En x:= /{ z | z < x /}.
Definition fin {U} (A:Ensemble U):=
  (∃ x f, Surjection (Fin_En x) A f).
```

```
Inductive RelE {U} (A:Ensemble U)(x:Nat) y:=
  | RelE_intro: y ∈ A -> RelE A x y.

Corollary Fin_Empty: ∀ {U} (A:Ensemble U), ~ No_Empty A -> fin A.
Proof.
  intros; exists 1,(RelE A); red; repeat split;
  try red; intros; try (destruct H0; elim H; red; eauto).
  - N1F H0.
  - destruct H; red; eauto.
Qed.


Inductive RelUn {U} p q (f g:Relation Nat U) x r:Prop:=
  | RelUn_intro: x < p -> f x r -> RelUn p q f g x r
  | RelUn_intro': ∀ H:p ≤ x, x ≤ (p + q)
    -> g (((x + 1) - p) (Theorem26' H)) r -> RelUn p q f g x r.

Corollary Fin_Union: ∀ {U} {A B:Ensemble U},
  fin A -> fin B -> fin (A ∪ B).
Proof.
  intros; destruct H as [x [f1 H]], H0 as [y [f2 H0]].
  set (f3:= RelUn x y f1 f2); red. exists (((x + y) - 1) N1P), f3.
  red; repeat split; try red; intros.
  - destruct H1, H2; [|LEGN H2 H1|LEGN H1 H2|].
    * apply H with x0; auto.
    * rewrite (proof_irr H2 H1) in H6; eapply H0; eauto.
  - destruct H as [_ [H _]], H0 as [_ [H0 _]], H1; red in H, H0.
    destruct (classic (x ≤ x0)) as [H2 | H2].
    * apply Theorem26' in H2.
      destruct H0 with (Minus_N (x0 + 1) x H2); try constructor.
      + apply Theorem19_1 with (z:=1) in H1; Simpl_Nin H1.
        apply Theorem20_1 with (z:=x); Simpl_N.
        rewrite Theorem6; auto.
      + apply Theorem19_1 with (z:=1) in H1; Simpl_Nin H1.
        pose proof H2. apply Theorem26 in H4.
        rewrite (proof_irr H2 (Theorem26' H4)) in H3.
        exists x1; constructor 2 with H4; auto.
        left; eapply Theorem15; eauto. apply Nlt_S_.
    * apply property_not in H2; destruct H2.
      destruct (Theorem10 x x0) as [H4 | [H4 | H4]]; try tauto.
      destruct H with x0; try constructor; auto.
      exists x1; constructor; auto; red; auto.
```

```
  - destruct H1, H1, H as [_ [_ [H]]], H0 as [_ [_ [H0]]], H2, H3.
    * destruct H with y0; auto. exists x0; constructor; auto.
      apply H2 in H6; destruct H6; auto.
    * destruct H0 with y0; auto; destruct (H3 _ _ H6).
      assert (x ⩽ ((Minus_N (x0 + x) 1 N1P))).
      { destruct x0.
        - right; apply Theorem20_2 with (z:=1); Simpl_N.
        - left; apply Theorem20_1 with (z:=1); Simpl_N.
          rewrite Theorem6; exists x0; Simpl_N. }
      exists ((Minus_N (x0 + x) 1 N1P)). econstructor 2 with H8.
      + left; apply Theorem20_1 with (z:=1); Simpl_N.
        apply Theorem19_1 with (z:=x) in H7.
        eapply Theorem15; eauto. rewrite Theorem6. apply Nlt_S_.
      + assert (x0 =
          (Minus_N (Minus_N (x0 + x) 1 N1P + 1) x (Theorem26' H8))).
        { apply Theorem20_2 with (z:=x); Simpl_N. }
        { rewrite <- H9; auto. }
  - destruct H1; auto.
    * exists (Minus_N ((Minus_N x x0 H1) + y) 1 N1P).
      apply Theorem20_2 with (z:=1).
      rewrite Theorem5; Simpl_N.
      rewrite <- Theorem5,(Theorem6 x0 (Minus_N x x0 H1));Simpl_N.
    * destruct H0 as [_ [_ [_ [H0 _]]]]. apply H0 in H3.
      destruct H3. apply Theorem19_1 with (z:=x) in H3.
      Simpl_Nin H3. rewrite <- NP1_1, Theorem6 in H3.
      exists (Minus_N (x + y) (x0 + 1) H3).
      apply Theorem20_2 with (z:=(x0 + 1)).
      rewrite Theorem5; Simpl_N.
      rewrite <- NP1S_, Theorem6; f_equal; Simpl_N.
  - destruct H1.
    * apply H in H2; auto. * apply H0 in H3; auto.
Qed.

Inductive RelAB {U V} A B v (f:Relation U V) x y:Prop:=
  | Como1_intro: x ∈ A -> f x y -> RelAB A B v f x y
  | Como1_intro': ∼ x ∈ A -> x ∈ B -> y = v -> RelAB A B v f x y.

Corollary Fin_EleUnion: ∀ {U B}, fin B ->
  (∀ b:Ensemble U, b ∈ B -> fin b) -> fin (⋃ B).
Proof.
  intros; destruct H as [x [f H]].
  generalize dependent B; generalize dependent f;
```

```
generalize dependent x; induction x; intros.
- apply Fin_Empty; intro; destruct H1, H1, H1, H1.
  apply H in H1; destruct H1, H as [_ [_ [_ [H _]]]].
  apply H in H1; destruct H1. N1F H1.
- rename H0 into H1; rename H into H0; rename IHx into H.
  destruct H0, H2, H3, H4; red in H0, H2, H3.
  destruct H2 with x as [b H6]. constructor; apply Nlt_S_.
  assert (⋃ B = (⋃ /{ z | z ∈ B /\ z <> b/}) ∪ b).
  { apply ens_ext; red; split; intros; destruct H7; constructor.
    - destruct H7, H7, (classic (x0 ∈ b)); auto.
      left; constructor. exists x1; split; auto.
      constructor; split; auto. intro; subst b; auto.
    - destruct H7; eauto. destruct H7, H7, H7, H7, H7; eauto. }
  rewrite H7; apply Fin_Union.
  + set (B':= /{ z | z ∈ B /\ z <> b /}).
    set (A:=/{ z | ∃ b', (b' ∈ B') /\ (f z b') /}).
    assert ((~ ∃ c, c ∈ B /\ c <> b) -> fin (EleUnion B')) as G.
    { intros. apply Fin_Empty; intro.
      destruct H9, H9, H9, H9, H9, H9. apply H8; eauto. }
    destruct (classic (∃ c, c ∈ B /\ c <> b)) as [H8 | H8];auto.
    destruct H8, H8. apply H with (RelAB A (Fin_En x) x0 f).
    red; repeat split; try red; intros.
    { destruct H10, H11; try tauto.
      - eapply H0; eauto. - subst y z; auto. }
    { destruct (classic (x1 ∈ A)).
      - destruct H10, H2 with x1.
        + constructor; eapply Theorem15; eauto. apply Nlt_S_.
        + exists x2; constructor; auto.
      - exists x0; constructor 2; eauto. }
    { destruct H10, H10, H3 with y; auto.
      exists x1; constructor; auto.
      constructor; exists y; split; auto. constructor; auto. }
    { destruct H10.
      - destruct H10, H10, H10, H10, H10.
        eapply H0 in H12; eauto; subst x2.
        pose proof H11; apply H4 in H11; destruct H11.
        apply Theorem26 in H11. destruct H11; auto.
        subst x1. elim H13; eapply H0; eauto.
      - destruct H11; auto. }
    { destruct H10.
      - eapply H5; eauto. - subst y; auto. }
    { subst y; destruct H10.
```

```
      - destruct H10,H10,H10,H10,H10. apply H13; eapply H0;eauto.
      - subst x0; auto. }
    { intros; destruct H10, H10; auto. }
  + apply H5 in H6; auto.
Qed.
```

```
Corollary Fin_Included: ∀ {U} (A B:Ensemble U),
  A ⊂ B -> fin B -> fin A.
Proof.
  intros; red. pose proof (Fin_Empty A) as G.
  destruct (classic (No_Empty A)) as [H1 | H1]; try tauto.
  destruct H0 as [N [f H0]], H1 as [u H1].
  set (A1:=/{ z | ∃ b', (b' ∈ A) /\ (f z b') /}).
  assert (A1 ⊂ (Fin_En N)).
  { red; intros; destruct H2, H2, H2. eapply H0; eauto. }
  exists N, (RelAB A1 (Fin_En N) u f).
  red; repeat split; try red; intros.
  - destruct H3, H4; try tauto.
    * eapply H0; eauto. * subst y z; auto.
  - destruct (classic (x ∈ A1)).
    * apply H0 in H3. destruct H3 as [y H3].
      exists y; constructor; auto.
    * exists u; constructor 2; eauto.
  - pose proof H3. apply H, H0 in H3. destruct H3.
    exists x. constructor; auto. constructor. exists y; auto.
  - destruct H3; [|destruct H4; auto].
    destruct H0 as [_ [_ [_ [H0 _]]]].
    apply H0 in H4. destruct H4; auto.
  - destruct H3; [|subst u; auto].
    destruct H3, H3, H3.
    assert (x0 = y); try eapply H0; eauto. subst y; auto.
Qed.
```

2.2 分　　数

2.2.1 定义和等价

定义 2.7　分数 $\dfrac{x_1}{x_2}$ (读为 "x_2 分之 x_1") 是指自然数 x_1, x_2 的定序数偶.

```
(** frac *)
```

```
(* FRACTIONS *)
```

(* SECTION I Definition and Equivalence *)

Require Export **Nats**.

Inductive **Fra**: Type:= Over: Nat -> Nat -> Fra.
Notation " x / y ":= (Over x y).

定义 2.8　　当 $x_1 y_2 = y_1 x_2$ 时,

$$\frac{x_1}{x_2} \sim \frac{y_1}{y_2}.$$

($\sim$ 读为 "等价于").

Definition **Get_Num** f:= match f with x1/x2 => x1 end.

Definition **Get_Den** f:= match f with x1/x2 => x2 end.

Definition **Equal_F** f1 f2:=
  (Get_Num f1) · (Get_Den f2) = (Get_Num f2) · (Get_Den f1).
Notation " f1 $\sim$ f2 ":= (Equal_F f1 f2)(at level 55).

定理 2.37　$\dfrac{x_1}{x_2} \sim \dfrac{x_1}{x_2}$.

Theorem **Theorem37**: $\forall$ f1, f1 $\sim$ f1.
Proof.
 intros; destruct f1; constructor.
Qed.

定理 2.38　$\dfrac{x_1}{x_2} \sim \dfrac{y_1}{y_2} \implies \dfrac{y_1}{y_2} \sim \dfrac{x_1}{x_2}$.

Theorem **Theorem38**: $\forall$ f1 f2, f1 $\sim$ f2 -> f2 $\sim$ f1.
Proof.
  intros; destruct f1 as [x1 x2], f2 as [y1 y2].
  red in H; red; simpl in *; rewrite H; auto.
Qed.

Ltac **autoF**:= try apply **Theorem37**; try apply **Theorem38**; auto.

定理 2.39　$\left(\dfrac{x_1}{x_2} \sim \dfrac{y_1}{y_2} \text{ 且 } \dfrac{y_1}{y_2} \sim \dfrac{z_1}{z_2} \right) \implies \dfrac{x_1}{x_2} \sim \dfrac{z_1}{z_2}$.

根据定理 2.37 至定理 2.39, 一切分数分为不同的类, 当 $\dfrac{x_1}{x_2}$ 和 $\dfrac{y_1}{y_2}$ 属于同一类时, 且仅在这时, 才有

$$\frac{x_1}{x_2} \sim \frac{y_1}{y_2}.$$

Lemma Lemma_T39: ∀ x y z u, (x · y) · (z · u) = (x · u) · (z · y).
Proof.
  intros; rewrite Theorem31, <- (Theorem31 y z u).
  rewrite (Theorem29 (y · z)), <- Theorem31, (Theorem29 y); auto.
Qed.

Theorem Theorem39: ∀ {f1 f2 f3}, f1 ∼ f2 -> f2 ∼ f3 -> f1 ∼ f3.
Proof.
  intros; destruct f1 as [x1 x2], f2 as [y1 y2], f3 as [z1 z2].
  unfold Equal_F in *; simpl in *.
  apply Theorem32_2 with (z:=(y1·z2)) in H.
  rewrite Lemma_T39,H0,(Lemma_T39 y1),(Theorem29 (y1 · y2)) in H.
  apply Theorem33_2 in H; auto.
Qed.

定理 2.40　　$\dfrac{x_1}{x_2} \sim \dfrac{x_1 x}{x_2 x}$.

Theorem Theorem40: ∀ x x1 x2, x1/x2 ∼ (x1 · x)/(x2 · x).
Proof.
  intros; red; simpl; rewrite (Theorem29 x2 x), Theorem31; auto.
Qed.

2.2.2　序

定义 2.9　　当 $x_1 y_2 > y_1 x_2$ 时,

$$\frac{x_1}{x_2} > \frac{y_1}{y_2}.$$

(> 读为 "大于").

(* SECTION II Ordering *)

Definition IGT_F f1 f2:=
  (Get_Num f1) · (Get_Den f2) > (Get_Num f2) · (Get_Den f1).
Notation " x > y ":= (IGT_F x y).

定义 2.10　　当 $x_1 y_2 < y_1 x_2$ 时,

$$\frac{x_1}{x_2} < \frac{y_1}{y_2}.$$

(< 读为 "小于").

Definition ILT_F f1 f2:=
  (Get_Num f1) · (Get_Den f2) < (Get_Num f2) · (Get_Den f1).

Notation " x < y ":= (ILT_F x y).

定理 2.41　给定 $\dfrac{x_1}{x_2}$ 和 $\dfrac{y_1}{y_2}$, 则仅有下列情形之一出现:

$$\frac{x_1}{x_2} \sim \frac{y_1}{y_2}, \quad \frac{x_1}{x_2} > \frac{y_1}{y_2}, \quad \frac{x_1}{x_2} < \frac{y_1}{y_2}.$$

Theorem Theorem41: ∀ f1 f2, (f1 ~ f2) \/ (f1 > f2) \/ (f1 < f2).
Proof.
  intros; destruct f1 as [x1 x2], f2 as [y1 y2]; apply Theorem10.
Qed.

定理 2.42　$\dfrac{x_1}{x_2} > \dfrac{y_1}{y_2} \implies \dfrac{y_1}{y_2} < \dfrac{x_1}{x_2}.$

Theorem Theorem42: ∀ f1 f2, f1 > f2 -> f2 < f1.
Proof.
  intros; destruct f1 as [x1 x2], f2 as [y1 y2]; auto.
Qed.

定理 2.43　$\dfrac{x_1}{x_2} < \dfrac{y_1}{y_2} \implies \dfrac{y_1}{y_2} > \dfrac{x_1}{x_2}.$

Theorem Theorem43: ∀ f1 f2, f1 < f2 -> f2 > f1.
Proof.
  intros; destruct f1 as [x1 x2], f2 as [y1 y2]; auto.
Qed.

定理 2.44　$\left(\dfrac{x_1}{x_2} > \dfrac{y_1}{y_2} \text{ 且 } \dfrac{x_1}{x_2} \sim \dfrac{z_1}{z_2} \text{ 且 } \dfrac{y_1}{y_2} \sim \dfrac{u_1}{u_2} \right) \implies \dfrac{z_1}{z_2} > \dfrac{u_1}{u_2}.$

提示　由此可知, 若某类中的一分数大于另一类中的一分数, 则对于代表这两类分数中的一切数偶, 这关系成立.

Theorem Theorem44: ∀ {f1 f2 f3 f4},
  f1 > f2 -> f1 ~ f3 -> f2 ~ f4 -> f3 > f4.
Proof.
  intros; destruct f1 as [x1 x2], f2 as [y1 y2],
    f3 as [z1 z2], f4 as [u1 u2].
  unfold IGT_F, Equal_F in *; simpl in *.
  apply Theorem32_2 with (z:=(z1 · x2)) in H1.
  pattern (z1 · x2) at 2 in H1; rewrite <- H0 in H1.
  rewrite Lemma_T39, (Lemma_T39 u1 y2 x1 z2) in H1.
  apply Theorem32_1 with (z:=(u1 · z2)) in H.
  rewrite Theorem29, <- H1, Theorem29 in H.
  rewrite (Theorem29 (y1 · x2)) in H; apply Theorem33_1 in H; auto.
Qed.

定理 2.45 $\left(\dfrac{x_1}{x_2} < \dfrac{y_1}{y_2} \text{ 且 } \dfrac{x_1}{x_2} \sim \dfrac{z_1}{z_2} \text{ 且 } \dfrac{y_1}{y_2} \sim \dfrac{u_1}{u_2}\right) \implies \dfrac{z_1}{z_2} < \dfrac{u_1}{u_2}$.

提示   由此可知, 若某类中的一分数小于另一类中的一分数, 则对于代表这两类分数中的一切数偶, 这关系成立.

```
Theorem Theorem 45: ∀ {f1 f2 f3 f4},
  f1 < f2 -> f1 ~ f3 -> f2 ~ f4 -> f3 < f4.
Proof.
  intros; apply Theorem43 in H; apply Theorem42.
  eapply Theorem44; eauto.
Qed.
```

定义 2.11 $\dfrac{x_1}{x_2} \gtrsim \dfrac{y_1}{y_2}$ 表示 $\dfrac{x_1}{x_2} > \dfrac{y_1}{y_2}$ 或 $\dfrac{x_1}{x_2} \sim \dfrac{y_1}{y_2}$ ($\gtrsim$ 读为 "大于或等价于").

```
Definition IGE_F f1 f2:= (f1 > f2) \/ (f1 ~ f2).
Notation " x ≳ y ":= (IGE_F x y).
```

定义 2.12 $\dfrac{x_1}{x_2} \lesssim \dfrac{y_1}{y_2}$ 表示 $\dfrac{x_1}{x_2} < \dfrac{y_1}{y_2}$ 或 $\dfrac{x_1}{x_2} \sim \dfrac{y_1}{y_2}$ ($\lesssim$ 读为 "小于或等价于").

```
Definition ILE_F f1 f2:= (f1 < f2) \/ (f1 ~ f2).
Notation " x ≲ y ":= (ILE_F x y).
```

定理 2.46 $\left(\dfrac{x_1}{x_2} \gtrsim \dfrac{y_1}{y_2} \text{ 且 } \dfrac{x_1}{x_2} \sim \dfrac{z_1}{z_2} \text{ 且 } \dfrac{y_1}{y_2} \sim \dfrac{u_1}{u_2}\right) \implies \dfrac{z_1}{z_2} \gtrsim \dfrac{u_1}{u_2}$.

```
Theorem Theorem46: ∀ f1 f2 f3 f4,
  f1 ≳ f2 -> f1 ~ f3 -> f2 ~ f4 -> f3 ≳ f4.
Proof.
  intros; red in H; red; destruct H.
  - left; eapply Theorem44; eauto.
  - right; eapply Theorem39; eauto. eapply Theorem39; eauto; autoF.
Qed.
```

定理 2.47 $\left(\dfrac{x_1}{x_2} \lesssim \dfrac{y_1}{y_2} \text{ 且 } \dfrac{x_1}{x_2} \sim \dfrac{z_1}{z_2} \text{ 且 } \dfrac{y_1}{y_2} \sim \dfrac{u_1}{u_2}\right) \implies \dfrac{z_1}{z_2} \lesssim \dfrac{u_1}{u_2}$.

```
Theorem Theorem47: ∀ f1 f2 f3 f4,
  f1 ≲ f2 -> f1 ~ f3 -> f2 ~ f4 -> f3 ≲ f4.
Proof.
  intros; red in H; red; destruct H.
  - left; eapply Theorem45; eauto.
  - right; eapply Theorem39; eauto. eapply Theorem39; eauto; autoF.
Qed.
```

定理 2.48 $\dfrac{x_1}{x_2} \gtrsim \dfrac{y_1}{y_2} \implies \dfrac{y_1}{y_2} \lesssim \dfrac{x_1}{x_2}$.

```
Theorem Theorem48: ∀ f1 f2, f1 ≳ f2 -> f2 ≲ f1.
Proof.
  intros; destruct H.
  - left; apply Theorem42; auto.
  - right; now apply Theorem38.
Qed.
```

定理 2.49 $\dfrac{x_1}{x_2} \lesssim \dfrac{y_1}{y_2} \implies \dfrac{y_1}{y_2} \gtrsim \dfrac{x_1}{x_2}$.

```
Theorem Theorem49: ∀ f1 f2, f1 ≲ f2 -> f2 ≳ f1.
Proof.
  intros; destruct H.
  - left; apply Theorem43; auto.
  - right; now apply Theorem38.
Qed.
```

定理 2.50 (序的传递性) $\left(\dfrac{x_1}{x_2} < \dfrac{y_1}{y_2} \text{ 且 } \dfrac{y_1}{y_2} < \dfrac{z_1}{z_2} \right) \implies \dfrac{x_1}{x_2} < \dfrac{z_1}{z_2}$.

```
Theorem Theorem50: ∀ f1 f2 f3, f1 < f2 -> f2 < f3 -> f1 < f3.
Proof.
  intros; destruct f1 as [x1 x2], f2 as [y1 y2], f3 as [z1 z2].
  unfold ILT_F in *; simpl in *.
  apply Theorem33_3 with (z:=(y1 · y2)).
  rewrite Lemma_T39, (Theorem29 (z1 · x2)), (Lemma_T39 y1).
  eapply Theorem34; eauto.
Qed.
```

定理 2.51 $\left(\dfrac{x_1}{x_2} \lesssim \dfrac{y_1}{y_2} \text{ 且 } \dfrac{y_1}{y_2} < \dfrac{z_1}{z_2} \right)$ 或 $\left(\dfrac{x_1}{x_2} < \dfrac{y_1}{y_2} \text{ 且 } \dfrac{y_1}{y_2} \lesssim \dfrac{z_1}{z_2} \right) \implies \dfrac{x_1}{x_2} < \dfrac{z_1}{z_2}$.

```
Theorem Theorem51: ∀ f1 f2 f3,
  (f1 ≲ f2 /\ f2 < f3) \/ (f1 < f2 /\ f2 ≲ f3) -> f1 < f3.
Proof.
  intros; destruct H as [[[H | H1] H0] | [H [H0 | H1]]].
  - eapply Theorem50; eauto.
  - eapply Theorem45; eauto; autoF.
  - eapply Theorem50; eauto.
  - eapply Theorem45; eauto; autoF.
Qed.
```

定理 2.52 $\left(\dfrac{x_1}{x_2} \lesssim \dfrac{y_1}{y_2} \text{ 且 } \dfrac{y_1}{y_2} \lesssim \dfrac{z_1}{z_2} \right) \implies \dfrac{x_1}{x_2} \lesssim \dfrac{z_1}{z_2}$.

```
Theorem Theorem52: ∀ f1 f2 f3, f1 ≲ f2 -> f2 ≲ f3 -> f1 ≲ f3.
```

```
Proof.
  intros; destruct H.
  - left; eapply Theorem51; eauto.
  - red in H0; destruct H0.
    + left; eapply Theorem45; eauto; autoF.
    + right; eapply Theorem39; eauto.
Qed.
```

定理 2.53　给定 $\dfrac{x_1}{x_2}$，则存在 $\dfrac{z_1}{z_2}$，使得

$$\frac{x_1}{x_2} > \frac{z_1}{z_2}.$$

```
Theorem Theorem53: ∀ f1, ∃ f2, f2 > f1.
Proof.
  intros; destruct f1 as [x1 x2]; exists ((x1 + x1)/x2).
  red; simpl; rewrite Theorem30'; apply Theorem18.
Qed.
```

定理 2.54　给定 $\dfrac{x_1}{x_2}$，则存在 $\dfrac{z_1}{z_2}$，使得

$$\frac{z_1}{z_2} > \frac{x_1}{x_2}.$$

```
Theorem Theorem54: ∀ f1, ∃ f2, f2 < f1.
Proof.
  intros; destruct f1 as [x1 x2]; exists (x1/(x2 + x2)).
  red; simpl; rewrite Theorem30; apply Theorem18.
Qed.
```

定理 2.55　设 $\dfrac{x_1}{x_2} < \dfrac{y_1}{y_2}$，则存在 $\dfrac{z_1}{z_2}$，使得

$$\frac{x_1}{x_2} < \frac{z_1}{z_2} < \frac{y_1}{y_2}.$$

```
Theorem Theorem55: ∀ f1 f2, f1 < f2 -> ∃ f3, f1 < f3 /\ f3 < f2.
Proof.
  intros; destruct f1 as [x1 x2], f2 as [y1 y2].
  red in H; simpl in H. exists ((x1 + y1) / (x2 + y2)).
  split; red; simpl; rewrite Theorem30, Theorem30'.
  - rewrite Theorem6, (Theorem6 _ (y1 · x2)); now apply Theorem19_1.
  - now apply Theorem19_3.
Qed.
```

2.2.3　加法

定义 2.13　$\dfrac{x_1}{x_2} + \dfrac{y_1}{y_2}$（+ 读为 "加"）是指分数 $\dfrac{x_1 y_2 + y_1 x_2}{x_2 y_2}$. 这分数称为 $\dfrac{x_1}{x_2}$

和 $\dfrac{y_1}{y_2}$ 的和, 或加 $\dfrac{y_1}{y_2}$ 于 $\dfrac{x_1}{x_2}$ 所得的分数.

(* SECTION III Addition *)

```
Definition Plus_F f1 f2:=
  match f1,f2 with x1/x2,y1/y2 => (x1 · y2 + y1 · x2)/(x2 · y2) end.
Notation " f1 + f2 ":= (Plus_F f1 f2).
```

定理 2.56　$\left(\dfrac{x_1}{x_2} \sim \dfrac{y_1}{y_2} \text{ 且 } \dfrac{z_1}{z_2} \sim \dfrac{u_1}{u_2} \right) \implies \dfrac{x_1}{x_2} + \dfrac{z_1}{z_2} \sim \dfrac{y_1}{y_2} + \dfrac{u_1}{u_2}$.

提示　由此可知, 和的类仅依各 "加数" 的类而定.

```
Theorem Theorem56: ∀ {f1 f2 f3 f4}, f1 ∼ f2 -> f3 ∼ f4 ->
  (f1 + f3) ∼ (f2 + f4).
Proof.
  intros; destruct f1 as [x1 x2], f2 as [y1 y2],
    f3 as [z1 z2], f4 as [u1 u2]. unfold Equal_F in *; simpl in *.
  repeat rewrite Theorem30'; rewrite (Lemma_T39 u1), <- H0.
  rewrite (Lemma_T39 z1), (Theorem29 y2 x2); apply Theorem19_2.
  rewrite (Theorem29 y2 u2), Lemma_T39, H.
  repeat rewrite <- Theorem31; apply Theorem32_2.
  repeat rewrite Theorem31; rewrite (Theorem29 u2 x2); auto.
Qed.
```

定理 2.57　$\dfrac{x_1}{x} + \dfrac{x_2}{x} \sim \dfrac{x_1 + x_2}{x}$.

```
Theorem Theorem57: ∀ x x1 x2, x1/x + x2/x ∼ (Plus_N x1 x2)/x.
Proof.
  intros; unfold Plus_F; simpl.
  rewrite <- Theorem30'; apply Theorem31.
Qed.
```

定理 2.58 (加法的交换律)　$\dfrac{x_1}{x_2} + \dfrac{y_1}{y_2} = \dfrac{y_1}{y_2} + \dfrac{x_1}{x_2}$.

```
Theorem Theorem58: ∀ f1 f2, f1 + f2 ∼ f2 + f1.
Proof.
  intros; destruct f1 as [x1 x2], f2 as [y1 y2]; unfold Plus_F.
  simpl. now rewrite (Theorem6 (x1 · y2)), (Theorem29 x2).
Qed.
```

定理 2.59 (加法的结合律)　$\left(\dfrac{x_1}{x_2} + \dfrac{y_1}{y_2} \right) + \dfrac{z_1}{z_2} \sim \dfrac{x_1}{x_2} + \left(\dfrac{y_1}{y_2} + \dfrac{z_1}{z_2} \right)$.

Theorem Theorem59: ∀ f1 f2 f3, (f1 + f2) + f3 ~ f1 + (f2 + f3).
Proof.
  intros; destruct f1 as [x1 x2], f2 as [y1 y2], f3 as [z1 z2].
  unfold Plus_F; simpl; repeat rewrite Theorem30'.
  repeat rewrite Theorem31; rewrite Theorem5.
  rewrite (Theorem29 x2 z2), (Theorem29 y2 x2); autoF.
Qed.

定理 2.60　$\dfrac{x_1}{x_2} + \dfrac{y_1}{y_2} > \dfrac{x_1}{x_2}$.

Theorem Theorem60: ∀ f1 f2, (f1 + f2) > f1.
Proof.
  intros; destruct f1 as [x1 x2], f2 as [y1 y2]; red; simpl.
  rewrite Theorem30', Theorem31, (Theorem29 y2 x2); apply Theorem18.
Qed.

定理 2.61　$\dfrac{x_1}{x_2} > \dfrac{y_1}{y_2} \implies \dfrac{x_1}{x_2} + \dfrac{z_1}{z_2} > \dfrac{y_1}{y_2} + \dfrac{z_1}{z_2}$.

Theorem Theorem61: ∀ f1 f2 f3, f1 > f2 -> (f1 + f3) > (f2 + f3).
Proof.
  assert (∀ x y z, ((x · y) · z) = ((x · z) · y)) as G.
  { intros; rewrite Theorem31,(Theorem29 y z),<- Theorem31; auto. }
  intros; destruct f1 as [x1 x2], f2 as [y1 y2], f3 as [z1 z2].
  unfold IGT_F in *; simpl in *.
  apply Theorem32_1 with (z:=z2) in H. rewrite G, (G y1 x2 z2) in H.
  repeat rewrite Theorem30'; repeat rewrite Theorem31.
  rewrite <- (Theorem31 x2 y2 z2), (Theorem29 x2 y2), Theorem31.
  apply Theorem19_1; repeat rewrite <- Theorem31.
  now apply Theorem32_1.
Qed.

定理 2.62　1) $\dfrac{x_1}{x_2} > \dfrac{y_1}{y_2} \implies \dfrac{x_1}{x_2} + \dfrac{z_1}{z_2} > \dfrac{y_1}{y_2} + \dfrac{z_1}{z_2}$.

2) $\dfrac{x_1}{x_2} \sim \dfrac{y_1}{y_2} \implies \dfrac{x_1}{x_2} + \dfrac{z_1}{z_2} \sim \dfrac{y_1}{y_2} + \dfrac{z_1}{z_2}$.

3) $\dfrac{x_1}{x_2} < \dfrac{y_1}{y_2} \implies \dfrac{x_1}{x_2} + \dfrac{z_1}{z_2} < \dfrac{y_1}{y_2} + \dfrac{z_1}{z_2}$.

Theorem Theorem62_1: ∀ f1 f2 f3, f1 > f2 -> (f1 + f3) > (f2 + f3).
Proof.
  intros; apply Theorem61; auto.
Qed.

Theorem Theorem62_2: ∀ f1 f2 f3, f1 ~ f2 -> (f1 + f3) ~ (f2 + f3).
Proof.
  intros; eapply Theorem56; eauto; autoF.

Qed.

Theorem Theorem62_3: ∀ f1 f2 f3, f1 < f2 -> (f1 + f3) < (f2 + f3).
Proof.
  intros; apply Theorem42; apply Theorem62_1; now apply Theorem43.
Qed.

定理 2.63　　1) $\dfrac{x_1}{x_2} + \dfrac{z_1}{z_2} > \dfrac{y_1}{y_2} + \dfrac{z_1}{z_2} \implies \dfrac{x_1}{x_2} > \dfrac{y_1}{y_2}.$

　　2) $\dfrac{x_1}{x_2} + \dfrac{z_1}{z_2} \sim \dfrac{y_1}{y_2} + \dfrac{z_1}{z_2} \implies \dfrac{x_1}{x_2} \sim \dfrac{y_1}{y_2}.$

　　3) $\dfrac{x_1}{x_2} + \dfrac{z_1}{z_2} < \dfrac{y_1}{y_2} + \dfrac{z_1}{z_2} \implies \dfrac{x_1}{x_2} < \dfrac{y_1}{y_2}.$

Lemma OrdF1: ∀ {f1 f2}, f1 ~ f2 -> f1 > f2 -> False.
Proof.
  intros; destruct f1 as [x1 x2], f2 as [y1 y2].
  red in H, H0; simpl in *; EGN H H0.
Qed.

Lemma OrdF2: ∀ {f1 f2}, f1 ~ f2 -> f1 < f2 -> False.
Proof.
  intros; destruct f1 as [x1 x2], f2 as [y1 y2].
  red in H, H0; simpl in *; ELN H H0.
Qed.

Lemma OrdF3: ∀ {f1 f2}, f1 < f2 -> f1 > f2 -> False.
Proof.
  intros; destruct f1 as [x1 x2], f2 as [y1 y2].
  red in H, H0; simpl in *; LGN H H0.
Qed.

Ltac EGF H H1:= destruct (OrdF1 H H1).
Ltac ELF H H1:= destruct (OrdF2 H H1).
Ltac LGF H H1:= destruct (OrdF3 H H1).

Theorem Theorem63_1: ∀ f1 f2 f3, (f1 + f3) > (f2 + f3) -> f1 > f2.
Proof.
  intros; destruct (Theorem41 f1 f2) as [H0 | [H0 | H0]]; auto.
  - apply Theorem62_2 with (f3:=f3) in H0; EGF H0 H.
  - apply Theorem62_3 with (f3:=f3) in H0; LGF H0 H.
Qed.

Theorem Theorem63_2: ∀ f1 f2 f3, (f1 + f3) ~ (f2 + f3) -> f1 ~ f2.

```
Proof.
  intros; destruct (Theorem41 f1 f2) as [H0 | [H0 | H0]]; auto.
  - apply Theorem62_1 with (f3:=f3) in H0; EGF H H0.
  - apply Theorem62_3 with (f3:=f3) in H0; ELF H H0.
Qed.
```

```
Theorem Theorem63_3: ∀ f1 f2 f3, (f1 + f3) < (f2 + f3) -> f1 < f2.
Proof.
  intros; destruct (Theorem41 f1 f2) as [H0 | [H0 | H0]]; auto.
  - apply Theorem62_2 with (f3:=f3) in H0; ELF H0 H.
  - apply Theorem62_1 with (f3:=f3) in H0; LGF H H0.
Qed.
```

定理 2.64 $\left(\dfrac{x_1}{x_2} > \dfrac{y_1}{y_2} \text{ 且 } \dfrac{z_1}{z_2} > \dfrac{u_1}{u_2}\right) \implies \dfrac{x_1}{x_2} + \dfrac{z_1}{z_2} > \dfrac{y_1}{y_2} + \dfrac{u_1}{u_2}.$

```
Theorem Theorem64: ∀ {f1 f2 f3 f4},
  f1 > f2 -> f3 > f4 -> (f1 + f3) > (f2 + f4).
Proof.
  intros; apply (Theorem61 _ _ f3) in H;
  apply(Theorem61 _ _ f2) in H0.
  apply (@ Theorem44 _ _ (f1+f3) (f3+f2)) in H;
  autoF; try apply Theorem58.
  apply (@ Theorem44 _ _ (f3+f2) (f2+f4)) in H0;
  autoF; try apply Theorem58.
  apply Theorem43; eapply Theorem50; eauto; apply Theorem42; eauto.
Qed.
```

定理 2.65 $\left(\dfrac{x_1}{x_2} \gtrsim \dfrac{y_1}{y_2} \text{ 且 } \dfrac{z_1}{z_2} > \dfrac{u_1}{u_2}\right) \text{ 或 } \left(\dfrac{x_1}{x_2} > \dfrac{y_1}{y_2} \text{ 且 } \dfrac{z_1}{z_2} \gtrsim \dfrac{u_1}{u_2}\right) \implies$
$\dfrac{x_1}{x_2} + \dfrac{z_1}{z_2} > \dfrac{y_1}{y_2} + \dfrac{u_1}{u_2}.$

```
Theorem Theorem65: ∀ f1 f2 f3 f4, (f1 ≳ f2 /\ f3 > f4) \/
  (f1 > f2 /\ f3 ≳ f4) -> (f1 + f3) > (f2 + f4).
Proof.
  intros; destruct H as [[[H | H1] H0] | [H [H0 | H1]]].
  - apply Theorem64; auto.
  - apply Theorem62_1 with (f3:=f1) in H0.
    apply Theorem62_2 with (f3:=f4) in H1.
    eapply Theorem44; eauto; try apply Theorem58.
    eapply Theorem39; eauto; apply Theorem58.
  - apply Theorem64; auto.
  - apply Theorem62_1 with (f3:=f3) in H.
    apply Theorem62_2 with (f3:=f2) in H1.
```

```
  eapply Theorem44; eauto; autoF.
  apply (@ Theorem39 _ (f4 + f2)); try apply Theorem58.
  apply (@ Theorem39 _ (f3 + f2)); try apply Theorem58; autoF.
Qed.
```

定理 2.66　$\left(\dfrac{x_1}{x_2} \gtrsim \dfrac{y_1}{y_2} \text{ 且 } \dfrac{z_1}{z_2} \gtrsim \dfrac{u_1}{u_2}\right) \implies \dfrac{x_1}{x_2} + \dfrac{z_1}{z_2} \gtrsim \dfrac{y_1}{y_2} + \dfrac{u_1}{u_2}.$

```
Theorem Theorem66: ∀ f1 f2 f3 f4,
  (f1 ≳ f2 /\ f3 ≳ f4) -> (f1 + f3) ≳ (f2 + f4).
Proof.
  intros; destruct H; red in H; destruct H.
  - left; apply Theorem65; auto.
  - destruct H0.
    + left; apply Theorem65; left; split; auto; red; tauto.
    + right; apply Theorem62_2 with (f3:=f3) in H.
      apply Theorem62_2 with (f3:=f2) in H0.
      apply (@ Theorem39 _ (f2 + f3)); auto.
      apply (@ Theorem39 _ (f3 + f2)); try apply Theorem58.
      eapply Theorem39; eauto; try apply Theorem58.
Qed.
```

定理 2.67　设 $\dfrac{x_1}{x_2} > \dfrac{y_1}{y_2}$, 则

$$\frac{y_1}{y_2} + \frac{u_1}{u_2} \sim \frac{x_1}{x_2}$$

有一解 $\dfrac{u_1}{u_2}$. 设 $\dfrac{v_1}{v_2}$ 和 $\dfrac{w_1}{w_2}$ 都是解, 则

$$\frac{v_1}{v_2} \sim \frac{w_1}{w_2}.$$

提示　设 $\dfrac{x_1}{x_2} \lesssim \dfrac{y_1}{y_2}$, 则

$$\frac{y_1}{y_2} + \frac{u_1}{u_2} \sim \frac{x_1}{x_2}$$

无解.

```
Theorem Theorem67_1: ∀ f1 f2, f1 > f2 -> ∃ f3, (f2 + f3) ~ f1.
Proof.
  intros; destruct f1 as [x1 x2], f2 as [y1 y2].
  red in H; simpl in H. red in H; destruct H as [z H1].
  exists (z/(x2 · y2)); red; simpl. repeat rewrite <- Theorem31.
  rewrite H1. repeat rewrite Theorem30'; repeat rewrite Theorem31.
```

```
  rewrite (Theorem29 y2 x2); auto.
Qed.
```

Theorem Theorem67_2: ∀ f1 f2 f3 f4, (f2 + f3) ∼ f1 ->
  (f2 + f4) ∼ f1 -> f3 ∼ f4.

```
Proof.
  intros; apply Theorem63_2 with (f3:=f2); apply (@ Theorem39 _ f1).
  - clear H0; eapply Theorem39; eauto; apply Theorem58.
  - apply Theorem38 in H0; eapply Theorem39; eauto; apply Theorem58.
Qed.
```

定义 2.14　定理 2.67 证明中所作的特别分数 $\dfrac{u_1}{u_2}$ 称为 $\dfrac{x_1}{x_2} - \dfrac{y_1}{y_2}$ （$-$ 读为

"减"），或 $\dfrac{x_1}{x_2}$ 减 $\dfrac{y_1}{y_2}$ 的差，或由分数 $\dfrac{x_1}{x_2}$ 减分数 $\dfrac{y_1}{y_2}$ 所得的分数.

　　提示　$\dfrac{x_1}{x_2} \sim \dfrac{y_1}{y_2} + \dfrac{v_1}{v_2} \implies \dfrac{v_1}{v_2} \sim \dfrac{x_1}{x_2} - \dfrac{y_1}{y_2}$.

```
Definition Minus_F f1 f2: (f1>f2) -> Fra:=
  match f1,f2 with x1/x2,y1/y2 =>
    fun l => ((Minus_N (x1 · y2) (y1 · x2)) l)/(x2 · y2) end.
```

```
Notation " f1 - f2 ":= (Minus_F f1 f2).
```

Lemma D14: ∀ f1 f2 l, ((f1 - f2) l) + f2 ∼ f1.

```
Proof.
  intros; destruct f1, f2; simpl; red; simpl.
  rewrite (Theorem29 (n0 · n2) n2), (Theorem29 n0 n2).
  repeat rewrite <- Theorem31; apply Theorem32_2.
  rewrite (Theorem29 (n1 · n2) n0), <- Theorem31, <- Theorem30'.
  apply Theorem32_2; rewrite (Theorem29 n0 n1); Simpl_N.
Qed.
```

2.2.4　乘法

　　定义 2.15　$\dfrac{x_1}{x_2} \cdot \dfrac{y_1}{y_2}$（$\cdot$ 读为 "乘"，但通常都不写出它）是指分数 $\dfrac{x_1 y_1}{x_2 y_2}$. 这分

数称为 $\dfrac{x_1}{x_2}$ 和 $\dfrac{y_1}{y_2}$ 的积，或以 $\dfrac{y_1}{y_2}$ 乘 $\dfrac{x_1}{x_2}$ 所得的分数.

```
(* SECTION IV Multiplication *)
```

```
Definition Times_F f1 f2:=
  match f1,f2 with x1/x2,y1/y2 => (x1 · y1)/(x2 · y2) end.
Notation " f1 · f2 ":= (Times_F f1 f2).
```

定理 2.68　$\left(\dfrac{x_1}{x_2} \sim \dfrac{y_1}{y_2} \text{ 且 } \dfrac{z_1}{z_2} \sim \dfrac{u_1}{u_2} \right) \Longrightarrow \dfrac{x_1}{x_2}\dfrac{z_1}{z_2} \sim \dfrac{y_1}{y_2}\dfrac{u_1}{u_2}$.

提示　由此可知, 积的类仅依各"因数"的类而定.

```
Lemma Lemma_T68: ∀ x y z u,
  (Times_N (Times_N x y) (Times_N z u)) =
  (Times_N (Times_N x z) (Times_N y u)).
Proof.
  intros; repeat rewrite <- Theorem31; apply Theorem32_2.
  repeat rewrite Theorem31; rewrite (Theorem29 z y); auto.
Qed.

Theorem Theorem68: ∀ {f1 f2 f3 f4},
  f1 ∼ f2 -> f3 ∼ f4 -> (f1 · f3) ∼ (f2 · f4).
Proof.
  intros; destruct f1 as [x1 x2], f2 as [y1 y2],
    f3 as [z1 z2], f4 as [u1 u2]. unfold Equal_F in *; simpl in *.
  apply Theorem32_2 with (z:=(Times_N z1 u2)) in H.
  pattern (Times_N z1 u2) at 2 in H; rewrite H0, Lemma_T68 in H.
  rewrite H; apply Lemma_T68.
Qed.
```

定理 2.69 (乘法的交换律)　$\dfrac{x_1}{x_2}\dfrac{y_1}{y_2} \sim \dfrac{y_1}{y_2}\dfrac{x_1}{x_2}$.

```
Theorem Theorem69: ∀ f1 f2, (f1 · f2) ∼ (f2 · f1).
Proof.
  intros; destruct f1 as [x1 x2], f2 as [y1 y2]; red; simpl.
  rewrite (Theorem29 x2 y2); apply Theorem32_2; apply Theorem29.
Qed.
```

定理 2.70 (乘法的结合律)　$\left(\dfrac{x_1}{x_2}\dfrac{y_1}{y_2} \right) \dfrac{z_1}{z_2} \sim \dfrac{x_1}{x_2} \left(\dfrac{y_1}{y_2}\dfrac{z_1}{z_2} \right)$.

```
Theorem Theorem70: ∀ f1 f2 f3, ((f1 · f2) · f3) ∼ (f1 · (f2 · f3)).
Proof.
  intros; destruct f1 as [x1 x2], f2 as [y1 y2], f3 as [z1 z2].
  red; simpl; repeat rewrite Theorem31; constructor.
Qed.
```

定理 2.71 (分配律)　$\dfrac{x_1}{x_2} \left(\dfrac{y_1}{y_2} + \dfrac{z_1}{z_2} \right) \sim \dfrac{x_1}{x_2}\dfrac{y_1}{y_2} + \dfrac{x_1}{x_2}\dfrac{z_1}{z_2}$.

```
Theorem Theorem71: ∀ f1 f2 f3,
  (f1 · (f2 + f3)) ∼ ((f1 · f2) + (f1 · f3)).
Proof.
  intros; destruct f1 as [x1 x2], f2 as [y1 y2], f3 as [z1 z2].
```

```
red; simpl. rewrite (Theorem29 x2 z2), (Theorem29 x2 y2).
rewrite <- (Theorem31 _ y2), <- (Theorem31 (Times_N x1 y1)).
rewrite <- Theorem30', Theorem30, (Theorem31 x1), (Theorem31 x1).
rewrite (Theorem31 _ _ (Times_N x2 (Times_N y2 z2))).
f_equal; rewrite Lemma_T68, <- (Theorem31 x2); apply Theorem29.
Qed.
```

定理 2.72　　1) $\dfrac{x_1}{x_2} > \dfrac{y_1}{y_2} \implies \dfrac{x_1}{x_2}\dfrac{z_1}{z_2} > \dfrac{y_1}{y_2}\dfrac{z_1}{z_2}$.

2) $\dfrac{x_1}{x_2} \sim \dfrac{y_1}{y_2} \implies \dfrac{x_1}{x_2}\dfrac{z_1}{z_2} \sim \dfrac{y_1}{y_2}\dfrac{z_1}{z_2}$.

3) $\dfrac{x_1}{x_2} < \dfrac{y_1}{y_2} \implies \dfrac{x_1}{x_2}\dfrac{z_1}{z_2} < \dfrac{y_1}{y_2}\dfrac{z_1}{z_2}$.

```
Theorem Theorem72_1: ∀ {f1 f2} f3,
  f1 > f2 -> (f1 · f3) > (f2 · f3).
Proof.
  intros; destruct f1 as [x1 x2], f2 as [y1 y2], f3 as [z1 z2].
  unfold IGT_F in *; simpl in *.
  apply Theorem32_1 with (z:=(Times_N z1 z2)) in H.
  rewrite Lemma_T68 in H. rewrite <- (Lemma_T68 y1 _ _ _); auto.
Qed.


Theorem Theorem72_2: ∀ {f1 f2} f3,
  f1 ~ f2 -> (f1 · f3) ~ (f2 · f3).
Proof.
  intros; eapply Theorem68; eauto; autoF.
Qed.


Theorem Theorem72_3: ∀ {f1 f2} f3,
  f1 < f2 -> (f1 · f3) < (f2 · f3).
Proof.
  intros; apply Theorem42; apply Theorem72_1; now apply Theorem43.
Qed.
```

定理 2.73　　1) $\dfrac{x_1}{x_2}\dfrac{z_1}{z_2} > \dfrac{y_1}{y_2}\dfrac{z_1}{z_2} \implies \dfrac{x_1}{x_2} > \dfrac{y_1}{y_2}$.

2) $\dfrac{x_1}{x_2}\dfrac{z_1}{z_2} \sim \dfrac{y_1}{y_2}\dfrac{z_1}{z_2} \implies \dfrac{x_1}{x_2} \sim \dfrac{y_1}{y_2}$.

3) $\dfrac{x_1}{x_2}\dfrac{z_1}{z_2} < \dfrac{y_1}{y_2}\dfrac{z_1}{z_2} \implies \dfrac{x_1}{x_2} < \dfrac{y_1}{y_2}$.

```
Theorem Theorem73_1: ∀ f1 f2 f3, (f1 · f3) > (f2 · f3) -> f1 > f2.
Proof.
  intros; destruct (Theorem41 f1 f2) as [H0 | [H0 | H0]]; auto.
  - apply (Theorem72_2 f3) in H0; EGF H0 H.
```

```
  - apply (Theorem72_3 f3) in H0; LGF H0 H.
Qed.
```

```
Theorem Theorem73_2: ∀ f1 f2 f3, (f1 · f3) ∼ (f2 · f3) -> f1 ∼ f2.
Proof.
  intros; destruct (Theorem41 f1 f2) as [H0 | [H0 | H0]]; auto.
  - apply (Theorem72_1 f3) in H0; EGF H H0.
  - apply (Theorem72_3 f3) in H0; ELF H H0.
Qed.
```

```
Theorem Theorem73_3: ∀ f1 f2 f3, (f1 · f3) < (f2 · f3) -> f1 < f2.
Proof.
  intros; destruct (Theorem41 f1 f2) as [H0 | [H0 | H0]]; auto.
  - apply (Theorem72_2 f3) in H0; ELF H0 H.
  - apply (Theorem72_1 f3) in H0; LGF H H0.
Qed.
```

定理 2.74 $\left(\dfrac{x_1}{x_2} > \dfrac{y_1}{y_2} \text{ 且 } \dfrac{z_1}{z_2} > \dfrac{u_1}{u_2}\right) \Longrightarrow \dfrac{x_1}{x_2}\dfrac{z_1}{z_2} > \dfrac{y_1}{y_2}\dfrac{u_1}{u_2}.$

```
Theorem Theorem74: ∀ f1 f2 f3 f4,
  f1 > f2 -> f3 > f4 -> (f1 · f3) > (f2 · f4).
Proof.
  intros; apply (Theorem72_1 f3) in H; apply (Theorem72_1 f2) in H0.
  pose proof (Theorem44 H (Theorem37 (f1 · f3)) (Theorem69 f2 f3)).
  pose proof (Theorem44 H0 (Theorem37 (f3 · f2)) (Theorem69 f4 f2)).
  apply Theorem42 in H1; apply Theorem42 in H2; apply Theorem43.
  eapply Theorem50; eauto.
Qed.
```

定理 2.75 $\left(\dfrac{x_1}{x_2} \gtrsim \dfrac{y_1}{y_2} \text{ 且 } \dfrac{z_1}{z_2} > \dfrac{u_1}{u_2}\right)$ 或 $\left(\dfrac{x_1}{x_2} > \dfrac{y_1}{y_2} \text{ 且 } \dfrac{z_1}{z_2} \gtrsim \dfrac{u_1}{u_2}\right) \Longrightarrow$ $\dfrac{x_1}{x_2}\dfrac{z_1}{z_2} > \dfrac{y_1}{y_2}\dfrac{u_1}{u_2}.$

```
Theorem Theorem75: ∀ f1 f2 f3 f4, (f1 ≳ f2 /\ f3 > f4) \/
  (f1 > f2 /\ f3 ≳ f4) -> (f1 · f3) > (f2 · f4).
Proof.
  intros; destruct H as [[[H | H] H0] | [H [H0 | H0]]].
  - apply Theorem74; auto.
  - apply (Theorem72_1 f1) in H0; apply (Theorem72_2 f4) in H.
    eapply Theorem44; eauto; try apply Theorem69.
    eapply Theorem39; eauto; apply Theorem69.
  - apply Theorem74; auto.
  - apply (Theorem72_1 f3) in H; apply (Theorem72_2 f2) in H0.
```

```
    eapply Theorem44; eauto; try apply Theorem69; autoF.
    apply (@ Theorem39 _ (f3·f2)); try apply Theorem69.
    apply (@ Theorem39 _ (f4·f2)); try apply Theorem69; autoF.
Qed.
```

定理 2.76　$\left(\dfrac{x_1}{x_2} \gtrsim \dfrac{y_1}{y_2} \text{ 且 } \dfrac{z_1}{z_2} \gtrsim \dfrac{u_1}{u_2}\right) \implies \dfrac{x_1}{x_2}\dfrac{z_1}{z_2} \gtrsim \dfrac{y_1}{y_2}\dfrac{u_1}{u_2}.$

```
Theorem Theorem76: ∀ f1 f2 f3 f4,
  (f1 ≳ f2 /\ f3 ≳ f4) -> (f1 · f3) ≳ (f2 · f4).
Proof.
  intros; destruct H, H.
  - left; apply Theorem75; auto.
  - destruct H0.
    + left; apply Theorem75; left; split; auto; red; tauto.
    + right; apply (Theorem72_2 f3) in H.
      apply (Theorem72_2 f2) in H0.
      apply (@ Theorem39 _ (f2·f3)); auto.
      apply (@ Theorem39 _ (f3·f2)); try apply Theorem69.
      apply (@ Theorem39 _ (f4·f2)); try apply Theorem69; auto.
Qed.
```

定理 2.77　设 $\dfrac{x_1}{x_2}$ 和 $\dfrac{y_1}{y_2}$ 是已知的, 则等价式

$$\frac{y_1}{y_2}\frac{u_1}{u_2} \sim \frac{x_1}{x_2}.$$

有一解 $\dfrac{u_1}{u_2}$. 设 $\dfrac{v_1}{v_2}$ 和 $\dfrac{w_1}{w_2}$ 都是解, 则

$$\frac{v_1}{v_2} \sim \frac{w_1}{w_2}.$$

```
Theorem Theorem77: ∀ f1 f2, ∃ f3, (f2 · f3) ~ f1.
Proof.
  intros; destruct f1 as [x1 x2], f2 as [y1 y2].
  exists ((Times_N x1 y2)/(Times_N x2 y1)); red; simpl.
  rewrite (Theorem29 x2 _); repeat rewrite <- Theorem31; f_equal.
  rewrite Theorem31; apply Theorem29.
Qed.


Theorem Theorem77': ∀ f1 f2 f3 f4,
  (f2 · f3) ~ f1 -> (f2 · f4) ~ f1 -> f3 ~ f4.
Proof.
  intros; pose proof (Theorem39 H (Theorem38 _ _ H0)).
```

```
  apply Theorem73_2 with (f3:=f2).
  apply (@ Theorem39 _ (f2·f3)); try apply Theorem69.
  apply (@ Theorem39 _ (f2·f4)); try apply Theorem69; auto.
Qed.
```

2.2.5　有理数和整数

定义 2.16　所谓一有理数, 是指和某固定分数等价的一切分数的集合 (从而在 2.2.1 节的意义下的分数的类).

若无其他声明时, 大写拉丁字母都表示有理数.

```
(* SECTION V Rational Numbers and Integers *)

Definition Eqf f:= /{ f1 | f1 ∼ f /}.
Definition Eqf_p F:= ∃ f, Same_Ensemble (Eqf f) F.

Record Rat: Type:= mkrat {
  F_Ens:> Ensemble Fra;
  ratp: Eqf_p F_Ens }.
```

定义 2.17　当两个集合 X 和 Y 包含相同的分数时,

$$X = Y$$

(= 读为 "等于"), 否则

$$X \neq Y$$

($\neq$ 读为 "不等于").

```
Definition Equal_Pr' (X Y:Rat):= Same_Ensemble X Y.
Definition Equal_Pr (X Y:Rat):= ∀ f1 f2,
  f1 ∈ X -> f2 ∈ Y -> f1 ∼ f2.

Definition fsr (f:Fra): Rat.
  apply mkrat with (Eqf f); exists f; red; intros; split; auto.
Defined.

Lemma Eqf_Ne: ∀ {f}, f ∈ (Eqf f).
Proof.
  intros; constructor; autoF.
Qed.

Lemma Rat_Ne: ∀ X:Rat, ∃ f, f ∈ X.
Proof.
```

```
  intros; destruct X as [sf [f H]].
  exists f; rewrite <- (ens_ext H).
  constructor; autoF.
Qed.

Ltac exel X f H:= destruct (Rat_Ne X) as [f H].

Corollary eq0: ∀ X Y, Equal_Pr' X Y <-> Equal_Pr X Y.
Proof.
  intros; split; intros; red; intros.
  - apply ens_ext in H; rewrite H in H0.
    destruct Y as [sf [f H2]]; rewrite <- (ens_ext H2) in *.
    destruct H0, H1; eapply Theorem39; eauto; autoF.
  - destruct X as [sf1 [f1 H0]], Y as [sf2 [f2 H1]].
    assert (Same_Ensemble (Eqf f1) sf1); auto.
    apply ens_ext in H2; subst sf1.
    assert (Same_Ensemble (Eqf f2) sf2); auto.
    apply ens_ext in H2; subst sf2.
    pose proof (H _ _ Eqf_Ne Eqf_Ne).
    red; intros; split; intros; destruct H3; constructor.
    + eapply Theorem39; eauto.
    + eapply Theorem39; eauto; autoF.
Qed.

Definition No_Equal_Pr X Y:= ∼ Equal_Pr X Y.

Notation " X ≡ Y ":= (Equal_Pr X Y) (at level 60).

Lemma eq1: ∀ {X Y:Rat}, X ≡ Y -> X = Y.
Proof.
  intros; apply eq0 in H; red in H; apply ens_ext in H.
  destruct X, Y; simpl in H; subst F_Ens0.
  rewrite (proof_irr ratp0 ratp1); auto.
Qed.

Lemma Ratp: ∀ X:Rat, ∃ f, Equal_Pr (fsr f) X.
Proof.
  intros; destruct X as [sf [f H]]; exists f.
  red; simpl; intros; apply H in H1; destruct H0, H1.
  eapply Theorem39; eauto; autoF.
Qed.
```

```
Ltac chan X f H:= destruct (Ratp X) as [f H];
  apply eq1 in H; subst X.
```

定理 2.78　$X = X$.

```
Theorem Theorem78: ∀ X, X ≡ X.
Proof.
  intros; red; intros; chan X f H1.
  destruct H, H0; eapply Theorem39; eauto; autoF.
Qed.
```

定理 2.79　$X = Y \implies Y = X$.

```
Theorem Theorem79: ∀ X Y, X ≡ Y -> Y ≡ X.
Proof.
  intros; red; intros; apply Theorem38.
  red in H; eapply H; eauto.
Qed.
```

```
Ltac autoPr:= try apply Theorem79; try apply Theorem78; auto.
```

定理 2.80　$(X = Y \text{ 且 } Y = Z) \implies X = Z$.

```
Theorem Theorem80: ∀ X Y Z, X ≡ Y -> Y ≡ Z -> X ≡ Z.
Proof.
  intros; red; intros; chan Y f H3.
  generalize (H0 f _ Eqf_Ne H2) (H _ f H1 Eqf_Ne); intros.
  eapply Theorem39; eauto.
Qed.
```

定义 2.18　若对集合 X 中的一分数 $\dfrac{x_1}{x_2}$ 和集合 Y 中的一分数 $\dfrac{y_1}{y_2}$, 有

$$\frac{x_1}{x_2} > \frac{y_1}{y_2}$$

(从而依定理 2.44, 只需对于 X 中的任一分数和 Y 中的任一分数, 这关系也成立), 则谓

$$X > Y$$

($>$ 读为 "大于").

```
Definition IGT_Pr (X Y:Rat):=
  ∀ f1 f2, f1 ∈ X -> f2 ∈ Y -> f1 > f2.
Notation " x > y ":= (IGT_Pr x y).
```

定义 2.19 若对集合 X 中的一分数 $\dfrac{x_1}{x_2}$ 和集合 Y 中的一分数 $\dfrac{y_1}{y_2}$, 有

$$\frac{x_1}{x_2} < \frac{y_1}{y_2}$$

(从而依定理 2.45, 只需对于 X 中的任一分数和 Y 中的任一分数, 这关系也成立),
则谓

$$X < Y$$

($<$ 读为 "小于").

```
Definition ILT_Pr (X Y:Rat):=
  ∀ f1 f2, f1 ∈ Y -> f2 ∈ X -> f2 < f1.
Notation " x < y ":= (ILT_Pr x y).
```

定理 2.81 给定 X 和 Y, 则仅有下列情形之一出现:

$$X = Y, \quad X > Y, \quad X < Y.$$

```
Theorem Theorem81: ∀ X Y, X ≡ Y \/ X > Y \/ X < Y.
Proof.
  intros. chan X f1 H. chan Y f2 H0.
  destruct (Theorem41 f1 f2) as [H | [H | H]].
  - left; red; intros; destruct H0, H1.
    eapply Theorem39; eauto; eapply Theorem39; eauto; autoF.
  - right; left; red; intros; destruct H0, H1.
    eapply Theorem44; eauto; autoF.
  - right; right; red; intros; destruct H0, H1.
    eapply Theorem45; eauto; autoF.
Qed.
```

定理 2.82 $X > Y \implies Y < X$.

```
Lemma OrdPr1: ∀ {X Y}, X ≡ Y -> X > Y -> False.
Proof.
  intros; red in H, H0. exel X f1 H1; exel Y f2 H2.
  EGF (H _ _ H1 H2) (H0 _ _ H1 H2).
Qed.
```

```
Lemma OrdPr2: ∀ {X Y}, X ≡ Y -> X < Y -> False.
Proof.
  intros; red in H, H0. exel X f1 H1; exel Y f2 H2.
  ELF (H _ _ H1 H2) (H0 _ _ H2 H1).
Qed.
```

```
Lemma OrdPr3: ∀ {X Y}, X < Y -> X > Y -> False.
Proof.
  intros; red in H, H0. exel X f1 H1; exel Y f2 H2.
  LGF (H _ _ H2 H1) (H0 _ _ H1 H2).
Qed.

Ltac EGPr H H1:= destruct (OrdPr1 H H1).
Ltac ELPr H H1:= destruct (OrdPr2 H H1).
Ltac LGPr H H1:= destruct (OrdPr3 H H1).

Theorem Theorem82: ∀ {X Y}, X > Y -> Y < X.
Proof.
  intros; auto.
Qed.
```

定理 2.83 $X < Y \implies Y > X$.

```
Theorem Theorem83: ∀ {X Y}, X < Y -> Y > X.
Proof.
  intros; auto.
Qed.
```

定义 2.20 $X \geqslant Y$ 表示 $X > Y$ 或 $X = Y$ ($\geqslant$ 读为 "大于或等于").

```
Definition IGE_Pr X Y:= (X > Y) \/ (X ≡ Y).
Notation " x ⩾ y ":= (IGE_Pr x y) (at level 55).
```

定义 2.21 $X \leqslant Y$ 表示 $X < Y$ 或 $X = Y$ ($\leqslant$ 读为 "小于或等于").

```
Definition ILE_Pr X Y:= (X < Y) \/ (X ≡ Y).
Notation " x ⩽ y ":= (ILE_Pr x y) (at level 55).
```

定理 2.84 $X \geqslant Y \implies Y \leqslant X$.

```
Theorem Theorem84: ∀ X Y, X ⩾ Y -> Y ⩽ X.
Proof.
  intros; destruct H; red; try tauto; right; apply Theorem79; auto.
Qed.
```

定理 2.85 $X \leqslant Y \implies Y \geqslant X$.

```
Theorem Theorem85: ∀ X Y, X ⩽ Y -> Y ⩾ X.
Proof.
  intros; destruct H; red; try tauto; right; apply Theorem79; auto.
Qed.
```

定理 2.86 (**序的传递性**) $(X < Y \text{ 且 } Y < Z) \implies X < Z$.

```
Theorem Theorem86: ∀ X Y Z, X < Y -> Y < Z -> X < Z.
Proof.
  intros; red in H, H0|- *; intros.
  exel Y f3 H3; eapply Theorem50; eauto.
Qed.
```

定理 2.87 $(X \leqslant Y \text{ 且 } Y < Z)$ 或 $(X < Y \text{ 且 } Y \leqslant Z) \implies X < Z.$

```
Theorem Theorem87: ∀ X Y Z,
  (X ≤ Y /\ Y < Z) \/ (X < Y /\ Y ≤ Z) -> X < Z.
Proof.
  intros; red; intros. assert ( ∀ X Y,
    X ≤ Y <-> ∀ f1 f2, f1 ∈ X -> f2 ∈ Y -> ILE_F f1 f2) as G.
  { split; intros; red.
    - destruct H2; auto.
    - destruct (Theorem81 X0 Y0) as [H3 | [H3 | H3]]; auto.
      red in H3; exel X0 f1' H4; exel Y0 f2' H5.
      generalize (H2 _ _ H4 H5) (H3 _ _ H4 H5); intros.
      destruct H6; try LGF H6 H7; EGF H6 H7. }
  exel Y f3 H2; destruct H as [[H H3] | [H H3]].
  - eapply G in H; eauto. eapply Theorem51; eauto.
  - eapply G in H3; eauto. eapply Theorem51; eauto.
Qed.
```

定理 2.88 $(X \leqslant Y \text{ 且 } Y \leqslant Z) \implies X \leqslant Z.$

```
Theorem Theorem88: ∀ X Y Z, X ≤ Y -> Y ≤ Z -> X ≤ Z.
Proof.
  intros; destruct H0.
  - left; eapply Theorem87; eauto. - rewrite <- (eq1 H0); auto.
Qed.
```

定理 2.89   对于任意 X, 有一 Z 存在, 使得
$$Z > X.$$

```
Theorem Theorem89: ∀ X, ∃ Z, Z > X.
Proof.
  intros; chan X f H.
  destruct (Theorem53 f) as [f1 H]; exists (fsr f1).
  red; intros; destruct H0, H1. eapply Theorem44; eauto; autoF.
Qed.
```

定理 2.90   对于任意 X, 有一 Z 存在, 使得
$$Z < X.$$

Theorem Theorem90: ∀ X, ∃ Z, Z < X.
Proof.
　intros; chan X f H.
　destruct (Theorem54 f) as [f1 H]; exists (fsr f1).
　red; intros; destruct H0, H1. eapply Theorem44; eauto; autoF.
Qed.

定理 2.91　　设 $X < Y$, 则有一 Z 存在, 使得

$$X < Z < Y.$$

Theorem Theorem91: ∀ X Y, X < Y -> ∃ Z, X < Z /\ Z < Y.
Proof.
　intros; chan X f1 H0; chan Y f2 H0.
　pose proof (H _ _ Eqf_Ne Eqf_Ne).
　destruct (Theorem55 f1 f2 H0) as [f3 H1], H1.
　exists (fsr f3); split; red; intros; destruct H3, H4.
　- apply (@ Theorem45 f1 f3 f4 f0); autoF.
　- eapply Theorem44; eauto; autoF.
Qed.

定义 2.22　　$X + Y$ (+ 读为 "加") 是指 X 中的一分数和 Y 中的一分数的和 (从而依定理 2.56, X 中的任一分数和 Y 中的任一分数的和) 所属的类. 这有理数称为 X 和 Y 的和, 或加 Y 于 X 所得的有理数.

Definition Plus_Pr (X Y:Rat): Rat.
　apply mkrat with
　　(/{ f | ∃ f1 f2, f1 ∈ X /\ f2 ∈ Y /\ f ∼ (f1 + f2) /}).
　chan X f1 H; chan Y f2 H. red; exists (f1 + f2).
　red; split; red; intros; destruct H; constructor.
　- exists f1, f2; repeat split; auto.
　- destruct H as [f3 [f4 H]], H, H0, H, H0.
　　eapply Theorem39; eauto; eapply Theorem56; eauto.
Defined.

Notation " X + Y ":= (Plus_Pr X Y).

Ltac chan1 H H2:= pose proof ((Theorem78 _) _ _ H H2).

定理 2.92 (加法的交换律)　　$X + Y = Y + X$.

Theorem Theorem92: ∀ {X Y}, X + Y ≡ Y + X.
Proof.
　intros; red; intros; repeat destruct H, H0; destruct H1, H2.
　chan1 H2 H; chan1 H0 H1.
　apply (@ Theorem39 _ (Plus_F x x1)); auto.

```
    apply (@ Theorem39 _ (Plus_F x0 x2)); autoF.
    apply (@ Theorem39 _ (Plus_F x1 x)); try apply Theorem58.
    eapply Theorem56; auto.
Qed.
```

定理 2.93 (加法的结合律) $(X + Y) + Z = X + (Y + Z)$.

```
Theorem Theorem93: ∀ {X Y Z}, ((X + Y) + Z) ≡ (X + (Y + Z)).
Proof.
    intros; red; intros; repeat destruct H, H0, H.
    destruct H1, H2, H3; repeat destruct H2; destruct H7.
    chan1 H0 H; clear H H0. chan1 H2 H3; clear H2 H3.
    chan1 H7 H1; clear H1 H7.
    apply (@ Theorem39 _ (Plus_F x x0)); auto.
    apply (@ Theorem39 _ (Plus_F x1 x2)); autoF.
    apply (@ Theorem39 _ (Plus_F x1 (Plus_F x5 x6))).
    { eapply Theorem56; eauto; apply Theorem37. }
    apply (@ Theorem39 _ (Plus_F (Plus_F x3 x4) x0)).
    - apply (@ Theorem39 _ (Plus_F (Plus_F x1 x5) x6)).
      { apply Theorem38; apply Theorem59. }
      repeat apply Theorem56; auto.
    - eapply Theorem56; eauto; autoF.
Qed.
```

定理 2.94 $X + Y > X$.

```
Theorem Theorem94: ∀ X Y, X + Y > X.
Proof.
    intros; red; intros; repeat destruct H; destruct H1.
    chan1 H H0; apply Theorem38 in H2.
    apply (Theorem44 (Theorem60 x x0) ); auto.
Qed.
```

定理 2.95 $X > Y \implies X + Z > Y + Z$.

```
Theorem Theorem95: ∀ X Y Z, X > Y -> X + Z > Y + Z.
Proof.
    intros; red; intros; repeat destruct H0, H1; destruct H2, H3.
    red in H; generalize (H _ _ H0 H1); intros.
    chan1 H2 H3; apply Theorem38 in H4; apply Theorem38 in H5.
    apply (@ Theorem44 (Plus_F x x1) (Plus_F x0 x2)); auto.
    apply Theorem65; right; split; auto; right; auto.
Qed.
```

定理 2.96   1) $X > Y \implies X + Z > Y + Z$.

2) $X = Y \implies X + Z = Y + Z$.

3) $X < Y \implies X + Z < Y + Z$.

Theorem Theorem96_1: ∀ X Y Z, X > Y-> X + Z > Y + Z.
Proof.
  intros; apply Theorem95; auto.
Qed.

Theorem Theorem96_2: ∀ X Y Z, X ≡ Y -> X + Z ≡ Y + Z.
Proof.
  intros; rewrite (eq1 H); apply Theorem78.
Qed.

Theorem Theorem96_3: ∀ X Y Z, X < Y-> X + Z < Y + Z.
Proof.
  intros; apply Theorem96_1; auto.
Qed.

定理 2.97 1) $X + Z > Y + Z \implies X > Y$.

2) $X + Z = Y + Z \implies X = Y$.

3) $X + Z < Y + Z \implies X < Y$.

Theorem Theorem97_1: ∀ X Y Z, X + Z > Y + Z -> X > Y.
Proof.
  intros; destruct (Theorem81 X Y) as [H0 | [H0 | H0]]; auto.
  - apply Theorem96_2 with (Z:=Z) in H0; EGPr H0 H.
  - apply Theorem96_3 with (Z:=Z) in H0; LGPr H0 H.
Qed.

Theorem Theorem97_2: ∀ X Y Z, X + Z ≡ Y + Z -> X ≡ Y.
Proof.
  intros; destruct (Theorem81 X Y) as [H0 | [H0 | H0]]; auto.
  - apply Theorem96_1 with (Z:=Z) in H0; EGPr H H0.
  - apply Theorem96_3 with (Z:=Z) in H0; ELPr H H0.
Qed.

Theorem Theorem97_3: ∀ X Y Z, X + Z < Y + Z -> X < Y.
Proof.
  intros; destruct (Theorem81 X Y) as [H0 | [H0 | H0]]; auto.
  - apply Theorem96_2 with (Z:=Z) in H0; ELPr H0 H.
  - apply Theorem96_1 with (Z:=Z) in H0; LGPr H H0.
Qed.

定理 2.98 $(X > Y 且 Z > U) \implies X + Z > Y + U$.

Theorem Theorem98: ∀ {X Y Z U}, X > Y -> Z > U -> X + Z > Y + U.
Proof.

```
  intros; red in H, H0 |- *; intros.
  repeat destruct H1, H2; destruct H3, H4.
  generalize (Theorem64 (H _ _ H1 H2) (H0 _ _ H3 H4)); intros.
  eapply Theorem44; eauto; autoF.
Qed.
```

定理 2.99 $(X \geqslant Y \ \text{且} \ Z > U) \ \text{或} \ (X > Y \ \text{且} \ Z \geqslant U) \implies X+Z > Y+U.$

```
Theorem Theorem99: ∀ X Y Z U,
  (X ⩾ Y /\ Z > U) \/ (X > Y /\ Z ⩾ U) -> X + Z > Y + U.
Proof.
  intros; destruct H as [[H H0] | [H H0]].
  - destruct H.
    + eapply Theorem98; eauto.
    + apply Theorem96_1 with (Z:=X) in H0; rewrite (eq1 H) in *.
      rewrite (eq1 Theorem92), (eq1 (@ Theorem92 Y U)); auto.
  - destruct H0.
    + eapply Theorem98; eauto.
    + rewrite (eq1 H0); apply Theorem96_1; auto.
Qed.
```

定理 2.100 $(X \geqslant Y \ \text{且} \ Z \geqslant U) \implies X+Z \geqslant Y+U.$

```
Theorem Theorem100: ∀ X Y Z U, (X ⩾ Y /\ Z ⩾ U) -> X + Z ⩾ Y + U.
Proof.
  intros; destruct H as [[H | H] H0].
  - left; eapply Theorem99; eauto.
  - rewrite (eq1 H), (eq1 Theorem92), (eq1 (@ Theorem92 Y U)).
    destruct H0.
    + left; apply Theorem96_1; auto.
    + right; apply Theorem96_2; auto.
Qed.
```

定理 2.101   设 $X > Y$, 则

$$Y+U = X$$

仅有一解 U.

    提示   设 $X \leqslant Y$, 则

$$Y+U = X$$

无解.

```
Theorem Theorem101: ∀ X Y, X > Y -> ∃ U, (Y + U) ≡ X.
Proof.
```

```
intros; chan X f1 H0; chan Y f2 H0.
pose proof (H _ _ Eqf_Ne Eqf_Ne); apply Theorem67_1 in H0.
destruct H0 as [f3 H0]; exists (fsr f3); red; intros; destruct H2.
do 5 destruct H1; destruct H3, H3.
pose proof (Theorem56 H1 H3).
eapply Theorem39; eauto; eapply Theorem39; eauto.
eapply Theorem39; eauto; autoF.
Qed.

Theorem Theorem101': ∀ X Y U Z,
  (Y + U) ≡ X -> (Y + Z) ≡ X -> U ≡ Z.
Proof.
  intros; rewrite (eq1 Theorem92) in H.
  rewrite (eq1 Theorem92) in H0.
  rewrite (eq1 (Theorem79 _ _ H0)) in H.
  apply Theorem97_2 in H; auto.
Qed.
```

定义 2.23　定理 2.101 中的 U 称为 $X - Y$（$-$ 读为 "减"），或 X 减 Y 的差，或由有理数 X 减有理数 Y 所得的有理数.

```
Definition Minus_Pr X Y (l:X > Y):Rat.
  apply mkrat with
    (/{ f | ∃ f1 f2 l, f1 ∈ X /\ f2 ∈ Y /\ f ~ ((f1 - f2) l) /}).
  red; generalize l; intros; apply Theorem101 in l.
  destruct l as [U H]. chan X f1 H0; chan Y f2 H0; chan U f3 H0.
  exists f3; red; split; intros; destruct H0; constructor.
  - pose proof (l0 _ _ Eqf_Ne Eqf_Ne).
    exists f1, f2, H1; repeat split.
    apply (@ Theorem39 _ f3); auto. apply Theorem63_2 with (f3:=f2).
    apply (@ Theorem39 _ f1); [ idtac | apply Theorem38; apply D14].
    apply H; try apply Eqf_Ne.
    constructor; exists f2, f3; repeat split; apply Theorem58.
  - do 5 destruct H0; destruct H1, H1.
    eapply Theorem39; eauto; autoF. apply Theorem63_2 with (f3:=x1).
    apply (@ Theorem39 _ x0); [|apply Theorem38; apply D14].
    apply H; constructor; auto. exists f2, f3; repeat split.
    apply (@ Theorem39 _ (Plus_F f3 f2)); try apply Theorem58.
    eapply Theorem56; eauto; autoF.
Defined.

Notation " X - Y ":= (Minus_Pr X Y).

Corollary PrMi1: ∀ X Y l, (Y - X) l + X = Y.
```

```
Proof.
  intros; apply eq1. chan X f1 H; chan Y f2 H; red; intros.
  do 10 destruct H; destruct H0, H1, H1, H2, H2.
  generalize (Theorem39 H1 (Theorem38 _ _ H2)); intros.
  pose proof (Theorem56 H4 H5).
  apply (@ Theorem39 _ _ x1) in H6; try apply D14.
  generalize (Theorem39 H (Theorem38 _ _ H0)); intros.
  eapply Theorem39; eauto; eapply Theorem39; eauto.
Qed.

Corollary PrMi1': ∀ X Y l, X + ((Y - X) l) = Y.
Proof.
  intros; now rewrite (eq1 Theorem92), PrMi1.
Qed.

Corollary PrMi2: ∀ X Y l, ((Y + X) - X) l = Y.
Proof.
  intros; apply eq1; apply Theorem97_2 with (Z:=X).
  rewrite (PrMi1 _ _ _); autoPr.
Qed.

Corollary PrMi2': ∀ X Y l, ((X + Y) - X) l = Y.
Proof.
  intros; apply eq1; apply Theorem97_2 with (Z:=X).
  rewrite (PrMi1 _ _ _); apply Theorem92.
Qed.

Hint Rewrite PrMi1 PrMi1' PrMi2 PrMi2': Prat.
Ltac Simpl_Pr:= autorewrite with Prat; auto.
Ltac Simpl_Prin H:= autorewrite with Prat in H; auto.
```

定义 2.24　$X \cdot Y$ (· 读为 "乘", 但通常都不写它) 是指 X 中的一分数和 Y 中的一分数的积 (从而依定理 2.68, X 中的任一分数和 Y 中的任一分数的积) 所属的类. 这有理数称为 X 和 Y 的积, 或以 Y 乘 X 所得的有理数.

```
Definition Times_Pr (X Y:Rat): Rat.
  apply mkrat with
    (/{ f | ∃ f1 f2, f1 ∈ X /\ f2 ∈ Y /\ f ~ (f1 · f2) /}).
  chan X f1 H; chan Y f2 H. red; exists (f1 · f2).
  red; split; red; intros; destruct H; constructor.
  - exists f1, f2; repeat split; auto.
  - destruct H as [f3 [f4 H]], H, H0, H, H0.
    pose proof (Theorem68 H H0). eapply Theorem39; eauto.
```

```
Defined.
Notation " X · Y ":= (Times_Pr X Y).
```

定理 2.102 (乘法的交换律)　　$XY = YX.$

```
Theorem Theorem102: ∀ {X Y}, X · Y ≡ Y · X.
Proof.
  intros; red; intros; repeat destruct H, H0; destruct H1, H2.
  chan1 H2 H; chan1 H0 H1.
  apply (@ Theorem39 _ (Times_F x x1)); auto.
  apply Theorem38, (@ Theorem39 _ (Times_F x0 x2)); auto.
  apply (@ Theorem39 _ (Times_F x1 x)); try apply Theorem69.
  eapply Theorem68; auto.
Qed.
```

定理 2.103 (乘法的结合律)　　$(XY)Z = X(YZ).$

```
Theorem Theorem103: ∀ {X Y Z}, ((X · Y) · Z) ≡ (X · (Y · Z)).
Proof.
  intros; red; intros; repeat destruct H, H0, H.
  destruct H1, H2, H3; repeat destruct H2; destruct H7.
  chan1 H0 H; clear H H0. chan1 H2 H3; clear H2 H3.
  chan1 H7 H1; clear H1 H7.
  apply (@ Theorem39 _ (Times_F x x0)); auto.
  apply (@ Theorem39 _ (Times_F x1 x2)); autoF.
  apply (@ Theorem39 _ (Times_F x1 (Times_F x5 x6))).
  { eapply Theorem68; eauto; apply Theorem37. }
  apply (@ Theorem39 _ (Times_F (Times_F x3 x4) x0)).
  - apply (@ Theorem39 _ (Times_F (Times_F x1 x5) x6)).
    { apply Theorem38; apply Theorem70. }
    repeat apply Theorem68; auto.
  - eapply Theorem68; eauto; autoF.
Qed.
```

定理 2.104 (分配律)　　$X(Y + Z) = XY + XZ.$

```
Theorem Theorem104: ∀ {X Y Z},
  (X · (Y + Z)) ≡ ((X · Y) + (X · Z)).
Proof.
  intros; red; intros; repeat destruct H, H0.
  destruct H1, H2; repeat destruct H0, H1, H2; destruct H5, H6, H7.
  chan1 H H0; chan1 H0 H2; clear H H0 H2.
  chan1 H1 H5; clear H1 H5. chan1 H6 H7; clear H6 H7.
  pose proof (Theorem68 H12 (Theorem37 x8)).
  pose proof (Theorem39 H10 (Theorem38 _ _ H1)); clear H1 H10 H12.
  pose proof (Theorem56 H H0).
```

```
  pose proof (Theorem39 H9 H1); clear H1 H9.
  pose proof (Theorem39 H3 (Theorem68 H11 H5)).
  pose proof (Theorem39 H4 (Theorem56 H8 H2)).
  apply Theorem38 in H6.
  eapply Theorem39; eauto; eapply Theorem39; eauto; apply Theorem71.
Qed.

Theorem Theorem104': ∀ {X Y Z},
  ((Y + Z) · X) ≡ ((Y · X) + (Z · X)).
Proof.
  intros; rewrite (eq1 (Theorem102)), (eq1 (@ Theorem102 Y X)),
  (eq1 (@ Theorem102 Z X)); apply Theorem104.
Qed.
```

定理 2.105　　1) $X > Y \implies XZ > YZ$.

2) $X = Y \implies XZ = YZ$.

3) $X < Y \implies XZ < YZ$.

```
Theorem Theorem105_1: ∀ X Y Z, X > Y -> (X · Z) > (Y · Z).
Proof.
  intros; red; intros; repeat destruct H0, H1; destruct H2, H3.
  red in H; pose proof (H _ _ H0 H1).
  chan1 H2 H3; apply Theorem38 in H4; apply Theorem38 in H5.
  apply (@ Theorem44 (Times_F x x1) (Times_F x0 x2)); auto.
  apply Theorem75; right; split; auto; right; auto.
Qed.


Theorem Theorem105_2: ∀ X Y Z, X ≡ Y -> (X · Z) ≡ (Y · Z).
Proof.
  intros; rewrite (eq1 H); autoPr.
Qed.


Theorem Theorem105_3: ∀ X Y Z, X < Y -> (X · Z) < (Y · Z).
Proof.
  intros; apply Theorem105_1; auto.
Qed.
```

定理 2.106　　1) $XZ > YZ \implies X > Y$.

2) $XZ = YZ \implies X = Y$.

3) $XZ < YZ \implies X < Y$.

```
Theorem Theorem106_1: ∀ X Y Z, (X · Z) > (Y · Z) -> X > Y.
Proof.
  intros; destruct (Theorem81 X Y) as [H0 | [H0 | H0]]; auto.
```

```
  - apply Theorem105_2 with (Z:=Z) in H0; EGPr H0 H.
  - apply Theorem105_3 with (Z:=Z) in H0; LGPr H0 H.
Qed.

Theorem Theorem106_2: ∀ X Y Z, (X · Z) ≡ (Y · Z) -> X ≡ Y.
Proof.
  intros; destruct (Theorem81 X Y) as [H0 | [H0 | H0]]; auto.
  - apply Theorem105_1 with (Z:=Z) in H0; EGPr H H0.
  - apply Theorem105_3 with (Z:=Z) in H0; ELPr H H0.
Qed.

Theorem Theorem106_3: ∀ X Y Z, (X · Z) < (Y · Z) -> X < Y.
Proof.
  intros; destruct (Theorem81 X Y) as [H0 | [H0 | H0]]; auto.
  - apply Theorem105_2 with (Z:=Z) in H0; ELPr H0 H.
  - apply Theorem105_1 with (Z:=Z) in H0; LGPr H H0.
Qed.
```

定理 2.107 $(X > Y \text{ 且 } Z > U) \implies XZ > YU.$

```
Theorem Theorem107: ∀ {X Y Z U},
  X > Y -> Z > U -> (X · Z) > (Y · U).
Proof.
  intros; red in H, H0 |- *; intros.
  repeat destruct H1, H2; destruct H3, H4.
  generalize (Theorem74 _ _ _ _ (H _ _ H1 H2) (H0 _ _ H3 H4)).
  intros. eapply Theorem44; eauto; autoF.
Qed.
```

定理 2.108 $(X \geqslant Y \text{ 且 } Z > U) \text{ 或 } (X > Y \text{ 且 } Z \geqslant U) \implies XZ > YU.$

```
Theorem Theorem108: ∀ X Y Z U,
  (X ≥ Y /\ Z > U) \/ (X > Y /\ Z ≥ U) -> (X · Z) > (Y · U).
Proof.
  intros; destruct H as [[H H0] | [H H0]].
  - destruct H.
    + eapply Theorem107; eauto.
    + apply Theorem105_1 with (Z:=X) in H0; rewrite (eq1 H) in *.
      rewrite (eq1 Theorem102), (eq1 (@ Theorem102 Y U)); auto.
  - destruct H0.
    + eapply Theorem107; eauto.
    + rewrite (eq1 H0); apply Theorem105_1; auto.
Qed.
```

定理 2.109 $(X \geqslant Y \text{ 且 } Z \geqslant U) \implies XZ \geqslant YU.$

```
Theorem Theorem109: ∀ X Y Z U,
  (X ⩾ Y /\ Z ⩾ U) -> (X · Z) ⩾ (Y · U).
Proof.
  intros; destruct H as [[H | H] H0].
  - left; eapply Theorem108; eauto.
  - rewrite (eq1 H), (eq1 Theorem102), (eq1 (@ Theorem102 Y U));
    auto. destruct H0.
    + left; apply Theorem105_1; auto.
    + right; apply Theorem105_2; auto.
Qed.
```

定理 2.110　设 X 和 Y 是已知的, 则方程

$$YU = X$$

仅有一解 U.

```
Theorem Theorem110: ∀ X Y, ∃ U, Y · U ≡ X.
Proof.
  intros; chan X f1 H; chan Y f2 H.
  destruct (Theorem77 f1 f2) as [f3 H].
  exists (fsr f3); red; intros.
  do 5 destruct H0; destruct H1, H2, H2.
  generalize (Theorem39 H1 (Theorem38 _ _ H)); intros.
  eapply Theorem39; eauto; eapply Theorem39; eauto.
  eapply Theorem68; eauto. autoF.
Qed.
```

```
Theorem Theorem110': ∀ X Y U Z,
  (Y · U) ≡ X -> (Y · Z) ≡ X -> U ≡ Z .
Proof.
  intros; rewrite (eq1 Theorem102) in H.
  rewrite (eq1 Theorem102) in H0.
  rewrite (eq1 (Theorem79 _ _ H0)) in H.
  apply Theorem106_2 in H; auto.
Qed.
```

定理 2.111　1) $\frac{x}{1} > \frac{y}{1} \implies x > y$.

2) $\frac{x}{1} \sim \frac{y}{1} \implies x = y$.

3) $\frac{x}{1} < \frac{y}{1} \implies x < y$.

```
Theorem Theorem111_1: ∀ x y,
  (fsr (x/1)) > (fsr (y/1)) -> IGT_N x y.
Proof.
```

```
  intros. exel (fsr (x / 1)) f1 H0; exel (fsr (y / 1)) f2 H1.
  pose proof (H _ _ H0 H1); destruct H0, H1.
  eapply Theorem45 in H2; eauto.
  red in H2; simpl in H2; Simpl_Nin H2.
Qed.

Theorem Theorem111_2: ∀ x y, (fsr (x/1)) ≡ (fsr (y/1)) -> x = y.
Proof.
  intros. exel (fsr (x / 1)) f1 H0; exel (fsr (y / 1)) f2 H1.
  pose proof (H _ _ H0 H1); destruct H0, H1.
  pose proof (Theorem39 (Theorem38 _ _ H0) (Theorem39 H2 H1)).
  red in H3; simpl in H3; Simpl_Nin H3.
Qed.

Theorem Theorem111_3: ∀ x y,
  (fsr (x/1)) < (fsr (y/1)) -> ILT_N x y.
Proof.
  intros. apply Theorem111_1; auto.
Qed.

Theorem Theorem111_1': ∀ x y,
  IGT_N x y -> (fsr (x/1)) > (fsr (y/1)).
Proof.
  intros; red; intros; destruct H0, H1.
  apply Theorem38 in H0; apply Theorem38 in H1.
  eapply Theorem45; eauto. red; simpl; Simpl_N.
Qed.

Theorem Theorem111_2': ∀ x y, x = y -> (fsr (x/1)) = (fsr (y/1)).
Proof.
  intros; now subst x.
Qed.

Theorem Theorem111_3': ∀ x y,
  ILT_N x y -> (fsr (x/1)) < (fsr (y/1)).
Proof.
  intros; apply Theorem111_1'; auto.
Qed.
```

定义 2.25　当一有理数是包括分数 $\dfrac{x}{1}$ 在内的那些分数的整体时, 该有理数称为整数.

提示　依定理 2.111, X 是唯一确定的; 反之, 对应于每一 X, 仅有一整数.

Definition Inter x:= fsr (x/1).

定理 2.112　$\dfrac{x}{1}+\dfrac{y}{1}\sim\dfrac{x+y}{1}$ 且 $\dfrac{x\,y}{1\,1}\sim\dfrac{xy}{1}$.

提示　由此可知, 两整数的和与积都是整数.

Theorem Theorem112_1: ∀ x y,
  (Inter x) + (Inter y) ≡ (Inter(Plus_N x y)).
Proof.
  intros; red; intros; do 5 destruct H; destruct H0, H1, H1.
  eapply Theorem39; eauto; apply Theorem38 in H0.
  eapply Theorem39; eauto. generalize (Theorem56 H H1); intros.
  eapply Theorem39; eauto; simpl; Simpl_N; apply Theorem37.
Qed.

Theorem Theorem112_2: ∀ x y,
  (Inter x) · (Inter y) ≡ (Inter (Times_N x y)).
Proof.
  intros; red; intros; do 5 destruct H; destruct H0, H1, H1.
  eapply Theorem39; eauto; apply Theorem38 in H0.
  eapply Theorem39; eauto. generalize (Theorem68 H H1); intros.
  eapply Theorem39; eauto; simpl; Simpl_N; apply Theorem37.
Qed.

定理 2.113　设以 1 代 $\dfrac{1}{1}$ 的类, 视 $\dfrac{x'}{1}$ 的类为 $\dfrac{x}{1}$ 的类的后继, 则整数满足自然数的五个公理.

Definition 𝔐113:= /{ X | ∃ x, X ≡ (Inter x) /}.

Theorem Theorem113_1: (Inter 1) ∈ 𝔐113.
Proof.
  constructor; exists 1; autoPr.
Qed.

Theorem Theorem113_2: ∀ x y z,
  y ≡ (Inter x`) -> z ≡ (Inter x`) -> y ≡ z.
Proof.
  intros; apply Theorem79 in H0; eapply Theorem80; eauto.
Qed.

Theorem Theorem113_3: ∀ x, ~ (Inter 1) ≡ (Inter x`).
Proof.
  intros; intro. repeat red in H.
  pose proof (H _ _ Eqf_Ne Eqf_Ne); simpl in H0; Simpl_Nin H0.

```
    apply (AxiomIII x); auto.
Qed.

Theorem Theorem113_4: ∀ x y, (Inter x`) ≡ (Inter y`) -> x = y.
Proof.
  intros; repeat red in H.
  pose proof (H _ _ Eqf_Ne Eqf_Ne); simpl in H0; Simpl_Nin H0.
  apply AxiomIV in H0; auto.
Qed.

Theorem Theorem113_5: ∀ 𝔐, (Inter 1) ∈ 𝔐 /\
  (∀ x, (Inter x) ∈ 𝔐 -> (Inter x`) ∈ 𝔐) -> ∀ x, (Inter x) ∈ 𝔐.
Proof.
  intros; destruct H. set (𝔐0:= /{ x | (Inter x) ∈ 𝔐 /}).
  assert (1 ∈ 𝔐0). { constructor; eauto. }
  assert (∀ x, x ∈ 𝔐0 -> x` ∈ 𝔐0); intros.
  { destruct H2; constructor; apply H0 in H2; eauto. }
  assert (∀ x, x ∈ 𝔐0). { apply AxiomV; auto. }
  destruct H3 with x; auto.
Qed.
```

因 =、>、<、和与积 (依定理 2.111 和定理 2.112) 都跟这以前的概念相适应, 故整数具有已证明的自然数的一切性质.

因此, 我们抛弃自然数而代以相应的整数. 又因分数也成为不必要的, 所以今后在提到这以前的题材时, 我们都是对有理数说的. (在分数的概念中, 自然数仍成对地留在分数线的上下, 而在那称为有理数的集合中, 分数仍作为个体而存在.)

定义 2.26　符号 x (不受旧意义的限制) 表示被 $\dfrac{x}{1}$ 的类所决定的整数.

提示　$X \cdot 1 = X$.

定义 2.26 可通过 Coq 的强制转换命令 "Coercion" 方便地描述如下:

```
Coercion Int (x:Nat): Rat:= Inter x.

Corollary PrTi_1: ∀ X, (X · 1) = X.
Proof.
  intros; apply eq1; chan X f H; red; intros.
  do 5 destruct H; destruct H0, H1, H1.
  eapply Theorem39; eauto.
  apply Theorem38 in H0; eapply Theorem39; eauto.
  pose proof (Theorem68 H H1). eapply Theorem39; eauto.
  destruct f; red; simpl; Simpl_N.
Qed.
```

```
Corollary PrTi1_: ∀ X, (1 · X) = X.
Proof.
  intro; rewrite (eq1 Theorem102); apply PrTi_1.
Qed.

Corollary PrPl_1: ∀ x:Nat, Int x + Int 1 = Int x`.
Proof.
  intros; apply eq1; red; intros.
  do 5 destruct H; destruct H0, H1, H1. eapply Theorem39; eauto.
  apply Theorem38 in H0; eapply Theorem39; eauto.
  pose proof (Theorem56 H H1).
  eapply Theorem39; eauto. red; simpl; Simpl_N.
Qed.

Hint Rewrite PrTi_1 PrTi1_ PrPl_1: Prat.
```

定理 2.114   设 Z 是对应于分数 $\dfrac{x}{y}$ 的有理数, 则

$$yZ = x.$$

```
Theorem Theorem114: ∀ x y Z, Z ≡ (fsr (x/y)) -> (y · Z) ≡ x.
Proof.
  intros; rewrite (eq1 H); red; intros.
  do 5 destruct H0. destruct H1, H2, H2. eapply Theorem39; eauto.
  apply Theorem38 in H1; eapply Theorem39; eauto.
  pose proof (Theorem68 H0 H2). eapply Theorem39; eauto.
  red; simpl; Simpl_N; apply Theorem29.
Qed.
```

定义 2.27   定理 2.110 中的 U 称为以 Y 除 X 的商, 或以 Y 除 X 所得的有理数. 这有理数表为 $\dfrac{X}{Y}$ (读为 "X 除以 Y").

设 X 和 Y 是整数, 从而 $X = x, Y = y$, 则依定理 2.114, 由定义 2.26 和定义 2.27 所决定的有理数 $\dfrac{x}{y}$ 表示分数 $\dfrac{x}{y}$ 在旧意义的类. 符号 $\dfrac{x}{y}$ 虽有两种意义, 但不必顾虑它会发生混淆, 因为以后不再特别提到前面所说的那种分数. $\dfrac{x}{y}$ 今后恒表示一有理数. 反之, 根据定理 2.114 和定义 2.27, 每一有理数可表示为 $\dfrac{x}{y}$ 的形式.

```
Definition Recip_Rat f:= match f with x/y => y/x end.

Definition Over_Pr (X Y:Rat): Rat.
  apply (mkrat /{ f | ∃ f1 f2, f1 ∈ X /\ f2 ∈ Y /\
```

```
    f ~ (Times_F f1 (Recip_Rat f2)) /}).
  chan X f1 H; chan Y f2 H.
  red; exists (Times_F f1 (Recip_Rat f2));
  split; red; intros; destruct H; constructor.
  - exists f1, f2; repeat split; auto.
  - destruct H as [f3 [f4 H]], H, H0, H, H0.
    eapply Theorem39; eauto; eapply Theorem68; eauto.
    destruct f2, f4; red in H0|-*; simpl in *.
    rewrite Theorem29, <- H0, Theorem29; auto.
Defined.


Notation " X / Y ":= (Over_Pr X Y).


Corollary PrOverP1: ∀ X Y Z, Z ≡ Y/X <-> Z · X ≡ Y.
Proof.
  intros; chan X f1 H; chan Y f2 H; chan Z f3 H; split; red; intros.
  - do 5 destruct H0; destruct H1, H2, H2.
    pose proof (Theorem68 H0 H2). pose proof (Theorem39 H3 H4).
    eapply Theorem39; eauto.
    apply Theorem38 in H1; eapply Theorem39; eauto.
    set (M:= (/{ f | ∃ f3 f6, f3 ∈ (Eqf f2) /\
    f6 ∈ (Eqf f1) /\ f ~ Times_F f3 (Recip_Rat f6) /})).
    assert ((Times_F f2 (Recip_Rat f1)) ∈ M).
    { constructor; exists f2, f1; repeat split. }
    pose proof (H _ _ Eqf_Ne H6).
    destruct f1, f2, f3; red in H7|-*; simpl in *.
    rewrite Theorem31 in H7|-*.
    rewrite (Theorem29 n n2), (Theorem29 n4 n0); auto.
  - do 5 destruct H1; destruct H0, H2, H2.
    set (M:= (/{ f | ∃ f2 f6, f2 ∈ (Eqf f3) /\
    f6 ∈ (Eqf f1) /\ f ~ Times_F f2 f6 /})).
    assert ((Times_F f3 f1) ∈ M).
    { constructor; exists f3, f1; repeat split. }
    pose proof (H _ _ H4 Eqf_Ne). pose proof (Theorem68 H0 H2).
    pose proof (Theorem39 H6 H5).
    pose proof (Theorem39 H7 (Theorem38 _ _ H1)).
    clear H0; apply Theorem38 in H3; eapply Theorem39; eauto.
    destruct f0, x, x0; red in H8|-*; simpl in *.
    rewrite Theorem31 in H8|-*.
    rewrite (Theorem29 n2 n3), (Theorem29 n4 n0); auto.
Qed.
```

```
Corollary Prdt: ∀ Y X, (Y/X · X) = Y.
Proof.
  intros; apply eq1; apply PrOverP1; autoPr.
Qed.

Corollary Prtd: ∀ Y X, (X · (Y/X)) = Y.
Proof.
  intros; rewrite (eq1 Theorem102); apply Prdt.
Qed.

Corollary Prdd: ∀ X, 1/(1/X) = X.
Proof.
  intros; symmetry; apply eq1, PrOverP1; rewrite Prtd; autoPr.
Qed.


Hint Rewrite Prdt Prtd Prdd: Prat.

Corollary PrOverP2: ∀ X Y, X < Y -> 1/Y < 1/X.
Proof.
  intros; apply Theorem106_3 with (Z:=Y); Simpl_Pr.
  apply Theorem106_3 with (Z:=X); Simpl_Pr.
  rewrite (eq1 Theorem102), <- (eq1 Theorem103); Simpl_Pr.
Qed.
```

定理 2.115   设 X 和 Y 是已知的, 则有 z 存在, 能使

$$zX > Y.$$

```
Theorem Theorem115: ∀ X Y, ∃ z:Nat, (z · X) > Y.
Proof.
  intros; destruct (Theorem89 (Over_Pr Y X)) as [Z H].
  apply Theorem105_1 with (Z:=X) in H; Simpl_Prin H.
  chan Z f H0; destruct f as [z v]; exists z; red; intros.
  do 5 destruct H0; destruct H2.
  set (M:= (/{ f | ∃ f3 f4, f3 ∈ (Eqf (Over z v)) /\
  f4 ∈ X /\ f ~ (Times_F f3 f4) /})).
  assert ((Times_F (Over z v) x0) ∈ M).
  { constructor; exists (Over z v), x0; repeat split; auto. }
  pose proof (H _ _ H4 H1).
  pose proof (Theorem68 H0 (Theorem37 x0)).
  pose proof (Theorem38 _ _ (Theorem39 H3 H6)).
  eapply Theorem44; try apply H7; try apply Theorem37.
  eapply Theorem51; right; split; try apply H5.
  destruct v; [right; autoF|].
```

```
left; apply Theorem72_3; red; simpl; Simpl_N.
exists (Times_N z v); apply Theorem6.
Qed.
```

2.3 分　　割

2.3.1 定义

定义 2.28　有理数的一个集合称为分割, 若

1) 该集合包含一有理数, 但不包含每一有理数;

2) 该集合中的每一有理数小于不属于这集合的每一有理数;

3) 该集合中无最大的有理数 (即该集合中无一数大于其中的任何数),

该集合又称为下类, 不包含下类中的有理数的集合称为上类. 下类中的有理数称为下类数, 上类中的有理数称为上类数.

若无其他声明, 小写希腊字母都表示分割.

```
(** cuts *)

(* CUTS *)

(* SECTION I Definition *)

Require Export frac.

Definition Cut_p1 (E:Ensemble Rat):=
  ((∃ X, X ∈ E) /\ ∃ Y, ~ Y ∈ E).
Definition Cut_p2 (E:Ensemble Rat):=
  (∀ X, X ∈ E -> ∀ Y, Y < X -> Y ∈ E).
Definition Cut_p3 (E:Ensemble Rat):=
  (∀ X, X ∈ E -> ∃ Y, Y ∈ E /\ Y > X).

Lemma D28_p1: ∀ E, Cut_p1 E <-> (∃ X, X ∈ E) /\ ~ (∀ Y, Y ∈ E).
Proof.
  split; intros; split; try apply H; destruct H.
  - intro; destruct H0; auto.
  - apply not_all_ex_not in H0; auto.
Qed.

Lemma D28_p2: ∀ E,
  Cut_p2 E <-> (∀ X Y, X ∈ E -> ~ Y ∈ E -> X < Y).
Proof.
```

```
  split; intros.
   - red in H; destruct (Theorem81 X Y) as [H2 | [H2 | H2]]; auto.
     + rewrite (eq1 H2) in H0; contradiction.
     + eapply H in H0; eauto; contradiction.
   - red; intros; Absurd; eapply H in H0; eauto; LGPr H0 H1.
Qed.
```

```
Lemma D28_p3: ∀ E,
  Cut_p3 E <-> ~ (∃ Y, Y ∈ E /\ (∀ X, X ∈ E -> X ⩽ Y)).
Proof.
  split; intros.
   - intro; destruct H0, H0, H with x; auto; destruct H2.
     apply H1 in H2; destruct H2; try LGPr H2 H3; try EGPr H2 H3.
   - red; intros; Absurd.
     elim H; exists X; split; intros; auto; red.
     destruct (Theorem81 X0 X) as [H3 | [H3 | H3]]; try tauto.
     elim H1; eauto.
Qed.
```

```
Record Cut:= mkcut {
  CR:> Ensemble Rat;
  cutp1: Cut_p1 CR;
  cutp2: Cut_p2 CR;
  cutp3: Cut_p3 CR }.
```

```
Definition upper_class R:= /{ Y | ∀ X, X ∈ R -> Y > X /}.
```

```
Definition Num_L X (ξ:Cut):= X ∈ ξ.
```

```
Definition Num_U X (ξ:Cut):= ~ X ∈ ξ.
```

定义 2.29　当 ξ 的每一下类数是 η 的下类数, 且 η 的每一下类数是 ξ 的下类数时,

$$\xi = \eta.$$

(= 读为 "等于") 换句话说, 当两集合 ξ 和 η 重合时,

$$\xi = \eta.$$

否则 (即两集合不重合),

$$\xi \neq \eta$$

(≠ 读为 "不等于").

```
Definition Equal_C (ξ η:Cut):=(∀ X, X ∈ ξ <-> X ∈ η).
```

Definition No_Equal_C (ξ η:Cut):= $\sim$ Equal_C ξ η.

Notation " $\xi \approx \eta$ ":= (Equal_C ξ η) (at level 60).

Corollary eq2: $\forall$ {ξ η:Cut}, $\xi \approx \eta$ -> $\xi = \eta$.
Proof.
  intros; assert (Same_Ensemble ξ η).
  { red; red in H; auto. }
  apply ens_ext in H0; destruct ξ, η; simpl in H0; subst CR0.
  rewrite (proof_irr _ cutp7), (proof_irr _ cutp8),
  (proof_irr _ cutp9); auto.
Qed.

定理 2.116 $\xi = \xi$.

Theorem Theorem116: $\forall$ ξ, $\xi \approx \xi$.
Proof.
  intros; red; intro; split; intro; auto.
Qed.

定理 2.117 $\xi = \eta \implies \eta = \xi$.

Theorem Theorem117: $\forall$ ξ η, $\xi \approx \eta$ -> $\eta \approx \xi$.
Proof.
  intros; red in H; red; intros; split; intros; apply H; auto.
Qed.

定理 2.118 $(\xi = \eta \text{ 且 } \eta = \zeta) \implies \xi = \zeta$.

Theorem Theorem118: $\forall$ ξ η ζ, $\xi \approx \eta$ -> $\eta \approx \zeta$ -> $\xi \approx \zeta$.
Proof.
  intros; red in H; red in H0; red; intros.
  split; intros; try apply H0; try apply H; try apply H0; auto.
Qed.

定理 2.119 设 X 是 ξ 的上类数, 且

$$X_1 > X,$$

则 X_1 是 ξ 的上类数.

Lemma Lemma_T119: $\forall$ (ξ:Cut) X Y, X $\in$ ξ -> $\sim$ Y $\in$ ξ -> X < Y.
Proof.
  intros; destruct ξ; apply (D28_p2 CR0); auto.
Qed.

Theorem Theorem119: $\forall$ X X1 ξ, Num_U X ξ -> X1 > X -> Num_U X1 ξ.

```
Proof.
  intros; intro; red in H.
  eapply Lemma_T119 in H; eauto; LGPr H H0.
Qed.
```

定理 2.120　设 X 是 ξ 的下类数, 且

$$X_1 < X,$$

则 X_1 是 ξ 的下类数.

```
Theorem Theorem120: ∀ X X1 ξ, Num_L X ξ -> X1 < X -> Num_L X1 ξ.
Proof.
  intros; red in H; red; destruct ξ.
  unfold Cut_p2 in cutp5; apply cutp5 with X; auto.
Qed.
```

2.3.2　序

定义 2.30　设 ξ 和 η 是分割, 当 ξ 有一下类数是 η 的上类数时, 则

$$\xi > \eta$$

($>$ 读为 "大于").

```
(* SECTION II Ordering *)

Definition IGT_C ξ η:= (∃ X, Num_L X ξ /\ Num_U X η).
Notation " x > y ":= (IGT_C x y).
```

定义 2.31　设 ξ 和 η 是分割, 当 ξ 有一上类数是 η 的下类数时, 则

$$\xi < \eta$$

($<$ 读为 "小于").

```
Definition ILT_C ξ η:= (∃ X, Num_L X η /\ Num_U X ξ).
Notation " x < y ":= (ILT_C x y).
```

定理 2.121　$\xi > \eta \implies \eta < \xi$.

```
Theorem Theorem121: ∀ ξ η, ξ > η -> η < ξ.
Proof.
  intros; auto.
Qed.
```

定理 2.122　$\xi < \eta \implies \eta > \xi.$

```
Theorem Theorem122: ∀ ξ η, ξ < η -> η > ξ.
Proof.
  intros; auto.
Qed.
```

定理 2.123　给定 ξ 和 η, 则仅有下列情形之一出现:

$$\xi = \eta, \quad \xi > \eta, \quad \xi < \eta.$$

```
Lemma OrdC1: ∀ {ξ η}, ξ ≈ η -> ξ > η -> False.
Proof.
  intros; red in H; red in H0.
  destruct H0 as [X H0], H0; red in H0, H1.
  apply H1; apply H; auto.
Qed.


Lemma OrdC2: ∀ {ξ η}, ξ ≈ η -> ξ < η -> False.
Proof.
  intros; red in H; red in H0.
  destruct H0 as [X H0], H0; red in H0, H1.
  apply H1; apply H; auto.
Qed.


Lemma OrdC3: ∀ {ξ η}, ξ < η -> ξ > η -> False.
Proof.
  intros; red in H; red in H0.
  destruct H as [X H], H; red in H; red in H1.
  destruct H0 as [Y H0]; destruct H0; red in H0; red in H2.
  assert (ILT_Pr X Y); try eapply Lemma_T119; eauto.
  assert (ILT_Pr Y X); try eapply Lemma_T119; eauto; LGPr H3 H4.
Qed.


Ltac EGC H H1:= destruct (OrdC1 H H1).
Ltac ELC H H1:= destruct (OrdC2 H H1).
Ltac LGC H H1:= destruct (OrdC3 H H1).


Corollary ex_In_C: ∀ ξ, ∃ a, Num_L a ξ.
Proof.
  intros; destruct ξ as [CR [p1 p2]]; auto.
Qed.


Corollary ex_NoIn_C: ∀ ξ, ∃ a, Num_U a ξ.
```

```
Proof.
  intros; destruct ξ as [CR [p1 p2]]; auto.
Qed.

Ltac EC X ξ H:= destruct (ex_In_C ξ) as [X H].
Ltac ENC X ξ H:= destruct (ex_NoIn_C ξ) as [X H].

Theorem Theorem123: ∀ ξ η, ξ < η \/ ξ > η \/ ξ ≈ η.
Proof.
  intros; destruct (classic (ξ ≈ η)) as [H | H]; auto.
  unfold Equal_C in H; apply not_all_ex_not in H.
  destruct H as [X H], (classic (X ∈ ξ)), (classic (X ∈ η)).
  - elim H; split; intros; auto.
  - right; left; red; eauto.
  - left; red; eauto.
  - elim H; split; intros; contradiction.
Qed.
```

定义 2.32　ξ ⩾ η 表示 ξ > η 或 ξ = η (⩾ 读为 "大于或等于").

```
Definition IGE_C ξ η:= ξ > η \/ ξ ≈ η.
Notation " ξ ⩾ η ":= (IGE_C ξ η) (at level 55).
```

定义 2.33　ξ ⩽ η 表示 ξ < η 或 ξ = η (⩽ 读为 "小于或等于").

```
Definition ILE_C ξ η:= ξ < η \/ ξ ≈ η.
Notation " ξ ⩽ η ":= (ILE_C ξ η) (at level 55).
```

定理 2.124　ξ ⩾ η ⟹ η ⩽ ξ.

```
Theorem Theorem124: ∀ ξ η, ξ ⩾ η -> η ⩽ ξ.
Proof.
  intros; red; red in H; destruct H; try tauto.
  apply Theorem117 in H; auto.
Qed.
```

定理 2.125　ξ ⩽ η ⟹ η ⩾ ξ.

```
Theorem Theorem125: ∀ ξ η, ξ ⩽ η -> η ⩾ ξ.
Proof.
  intros; red; red in H; destruct H; try tauto.
  apply Theorem117 in H; auto.
Qed.
```

定理 2.126 (序的传递性)　(ξ < η 且 η < ζ) ⟹ ξ < ζ.

```
Theorem Theorem126: ∀ ξ η ζ, ξ < η -> η < ζ -> ξ < ζ.
Proof.
```

```
  intros; destruct H as [X H], H, H0 as [Y H0], H0.
  assert (ILT_Pr X Y); try eapply Lemma_T119; eauto.
  apply Theorem83 in H3.
  apply Theorem119 with (ξ:=ξ) in H3; auto.
  red; red in H3; eauto.
Qed.
```

定理 2.127　$(\xi \leqslant \eta\,\text{且}\,\eta < \zeta)$ 或 $(\xi < \eta\,\text{且}\,\eta \leqslant \zeta) \implies \xi < \zeta$.

```
Theorem Theorem127: ∀ ξ η ζ,
  (ξ ≤ η /\ η < ζ) \/ (ξ < η /\ η ≤ ζ) -> ξ < ζ.
Proof.
  intros; destruct H as [[[H | H] H0] | [H [H0 | H0]]].
  - eapply Theorem126; eauto.
  - red in H0; destruct H0 as [X H0], H0.
    red; exists X; split; auto. red; red in H; red in H0; intro.
    apply H in H2; contradiction.
  - eapply Theorem126; eauto.
  - red in H; destruct H as [X H], H.
    red; exists X; split; auto. red; red in H1; red in H0.
    apply H0 in H; auto.
Qed.
```

定理 2.128　$(\xi \leqslant \eta\,\text{且}\,\eta \leqslant \zeta) \implies \xi \leqslant \zeta$.

```
Theorem Theorem128: ∀ ξ η ζ, ξ ≤ η -> η ≤ ζ -> ξ ≤ ζ.
Proof.
  intros; red in H; red in H0; destruct H.
  - left; eapply Theorem127; eauto.
  - destruct H0.
    + left; apply Theorem127 with (η:=η); auto; unfold ILE_C; auto.
    + right; eapply Theorem118; eauto.
Qed.
```

2.3.3　加法

定理 2.129　1) 设 ξ 和 η 是分割, 则表示为形式 $X + Y$ 的一切有理数的集合也是一个分割, 这里, X 是 ξ 的下类数, Y 是 η 的下类数.

2) 这集合中无一数能表示为 ξ 的一上类数和 η 的一上类数的和.

```
(* SECTION III Addition *)

Definition plus_C ξ η:=
  /{ Z | ∃ X Y, Num_L X ξ /\ Num_L Y η /\ Z ≡ (X + Y) /}.
```

Theorem **Theorem129_2**: $\forall\ \xi\ \eta$ X X0, $\forall$ Z, Z $\in$ (plus_C $\xi\ \eta$)
 -> Num_U X ξ /\ Num_U X0 η -> $\sim$ Z $\equiv$ (X + X0).
Proof.
  intros; destruct H, H as [x [x0 [H [H1 H2]]]], H0; intro.
  assert (ILT_Pr x X); try eapply Lemma_T119; eauto.
  assert (ILT_Pr x0 X0); try eapply Lemma_T119; eauto.
  rewrite (eq1 H4) in H2; EGPr H2 (Theorem98 H5 H6).
Qed.

Theorem **Theorem129_1**: $\forall\ \xi\ \eta$,
  Cut_p1 (plus_C $\xi\ \eta$) /\ Cut_p2 (plus_C $\xi\ \eta$) /\ Cut_p3 (plus_C $\xi\ \eta$).
Proof.
  intros; EC X ξ H;ENC X1 ξ H0;EC Y η H1;ENC Y1 η H2; repeat split.
  - exists (X + Y); constructor; exists X, Y; repeat split; autoPr.
  - exists (X1 + Y1); intro.
    eapply Theorem129_2; eauto; autoPr.
  - destruct H3, H3 as [Z [U [H3 [H5 H6]]]].
    exists (Z · (Y0/(Z + U))), (U · (Y0/(Z + U))).
    assert (ILT_Pr (Y0/(Z + U)) 1).
    { apply Theorem106_3 with (Z:=(Z + U));
      rewrite <- (eq1 H6); Simpl_Pr. }
    repeat split.
    + red. destruct ξ. apply cutp2 with Z; auto.
      apply Theorem105_3 with (Z:=Z) in H7; Simpl_Prin H7.
      rewrite (eq1 Theorem102); auto.
    + red; destruct η; apply cutp2 with U; auto.
      apply Theorem105_3 with (Z:=U) in H7; Simpl_Prin H7.
      rewrite (eq1 Theorem102); auto.
    + rewrite <- (eq1 Theorem104'); Simpl_Pr; autoPr.
  - red; intros; destruct H3,H3 as [Z [U [H3 [H5 H6]]]]; red in H3.
    destruct ξ; apply cutp3 in H3; destruct H3 as [Z1 [H3 H7]].
    exists (Z1 + U); split.
    + constructor; exists Z1, U; repeat split; autoPr.
    + rewrite (eq1 H6); apply Theorem96_1; auto.
Qed.

定义 2.34 定理 2.129 中所作分割称为 $\xi + \eta$ (+ 读为 "加"). 该分割又称
为 ξ 和 η 的和, 或加 η 于 ξ 所得的分割.

Definition **Plus_C** ($\xi\ \eta$:Cut): Cut.
  apply mkcut with (plus_C $\xi\ \eta$); apply Theorem129_1.
  Defined.
Notation " X + Y ":= (Plus_C X Y).

定理 2.130 (加法的交换律)　$\xi + \eta = \eta + \xi$.

```
Theorem Theorem130: ∀ {ξ η:Cut}, (ξ + η) ≈ (η + ξ).
Proof.
  intros; red; intros. split; intros;
  destruct H, H as [X0 [Y0 [H [H0 H1]]]]; constructor;
  exists Y0, X0; repeat split; try rewrite (eq1 Theorem92); auto.
Qed.
```

定理 2.131 (加法的结合律)　$(\xi + \eta) + \zeta = \xi + (\eta + \zeta)$.

```
Theorem Theorem131: ∀ {ξ η ζ}, ((ξ + η) + ζ) ≈ (ξ + (η + ζ)).
Proof.
  intros; red; intros; split; intros;
  destruct H, H as [X0 [Y0 [H [H0 H1]]]].
  - red in H; destruct H, H as [X2 [Y2 [H [H2 H3]]]]; constructor.
    exists X2, (Plus_Pr Y2 Y0); repeat split; auto.
    + exists Y2, Y0; repeat split; autoPr.
    + rewrite (eq1 H3), (eq1 Theorem93) in H1; auto.
  - destruct H0, H0 as [X2 [Y2 [H0 [H2 H3]]]]; constructor.
    exists (Plus_Pr X0 X2), Y2; repeat split; auto.
    + exists X0, X2; repeat split; autoPr.
    + rewrite (eq1 H3), <- (eq1 Theorem93) in H1; auto.
Qed.
```

定理 2.132　设 A 已知, 则对每一分割, 又下类数 X 和上类数 Y 存在, 能使

$$U - X = A.$$

```
Theorem Theorem132: ∀ (A:Rat) ξ,
  ∃ U X 1, Num_U U ξ /\ Num_L X ξ /\ A ≡ ((U - X) 1).
Proof.
  intros; EC X ξ H; ENC Y ξ H0. pose proof (Lemma_T119 _ _ _ H H0).
  set (𝔐:=/{ n | ~ (Plus_Pr ((Int n) · A) X) ∈ ξ /}).
  assert (No_Empty 𝔐).
  { destruct (Theorem115 A ((Y - X) H1)) as [n H2].
    red; exists n; constructor; intro.
    apply Theorem96_1 with (Z:=X) in H2; Simpl_Prin H2.
    apply Theorem119 with (ξ:=ξ) in H2; auto. }
  apply Theorem27 in H2; destruct H2 as [u [H2 H3]], H2.
  destruct u.
  - exists (Plus_Pr X A), X, (Theorem94 X A).
    Simpl_Prin H2; repeat split; try rewrite (eq1 Theorem92); auto.
    apply Theorem97_2 with (Z:=X); Simpl_Pr; autoPr.
```

```
  - pose proof (Theorem94 (Plus_Pr (u · A) X) A).
    rewrite (eq1 Theorem93), (eq1 (@ Theorem92 X A)) in H4.
    rewrite <- (eq1 Theorem93) in H4.
    pattern A at 2 in H4; rewrite <- PrTi1_ in H4.
    rewrite <- (eq1 Theorem104') in H4; Simpl_Prin H4.
    exists (Plus_Pr (u` · A) X), (Plus_Pr (u · A) X), H4.
    assert (~ (ILE_N u` u)); try intro.
    { pose proof (Theorem18 u 1); Simpl_Nin H6.
      destruct H5; try LGN H5 H6; EGN H5 H6. }
    specialize H3 with u; pose proof (inp _ _ H3 H5).
    assert ((Plus_Pr (u · A) X) ∈ ξ).
    { Absurd; elim H6; constructor; auto. }
    repeat split; auto.
    apply Theorem97_2 with (Z:=(Plus_Pr (u · A) X)); Simpl_Pr.
    rewrite <- PrPl_1, (eq1 Theorem104'), <- (eq1 Theorem93).
    Simpl_Pr. rewrite (eq1 (@ Theorem92 A (u · A))); autoPr.
Qed.
```

定理 2.133　$\xi + \eta > \xi$.

```
Theorem Theorem133: ∀ ξ η, ξ + η > ξ.
Proof.
  intros; EC Y η H.
  destruct (Theorem132 Y ξ) as [X [Y0 [H0 [H1 [H2 H3]]]]].
  red; exists (Plus_Pr Y0 Y); repeat split.
  - exists Y0, Y; repeat split; autoPr.
  - apply Theorem96_2 with (Z:=Y0) in H3; Simpl_Prin H3.
    rewrite (eq1 Theorem92), (eq1 H3); auto.
Qed.
```

定理 2.134　$\xi > \eta \implies \xi + \zeta > \eta + \zeta$.

```
Theorem Theorem134: ∀ ξ η ζ, ξ > η -> ξ + ζ > η + ζ.
Proof.
  intros; red in H; destruct H as [X [H H0]]; red in H.
  destruct ξ; apply cutp3 in H; destruct H as [Y [H H1]],
    (Theorem132 (Minus_Pr Y X H1) ζ) as [Z [U [H2 [H3 [H4 H5]]]]].
  red; exists (Plus_Pr X Z); repeat split.
  - exists Y, U; repeat split; auto.
    apply Theorem96_2 with (Z:=U) in H5; Simpl_Prin H5.
    rewrite (eq1 Theorem92) in H5.
    apply Theorem96_2 with (Z:=X) in H5.
    rewrite (eq1 Theorem93) in H5; Simpl_Prin H5.
    rewrite (eq1 Theorem92); rewrite (eq1 Theorem92) in H5.
    apply Theorem79; auto.
```

```
  - red; intro; apply Theorem129_2 with (X:=X) (X0:=Z) in H6; auto.
    elim H6; autoPr.
Qed.
```

定理 2.135　1) $\xi > \eta \implies \xi + \zeta > \eta + \zeta$.

2) $\xi = \eta \implies \xi + \zeta = \eta + \zeta$.

3) $\xi < \eta \implies \xi + \zeta < \eta + \zeta$.

```
Theorem Theorem135_1: ∀ ξ η ζ, ξ > η -> ξ + ζ > η + ζ.
Proof.
  intros; apply Theorem134; auto.
Qed.
```

```
Theorem Theorem135_2: ∀ ξ η ζ, ξ ≈ η -> ξ + ζ ≈ η + ζ.
Proof.
  intros; rewrite (eq2 H); apply Theorem116.
Qed.
```

```
Theorem Theorem135_3: ∀ ξ η ζ, ξ < η -> ξ + ζ < η + ζ.
Proof.
  intros; apply Theorem135_1; auto.
Qed.
```

定理 2.136　1) $\xi + \zeta > \eta + \zeta \implies \xi > \eta$.

2) $\xi + \zeta = \eta + \zeta \implies \xi = \eta$.

3) $\xi + \zeta < \eta + \zeta \implies \xi < \eta$.

```
Theorem Theorem136_1: ∀ ξ η ζ, ξ + ζ > η + ζ -> ξ > η.
Proof.
  intros; destruct (Theorem123 ξ η) as [H0 | [H0 | H0]]; auto.
  - apply Theorem135_3 with (ζ:=ζ) in H0; LGC H0 H.
  - apply Theorem135_2 with (ζ:=ζ) in H0; EGC H0 H.
Qed.
```

```
Theorem Theorem136_2: ∀ ξ η ζ, ξ + ζ ≈ η + ζ -> ξ ≈ η.
Proof.
  intros; destruct (Theorem123 ξ η) as [H0 | [H0 | H0]]; auto.
  - apply Theorem135_3 with (ζ:=ζ) in H0; ELC H H0.
  - apply Theorem135_1 with (ζ:=ζ) in H0; EGC H H0.
Qed.
```

```
Theorem Theorem136_3: ∀ ξ η ζ, ξ + ζ < η + ζ -> ξ < η.
Proof.
  intros; destruct (Theorem123 ξ η) as [H0 | [H0 | H0]]; auto.
```

```
  - apply Theorem135_1 with (ζ:=ζ) in H0; LGC H H0.
  - apply Theorem135_2 with (ζ:=ζ) in H0; ELC H0 H.
Qed.
```

定理 2.137 $(\xi > \eta \, \text{且} \, \zeta > \upsilon) \implies \xi + \zeta > \eta + \upsilon$.

```
Theorem Theorem137: ∀ {ξ η ζ υ},
  ξ > η -> ζ > υ -> (ξ + ζ) > (η + υ).
Proof.
  intros; apply (Theorem135_1 _ _ ζ) in H.
  apply (Theorem135_1 _ _ η) in H0.
  rewrite (eq2 Theorem130), (eq2 (@ Theorem130 υ η)) in H0.
  eapply Theorem126 ; eauto.
Qed.
```

定理 2.138 $(\xi \geqslant \eta \, \text{且} \, \zeta > \upsilon) \, \text{或} \, (\xi > \eta \, \text{且} \, \zeta \geqslant \upsilon) \implies \xi + \zeta > \eta + \upsilon$.

```
Theorem Theorem138: ∀ ξ η ζ υ,
  (ξ ≥ η /\ ζ > υ) \/ (ξ > η /\ ζ ≥ υ) -> (ξ + ζ) > (η + υ).
Proof.
  intros; destruct H as [[[H | H] H0] | [H [H0 | H0]]].
  - apply Theorem137; auto.
  - rewrite (eq2 H), (eq2 Theorem130), (eq2 (@ Theorem130 η υ)).
    apply Theorem135_1; auto.
  - apply Theorem137; auto.
  - rewrite (eq2 H0); apply Theorem135_1; auto.
Qed.
```

定理 2.139 $(\xi \geqslant \eta \, \text{且} \, \zeta \geqslant \upsilon) \implies \xi + \zeta \geqslant \eta + \upsilon$.

```
Theorem Theorem139: ∀ ξ η ζ υ,
  (ξ ≥ η /\ ζ ≥ υ) -> (ξ + ζ) ≥ (η + υ).
Proof.
  intros; destruct H as [H H0], H0.
  - left; apply Theorem138; auto.
  - destruct H.
    + rewrite (eq2 H0); left; apply Theorem135_1; auto.
    + right; rewrite (eq2 H), (eq2 H0); apply Theorem116.
Qed.
```

定理 2.140   设 $\xi > \eta$, 则

$$\eta + \upsilon = \xi$$

仅有一解 υ.

提示　设 $\xi \leqslant \eta$, 则

$$\eta + \upsilon = \xi$$

无解.

定义 2.35　定理 2.140 中的 υ 称为 $\xi - \eta$（$-$ 读为 "减"），或 ξ 减 η 的差，或由 ξ 减 η 所得的分割.

```
Theorem Theorem140_1: ∀ η υ1 υ2 ξ,
  η + υ1 ≈ ξ -> η + υ2 ≈ ξ -> υ1 ≈ υ2.
Proof.
  intros; apply Theorem117 in H; eapply Theorem118 in H; eauto.
  rewrite (eq2 Theorem130), (eq2 (@ Theorem130 η υ1)) in H.
  apply Theorem136_2, Theorem117 in H; auto.
Qed.


Definition minus_C ξ η:=
  /{ Z | ∃ X Y l, Num_L X ξ /\ Num_U Y η /\ Z ≡ ((X - Y) l) /}.


Lemma Lemma_T140: ∀ ξ η, ξ > η -> Cut_p1 (minus_C ξ η) /\
  Cut_p2 (minus_C ξ η) /\ Cut_p3 (minus_C ξ η).
Proof.
  intros; repeat split.
  - destruct H as [X [H H1]].
    apply (cutp3 ξ) in H; destruct H as [Y [H H2]].
    exists ((Y - X) H2); constructor.
    exists Y, X, H2; repeat split; autoPr.
  - destruct (cutp1 ξ) as [p1 [X1 p1']].
    exists X1; intro; destruct H0, H0 as [X [Y [H0 [H1 [H2 H3]]]]].
    assert (ILT_Pr ((X - Y) H0) X1).
    { apply Theorem86 with (Y:=X).
      - apply Theorem97_3 with (Z:=Y); Simpl_Pr; apply Theorem94.
      - apply D28_p2 with (Y:=X1) in H1; auto; apply cutp2. }
    apply Theorem79 in H3; ELPr H3 H4.
  - destruct H0, H0 as [X0 [Y0 [H0 [H2 [H3 H4]]]]].
    rewrite (eq1 H4) in H1. apply Theorem96_3 with
      (Z:=Y0) in H1. Simpl_Prin H1; red in H0.
    pose proof (cutp2 ξ _ H2 _ H1).
    pose proof (Theorem94 Y0 Y); rewrite (eq1 Theorem92) in H6.
    exists (Plus_Pr Y Y0), Y0, H6; repeat split; auto.
    apply Theorem97_2 with (Z:=Y0); Simpl_Pr; autoPr.
  - red; intros; destruct H0, H0 as [X0 [Y [H0 [H1 [H2 H3]]]]].
    apply (cutp3 ξ) in H1; destruct H1 as [Y0 [H1 H4]].
    pose proof (Theorem86 _ _ _ H0 H4).
```

```
    exists ((YO - Y) H5); split.
    + constructor; exists YO, Y, H5; repeat split; autoPr.
    + rewrite (eq1 H3); apply Theorem97_1 with (Z:=Y); Simpl_Pr.
Qed.

Definition Minus_C ξ η (1:ξ > η): Cut.
    intros; apply mkcut with (minus_C ξ η); apply Lemma_T140; auto.
Defined.
Notation " X - Y ":= (Minus_C X Y).

Lemma Lemma_T140': ∀ ξ η 1, (η + ((ξ - η) 1)) ≈ ξ.
Proof.
    intros; red; split; intros.
    - destruct H, H as [XO [YO [H [HO H1]]]],
        HO, HO as [X1 [Y1 [H2 [H3 [H4 H5]]]]].
    rewrite (eq1 H1), (eq1 H5); apply (cutp2 ξ) with X1; auto.
    rewrite (eq1 Theorem92); pose proof (Lemma_T119 η _ _ H H4).
    apply Theorem97_3 with (Z:=(Minus_Pr Y1 XO HO)); auto.
    rewrite (eq1 Theorem93), (eq1 (@ Theorem92 XO _)).
    Simpl_Pr; apply Theorem94; auto.
    - destruct (classic (X ∈ η)) as [HO |HO].
    + destruct (Theorem133 η ((ξ - η) 1)) as [Z [H1 H2]].
        pose proof (Lemma_T119 η _ _ HO H2).
        apply (cutp2 (Plus_C η ((ξ - η) 1))) with Z; auto.
    + destruct (cutp3 ξ _ H) as [Y [H1 H2]].
        destruct (Theorem132 (Minus_Pr Y X H2) η) as
            [Y2 [Y1 [H3 [H4 [H5 H6]]]]]. apply Theorem79 in H6.
        pose proof (Lemma_T119 η _ _ H5 HO).
        pose proof (Theorem120 _ _ _ H H7).
        apply Theorem96_2 with (Z:=Y1) in H6; Simpl_Prin H6.
        rewrite (eq1 Theorem92) in H6.
        apply Theorem96_2 with (Z:=X) in H6.
        rewrite (eq1 Theorem93) in H6; Simpl_Prin H6.
        rewrite (eq1 Theorem92) in H6. assert (IGT_Pr Y Y2).
        { destruct (Theorem81 Y Y2) as [H9 | [H9 | H9]]; auto.
            - rewrite (eq1 H9) in H6.
                apply Theorem97_2 in H6; EGPr H6 H7.
            - EGPr H6 (Theorem98 H7 H9). }
        constructor; exists Y1, (Minus_Pr Y Y2 H9).
        repeat split; auto.
        * exists Y, Y2, H9; repeat split; autoPr.
        * apply Theorem97_2 with (Z:=Y2).
```

```
        rewrite (eq1 Theorem93); Simpl_Pr.
Qed.

Theorem Theorem140_2: ∀ ξ η (1:ξ > η), ∃ v, (η + v) ≈ ξ.
Proof.
  intros; exists ((ξ - η) 1); apply Lemma_T140'; auto.
Qed.

Corollary CMi1: ∀ ξ η 1, ((ξ - η) 1) + η = ξ.
Proof.
  intros; apply eq2; rewrite (eq2 Theorem130); apply Lemma_T140'.
Qed.

Corollary CMi1': ∀ ξ η 1, η + ((ξ - η) 1) = ξ.
Proof.
  intros; rewrite (eq2 Theorem130); apply CMi1.
Qed.

Corollary CMi2: ∀ ξ η 1, ((ξ + η) - η) 1 = ξ.
Proof.
  intros; apply eq2; apply Theorem136_2 with (ζ:=η).
  rewrite CMi1; apply Theorem116.
Qed.

Corollary CMi2': ∀ ξ η 1, ((η + ξ) - η) 1 = ξ.
Proof.
  intros; apply eq2, Theorem136_2 with (ζ:=η).
  rewrite CMi1; apply Theorem130.
Qed.

Hint Rewrite CMi1 CMi1' CMi2 CMi2': Cut.
Ltac Simpl_C:= autorewrite with Cut; auto.
Ltac Simpl_Cin H:= autorewrite with Cut in H; auto.
```

2.3.4　乘法

定理 2.141　1) 设 ξ 和 η 是分割, 则写为形式 XY 的一切有理数的集合也是一个分割, 这里, X 是 ξ 的下类数, Y 是 η 的下类数.

2) 该集合中无一数能表示为 ξ 的一上类数和 η 的一上类数的积.

```
(* SECTION IV Multiplication *)

Definition times_C ξ η:=
```

/{ Z | ∃ X Y, Num_L X ξ /\ Num_L Y η /\ Z ≡ (X · Y) /}.

Theorem Theorem141_2: ∀ ξ η X Y Z, Z ∈ (times_C ξ η) ->
  Num_U X ξ /\ Num_U Y η -> ~ Z ≡ (Times_Pr X Y).
Proof.
  intros; destruct H, H as [X0 [Y0 [H1 [H2 H3]]]]; intro.
  rewrite (eq1 H) in H3; destruct H0.
  pose proof (Lemma_T119 ξ _ _ H1 H0).
  EGPr H3 (Theorem107 H5 (Lemma_T119 η _ _ H2 H4)).
Qed.

Theorem Theorem141_1: ∀ ξ η, Cut_p1 (times_C ξ η) /\
  Cut_p2 (times_C ξ η) /\ Cut_p3 (times_C ξ η).
Proof.
  intros; EC X ξ H;ENC X1 ξ H0;EC Y η H1;ENC Y1 η H2; repeat split.
  - exists (X · Y); constructor; exists X, Y; repeat split; autoPr.
  - exists (X1 · Y1); intro.
    apply Theorem141_2 with (X:=X1) (Y:=Y1) in H3; auto.
    apply H3; autoPr.
  - destruct H3, H3 as [X2[Y2 [H3 [H5 H6]]]].
    exists X2, (Y0/X2); repeat split; auto.
    + apply (cutp2 η) with Y2; auto.
      apply Theorem106_3 with (Z:=X2); Simpl_Pr.
      rewrite (eq1 H6), (eq1 Theorem102) in H4; auto.
    + Simpl_Pr; autoPr.
  - red; intros; destruct H3, H3 as [X2 [Y2 [H3 [H4 H5]]]].
    apply (cutp3 ξ) in H3; destruct H3 as [X3 [H3 H6]].
    exists (X3 · Y2); split.
    + constructor; exists X3, Y2; intros; repeat split; autoPr.
    + apply Theorem105_1 with (Z:=Y2) in H6.
      rewrite (eq1 H5); auto.
Qed.

定义 2.36　定理 2.141 中所作分割称为 ξ·η (· 读为 "乘", 但通常都不写它). 该分割又称为 ξ 和 η 的积, 或以 η 乘 ξ 所得的分割.

Definition Times_C (ξ η:Cut): Cut.
  apply mkcut with (times_C ξ η); apply Theorem141_1.
Defined.
Notation " X · Y ":= (Times_C X Y).

定理 2.142 (乘法的交换律)　$\xi\eta = \eta\xi$.

Theorem Theorem142: ∀ {ξ η}, ξ · η ≈ η · ξ.
Proof.

```
  intros; red; intros; split; intros;
  destruct H; destruct H as [X0 [Y0 [H1 [H2 H3]]]];
  constructor; exists Y0, X0; repeat split; auto;
  rewrite (eq1 Theorem102); auto.
Qed.
```

定理 2.143 (乘法的结合律)　$(\xi\eta)\zeta = \xi(\eta\zeta)$.

```
Theorem Theorem143: ∀ {ξ η ζ}, (ξ · η) · ζ ≈ ξ · (η · ζ).
Proof.
  intros; red; intros; split; intros.
  - destruct H, H as [X0 [Y0 [H1 [H2 H3]]]].
    destruct H1, H as [X1 [Y1 [H [H0 H1]]]].
    constructor; exists X1, (Times_Pr Y1 Y0); repeat split; auto.
    + exists Y1, Y0; repeat split; autoPr.
    + rewrite <- (eq1 Theorem103), <- (eq1 H1); auto.
  - destruct H, H as [X0 [Y0 [H1 [H2 H3]]]].
    destruct H2, H as [X1 [Y1 [H [H0 H2]]]].
    constructor; exists (Times_Pr X0 X1), Y1; repeat split; auto.
    + exists X0, X1; repeat split; autoPr.
    + rewrite (eq1 Theorem103), <- (eq1 H2); auto.
Qed.
```

定理 2.144 (分配律)　$\xi(\eta + \zeta) = \xi\eta + \xi\zeta$.

```
Theorem Theorem144: ∀ {ξ η ζ}, ξ · (η + ζ) ≈ (ξ · η) + (ξ · ζ).
Proof.
  intros; red; intros; split; intros.
  - destruct H, H as [X0 [Y0 [H [H0 H1]]]].
    destruct H0, H0 as [X1 [Y1 [H0 [H2 H3]]]]. constructor.
    exists (Times_Pr X0 X1), (Times_Pr X0 Y1); repeat split.
    + exists X0, X1; repeat split; autoPr.
    + exists X0, Y1; repeat split; autoPr.
    + rewrite <- (eq1 Theorem104), <- (eq1 H3); auto.
  - destruct H, H as [X0 [Y0 [H [H0 H1]]]],
      H,H as [X1[Y1 [H [H2 H3]]]], H0,H0 as [X2[Y2 [H0 [H4 H5]]]].
    rewrite (eq1 H3), (eq1 H5) in H1.
    destruct (Theorem81 X1 X2) as [H6 | [H6 | H6]].
    + constructor; exists X1, (Plus_Pr Y1 Y2); repeat split; auto.
      * exists Y1, Y2; repeat split; autoPr.
      * rewrite <- (eq1 H6), <- (eq1 Theorem104) in H1; auto.
    + assert (IGT_Pr(Plus_Pr (Times_Pr X1 Y1) (Times_Pr X1 Y2)) X).
      { rewrite (eq1 H1); rewrite (eq1 Theorem92).
        rewrite (eq1 (@ Theorem92 (Times_Pr X1 Y1) _)).
        apply Theorem96_1; apply Theorem105_1; auto. }
```

```
        assert ((Plus_Pr (Times_Pr X1 Y1) (Times_Pr X1 Y2)) ∈
        (ξ · (η + ζ))).
      { constructor; exists X1, (Plus_Pr Y1 Y2).
        repeat split; auto.
        - exists Y1, Y2; repeat split; autoPr.
        - apply Theorem79; apply Theorem104. }
      eapply (cutp2 (ξ · (η + ζ))); eauto.
    + assert (IGT_Pr(Plus_Pr (Times_Pr X2 Y1) (Times_Pr X2 Y2)) X).
      { rewrite (eq1 H1); apply Theorem96_1.
        apply Theorem105_1; auto. }
      assert ((Plus_Pr (Times_Pr X2 Y1) (Times_Pr X2 Y2)) ∈
      (ξ · (η + ζ))).
      { constructor; exists X2, (Plus_Pr Y1 Y2).
        repeat split; auto.
        + exists Y1, Y2; repeat split; autoPr.
        + apply Theorem79; apply Theorem104. }
      eapply (cutp2 (ξ · (η + ζ))); eauto.
Qed.

Corollary Theorem144': ∀ {ξ η ζ},
  ((η + ζ) · ξ) ≈ ((η · ξ) + (ζ · ξ)).
Proof.
  intros; rewrite (eq2 Theorem142); try apply Theorem129_1.
  pattern (η·ξ); rewrite (eq2 Theorem142).
  pattern (ζ·ξ); rewrite (eq2 Theorem142); apply Theorem144.
Qed.
```

定理 2.145   1) $\xi > \eta \implies \xi\zeta > \eta\zeta$.

2) $\xi = \eta \implies \xi\zeta = \eta\zeta$.

3) $\xi < \eta \implies \xi\zeta < \eta\zeta$.

```
Theorem Theorem145_1: ∀ ξ η ζ, ξ > η -> (ξ · ζ) > (η · ζ).
Proof.
  intros; apply Theorem140_2 in H; destruct H as [x H].
  rewrite <- (eq2 H), (eq2 Theorem142), (eq2 Theorem144).
  pattern (η·ζ); rewrite (eq2 Theorem142); apply Theorem133.
Qed.

Theorem Theorem145_2: ∀ ξ η ζ, ξ ≈ η -> (ξ · ζ) ≈ (η · ζ).
Proof.
  intros; rewrite (eq2 H); apply Theorem116.
Qed.
```

```
Theorem Theorem145_3: ∀ ξ η ζ, ξ < η -> (ξ · ζ) < (η · ζ).
Proof.
  intros; apply Theorem145_1; auto.
Qed.
```

定理 2.146　　1) $\xi\zeta > \eta\zeta \implies \xi > \eta$.

2) $\xi\zeta = \eta\zeta \implies \xi = \eta$.

3) $\xi\zeta < \eta\zeta \implies \xi < \eta$.

```
Theorem Theorem146_1: ∀ ξ η ζ, (ξ · ζ) > (η · ζ) -> ξ > η.
Proof.
  intros; destruct (Theorem123 ξ η) as [HO | [HO | HO]]; auto.
  - apply Theorem145_3 with (ζ:=ζ) in HO; LGC HO H.
  - apply Theorem145_2 with (ζ:=ζ) in HO; EGC HO H.
Qed.
```

```
Theorem Theorem146_2: ∀ ξ η ζ, (ξ · ζ) ≈ (η · ζ) -> ξ ≈ η.
Proof.
  intros; destruct (Theorem123 ξ η) as [HO | [HO | HO]]; auto.
  - apply Theorem145_3 with (ζ:=ζ) in HO; ELC H HO.
  - apply Theorem145_1 with (ζ:=ζ) in HO; EGC H HO.
Qed.
```

```
Theorem Theorem146_3: ∀ ξ η ζ, (ξ · ζ) < (η · ζ) -> ξ < η.
Proof.
  intros; destruct (Theorem123 ξ η) as [HO | [HO | HO]]; auto.
  - apply Theorem145_1 with (ζ:=ζ) in HO; LGC H HO.
  - apply Theorem145_2 with (ζ:=ζ) in HO; ELC HO H.
Qed.
```

定理 2.147　　$(\xi > \eta \text{ 且 } \zeta > \upsilon) \implies \xi\zeta > \eta\upsilon$.

```
Theorem Theorem147: ∀ {ξ η ζ υ},
  ξ > η -> ζ > υ -> (ξ · ζ) > (η · υ).
Proof.
  intros; apply (Theorem145_1 _ _ ζ) in H.
  apply (Theorem145_1 _ _ η) in HO.
  rewrite (eq2 (@ Theorem142 η ζ)) in H.
  rewrite (eq2 (@ Theorem142 υ η)) in HO. eapply Theorem126; eauto.
Qed.
```

定理 2.148　　$(\xi \geqslant \eta \text{ 且 } \zeta > \upsilon)$ 或 $(\xi > \eta \text{ 且 } \zeta \geqslant \upsilon) \implies \xi\zeta > \eta\upsilon$.

```
Theorem Theorem148: ∀ ξ η ζ υ,
  (ξ ≥ η /\ ζ > υ) \/ (ξ > η /\ ζ ≥ υ) -> (ξ · ζ) > (η · υ).
Proof.
```

```
intros; destruct H as [[[H | H] H0] | [H [H0 | H0]]].
- apply Theorem147; auto.
- rewrite (eq2 Theorem142), (eq2 (@ Theorem142 η υ)), (eq2 H).
  apply Theorem145_1; auto.
- apply Theorem147; auto.
- rewrite (eq2 H0); apply Theorem145_1; auto.
Qed.
```

定理 2.149 $(\xi \geqslant \eta \text{ 且 } \zeta \geqslant \upsilon) \implies \xi\zeta \geqslant \eta\upsilon.$

```
Theorem Theorem149: ∀ ξ η ζ υ,
  ξ ⩾ η ∧ ζ ⩾ υ -> (ξ · ζ) ⩾ (η · υ).
Proof.
  intros; destruct H as [H H0], H0.
  - left; apply Theorem148; auto.
  - destruct H.
    + rewrite (eq2 H0); left; apply Theorem145_1; auto.
    + right; rewrite (eq2 H), (eq2 H0); apply Theorem116.
Qed.
```

定理 2.150   对每一有理数 R, 一切小于 R 的有理数的集合组成一个分割.

```
Definition rat_C R:= /{ X | ILT_Pr X R /}.

Theorem Theorem150: ∀ R,
  Cut_p1 (rat_C R) /\ Cut_p2 (rat_C R) /\ Cut_p3 (rat_C R).
Proof.
  intros; repeat split.
  - destruct (Theorem90 R) as [x H].
    exists x; constructor; auto.
  - exists R; intro; destruct H; ELPr (Theorem78 R) H.
  - destruct H; apply Theorem86 with X; auto.
  - red; intros; destruct H, (Theorem91 _ _ H) as [Z [H0 H1]].
    exists Z; split; try constructor; auto.
Qed.
```

定义 2.37   定理 2.150 中所作的分割称为 R^*.

```
Definition Star (R:Rat): Cut.
  apply mkcut with (rat_C R); apply Theorem150.
Defined.
Notation " R * ":= (Star R)(at level 0).
```

定理 2.151 $\xi \cdot 1^* = \xi.$

```
Theorem Theorem151: ∀ {ξ}, ξ · 1* ≈ ξ.
Proof.
```

```
  intros; red; intros; split; intros.
  - destruct H, H as [x [x0 [H [H0 H1]]]], H0.
    assert (ILT_Pr X x).
    { apply Theorem105_3 with (Z:=x) in H0; Simpl_Prin H0.
      rewrite (eq1 Theorem102), <- (eq1 H1) in H0; auto. }
    apply (cutp2 ξ) with x; auto.
  - apply (cutp3 ξ) in H; destruct H as [X1 [H H0]].
    constructor; exists X1, (X/X1); repeat split; auto.
    + apply Theorem106_3 with (Z:=X1); Simpl_Pr.
    + Simpl_Pr; autoPr.
Qed.

Corollary Co_D37: ∀ ξ, ξ · 1* = ξ.
Proof.
  intros; apply eq2; apply Theorem151.
Qed.

Corollary Co_D37': ∀ ξ, 1* · ξ = ξ.
Proof.
  intros; rewrite (eq2 Theorem142); apply Co_D37.
Qed.

Hint Rewrite Co_D37 Co_D37': Cut.
```

定理 2.152　设 ξ 是已知的, 则方程

$$\xi v = 1^*$$

仅有一解 v.

```
Definition Least_Num_U X ξ:=
  (Num_U X ξ) /\ (∀ Y, Num_U Y ξ -> ~ IGT_Pr X Y).

Definition recip_C ξ:=
  /{ X | ∃ Y, Num_U Y ξ /\ (~ Least_Num_U Y ξ) /\ X ≡ 1/Y /}.

Lemma Lemma_T152: ∀ ξ,
  Cut_p1 (recip_C ξ) /\ Cut_p2 (recip_C ξ) /\ Cut_p3 (recip_C ξ).
Proof.
  intros; EC X ξ H; ENC Y ξ H0; repeat split.
  - exists (1/(Plus_Pr Y Y)); constructor.
    exists (Plus_Pr Y Y); repeat split; autoPr.
    + apply Theorem119 with (X:=Y); try apply Theorem94; auto.
```

```
    + intro; destruct H1; apply H2 in H0.
      apply H0; apply Theorem94.
  - exists (1/X); intro; destruct H1, H1 as [X0 [H2 [H3 H4]]].
    generalize (Lemma_T119 ξ _ _ H H2); intro.
    apply PrOverP2 in H1; apply Theorem79 in H4; ELPr H4 H1.
  - destruct H1; destruct H1 as [X1 [H1 [H3 H4]]].
    exists (1/Y0); repeat split.
    + red; intro; rewrite (eq1 H4) in H2.
      apply PrOverP2 in H2; Simpl_Prin H2.
      apply Theorem119 with (ξ:=ξ) in H2; auto.
    + intro; destruct H5 as [H5 H6].
      apply PrOverP2 in H2; rewrite (eq1 H4) in H2; Simpl_Prin H2.
      apply H6 in H1; contradiction.
    + Simpl_Pr; autoPr.
  - red; intros Z H1; destruct H1, H1 as [X0 [H2 [H3 H4]]].
    assert (exists X1, Num_U X1 ξ /\ ILT_Pr X1 X0).
    { Absurd; unfold Least_Num_U in H3; apply property_not in H3.
      destruct H3; try contradiction; elim H3.
      intros; intro; apply H1; eauto. }
    destruct H1 as [X1 [H1 H5]]. apply Theorem91 in H5.
    destruct H5 as [X2 H5], H5. apply PrOverP2 in H6.
    exists (1/X2); rewrite <- (eq1 H4) in H6; split; auto.
    constructor; exists X2; repeat split; autoPr.
    + apply Theorem119 with X1; auto.
    + intro; red in H7; destruct H7. apply H8 in H5; auto.
Qed.


Definition Recip_C (ξ:Cut): Cut.
  apply mkcut with (recip_C ξ); apply Lemma_T152.
Defined.
Notation " / ξ ":= (Recip_C ξ).


Lemma Lemma_T152': ∀ {ξ}, (ξ · /ξ) ≈ 1*.
Proof.
  intros; red; intros U; split; intro; destruct H; constructor.
  - destruct H as [X [Y H]], H as [H [H0 H1]].
    destruct H0, H0 as [X0 [H0 [H2 H3]]].
    generalize (Lemma_T119 ξ _ _ H H0); intro.
    rewrite (eq1 H3) in H1. rewrite (eq1 H1).
    apply Theorem106_3 with (Z:=X0).
    rewrite (eq1 Theorem103); Simpl_Pr.
  - EC X ξ H0.
```

```
    generalize (Theorem132 (Times_Pr (Minus_Pr 1 U H) X) ξ); intro.
    destruct H1 as [Y1 [X1 [H1 [H2 [H3 H4]]]]].
    exists X1, (1/(X1/U)); repeat split; auto.
    + exists (X1/U); generalize (Lemma_T119 ξ _ _ H0 H2); intro.
      assert (IGT_Pr
        (Times_Pr (Minus_Pr 1 U H) Y1) (Minus_Pr Y1 X1 H1)).
      { apply Theorem105_3 with (Z:=(Minus_Pr 1 U H)) in H5.
        rewrite (eq1 Theorem102) in H4.
        rewrite (eq1 H4), (eq1 Theorem102) in H5; auto. }
      assert (ILT_Pr (Times_Pr U Y1) X1).
      { apply Theorem96_3 with (Z:=(Times_Pr U Y1)) in H6.
        rewrite (eq1 Theorem92), <- (eq1 Theorem104') in H6.
        Simpl_Prin H6. apply Theorem96_3 with (Z:=X1) in H6.
        rewrite (eq1 Theorem93) in H6; Simpl_Prin H6.
        rewrite (eq1 (@ Theorem92 Y1 X1)) in H6.
        apply Theorem97_3 in H6; auto. }
      assert (ILT_Pr Y1 (X1/U)).
      { apply Theorem106_3 with (Z:=U).
        rewrite (eq1 Theorem102); Simpl_Pr. }
      repeat split; try (apply Theorem119 with Y1; auto); autoPr.
      intro; destruct H9; apply H10 in H2; contradiction.
    + apply Theorem106_2 with (Z:=(X1/U)).
      rewrite (eq1 Theorem103); Simpl_Pr; autoPr.
Qed.

Theorem Theorem152: ∀ ξ, ∃ υ:Cut, (ξ · υ) ≈ 1*.
Proof.
  intros; exists (Recip_C ξ); apply Lemma_T152'.
Qed.
```

定理 2.153 设 ξ 和 η 是已知的, 则方程

$$\eta v = \xi$$

仅有一解 v.

```
Theorem Theorem153_1: ∀ η υ1 υ2 ξ,
  (η · υ1) ≈ ξ -> (η · υ2) ≈ ξ -> υ1 ≈ υ2.
Proof.
  intros. assert (η · υ1 ≈ η · υ2).
  { apply Theorem117 in H0; eapply Theorem118; eauto. }
  rewrite (eq2 Theorem142), (eq2 (@ Theorem142 η υ2)) in H1.
  apply Theorem146_2 in H1; auto.
Qed.
```

Theorem Theorem153_2: ∀ η ξ, ∃ υ:Cut, η · υ ≈ ξ.
Proof.
  intros; exists (/η · ξ).
  rewrite <- (eq2 Theorem143), (eq2 Lemma_T152').
  rewrite (eq2 Theorem142); apply Theorem151.
Qed.

定义 2.38   定理 2.153 中的 υ 称为 $\dfrac{\xi}{\eta}$ (读为 "ξ 除以 η"). $\dfrac{\xi}{\eta}$ 又称为 ξ 除以 η 的商, 或以 η 除 ξ 所得的分割.

Definition Over_C (ξ η:Cut): Cut.
  exact (ξ · /η).
Defined.
Notation " X / Y ":= (Over_C X Y).

Corollary Cdt: ∀ E N, (E/N) · N = E.
Proof.
  intros; apply eq2; unfold Over_C; rewrite (eq2 Theorem143).
  rewrite (eq2 (@ Theorem142 (/N) N)), (eq2 Lemma_T152').
  apply Theorem151.
Qed.

Corollary Ctd: ∀ E N, (E · N) / N = E.
Proof.
  intros; apply eq2; unfold Over_C.
  rewrite (eq2 Theorem143), (eq2 Lemma_T152'); apply Theorem151.
Qed.

Hint Rewrite Cdt Ctd: Cut.

2.3.5   有理分割和整分割

定义 2.39   形式为 X^* 的分割称为有理分割.

(* SECTION V Rational Cuts and Integral Cuts *)

Definition Cut_R X:= Star X.

定义 2.40   形式为 x^* 的分割称为整分割.
(由此可知, 带星号的小写拉丁字母表示分割, 不是表示整数.)

Definition Cut_I X:= Star (Int X).

定理 2.154   1) $X > Y \implies X^* > Y^*$.

2) $X = Y \implies X^* = Y^*$.

3) $X < Y \implies X^* < Y^*$.

逆定理也真.

Theorem Theorem154_1: ∀ X Y, IGT_Pr X Y -> X* > Y*.
Proof.
  intros; red; intros; exists Y; split.
  - red; constructor; auto.
  - red; intro; destruct H0; ELPr (Theorem78 Y) H0.
Qed.

Theorem Theorem154_2: ∀ X Y, X ≡ Y -> X* ≈ Y*.
Proof.
  intros; rewrite (eq1 H); apply Theorem116.
Qed.

Theorem Theorem154_3: ∀ X Y, ILT_Pr X Y -> X* < Y*.
Proof.
  intros; apply Theorem154_1; auto.
Qed.

Corollary Theorem154_1': ∀ X Y, X* > Y* -> IGT_Pr X Y.
Proof.
  intros; destruct (Theorem81 X Y) as [H0 | [H0 | H0]]; auto.
  - apply Theorem154_2 in H0; EGC H0 H.
  - apply Theorem154_3 in H0; LGC H0 H.
Qed.

Corollary Theorem154_2': ∀ X Y, X* ≈ Y* -> X ≡ Y.
Proof.
  intros; destruct (Theorem81 X Y) as [H0 | [H0 | H0]]; auto.
  - apply Theorem154_1 in H0; EGC H H0.
  - apply Theorem154_3 in H0; ELC H H0.
Qed.

Corollary Theorem154_3': ∀ X Y, X* < Y* -> ILT_Pr X Y.
Proof.
  intros; apply Theorem154_1'; auto.
Qed.

定理 2.155　1) $(X + Y)^* = X^* + Y^*$.

2) $(X - Y)^* = X^* - Y^*$, 当 $X > Y$ 时.

3) $(XY)^* = X^* Y^*$.

4) $\left(\dfrac{X}{Y}\right)^{*} = \dfrac{X^{*}}{Y^{*}}.$

Theorem **Theorem155_1**: ∀ {X Y:Rat}, (Plus_Pr X Y)∗ ≈ (X∗ + Y∗).
Proof.
  intros; red; intros U; split; intro.
  - destruct H; constructor.
    exists (Times_Pr X (Over_Pr U (Plus_Pr X Y))).
    exists (Times_Pr Y (Over_Pr U (Plus_Pr X Y))).
    assert (ILT_Pr (Over_Pr U (Plus_Pr X Y)) 1).
    { apply Theorem106_3 with (Z:=(Plus_Pr X Y)); Simpl_Pr. }
    repeat split.
    + apply Theorem105_3 with (Z:=X) in H0; Simpl_Prin H0.
      rewrite (eq1 Theorem102); auto.
    + apply Theorem105_3 with (Z:=Y) in H0; Simpl_Prin H0.
      rewrite (eq1 Theorem102); auto.
    + rewrite <- (eq1 Theorem104'), (eq1 Theorem102); Simpl_Pr.
      apply Theorem78.
  - destruct H, H as [X2 [Y2 [H [H0 H1]]]]; constructor.
    destruct H, H0; rewrite (eq1 H1); apply Theorem98; auto.
Qed.

Theorem **Theorem155_2**: ∀ {X Y l},
  (Minus_Pr X Y l)∗ ≈ ((X∗ - Y∗) (Theorem154_1 X Y l)).
Proof.
  intros; apply Theorem136_2 with (ζ:=Y∗); Simpl_C.
  rewrite <- (eq2 Theorem155_1); Simpl_Pr; apply Theorem116.
Qed.

Theorem **Theorem155_3**: ∀ {X Y}, (Times_Pr X Y)∗ ≈ (X∗ · Y∗).
Proof.
  intros; red; intros U; split; intro.
  - destruct H; apply Theorem91 in H; destruct H as [U1 H], H.
    constructor; exists (Over_Pr U1 Y),
      (Times_Pr Y (Over_Pr U U1)); repeat split.
    + apply Theorem106_3 with (Z:=Y); Simpl_Pr.
    + assert (ILT_Pr (Over_Pr U U1) 1).
      { apply Theorem106_3 with (Z:=U1); Simpl_Pr. }
      rewrite (eq1 Theorem102).
      apply Theorem105_3 with (Z:=Y) in H1; Simpl_Prin H1.
    + rewrite <- (eq1 Theorem103); Simpl_Pr; apply Theorem78.
  - destruct H, H as [X2 [Y2 [H [H0 H1]]]]; constructor.
    red in H, H0; destruct H, H0; rewrite (eq1 H1).

```
    apply Theorem107; auto.
Qed.

Theorem Theorem155_4: ∀ {X Y}, (Over_Pr X Y)* ≈ X*/Y*.
Proof.
  intros; apply Theorem146_2 with (ζ:=(Cut_R Y)); Simpl_C.
  rewrite <- (eq2 Theorem155_3); Simpl_Pr; apply Theorem116.
Qed.
```

定理 2.156　　若以 1^* 代 1, 并令

$$(x^*)' = (x')^*,$$

则整分割满足自然数的五个公理.

```
Definition 𝔐156:= /{ i | ∃ x:Nat, i ≈ x* /}.

Theorem Theorem156_1: 1* ∈ 𝔐113.
Proof.
  constructor; exists 1; apply Theorem116.
Qed.

Theorem Theorem156_2: ∀ (x:Nat), x* ∈ 𝔐113 -> (x`)* ∈ 𝔐113.
Proof.
  intros; destruct H, H; constructor; exists (x0`).
  apply Theorem154_2' in H; pose proof (H _ _ Eqf_Ne Eqf_Ne).
  red in H0;simpl in H0;Simpl_Nin H0; rewrite H0; apply Theorem116.
Qed.

Theorem Theorem156_3: ∀ (x:Nat), ~ (x`)* ≈ 1*.
Proof.
  intros; intro; apply Theorem154_2' in H.
  generalize (H _ _ Eqf_Ne Eqf_Ne); intros.
  red in H0; simpl in H0; Simpl_Nin H0.
  apply AxiomIII in H0; auto.
Qed.

Theorem Theorem156_4: ∀ (x y:Nat), (x`)* ≈ (y`)* -> x* ≈ y*.
Proof.
  intros; apply Theorem154_2' in H.
  generalize (H _ _ Eqf_Ne Eqf_Ne); intros.
  red in H0; simpl in H0; Simpl_Nin H0.
  apply AxiomIV in H0; rewrite H0; apply Theorem116.
Qed.
```

```
Theorem Theorem156_5: ∀ 𝔐, 1* ∈ 𝔐 /\
  (∀ (x:Nat), x* ∈ 𝔐 -> (x`)* ∈ 𝔐) -> ∀ (y:Nat), y* ∈ 𝔐.
Proof.
  intros; destruct H. set (𝔐0:=/{ x | x* ∈ 𝔐 /}).
  assert (1 ∈𝔐0). { constructor; auto. }
  assert (∀ x:Nat, x ∈ 𝔐0 -> x` ∈ 𝔐0); intros.
  { destruct H2; constructor; auto. }
  assert (∀ x:Nat, x ∈ 𝔐0). { apply AxiomV; auto. }
  destruct H3 with y; auto.
Qed.
```

依定理 2.154 和定理 2.155, 有理分割的 =、>、<、和、差 (若它存在)、积、商 等和有理数的这些概念相适应, 故有理分割具有已证明的有理数的一切性质. 特别地, 整分割具有已证明的整数的一切性质.

因此, 我们抛弃有理数而代以相应的有理分割, 且今后在提到这以前的题材时, 就都是对分割 (但在分割概念所提到的集合中, 仍保持有理数) 来说的.

定义 2.41　符号 X (不受旧意义的限制) 表示有理分割 X^*, 有理数今后指有理分割. 同样, 整数指整分割.

例如, 我们现在就不写

$$\xi\frac{1^*}{\xi} = 1^*,$$

而简写为

$$\xi\frac{1}{\xi} = 1.$$

```
Coercion Star_Con (R:Rat):= R*.
```

定理 2.157　有理数是含有一最小上类数 X 的分割, 且这时 X 即是这分割.

```
Theorem Theorem157: ∀ (X:Rat) ξ, Least_Num_U X ξ -> X ≈ ξ.
Proof.
  intros; red in H; destruct H; red; intros; split; intros.
  - Absurd; destruct H1; apply H0 in H2; contradiction.
  - constructor; eapply Lemma_T119; eauto.
Qed.
```

定理 2.158　设 ξ 是分割, 则当且仅当

$$X < \xi$$

X 是下类数; 当且仅当

$$X \geqslant \xi$$

X 是上类数.

Theorem **Theorem158_1**: $\forall$ (X:Rat) ξ, Num_L X ξ <-> X < ξ.
Proof.
  split; intros.
  - red; exists X; split; auto; red; intro; destruct H0.
    ELPr (Theorem78 X) H0.
  - destruct H as [X0 H], H.
    assert ($\sim$ ILT_Pr X0 X). { intro; apply H0; constructor; auto. }
    destruct (Theorem81 X0 X) as [H2|[H2|H2]]; try contradiction.
    + rewrite <- (eq1 H2); auto. + eapply Theorem120; eauto.
Qed.

Theorem **Theorem158_2**: $\forall$ X ξ, Num_U X ξ <-> X $\geqslant$ ξ.
Proof.
  split; intros; destruct (classic (Least_Num_U X ξ)) as [H0 | H0].
  - right; apply Theorem157; auto.
  - left; red; intros.
    assert (exists X1, Num_U X1 ξ /\ ILT_Pr X1 X).
    { Absurd; unfold Least_Num_U in H0; apply property_not in H0.
      destruct H0; try contradiction; elim H0; intros; intro.
      apply H1; eauto. }
    destruct H1 as [X1 H1], H1; exists X1; split; auto.
    red; constructor; auto.
  - red in H0; tauto.
  - destruct H.
    + red in H; destruct H as [X1 H], H, H.
      apply Theorem119 with (ξ:=ξ) in H; auto.
    + rewrite <- (eq2 H); red; intro; destruct H1.
      ELPr (Theorem78 X) H1.
Qed.

> **定理 2.159**　设 $\xi < \eta$, 则有一 Z 存在, 使得
>
> $$\xi < Z < \eta.$$

Theorem **Theorem159**: $\forall$ ξ η, ξ < η -> $\exists$ Z: Rat, ξ < Z /\ Z < η.
Proof.
  intros; destruct H as [X [H H0]].
  destruct (cutp3 η _ H) as [Z [H1 H2]]; apply Theorem158_1 in H1.
  exists Z; split; auto.
  apply Theorem158_2 in H0; apply Theorem124 in H0.
  apply Theorem154_3 in H2; apply Theorem127 with (η:=X); auto.
Qed.

> **定理 2.160**　每一 $Z > \xi\eta$, 可写为形式

$$Z = XY, \quad X \geqslant \xi, \ Y \geqslant \eta.$$

Theorem **Theorem160**: $\forall$ (Z:Rat) ξ η,
  Z > (ξ · η) -> $\exists$ X Y:Rat, Z $\approx$ (X · Y) $\wedge$ X $\geqslant$ ξ $\wedge$ Y $\geqslant$ η.
Proof.
  intros. assert ($\forall$ ξ η, exists ζ:Cut, ζ $\leqslant$ ξ $\wedge$ ζ $\leqslant$ η); intros.
  { destruct (Theorem123 ξ0 η0) as [H0 | [H0 | H0]].
    - exists ξ0; split; red; try tauto; right; apply Theorem116.
    - exists η0; split; red; auto; right; apply Theorem116.
    - exists ξ0; split; red; try tauto; right; apply Theorem116. }
  specialize H0 with (1*) (((Z - (ξ · η)) H)/((ξ + η) + 1));
  destruct H0 as [ζ [H0 H1]].
  generalize (Theorem133 ξ ζ) (Theorem133 η ζ); intros.
  apply Theorem159 in H2; apply Theorem159 in H3.
  destruct H2 as [Z1 [H2 H4]], H3 as [Z2 [H3 H5]].
  assert (((ξ + ζ) · (η + ζ)) > (Z1 · Z2));
  try apply Theorem147; auto. rewrite (eq2 Theorem144) in H6.
  assert (((ξ + 1) · ζ) $\geqslant$ ((ξ + ζ) · ζ)).
  { destruct H0.
    + left; apply Theorem145_1.
      rewrite (eq2 Theorem130), (eq2 (@ Theorem130 ξ ζ)).
      apply Theorem135_1; auto.
    + right; apply Theorem145_2.
      rewrite (eq2 Theorem130), (eq2 (@ Theorem130 ξ ζ)).
      rewrite (eq2 H0); apply Theorem116. }
  assert ((((ξ + ζ) · η) + ((ξ + 1) · ζ)) $\geqslant$
  (((ξ + ζ) · η) + ((ξ + ζ) · ζ))).
  { rewrite (eq2 Theorem130), (eq2 (@ Theorem130 ((ξ + ζ) · η) _)).
    destruct H7.
    + left; apply Theorem135_1; auto.
    + right; apply Theorem135_2; auto. }
  assert (Z $\geqslant$ (((ξ + ζ) · η) + ((ξ + 1) · ζ))).
  { rewrite (eq2 (@ Theorem142 _ η)), (eq2 Theorem144),
      (eq2 (@ Theorem142 _ ξ)), (eq2 Theorem131),
      <- (eq2 Theorem144'), <- (eq2 Theorem131).
    rewrite (eq2 (@ Theorem130 η ξ)); Simpl_C.
    rewrite (eq2 Theorem130); destruct H1.
    + left; apply Theorem145_3 with (ζ:=(ξ + η + 1)) in H1.
      Simpl_Cin H1. rewrite (eq2 Theorem142) in H1.
      apply Theorem135_3 with (ζ:= ξ · η) in H1; Simpl_Cin H1.
    + right; apply Theorem145_2 with (ζ:=(ξ + η + 1)) in H1.
      Simpl_Cin H1. rewrite (eq2 Theorem142) in H1.
      apply Theorem135_2 with (ζ:= ξ · η) in H1; Simpl_Cin H1.

```
      apply Theorem117; auto. }
  apply Theorem124 in H8; apply Theorem124 in H9.
  assert ((Z1 · Z2) < ((((ξ + ζ) · η) + ((ξ + 1) · ζ)))).
  { apply Theorem127 with (η:=(((ξ + ζ) · η) + ((ξ + ζ) · ζ))).
    right; tauto. }
  assert (Z1 · Z2 < Z). { eapply Theorem127; eauto. }
  exists (Over_Pr Z Z2), Z2; split.
  - rewrite (eq2 Theorem155_4); Simpl_C; apply Theorem116.
  - split; left; auto; apply Theorem126 with (η:=Z1); auto.
    apply Theorem146_3 with (ζ:=Z2).
    rewrite (eq2 Theorem155_4); Simpl_C.
Qed.
```

定理 2.161　　对每一 ζ,

$$\xi\xi = \zeta$$

恰有一解.

```
Theorem Theorem161_1: ∀ ξ ζ η, ξ · ξ≈ζ -> ~ η≈ξ -> ~ η · η≈ζ.
Proof.
  intros; intro; apply Theorem117 in H1.
  pose proof (Theorem118 _ _ _ H H1).
  destruct (Theorem123 η ξ) as [H3 | [H3 | H3]]; try tauto.
  - EGC H2 (Theorem147 H3 H3). - ELC H2 (Theorem147 H3 H3).
Qed.


Definition sqrt_cut ζ:= /{ ξ | ξ · ξ < ζ /}.


Lemma Lemma_T161: ∀ ζ, Cut_p1 (sqrt_cut ζ) /\
  Cut_p2 (sqrt_cut ζ) /\ Cut_p3 (sqrt_cut ζ).
Proof.
  assert (∀ ξ η, ∃ R:Rat, R < ξ /\ R < η) as G1.
  { intros; EC X ξ H; EC X1 η H0.
    apply Theorem158_1 in H; apply Theorem158_1 in H0.
    destruct (Theorem123 ξ η) as [H1 | [H1 | H1]].
    - exists X; split; auto; eapply Theorem126; eauto.
    - exists X1; split; auto; eapply Theorem126; eauto.
    - exists X; split; try rewrite <- (eq2 H1); auto. }
  assert (∀ ξ η, ∃ R:Rat, R ⩾ ξ /\ R ⩾ η) as G2.
  { intros; ENC X ξ H; ENC X1 η H0.
    apply Theorem158_2 in H; apply Theorem158_2 in H0.
    destruct (Theorem123 ξ η) as [H1 | [H1 | H1]].
    - exists X1; split; auto.
      apply Theorem125; apply Theorem124 in H0.
```

```
      eapply Theorem128; eauto; left; auto.
    - exists X; split; auto.
      apply Theorem125; apply Theorem124 in H.
      eapply Theorem128; eauto; red; tauto.
    - exists X; split; auto.
      apply Theorem125; apply Theorem124 in H.
      eapply Theorem128; eauto; right; apply Theorem117; auto. }
  intros; repeat split.
  - destruct (G1 1 ζ) as [X [H H0]].
    apply Theorem145_3 with (ζ:=X) in H; Simpl_Cin H.
    exists X; constructor; eapply Theorem126; eauto.
  - destruct (G2 1 ζ) as [X [H H0]].
    exists X; intro; destruct H1. assert ((X ⩾ 1) /\ (X ⩾ ζ)).
    auto. apply Theorem149 in H2; Simpl_Cin H2.
    destruct H2; try LGC H1 H2; ELC H2 H1.
  - destruct H; apply Theorem91 in H0; destruct H0 as [X0[H0 H1]].
    pose proof (Theorem86 _ _ _ H0 H1); apply Theorem154_3 in H2.
    assert (Y · Y < X · X). { apply Theorem147; auto. }
    eapply Theorem126; eauto.
  - red; intros; destruct H.
    destruct (G1 1 (((ζ - X·X) H) / (X + (X +1)))) as [Z [H0 H1]].
    pose proof (Theorem94 X Z); exists (Plus_Pr X Z).
    split; auto; constructor.
    apply Theorem135_3 with (ζ:=X) in H0.
    rewrite (eq2 Theorem130), (eq2 (@ Theorem130 1 X)) in H0.
    apply Theorem145_3 with (ζ:=(X + (X + 1))) in H1; Simpl_Cin H1.
    rewrite (eq2 Theorem142) in H1.
    apply Theorem145_3 with (ζ:=Z) in H0. rewrite
      (eq2 Theorem155_1), (eq2 Theorem144), (eq2 Theorem144').
    apply Theorem135_3 with (ζ:=((X + Z) · X)) in H0.
    rewrite (eq2 Theorem130), (eq2 (@ Theorem130 ((X + 1) · Z) _)),
      (eq2 (@ Theorem144' X _ _ )), (eq2 (@ Theorem142 Z X)),
      (eq2 (@ Theorem131 _ _ ((X + 1) · Z))),
      <- (eq2 Theorem144') in H0.
    apply Theorem135_3 with (ζ:=X · X) in H1; Simpl_Cin H1.
    rewrite (eq2 Theorem130) in H1; rewrite
      (eq2 (@ Theorem142 X Z)) in H0. eapply Theorem126; eauto.
Qed.


Definition Sqrt_C (ξ:Cut): Cut.
  apply mkcut with (sqrt_cut ξ); apply Lemma_T161.
Defined.
```

Notation " $\sqrt{\xi}$ ":= (Sqrt_C ξ)(at level 0).

Lemma **Lemma_T161'**: $\forall$ {ζ}, $(\sqrt{\zeta} \cdot \sqrt{\zeta}) \approx \zeta$.
Proof.
  intro; destruct (Theorem123 $(\sqrt{\zeta} \cdot \sqrt{\zeta})$ ζ) as [H | [H | H]]; auto.
  - destruct (Theorem159 $(\sqrt{\zeta} \cdot \sqrt{\zeta})$ ζ H) as [Z H0], H0.
    apply Theorem160 in H0.
    destruct H0 as [X1 [X2 [H0 [H2 H3]]]]; red in H2, H3.
    destruct (Theorem123 X1 X2) as [H4 | [H4 | H4]].
    + assert (X1 < $\sqrt{\zeta}$).
      { apply Theorem158_1; red; constructor.
        apply Theorem126 with Z; auto.
        rewrite (eq2 H0), (eq2 (@ Theorem142 X1 X2)).
        apply Theorem145_3; auto. }
      destruct H2; try LGC H5 H2; ELC H2 H5.
    + assert (X2 < $\sqrt{\zeta}$).
      { apply Theorem158_1; red; constructor.
        apply Theorem126 with Z; auto.
        rewrite (eq2 H0); apply Theorem145_3; auto. }
      destruct H3; try LGC H5 H3; ELC H3 H5.
    + assert (X1 < $\sqrt{\zeta}$).
      { apply Theorem158_1; red; constructor.
        rewrite (eq2 H4) in H0; rewrite (eq2 H0) in H1.
        rewrite (eq2 H4); auto. }
      destruct H2; try LGC H5 H2; try ELC H2 H5.
  - destruct (Theorem159 ζ $(\sqrt{\zeta} \cdot \sqrt{\zeta})$ H) as [Z H0], H0.
    apply Theorem158_1 in H1.
    destruct H1, H1 as [X1 [X2 [H1 [H2 H3]]]].
    destruct (Theorem81 X1 X2) as [H4 | [H4 | H4]].
    + rewrite (eq1 H4) in H3. rewrite (eq1 H3),
        (eq2 Theorem155_3) in H0. destruct H2; LGC H2 H0.
    + assert (ILT_Pr Z (Times_Pr X1 X1)).
      { rewrite (eq1 H3), (eq1 Theorem102).
        apply Theorem105_3; auto. }
      apply Theorem154_3 in H5; rewrite (eq2 Theorem155_3) in H5.
      assert (ζ < (X1 $\cdot$ X1)); try apply Theorem126 with Z; auto.
      destruct H1; LGC H1 H6.
    + assert (ILT_Pr Z (Times_Pr X2 X2)).
      { rewrite (eq1 H3); apply Theorem105_3; auto. }
      apply Theorem154_3 in H5; rewrite (eq2 Theorem155_3) in H5.
      assert (ζ < (X2 $\cdot$ X2)); try apply Theorem126 with Z; auto.
      destruct H2; LGC H2 H6.

Qed.

Theorem Theorem161_2: ∀ ζ, ∃ ξ, ξ · ξ ≈ ζ.
Proof.
　intros; exists √ζ; apply Lemma_T161'.
Qed.

　　定义 2.42　每一非有理数的分割称为无理数.

Definition Irrat_C E:= ~ (∃ X:Rat, E ≈ X).

　　定理 2.162　无理数存在.

Notation " 2 ":= 1`.

Theorem Theorem162: ∃ ξ, Irrat_C ξ.
Proof.
　intros; exists (√2); red; intro; destruct H as [X H]. assert
　　(∀ x y, ILT_N (Times_N x x)(Times_N y y) -> ILT_N x y) as G1.
　{ intros; destruct (Theorem10 x y) as [H1 | [H1 | H1]]; auto.
　　- rewrite H1 in *; apply Theorem33_1 in H0; auto.
　　- LGN H0 (Theorem34 _ _ _ _ H1 H1). } assert
　(∀ f1 f2, (Times_F f1 f1) ~ (Times_F f2 f2) -> f1 ~ f2) as G2.
　{ intros; destruct (Theorem41 f1 f2) as [H1 | [H1 | H1]]; auto.
　　- EGF H0 (Theorem74 _ _ _ _ H1 H1).
　　- ELF H0 (Theorem74 _ _ _ _ H1 H1). }
　chan X f0 H0; destruct f0 as [p q].
　set (M162:= /{ y | ∃ x, (Over x y) ~ (Over p q) /}).
　assert (No_Empty M162).
　{ red; exists q; constructor; exists p; apply Theorem37. }
　apply Theorem27 in H0; destruct H0 as [y H0],H0,H0,H0 as [x H0].
　assert ((fsr (Over p q)) ≡ (fsr (Over x y))).
　{ red; intros; destruct H2, H3.
　　eapply Theorem39; eauto; autoF; eapply Theorem39; eauto. }
　rewrite (eq1 H2) in H.
　assert ((√2 · √2) ≈ ((fsr (Over x y)) · (fsr (Over x y)))).
　{ rewrite (eq2 H); apply Theorem116. }
　rewrite <- (eq2 Theorem155_3) in H3.
　assert ((Times_Pr (fsr (Over x y)) (fsr (Over x y))) ≡
　　(fsr (Over (Times_N x x) (Times_N y y)))).
　{ red; intros; do 5 destruct H4; destruct H5, H6, H6.
　　pose proof (Theorem39 H7 (Theorem68 H4 H6)).
　　eapply Theorem39; eauto; autoF. }
　rewrite (eq1 H4), (eq2 Lemma_T161') in H3.
　apply Theorem154_2' in H3; clear H4.

```
   red in H3; pose proof (H3 _ _ Eqf_Ne Eqf_Ne). red in H4.
   simpl in H4; Simpl_Nin H4; clear H3; rename H4 into H3.
   assert (ILT_N y x).
   { apply G1; rewrite <- H3; apply Theorem18. }
   assert (ILT_N x (Times_N 2 y)).
   { apply G1; Simpl_N; rewrite Theorem30, Theorem30', H3.
     apply Theorem18. }
   destruct H4 as [u H4]. assert (ILT_N u y).
   { Simpl_Nin H5; rewrite H4, Theorem6 in H5.
     apply Theorem20_3 in H5; auto. }
   assert (∀ v w, (Times_N (Plus_N v w) (Plus_N v w)) =
     (Plus_N (Plus_N (Times_N v v) (Times_N 2 (Times_N v w)))
       (Times_N w w))).
   { intros; rewrite Theorem30; repeat rewrite Theorem30'; Simpl_N.
     rewrite (Theorem29 w v); repeat rewrite Theorem5; auto. }
   pose proof H6; destruct H6 as [t H6].
   assert ((Plus_N (Times_N x x) (Times_N t t)) =
     (Plus_N (Times_N x x) (Times_N 2 (Times_N u u)))).
   { pattern x at 1 2; rewrite H4, H7, Theorem5.
     rewrite (Theorem29 y u), <- Theorem31.
     pattern y at 3; rewrite H6, Theorem30.
     rewrite <- (Theorem5 (Times_N y y) _), Theorem5,
       <- (Theorem5 _ _ (Times_N t t)), (Theorem6 _ (Times_N u u)),
       (Theorem31 _ _ t), <- H7, <- H6, Theorem5,
       (Theorem6 _ (Times_N y y)),<- Theorem5,Theorem31,H3; auto. }
   rewrite Theorem6, (Theorem6 _(Times_N 2 (Times_N u u))) in H9.
   apply Theorem20_2 in H9; Simpl_Nin H9.
   assert (u ∈ M162).
   { constructor; exists t.
     assert (Equal_F (Times_F (Over t u) (Over t u)) (Over 2 1)).
     { red; simpl; Simpl_N. }
     assert (Equal_F (Times_F (Over x y) (Over x y)) (Over 2 1)).
     { red; simpl; Simpl_N. }
     assert ((Times_F (Over t u) (Over t u)) ∼ (Times_F (Over x y)
       (Over x y))).
     { apply Theorem38 in H11; eapply Theorem39; eauto. }
     apply G2 in H12; eapply Theorem39; eauto. }
   apply H1 in H10; destruct H10; try LGN H8 H10.
   symmetry in H10; ELN H10 H8.
Qed.
```

2.4   实   数

2.4.1   定义

定义 2.43   现在我们称分割为正数; 相应地, 称这以前的有理数为正有理数, 称这以前的整数为正整数.

作一异于正数的新数 0 (读为 "零").

又依下列方式作异于正数和 0 的数, 称它们为负数: 对每一 ξ (即对每一正数) 规定一负数, 并称它为 $-\xi$ ($-$ 读为 "负").

因此, 当 ξ 和 η 是相同的数时, 且仅在这时, $-\xi$ 和 $-\eta$ 认为是相同的数 (相等).

全体的正数、0 和全体的负数总称为实数.

当无其他声明时, 大写希腊字母 (如 Ξ, H, Z, Y) 都表示实数. "相等" 记为 "=", "不等" ("相异") 记为 "$\neq$".

因此, 对给定的每一 Ξ 和每一 H, 恰只有

$$\Xi = H, \quad \Xi \neq H$$

两情形之一出现. 对于实数, 恒等和相等两概念无区别.

```
(** reals *)

(* REALS NUMBERS *)

(* SECTION I Definition *)

Require Export cuts.

Inductive Real: Type:=
  | O: Real
  | P: Cut -> Real
  | N: Cut -> Real.


Definition Equal_R Ξ H:=
  match Ξ, H with
   | P ξ, P η => ξ ≈ η
   | N ξ, N η => ξ ≈ η
   | O, O => True
   | _, _ => False
  end.
```

Definition No_Equal_R Ξ H:= $\sim$ Equal_R Ξ H.

Corollary eq3: $\forall$ Ξ H, Equal_R Ξ H <-> Ξ = H.
Proof.
　split; intros.
　- destruct Ξ, H; auto; try elim H; simpl in H;
　　try rewrite (eq2 H); auto.
　- rewrite H; destruct H; simpl; auto; apply Theorem116.
Qed.

Corollary No_Equal_Real: $\forall$ Ξ H, No_Equal_R Ξ H <-> Ξ <> H.
Proof.
　split; intros; intro; apply eq3 in H0; auto.
Qed.

定理 2.163　$\Xi = \Xi$.

Theorem Theorem163: $\forall$ (Ξ:Real), Ξ = Ξ.
Proof.
　auto.
Qed

定理 2.164　$\Xi = H \implies H = \Xi$.

Theorem Theorem164: $\forall$ (Ξ H:Real), Ξ = H -> H = Ξ.
Proof.
　auto.
Qed.

定理 2.165　$(\Xi = H \text{ 且 } H = Z) \implies \Xi = Z$.

Theorem Theorem165: $\forall$ (Ξ H Z:Real), Ξ = H -> H = Z -> Ξ = Z.
Proof.
　intros. rewrite <- H0; auto.
Qed.

2.4.2　序

定义 2.44

$$|\Xi| = \begin{cases} \xi, & \Xi = \xi, \\ 0, & \Xi = 0, \\ \xi, & \Xi = -\xi. \end{cases}$$

数 $|\Xi|$ 称为 Ξ 的绝对值.

```
(* SECTION II Ordering *)

Definition Abs_R Ξ:=
  match Ξ with
  | N ξ => P ξ
  | Ξ => Ξ
  end.

Notation " | Ξ | ":= (Abs_R Ξ)(at level 10).
```

定理 2.166　不管 Ξ 是正数还是负数，|Ξ| 都是正数.

```
Theorem Theorem166: ∀ Ξ, Ξ <> 0 -> ∃ ξ, |Ξ| = (P ξ).
Proof.
  intros; destruct Ξ; simpl; eauto; elim H; auto.
Qed.
```

定义 2.45　设 Ξ 和 H 不都是正数，则

$$\Xi > H$$

当且仅当

$$\Xi \text{是负}, \ H \text{是负}, \ 且 \ |\Xi| < |H|;$$

$$或 \ \Xi = 0, \ H \text{是负};$$

$$或 \ \Xi \text{是正}, \ H \text{是负};$$

$$或 \ \Xi \text{是正}, \ H = 0$$

($>$ 读为 "大于").

注意，对于正 Ξ 和正 H，我们已经有了 ">" 和 "<" 的概念，且已将其用在了定义 2.45 的第一情形中.

```
Definition ILT_R Ξ H:=
  match Ξ, H with
  | P ξ, P η => ξ < η
  | P _, _ => False
  | 0, P _ => True
  | 0, _ => False
  | N ξ, N η => ξ > η
  | N _, _ => True
  end.
Notation " Ξ < H ":= (ILT_R Ξ H).
```

定义 2.46

$$\Xi < H$$

当且仅当

$$H > \Xi$$

($<$ 读为 "小于").

注意, 对于正 Ξ 和正 H, 定义 2.46 和旧的概念相适应.

```
Definition IGT_R Ξ H:= ILT_R H Ξ.
Notation " Ξ > H ":= (IGT_R Ξ H).
```

定理 2.167　给定 Ξ 和 H, 则仅有下列情形之一出现:

$$\Xi = H, \quad \Xi > H, \quad \Xi < H.$$

```
Theorem Theorem167: ∀ Ξ H, Ξ = H \/ Ξ < H \/ Ξ > H.
Proof.
  intros; destruct Ξ, H; simpl; try tauto; destruct
    (Theorem123 c c0) as [H | [H | H]]; try rewrite (eq2 H); auto.
Qed.

Lemma OrdR1: ∀ {Ξ H}, Ξ = H -> Ξ > H -> False.
Proof.
  intros; destruct Ξ, H; simpl in *; auto; try discriminate.
  - apply eq3 in H; simpl in H; EGC H H0.
  - apply eq3 in H; simpl in H; ELC H H0.
Qed.

Lemma OrdR2: ∀ {Ξ H}, Ξ = H -> Ξ < H -> False.
Proof.
  intros; destruct Ξ, H; simpl in *; auto; try discriminate.
  - apply eq3 in H; simpl in H; ELC H H0.
  - apply eq3 in H; simpl in H; EGC H H0.
Qed.

Lemma OrdR3: ∀ {Ξ H}, Ξ < H -> Ξ > H -> False.
Proof.
  intros; destruct Ξ, H; simpl in *; auto; try tauto; LGC H0 H.
Qed.

Ltac EGR H H1:= destruct (OrdR1 H H1).
Ltac ELR H H1:= destruct (OrdR2 H H1).
```

```
Ltac LGR H H1:= destruct (OrdR3 H H1).
```

定义 2.47 $\Xi \geqslant H$ 表示 $\Xi > H$ 或 $\Xi = H$ ($\geqslant$ 读为 "大于或等于").

```
Definition IGE_R Ξ H:= Ξ > H \/ Ξ = H.
Notation " Ξ ⩾ H ":= (IGE_R Ξ H).
```

定义 2.48 $\Xi \leqslant H$ 表示 $\Xi < H$ 或 $\Xi = H$ ($\leqslant$ 读为 "小于或等于").

```
Definition ILE_R Ξ H:= Ξ < H \/ Ξ = H.
Notation " Ξ ⩽ H ":= (ILE_R Ξ H).
```

```
Lemma OrdR4: ∀ {Ξ H}, Ξ ⩽ H -> Ξ > H -> False.
Proof.
  intros; destruct H; try LGR H H0; EGR H H0.
Qed.
```

```
Ltac LEGR H H1:= destruct (OrdR4 H H1).
```

```
Lemma OrdR5: ∀ {Ξ H}, Ξ ⩽ H -> H ⩽ Ξ -> Ξ = H.
Proof.
  intros; destruct H; auto; LEGR H0 H.
Qed.
```

```
Ltac LEGER H H1:= pose proof (OrdR5 H H1).
```

定理 2.168 $\Xi \geqslant H \implies H \leqslant \Xi$.

```
Theorem Theorem168: ∀ Ξ H, Ξ ⩾ H -> H ⩽ Ξ.
Proof.
  intros; red in H; red; destruct H; auto.
Qed.
```

```
Theorem Theorem168': ∀ Ξ H, Ξ ⩽ H -> H ⩾ Ξ.
Proof.
  intros; red in H; red; destruct H; auto.
Qed.
```

定理 2.169   正数是大于 0 的数; 负数是小于 0 的数.

```
Theorem Theorem169: ∀ ξ, (P ξ) > 0.
Proof.
  intros; simpl; auto.
Qed.
```

```
Theorem Theorem169': ∀ ξ, (N ξ) < 0.
Proof.
```

```
intros; simpl; auto.
Qed.
```

定理 2.170　　$|\Xi| \geqslant 0$.

```
Theorem Theorem170: ∀ Ξ, | Ξ | ⩾ 0.
Proof.
  intros; red; destruct Ξ; simpl; tauto.
Qed.
```

```
Theorem Theorem170': ∀ z, 0 ⩽ |z|.
Proof.
  intros. apply Theorem168, Theorem170.
Qed.
```

定理 2.171 (序的传递性)　　$(\Xi < H \text{ 且 } H < Z) \implies \Xi < Z$.

```
Theorem Theorem171: ∀ Ξ H Z, Ξ < H -> H < Z -> Ξ < Z.
Proof.
  intros; destruct Ξ, H, Z; elim H; elim H0; intros; auto;
  red in H; red in H0; red; eapply Theorem126; eauto.
Qed.
```

定理 2.172　　$(\Xi \leqslant H \text{ 且 } H < Z) \text{ 或 } (\Xi < H \text{ 且 } H \leqslant Z) \implies \Xi < Z$.

```
Theorem Theorem172: ∀ Ξ H Z,
  (Ξ ⩽ H /\ H < Z) \/ (Ξ < H /\ H ⩽ Z) -> Ξ < Z.
Proof.
  intros; destruct H as [[[H | H] H0] | [H [H0 | H0]]].
  - eapply Theorem171; eauto.
  - rewrite H; auto.
  - eapply Theorem171; eauto.
  - rewrite <- H0; auto.
Qed.
```

定理 2.173　　$(\Xi \leqslant H \text{ 且 } H \leqslant Z) \implies \Xi \leqslant Z$.

```
Theorem Theorem173: ∀ Ξ H Z, Ξ ⩽ H -> H ⩽ Z -> Ξ ⩽ Z.
Proof.
  intros; unfold ILE_R in *; destruct H.
  - left; eapply Theorem172; eauto.
  - rewrite <- H in H0; auto.
Qed.
```

定义 2.49　　设 $\Xi \leqslant 0$. 当

$$\Xi = 0$$

或
$$\Xi < 0, \ |\Xi| \text{ 是有理数}$$

时, 称 Ξ 为有理数.

因此, 我们现在有: 正有理数、有理数 0 和负有理数.

```
Definition Is_rational Ξ:=
  match Ξ with
  | P ξ => ∃ X:Rat, ξ ≈ X*
  | O => True
  | N ξ => ∃ X:Rat, ξ ≈ X*
  end.
```

定义 2.50   设 $\Xi < 0$. 当 Ξ 非有理数时, 称它为无理数.

因此, 我们现在有正无理数和负无理数.

无理数不止一个: 若我们已经有了一无理数 ξ, 故正数 $\xi + X$ 恒是无理数, 因假使
$$\xi + X = Y,$$

则将有
$$\xi = X - Y.$$

又 $-(\xi + X)$ 恒是负有理数.

```
Definition Is_irrational Ξ:= ~ (Is_rational Ξ).
```

定义 2.51   设 $\Xi \leqslant 0$. 当
$$\Xi = 0$$

或
$$\Xi < 0, \ |\Xi| \text{ 是整数}$$

时, 称 Ξ 为整数.

因此, 我们现在有: 正整数、整数 0 和负整数.

```
Definition Is_integer Ξ:=
  match Ξ with
  | P ξ => ∃ x:Nat, ξ ≈ x*
  | O => True
  | N ξ => ∃ x:Nat, ξ ≈ x*
  end.
```

定理 2.174   每一整数是有理数.

```
Theorem Theorem174: ∀ x, Is_integer x -> Is_rational x.
Proof.
```

```
  intros; destruct x; repeat red in H;
  destruct H; repeat red; eauto.
Qed.
```

2.4.3　加法

定义 2.52

$$
\Xi + H = \begin{cases}
-(|\Xi| + |H|), & \Xi < 0, H < 0, \\[4pt]
\left.\begin{array}{l}
|\Xi| - |H|, \\
0, \\
-(|H| - |\Xi|)
\end{array}\right\} & \Xi > 0, H < 0 \left\{\begin{array}{l}
|\Xi| > |H|, \\
|\Xi| = |H|, \\
|\Xi| < |H|,
\end{array}\right. \\[4pt]
H + \Xi, & \Xi < 0, H > 0, \\
H, & \Xi = 0, \\
\Xi, & H = 0
\end{cases}
$$

(+ 读为 "加"). $\Xi + H$ 称为 Ξ 和 H 的和, 或加 H 于 Ξ 所得的数.

　　在这定义中, 注意下列各项:

　　1) 当

$$\Xi > 0, \quad H > 0 \text{ 时},$$

我们已由定义 2.34 有 $\Xi + H$ 的概念.

　　2) 这概念已用在定义 2.52 中.

　　3) 定义中的第三情形是应用第二情形中的和的概念.

　　4) 当

$$\Xi = H = 0 \text{ 时},$$

第四情形和第五情形相合, 这时定义为 $\Xi + H$ 的数相等 (即 0).

```
(* SECTION III Addition *)

Lemma Ccase: ∀ ξ η, {IGT_C η ξ} + {IGT_C ξ η} + {ξ ≈ η}.
Proof.
  intros; destruct (classicT (ξ ≈ η)),(classicT (IGT_C ξ η)); auto.
  left; left; destruct (Theorem123 ξ η) as [H | [H | H]]; tauto.
Qed.


Definition Plus_R Ξ H: Real:=
```

```
match Ξ, H with
 | P ξ, P η => P (ξ + η)
 | N ξ, N η => N (ξ + η)
 | 0, _ => H
 | _, 0 => Ξ
 | P ξ, N η => match Ccase ξ η with
               | inright _ => 0
               | inleft (left 1) => N ((η - ξ) 1)
               | inleft (right 1) => P ((ξ - η) 1)
              end
 | N ξ, P η => match Ccase ξ η with
               | inright _ => 0
               | inleft (left 1) => P ((η - ξ) 1)
               | inleft (right 1) => N ((ξ - η) 1)
              end
end.
Notation " Ξ + H ":= (Plus_R Ξ H).
```

定理 2.175 (加法的交换律)　$\Xi + H = H + \Xi$.

```
Theorem Theorem175: ∀ Ξ H, Ξ + H = H + Ξ.
Proof.
  intros; destruct Ξ, H; simpl; try rewrite (eq2 Theorem130);auto.
  - destruct (Ccase c c0) as [[A|A]|A], (Ccase c0 c) as [[B|B]|B];
    auto; [LGC A B|rewrite (proof_irr A B);
      auto|EGC B A|rewrite (proof_irr A B);
      auto|LGC A B|ELC B A|EGC A B|ELC A B].
  - destruct (Ccase c c0) as [[A|A]|A], (Ccase c0 c) as [[B|B]|B];
    auto; [LGC A B|rewrite (proof_irr A B);
      auto|EGC B A|rewrite (proof_irr A B);
      auto|LGC A B|ELC B A|EGC A B|ELC A B].
Qed.

Theorem Theorem175': ∀ Ξ, Ξ + 0 = Ξ.
Proof.
  intros; rewrite Theorem175; simpl; auto.
Qed.

Theorem Theorem175'': ∀ Ξ, 0 + Ξ = Ξ.
Proof.
  intros; simpl; auto.
Qed.

Hint Rewrite Theorem175' Theorem175'': Real.
```

```
Ltac Simpl_R:= autorewrite with Real; auto.
Ltac Simpl_Rin H:= autorewrite with Real in H; auto.
```

定义 2.53

$$-\Xi = \begin{cases} 0, & \Xi = 0, \\ |\Xi|, & \Xi < 0 \end{cases}$$

(− 读为 "负").

注意, 当 $\Xi > 0$ 时, 我们已由定义 2.43 有 $-\Xi$ 的概念.

```
Definition minus_R Ξ:=
  match Ξ with
  | O => O
  | P ξ => N ξ
  | N ξ => P ξ
  end.
Notation " - Ξ ":= (minus_R Ξ).
```

定理 2.176　1) $\Xi > 0 \implies -\Xi < 0$.

2) $\Xi = 0 \implies -\Xi = 0$.

3) $\Xi < 0 \implies -\Xi > 0$.

逆定理也真.

```
Theorem Theorem176_1: ∀ Ξ, Ξ > O -> -Ξ < O.
Proof.
  intros; destruct Ξ; simpl; elim H; auto.
Qed.

Theorem Theorem176_2: ∀ Ξ, Ξ = O -> -Ξ = O.
Proof.
  intros; rewrite H; simpl; auto.
Qed.

Theorem Theorem176_3: ∀ Ξ, Ξ < O -> -Ξ > O.
Proof.
  intros; destruct Ξ; simpl; elim H; auto.
Qed.

Theorem Theorem176_1': ∀ Ξ, -Ξ < O -> Ξ > O.
Proof.
  intros; destruct Ξ; simpl; elim H; auto.
Qed.
```

```
Theorem Theorem176_2': ∀ Ξ, -Ξ = 0 -> Ξ = 0.
Proof.
  intros; destruct Ξ; simpl; auto; inversion H.
Qed.

Theorem Theorem176_3': ∀ Ξ, -Ξ > 0 -> Ξ < 0.
Proof.
  intros; destruct Ξ; simpl; elim H; auto.
Qed.
```

定理 2.177　$-(-\Xi) = \Xi$.

```
Theorem Theorem177: ∀ Ξ, -(-Ξ) = Ξ.
Proof.
  intros; destruct Ξ; simpl; auto.
Qed.
```

定理 2.178　$|-\Xi| = |\Xi|$.

```
Theorem Theorem178: ∀ Ξ, |(-Ξ)| = |Ξ|.
Proof.
  intros; destruct Ξ; simpl; auto.
Qed.
```

定理 2.179　$\Xi + (-\Xi) = 0$.

```
Theorem Theorem179: ∀ Ξ, (Ξ + (-Ξ)) = 0.
Proof.
  intros; destruct Ξ; simpl; auto.
  - destruct (Ccase c c) as [[A|A]|A]; try apply Theorem163;
    [EGC (Theorem116 c) A|EGC (Theorem116 c) A].
  - destruct (Ccase c c) as [[A|A]|A]; try apply Theorem163;
    [EGC (Theorem116 c) A|EGC (Theorem116 c) A].
Qed.

Theorem Theorem179': ∀ Ξ, ((-Ξ) + Ξ) = 0.
Proof.
  intros; rewrite Theorem175; apply Theorem179.
Qed.

Hint Rewrite Theorem177 Theorem179 Theorem179': Real.
```

定理 2.180　$-(\Xi + H) = -\Xi + (-H)$.

```
Theorem Theorem180: ∀ Ξ H, -(Ξ + H) = (-Ξ) + (-H).
Proof.
  intros; destruct Ξ, H; simpl; auto;
```

```
destruct (Ccase c c0) as [[A|A]|A], (Ccase c0 c) as [[B|B]|B];
try apply Theorem163.
Qed.
```

定义 2.54

$$\Xi - H = \Xi + (-H)$$

($-$ 读为 "减"). $\Xi - H$ 称为 Ξ 减 H 的差, 或由 Ξ 减 H 所得的数.

注意, 当 $\Xi > H > 0$ 时, 定义 2.54 (正如它应该的) 和定义 2.35 相符; 因这时有

$$\Xi > 0, \ -H < 0, \quad |\Xi| > |-H|,$$

$$\Xi + (-H) = |\Xi| - |-H| = \Xi - H.$$

```
Definition Minus_R Ξ H := Ξ + (-H).
Notation " Ξ - H ":= (Minus_R Ξ H).

Corollary RMia: ∀ Ξ, (Ξ - Ξ) = 0.
Proof.
  intros; apply Theorem179.
Qed.

Corollary RMib: ∀ Ξ, (Ξ - 0) = Ξ.
Proof.
  intros; unfold Minus_R; Simpl_R.
Qed.

Corollary RMic: ∀ Ξ H , Ξ + (-H) = Ξ - H.
Proof.
  intros; unfold Minus_R; auto.
Qed.

Corollary RMid: ∀ Ξ H, Ξ - (-H) = Ξ + H.
Proof.
  intros. unfold Minus_R. now rewrite Theorem177.
Qed.

Hint Rewrite RMia RMib RMic RMid: Real.
```

定理 2.181 $\quad -(\Xi - H) = H - \Xi.$

```
Theorem Theorem181: ∀ Ξ H, -(Ξ - H) = H - Ξ.
Proof.
  intros. unfold Minus_R; rewrite Theorem180, Theorem177.
```

```
  apply Theorem175.
Qed.
```

定理 2.182   1) $\Xi - H > 0 \implies \Xi > H$.

2) $\Xi - H = 0 \implies \Xi = H$.

3) $\Xi - H < 0 \implies \Xi < H$.

逆定理也真.

```
Theorem Theorem182_1: ∀ Ξ H, (Ξ - H) > 0 -> Ξ > H.
Proof.
  intros; destruct Ξ, H; simpl; auto; simpl in H;
  destruct (Ccase c c0) as [[A|A]|A], H; auto.
Qed.

Theorem Theorem182_2: ∀ Ξ H, Ξ - H = 0 -> Ξ = H.
Proof.
  intros; destruct Ξ, H; simpl in *; auto; inversion H;
  destruct (Ccase c c0) as [[A|A]|A];
  inversion H; rewrite (eq2 A); auto.
Qed.

Theorem Theorem182_3: ∀ Ξ H, (Ξ - H) < 0 -> Ξ < H.
Proof.
  intros; apply Theorem182_1; apply Theorem176_3 in H.
  rewrite Theorem181 in H; auto.
Qed.

Theorem Theorem182_1': ∀ Ξ H, Ξ > H -> (Ξ - H) > 0.
Proof.
  intros; destruct Ξ, H; simpl; auto.
  - destruct (Ccase c c0) as [[A|A]|A]; auto; simpl in *.
    + LGC H A. + EGC A H.
  - destruct (Ccase c c0) as [[A|A]|A]; auto; simpl in *.
    + LGC H A. + ELC A H.
Qed.

Theorem Theorem182_2': ∀ Ξ H, Ξ = H -> (Ξ - H) = 0.
Proof.
  intros; subst Ξ; destruct H; simpl; auto;
  destruct (Ccase c c) as [[A|A]|A]; auto; EGC (Theorem116 c) A.
Qed.

Theorem Theorem182_3': ∀ Ξ H, Ξ < H -> (Ξ - H) < 0.
```

```
Proof.
  intros; apply Theorem182_1' in H; apply Theorem176_1 in H.
  unfold Minus_R in H; now rewrite
    Theorem180, Theorem177, Theorem175 in H.
Qed.
```

定理 2.183　1) $\Xi > H \implies -\Xi < -H$.

2) $\Xi = H \implies -\Xi = -H$.

3) $\Xi < H \implies -\Xi > -H$.

逆定理也真.

```
Theorem Theorem183_1: ∀ Ξ H, Ξ > H -> -H > -Ξ.
Proof.
  intros; destruct Ξ, H; simpl; auto.
Qed.
```

```
Theorem Theorem183_2: ∀ Ξ H, Ξ = H -> -Ξ = -H.
Proof.
  intros; rewrite H; auto.
Qed.
```

```
Theorem Theorem183_3: ∀ Ξ H, Ξ < H -> -H < -Ξ.
Proof.
  intros; apply Theorem183_1; auto.
Qed.
```

```
Theorem Theorem183_1': ∀ Ξ H, -H > -Ξ -> Ξ > H.
Proof.
  intros; destruct Ξ, H; simpl; auto.
Qed.
```

```
Theorem Theorem183_2': ∀ Ξ H, -Ξ = -H -> Ξ = H.
Proof.
  intros; rewrite <- Theorem177, <- (Theorem177 Ξ), H; auto.
Qed.
```

```
Theorem Theorem183_3': ∀ Ξ H, -H < -Ξ -> Ξ < H.
Proof.
  intros; apply Theorem183_1'; auto.
Qed.
```

定理 2.184　每个实数可表示为两个正数的差.

```
Theorem Theorem184: ∀ Ξ, ∃ ξ η, Ξ = (P ξ) - (P η).
```

Proof.
  intros; destruct Ξ.
  - exists 1, 1; unfold Minus_R; rewrite Theorem179; auto.
  - exists (Plus_C c 1), 1; simpl.
    pose proof (Theorem133 1 c); rewrite (eq2 Theorem130) in H.
    destruct (Ccase (Plus_C c 1) 1) as [[A|A]|A]; Simpl_C;
    [LGC A H|EGC A H].
  - exists 1,(Plus_C c 1); simpl.
    pose proof (Theorem133 1 c); rewrite (eq2 Theorem130) in H.
    destruct (Ccase 1 (Plus_C c 1)) as [[A|A]|A]; Simpl_C;
    [LGC A H|ELC A H].
Qed.

定理 2.185 $(\Xi = \xi_1 - \xi_2 \; \text{且} \; H = \eta_1 - \eta_2) \implies \Xi + H = (\xi_1 + \eta_1) - (\xi_2 + \eta_2).$

Lemma Theorem185Pa: ∀ {Ξ H ξ}, (P ξ) = Ξ - H -> Ξ > H.
Proof.
  intros; apply Theorem182_1; rewrite <- H; simpl; auto.
Qed.

Lemma Theorem185Pb: ∀ {Ξ H ξ}, (N ξ) = Ξ - H -> Ξ < H.
Proof.
  intros; apply Theorem183_2 in H; simpl in H.
  rewrite Theorem181 in H; apply Theorem185Pa in H; auto.
Qed.

Theorem Theorem185P1: ∀ {ξ η ζ1 ζ2 υ1 υ2},
  (P ξ) = (P ζ1) - (P ζ2) -> (P η) = (P υ1) - (P υ2)
  -> (P ξ) + (P η) = ((P ζ1) + (P υ1)) - ((P ζ2) + (P υ2)).
Proof.
  intros; generalize H, H0; intros.
  apply Theorem185Pa in H; apply Theorem185Pa in H0.
  simpl in H; simpl in H0; rewrite H1, H2.
  pose proof (Theorem137 H H0). unfold Minus_R.
  simpl minus_R; simpl Plus_R at 5; simpl Plus_R at 2.
  destruct (Ccase ζ1 ζ2) as [[A|A]|A]; [LGC H A| |EGC A H].
  simpl Plus_R at 2. destruct (Ccase υ1 υ2) as [[B|B]|B];
  [LGC H0 B| |EGC B H0]. simpl Plus_R at 2.
  destruct (Ccase (Plus_C ζ1 υ1) (Plus_C ζ2 υ2))
    as [[C|C]|C]; [LGC H3 C| |EGC C H3]. simpl; apply eq3; simpl.
  apply Theorem136_2 with (ζ:=(Plus_C ζ2 υ2)); Simpl_C.
  rewrite (eq2 (@ Theorem130 ζ2 υ2)), (eq2 Theorem131).
  rewrite <- (eq2 (@ Theorem131 _ υ2 ζ2)); Simpl_C.
  rewrite (eq2 (@ Theorem130 υ1 ζ2)), <- (eq2 Theorem131).

　Simpl_C; apply Theorem116.
Qed.

Theorem **Theorem185P2**: $\forall$ {Ξ $\zeta1$ $\zeta2$ $v1$ $v2$},
　0 = (P $\zeta1$) - (P $\zeta2$) -> Ξ = (P $v1$) - (P $v2$)
　-> 0 + Ξ = ((P $\zeta1$) + (P $v1$)) - ((P $\zeta2$) + (P $v2$)).
Proof.
　intros; apply Theorem164 in H; apply Theorem182_2 in H.
　destruct Ξ; simpl Plus_R at 1.
　- apply Theorem164 in H0; apply Theorem182_2 in H0.
　　rewrite H, H0; apply Theorem164; apply Theorem182_2'; auto.
　- rewrite H; apply Theorem165 with (H:=((P $v1$) - (P $v2$))); auto.
　　apply Theorem185Pa in H0; repeat simpl in H.
　　assert (IGT_C (Plus_C $\zeta2$ $v1$) (Plus_C $\zeta2$ $v2$)).
　　{ rewrite (eq2 Theorem130), (eq2 (@ Theorem130 $\zeta2$ $v2$)).
　　　apply Theorem135_1; auto. }
　　unfold Minus_R; simpl minus_R; simpl Plus_R at 3.
　　simpl Plus_R at 1. destruct (Ccase $v1$ $v2$) as [[A|A]|A];
　　[LGC H0 A| |EGC A H0]. simpl Plus_R at 1.
　　destruct (Ccase (Plus_C $\zeta2$ $v1$) (Plus_C $\zeta2$ $v2$))
　　　as [[B|B]|B]; [LGC B H1| |EGC B H1]. apply eq3; simpl.
　　apply Theorem136_2 with (ζ:=(Plus_C $\zeta2$ $v2$)); Simpl_C.
　　rewrite (eq2 (@ Theorem130 $\zeta2$ $v2$)), <- (eq2 Theorem131).
　　Simpl_C. rewrite (eq2 Theorem130); apply Theorem116.
　- rewrite H; apply Theorem165 with (H:=((P $v1$) - (P $v2$))); auto.
　　apply Theorem185Pb in H0; simpl in H0; simpl in H0.
　　assert (IGT_C (Plus_C $\zeta2$ $v2$) (Plus_C $\zeta2$ $v1$)).
　　{ rewrite (eq2 Theorem130), (eq2 (@ Theorem130 $\zeta2$ $v1$)).
　　　apply Theorem135_1; auto. }
　　unfold Minus_R; simpl minus_R; simpl Plus_R at 3.
　　simpl Plus_R at 1. destruct (Ccase $v1$ $v2$) as [[A|A]|A];
　　[|LGC H0 A|ELC A H0]. simpl Plus_R.
　　destruct (Ccase (Plus_C $\zeta2$ $v1$) (Plus_C $\zeta2$ $v2$))
　　　as [[B|B]|B]; [|LGC H1 B|ELC B H1]. apply eq3.
　　apply Theorem136_2 with (ζ:=(Plus_C $\zeta2$ $v1$)); Simpl_C.
　　rewrite (eq2 (@ Theorem130 $\zeta2$ $v1$)), <- (eq2 Theorem131).
　　Simpl_C. rewrite (eq2 Theorem130); apply Theorem116.
Qed.

Theorem **Theorem185P3**: $\forall$ {ξ η $\zeta1$ $\zeta2$ $v1$ $v2$},
　(P ξ) = (P $\zeta1$) - (P $\zeta2$) -> (N η) = (P $v1$) - (P $v2$) ->
　(P ξ) + (N η) = ((P $\zeta1$) + (P $v1$)) - ((P $\zeta2$) + (P $v2$)).

Proof.
  assert (∀ {ζ1 ζ2 v1 v2} l1 l2,
    (Minus_C ζ1 ζ2 l1) ≈ (Minus_C v2 v1 l2) <->
    (Plus_C ζ1 v1) ≈ (Plus_C ζ2 v2)) as G1.
  { split; intros.
    - apply (Theorem135_2 _ _ v1) in H; Simpl_Cin H. rewrite
        (eq2 Theorem130) in H; apply (Theorem135_2 _ _ ζ2) in H.
      rewrite (eq2 Theorem131) in H; Simpl_Cin H.
      rewrite (eq2 Theorem130), (eq2 (@ Theorem130 ζ2 v2)); auto.
    - apply (Theorem136_2 _ _ v1); Simpl_C.
      rewrite (eq2 Theorem130). apply (Theorem136_2 _ _ ζ2).
      rewrite (eq2 Theorem131); Simpl_C.
      rewrite (eq2 Theorem130), (eq2 (@ Theorem130 v2 ζ2)); auto. }
  assert (∀ {ζ1 ζ2 v1 v2} l1 l2,
    IGT_C (Minus_C ζ1 ζ2 l1) (Minus_C v2 v1 l2) ->
    IGT_C (Plus_C ζ1 v1) (Plus_C ζ2 v2)) as G2.
  { intros; apply (Theorem135_1 _ _ v1) in H; Simpl_Cin H. rewrite
      (eq2 Theorem130) in H; apply (Theorem135_1 _ _ ζ2) in H.
    rewrite (eq2 Theorem131) in H; Simpl_Cin H.
    rewrite (eq2 Theorem130), (eq2 (@ Theorem130 ζ2 v2)); auto. }
  intros; generalize H, H0; intros.
  apply Theorem185Pa in H; apply Theorem185Pb in H0.
  simpl in H0, H; rewrite H1, H2. pose proof (Theorem137 H H0).
  unfold Minus_R; simpl minus_R; simpl Plus_R at 5.
  simpl Plus_R at 2. destruct (Ccase ζ1 ζ2) as [[A|A]|A];
  [LGC H A| |EGC A H]. apply eq3; simpl Plus_R at 2.
  destruct (Ccase v1 v2) as [[B|B]|B]; [|LGC H0 B|ELC B H0].
  simpl; destruct (Ccase(Plus_C ζ1 v1)(Plus_C ζ2 v2)) as [[C|C]|C],
    (Ccase (Minus_C ζ1 ζ2 A) (Minus_C v2 v1 B)) as [[D|D]|D];
  simpl; auto.
  - apply G1; rewrite (eq2 (@ Theorem130 ζ1 v1)).
    rewrite <- (eq2 Theorem131); Simpl_C.
    rewrite <- (eq2 Theorem131); Simpl_C.
    rewrite (eq2 Theorem130); apply Theorem116.
  - apply G2 in D; LGC D C.
  - apply G1 in D; ELC D C.
  - apply G2 in D; rewrite (eq2 Theorem130) in D.
    rewrite (eq2 (@ Theorem130 v1 ζ1)) in D; LGC C D.
  - apply G1; rewrite <- (eq2 Theorem131); Simpl_C.
    rewrite (eq2 (@ Theorem130 ζ1 v1)),<- (eq2 Theorem131);Simpl_C.
    rewrite (eq2 Theorem130); apply Theorem116.
  - apply G1 in D; EGC D C.

```
  - apply G2 in D; rewrite (eq2 Theorem130) in D.
    rewrite (eq2 (@ Theorem130 υ1 ζ1)) in D; ELC C D.
  - apply G2 in D; EGC C D.
Qed.
```

Theorem **Theorem185**: ∀ {Ξ H ζ1 ζ2 υ1 υ2},
　Ξ = (P ζ1) - (P ζ2) -> H = (P υ1) - (P υ2)
　-> Ξ + H = ((P ζ1) + (P υ1)) - ((P ζ2) + (P υ2)).
Proof.
```
  intros; destruct Ξ.
  - apply Theorem185P2; auto.
  - destruct H.
    + rewrite (Theorem175 _ (P υ1)), (Theorem175 _ (P υ2)).
      apply Theorem185P2; auto.
    + apply Theorem185P1; auto. + apply Theorem185P3; auto.
  - destruct H.
    + rewrite (Theorem175 _ (P υ1)), (Theorem175 _ (P υ2)).
      apply Theorem185P2; auto.
    + rewrite Theorem175, (Theorem175 _ (P υ1)),
        (Theorem175 _ (P υ2)). apply Theorem185P3; auto.
    + apply Theorem183_2 in H; apply Theorem183_2 in H0.
      apply Theorem183_2'; rewrite Theorem181 in H0.
      rewrite Theorem181 in H; rewrite Theorem181, Theorem180.
      simpl minus_R in *; apply Theorem185P1; auto.
Qed.
```

定理 2.186 (加法的结合律)　$(\Xi + H) + Z = \Xi + (H + Z)$.

Theorem **Theorem186**: ∀ Ξ H Z, (Ξ + H) + Z = Ξ + (H + Z).
Proof.
```
  intros; generalize (Theorem184 Ξ),(Theorem184 H),(Theorem184 Z).
  intros. destruct H as [ζ1 [ζ2 H]],
    H0 as [υ1 [υ2 H0]], H1 as [c1 [c2 H1]].
  generalize (Theorem185 H H0), (Theorem185 H0 H1); intros.
  generalize (Theorem185 H2 H1), (Theorem185 H H3); intros.
  simpl Plus_R in H4; simpl Plus_R in H5.
  repeat rewrite (eq2 Theorem131) in H4.
  apply Theorem164 in H5; eapply Theorem165; eauto.
Qed.
```

Corollary **RMi1**: ∀ Ξ H, (Ξ - H) + H = Ξ.
Proof.
```
  intros; unfold Minus_R; rewrite Theorem186; Simpl_R.
Qed.
```

Corollary RMi1': ∀ Ξ *H*, *H* + (Ξ - *H*) = Ξ.
Proof.
  intros; rewrite Theorem175; apply RMi1.
Qed.

Corollary RMi2: ∀ Ξ *H*, (Ξ + *H*) - *H* = Ξ.
Proof.
  intros; unfold Minus_R; rewrite Theorem186; Simpl_R.
Qed.

Corollary RMi2': ∀ Ξ *H*, (*H* + Ξ) - *H* = Ξ.
Proof.
  intros; rewrite Theorem175; apply RMi2.
Qed.

Corollary RMi3: ∀ Ξ *H*, *H* - (*H* - Ξ) = Ξ.
Proof.
  intros; unfold Minus_R; rewrite Theorem175, (Theorem175 *H* _).
  rewrite Theorem180; Simpl_R; rewrite RMi1; auto.
Qed.

Hint Rewrite RMi1 RMi1' RMi2 RMi2' RMi3: Real.

定理 2.187   对于已知的 Ξ, *H*,

$$H + Y = \Xi$$

仅有一解 Y, 即

$$Y = \Xi - H.$$

Theorem Theorem187_1: ∀Ξ *H*, ∃*Z*, *H* + *Z* = Ξ.
Proof.
  intros; exists (Ξ - *H*); rewrite Theorem175; Simpl_R.
Qed.

Theorem Theorem187_2: ∀Ξ *H* *Z*, *H* + *Z* = Ξ -> Ξ - *H* = *Z*.
Proof.
  intros; unfold Minus_R.
  rewrite Theorem175, <- H, <- Theorem186; Simpl_R.
Qed.

定理 2.188   1) $\Xi > H \implies \Xi + Z > H + Z$.

2) $\Xi = H \implies \Xi + Z = H + Z$.

　　3) $\Xi < H \implies \Xi + Z < H + Z$.

Theorem **Theorem188_1**: $\forall\ \Xi\ H\ Z,\ \Xi + Z > H + Z \to \Xi > H$.
Proof.
　intros; apply **Theorem182_1'** in H; apply **Theorem182_1**.
　unfold **Minus_R** in H; rewrite **Theorem180** in H.
　rewrite (**Theorem175** $(-H)$ _), **Theorem186** in H.
　rewrite <- (**Theorem186** Z _ _) in H; **Simpl_Rin** H.
Qed.

Theorem **Theorem188_2**: $\forall\ \Xi\ H\ Z,\ \Xi + Z = H + Z \to \Xi = H$.
Proof.
　intros; apply **Theorem182_2'** in H; apply **Theorem182_2**.
　unfold **Minus_R** in H; rewrite **Theorem180** in H.
　rewrite (**Theorem175** $(-H)$ _), **Theorem186** in H.
　rewrite <- (**Theorem186** Z _ _) in H; **Simpl_Rin** H.
Qed.

Theorem **Theorem188_3**: $\forall\ \Xi\ H\ Z,\ \Xi + Z < H + Z \to \Xi < H$.
Proof.
　intros; eapply **Theorem188_1**; eauto.
Qed.

Theorem **Theorem188_1'**: $\forall\ \Xi\ H\ Z,\ \Xi > H \to \Xi + Z > H + Z$.
Proof.
　intros; apply **Theorem182_1'** in H; apply **Theorem182_1**.
　unfold **Minus_R**; rewrite **Theorem180**.
　pattern $((-H) + (- Z))$; rewrite **Theorem175**, **Theorem186**.
　pattern $(Z + (- Z + - H))$; rewrite <- **Theorem186**; **Simpl_R**.
Qed.

Theorem **Theorem188_2'**: $\forall\ \Xi\ H\ Z,\ \Xi = H \to \Xi + Z = H + Z$.
Proof.
　intros; rewrite H; auto.
Qed.

Theorem **Theorem188_3'**: $\forall\ \Xi\ H\ Z,\ \Xi < H \to \Xi + Z < H + Z$.
Proof.
　intros; eapply **Theorem188_1'**; eauto.
Qed.

Corollary **LePl_R**: $\forall$ x y z, x $\leqslant$ y <-> x + z $\leqslant$ y + z.
Proof.

```
split; intros; destruct H.
- left; apply Theorem188_1'; auto. - right; rewrite H; auto.
- left; eapply Theorem188_1; eauto.
- right; eapply Theorem188_2; eauto.
Qed.
```

定理 2.189　$(\Xi > H \text{ 且 } Z > Y) \implies \Xi + Z > H + Z.$

```
Theorem Theorem189: ∀ {Ξ H Z Y}, Ξ > H -> Z > Y -> Ξ+Z>H+Y.
Proof.
  intros; apply Theorem171 with (H:=(H + Z)).
  - rewrite Theorem175,(Theorem175 H Z); apply Theorem188_3';auto.
  - apply Theorem188_3'; auto.
Qed.
```

定理 2.190　$(\Xi \geqslant H \text{ 且 } Z > Y)$ 或 $(\Xi > H \text{ 且 } Z \geqslant Y) \implies \Xi + Z > H + Y.$

```
Theorem Theorem190: ∀ Ξ H Z Y,
  (Ξ ⩾ H /\ Z > Y) \/ (Ξ > H /\ Z ⩾ Y) -> Ξ + Z > H + Y.
Proof.
  intros; destruct H as [[[H | H] H0] | [H [H0 | H0]]].
  - apply Theorem189; auto.
  - rewrite H, Theorem175,(Theorem175 H Y).
    apply Theorem188_3'; auto.
  - apply Theorem189; auto.
  - rewrite H0; apply Theorem188_1'; auto.
Qed.
```

定理 2.191　$(\Xi \geqslant H \text{ 且 } Z \geqslant Y) \implies \Xi + Z \geqslant H + Y.$

```
Theorem Theorem191: ∀ {Ξ H Z Y},
  Ξ ⩾ H -> Z ⩾ Y -> (Ξ + Z) ⩾ (H + Y).
Proof.
  intros; destruct H.
  - left; apply Theorem190; auto.
  - destruct H0.
    + left; apply Theorem190; left; split; red; tauto.
    + right; rewrite H, H0; apply Theorem163.
Qed.

Theorem Theorem191': ∀ {Ξ H Z Y},
  Ξ ⩽ H -> Z ⩽ Y -> (Ξ + Z) ⩽ (H + Y).
Proof.
  intros; apply Theorem168, Theorem191; apply Theorem168'; auto.
Qed.
```

2.4.4　乘法

定义 2.55

$$\Xi \cdot H = \begin{cases} -(|\Xi||H|), & \Xi > 0, H < 0 \text{ 或 } \Xi < 0, H > 0, \\ |\Xi||H|, & \Xi < 0, H < 0, \\ 0, & \Xi = 0 \text{ 或 } H = 0 \end{cases}$$

(· 读为 "乘", 但通常都不写它). $\Xi \cdot H$ 称为 Ξ 和 H 的乘积, 或 Ξ 乘以 H 所得的积.

注意, 当 $\Xi > 0$, $H > 0$, 已由定义 2.36 规定了 $\Xi \cdot H$, 且这概念已用在定义 2.55 中.

```
(* SECTION IV Multiplication *)

Definition Times_R Ξ H: Real:=
 match Ξ, H with
  | P ξ , P η => P (ξ · η)
  | N ξ , N η => P (ξ · η)
  | P ξ, N η => N (ξ · η)
  | N ξ, P η => N (ξ · η)
  | _ , _ => 0
 end.

Notation " Ξ · H ":= (Times_R Ξ H).
```

定理 2.192　两数 Ξ, H 中至少有一数是零时, 且仅在这时, 有

$$\Xi H = 0.$$

```
Theorem Theorem192: ∀ Ξ H, Ξ · H = 0 -> Ξ = 0 \/ H = 0.
Proof.
  intros; destruct Ξ, H; try tauto; inversion H.
Qed.
```

定理 2.193　$|\Xi H| = |\Xi||H|$.

```
Theorem Theorem193: ∀ Ξ H, |Ξ · H| = |Ξ| · |H|.
Proof.
  intros; destruct Ξ, H; simpl; auto; try apply Theorem116.
Qed.
```

定理 2.194 (乘法的交换律) $\Xi H = H\Xi$.

```
Theorem Theorem194: ∀ Ξ H, Ξ · H = H · Ξ.
Proof.
  intros; destruct Ξ, H; simpl; try rewrite (eq2 Theorem142);auto.
Qed.
```

```
Corollary RTi_0: ∀ Ξ, Ξ · 0 = 0.
Proof.
  intros; rewrite Theorem194; simpl; auto.
Qed.
```

```
Corollary RTi0_: ∀ Ξ, 0 · Ξ = 0.
Proof.
  intros; simpl; auto.
Qed.
```

```
Hint Rewrite RTi_0 RTi0_: Real.
```

定理 2.195 $\Xi \cdot 1 = \Xi$.

```
Coercion Real_PZ x:= P (Cut_I x).
```

```
Theorem Theorem195: ∀ Ξ, Ξ · 1 = Ξ.
Proof.
  intros; destruct Ξ; simpl; auto; Simpl_C.
Qed.
```

```
Theorem Theorem195': ∀ Ξ, Ξ · (- (1)) = - Ξ.
Proof.
  intros; destruct Ξ; simpl; auto; Simpl_C.
Qed.
```

```
Corollary RTi1_: ∀ Ξ, 1 · Ξ = Ξ.
Proof.
  intros; destruct Ξ; simpl; auto; Simpl_C.
Qed.
```

```
Corollary RTin1_: ∀ Ξ, -(1) · Ξ = -Ξ.
Proof.
  intros; destruct Ξ; simpl; auto; Simpl_C.
Qed.
```

```
Hint Rewrite Theorem195 Theorem195' RTi1_ RTin1_: Real.
```

定理 2.196　　设 $\Xi \neq 0$ 且 $H \neq 0$, 则

$$\Xi H = \begin{cases} |\Xi|\,|H|, & \Xi > 0, H > 0 \text{ 或 } \Xi < 0, H < 0, \\ -(|\Xi|\,|H|), & \Xi > 0, H < 0 \text{ 或 } \Xi < 0, H > 0. \end{cases}$$

```
Theorem Theorem196: ∀ Ξ H, Ξ <> 0 ->
 Ξ <> 0 -> Ξ · H = |Ξ| · |H| \/ Ξ · H = - (|Ξ| · |H|).
Proof.
  intros; destruct Ξ, H; simpl; tauto.
Qed.
```

定理 2.197　　$(-|\Xi|)\,|H| = |\Xi|\,(-|H|) = -(\Xi H)$.

```
Theorem Theorem197: ∀ Ξ H, -Ξ · H = Ξ · -H.
Proof.
  intros; destruct Ξ, H; simpl; auto.
Qed.
```

```
Theorem Theorem197': ∀ Ξ H, -Ξ · H = - (Ξ · H).
Proof.
  intros; destruct Ξ, H; simpl; auto.
Qed.
```

```
Theorem Theorem197'': ∀ Ξ H, Ξ · -H = - (Ξ · H).
Proof.
  intros; destruct Ξ, H; simpl; auto.
Qed.
```

定理 2.198　　$(-|\Xi|)(-|H|) = \Xi H$.

```
Theorem Theorem198: ∀ Ξ H, -Ξ · -H = Ξ · H.
Proof.
  intros; destruct Ξ, H; simpl; auto.
Qed.
```

定理 2.199 (乘法的结合律)　　$(\Xi H)Z = \Xi(HZ)$.

```
Theorem Theorem199: ∀ Ξ H Z, (Ξ · H) · Z = Ξ · (H · Z).
Proof.
  intros; destruct Ξ, H, Z; simpl;
  try rewrite (eq2 Theorem143); auto.
Qed.
```

定理 2.200　　$\xi(\eta - \zeta) = \xi\eta - \xi\zeta$.

```
Theorem Theorem200: ∀ ξ η ζ,
```

(P ξ) · ((P η) - (P ζ)) = ((P ξ) · (P η)) - ((P ξ) · (P ζ)).
Proof.
  intros; destruct (Theorem167 (P η) (P ζ)) as [H | [H |H]].
  - rewrite H; unfold Minus_R; repeat rewrite Theorem179; Simpl_R.
  - simpl in H; assert (ILT_C (Times_C ξ η) (Times_C ξ ζ)).
    { rewrite (eq2 Theorem142), (eq2 (@ Theorem142 ξ ζ)).
      apply Theorem145_3; auto. } unfold Minus_R; simpl;
    destruct (Ccase η ζ) as [[A|A]|A]; [|LGC H A|ELC A H].
    destruct (Ccase (Times_C ξ η) (Times_C ξ ζ))
      as [[B|B]|B]; [|LGC H0 B|ELC B H0].
    apply eq3; simpl; apply Theorem136_2 with (ζ:=(Times_C ξ η)).
    Simpl_C. rewrite <- (eq2 Theorem144).
    Simpl_C; apply Theorem116.
  - simpl in H; assert (ILT_C (Times_C ξ ζ) (Times_C ξ η)).
    { rewrite (eq2 Theorem142), (eq2 (@ Theorem142 ξ η)).
      apply Theorem145_3; auto. } unfold Minus_R; simpl;
    destruct (Ccase η ζ) as [[A|A]|A]; [LGC H A| |EGC A H].
    destruct (Ccase (Times_C ξ η) (Times_C ξ ζ))
      as [[B|B]|B]; [LGC H0 B| |EGC B H0]. apply eq3; simpl.
    apply Theorem136_2 with (ζ:=(Times_C ξ ζ)); Simpl_C.
    rewrite <- (eq2 Theorem144); Simpl_C; apply Theorem116.
Qed.

定理 2.201 (分配律) $\Xi(H + Z) = \Xi H + \Xi Z$.

Theorem **Theorem201**: $\forall$ Ξ H Z, Ξ · (H + Z) = Ξ · H + Ξ · Z.
Proof.
  assert ($\forall$ H Z ξ, (P ξ)·(H+Z) = ((P ξ)·H)+((P ξ)·Z))as G;intros.
  { destruct (Theorem184 Z) as [η1 [η2 H]],
    (Theorem184 H) as [ζ1 [ζ2 H0]]. rewrite (Theorem185 H0 H).
    simpl Plus_R at 1; simpl Plus_R at 1; rewrite Theorem200.
    simpl Times_R at 1; simpl Times_R at 1.
    repeat rewrite Lemma_T144_1; rewrite H, H0.
    repeat rewrite Theorem200; unfold Minus_R.
    rewrite <- Theorem186, (Theorem186 _ _ (P ξ · P η1)).
    rewrite (Theorem175 _ (P ξ · P η1));
    repeat rewrite <- Theorem186. simpl Times_R.
    simpl Plus_R at 4; simpl minus_R; rewrite Theorem186.
    simpl Plus_R at 3; repeat rewrite (eq2 Theorem144); auto. }
  intros; destruct Ξ; [simpl; auto|apply G|].
  apply Theorem183_2'; rewrite Theorem180.
  repeat rewrite <- Theorem197'', <- Theorem197.
  simpl minus_R; apply G.
Qed.

Theorem Theorem201': ∀ Ξ H Z, (H + Z) · Ξ = H · Ξ + Z · Ξ.
Proof.
  intros; rewrite Theorem194, Theorem201,
    Theorem194, (Theorem194 Z); auto.
Qed.

定理 2.202 $\Xi(H - Z) = \Xi H - \Xi Z$.

Theorem Theorem202: ∀ Ξ H Z, Ξ · (H - Z) = (Ξ · H) - (Ξ · Z).
Proof.
  intros; unfold Minus_R; rewrite Theorem201, Theorem197''.
  apply Theorem163.
Qed.

Theorem Theorem202': ∀ Ξ H Z, (H - Z) · Ξ = (H · Ξ) - (Z · Ξ).
Proof.
  intros; rewrite Theorem194, (Theorem194 H Ξ), (Theorem194 Z Ξ).
  apply Theorem202.
Qed.

定理 2.203   设 $\Xi > H$, 则

    1) $Z > 0 \implies \Xi Z > H Z$.

    2) $Z = 0 \implies \Xi Z = H Z$.

    3) $Z < 0 \implies \Xi Z < H Z$.

Theorem Theorem203_1: ∀ Ξ H Z, Ξ > H -> Z > 0 -> Ξ · Z > H · Z.
Proof.
  intros; apply Theorem182_1' in H. assert ((Ξ - H) · Z > 0).
  { destruct (Ξ - H); destruct Z, H, H0; simpl; auto. }
  rewrite Theorem194, Theorem202 in H1; apply Theorem182_1 in H1.
  rewrite Theorem194, (Theorem194 H Z); auto.
Qed.

Theorem Theorem203_1': ∀ Ξ H Z, Ξ · Z > H · Z -> Z > 0 -> Ξ>H.
Proof.
  intros; destruct Z; inversion H0; destruct Ξ,H; simpl in H;auto;
  apply Theorem146_3 with (ζ:=c); auto.
Qed.

Theorem Theorem203_2: ∀ Ξ H Z, Ξ > H -> Z = 0 -> Ξ · Z = H · Z.
Proof.
  intros; rewrite H0; Simpl_R.
Qed.

Theorem Theorem203_3: ∀ Ξ H Z, Ξ > H -> Z < 0 -> Ξ · Z < H · Z.
Proof.
　intros; rewrite <- Theorem198, <- (Theorem198 H Z).
　apply Theorem203_1; try (apply Theorem183_3; auto).
　destruct Z; simpl; auto.
Qed.

定理 2.204　设 Ξ, H 是已知的, 且 H ≠ 0, 则

$$HY = \Xi$$

恰有一解 Y.

定义 2.56　定理 2.204 中的 Y 称为 $\dfrac{\Xi}{H}$ (读为 "Ξ 除以 H"). $\dfrac{\Xi}{H}$ 又称为 Ξ 除以 H 的商, 或以 H 除 Ξ 所得的数.

　　注意, 当 Ξ > 0, H > 0 时, 定义 2.56(正如它应该的) 和定义 2.38 相符.

Theorem Theorem204_1: ∀ {H Z1 Z2}, H<>0 -> H·Z1 = H·Z2->Z1=Z2.
Proof.
　intros; apply Theorem182_2' in H0.
　rewrite <- Theorem202 in H0; apply Theorem192 in H0.
　destruct H0; try tauto; apply Theorem182_2 in H0; auto.
Qed.

Definition neq_zero Ξ:=
　match Ξ with
　| O => False
　| _ => True
　end.

Corollary uneq0: ∀ {x}, x <> 0 -> neq_zero x.
Proof.
　intros. destruct x; simpl; auto.
Qed.

Definition Over_R Ξ H: (neq_zero H) -> Real:=
　match H with
　| O => fun (l:neq_zero O) => match l with end
　| P ξ => fun _ => (P (1/ξ)) · Ξ
　| N ξ => fun _ => (N (1/ξ)) · Ξ
　end.
Notation " X / Y ":= (Over_R X Y).

```
Corollary Rdt: ∀ Ξ H 1, H · ((Ξ/H) 1) = Ξ.
Proof.
  intros; destruct Ξ, H; simpl; destruct 1; auto;
  rewrite <- (eq2 Theorem143), (eq2 (@ Theorem142 c0 _)); Simpl_C.
Qed.

Theorem Theorem204_2: ∀ Ξ H, H <> 0 -> ∃ Z, H · Z = Ξ.
Proof.
  intros. exists ((Ξ/H) (uneq0 H)). apply Rdt.
Qed.

Corollary ROv_uni: ∀ x y z 1, y · z = x <-> z = (x / y) 1.
Proof.
  split; intros.
  - apply (@ Theorem204_1 y).
    + intro; destruct y; inversion H0; tauto.
    + rewrite H. symmetry. apply Rdt.
  - rewrite H. apply Rdt.
Qed.

Corollary Rdt': ∀ Ξ H 1, ((Ξ/H) 1)·H = Ξ.
Proof.
  intros; destruct Ξ, H; simpl; destruct 1; auto;
  rewrite (eq2 Theorem142), <- (eq2 Theorem143),
  (eq2 (@ Theorem142 c0 (Over_C 1 c0))); Simpl_C.
Qed.

Corollary Rtd: ∀ Ξ H 1, ((Ξ·H)/H) 1 = Ξ.
Proof.
  intros; destruct Ξ, H; simpl; auto; destruct 1;
  rewrite (eq2 Theorem142), (eq2 Theorem143),
  (eq2 (@ Theorem142 c0 (Over_C 1 c0))); Simpl_C.
Qed.

Hint Rewrite Rdt Rdt' Rtd: Real.

Corollary Rtd': ∀ Ξ H 1, ((H · Ξ) / H) 1 = Ξ.
Proof.
  intros; rewrite Theorem194; Simpl_R.
Qed.

Corollary Rd: ∀ Ξ 1, (Ξ/Ξ) 1 = 1.
```

```
Proof.
  intros; destruct Ξ; simpl; destruct l; Simpl_C.
Qed.

Corollary Rd0_: ∀ x l, (0/x) l = 0.
Proof.
  intros; destruct x; inversion l; auto.
Qed.

Lemma Rd1_: ∀ a l, (a/1) l = a.
Proof.
  intros; symmetry; apply ROv_uni; Simpl_R.
Qed.

Hint Rewrite Rdt' Rtd' Rd Rd0_ Rd1_: Real.

Corollary Di_Rt: ∀ x y z l, x·(y/z) l = (x·y/z) l.
Proof.
  intros; destruct x, y, z; elim l; simpl; auto; now rewrite
    (eq2 Theorem142), (eq2 Theorem143), (eq2 (@ Theorem142 _ c)).
Qed.

Corollary Di_Rp: ∀ x y z l, (x/z) l + (y/z) l = ((x+y)/z) l.
Proof.
  intros; rewrite <- (Theorem195 x), <- (Theorem195 y).
  repeat rewrite <- Di_Rt; rewrite <- Theorem201', Di_Rt; Simpl_R.
Qed.

Corollary Di_Rm: ∀ x y z l, (x/z) l - (y/z) l = ((x-y)/z) l.
Proof.
  intros; rewrite <- (Theorem195 x), <- (Theorem195 y).
  repeat rewrite <- Di_Rt; rewrite <- Theorem202', Di_Rt; Simpl_R.
Qed.
```

2.4.5   Dedekind 基本定理

定理 2.205 (Dedekind 基本定理)   设有实数的任一分法, 将一切实数分为两类, 使具有下列性质:

1) 第一类有一数, 第二类也有一数;
2) 第一类的每一数小于第二类的每一数,

则恰有一实数 Ξ, 能使每一 $H < Ξ$ 属于第一类, 每一 $H > Ξ$ 属于第二类.

换句话说, 第一类的每一数 $\leqslant Ξ$, 第二类的每一数 $\geqslant Ξ$.

提示　倒过来说, 每一实数 Ξ 显然恰会产生两种分法: 一种分法以一切 $H \leqslant$ Ξ 作为第一类, 以一切 $H > Ξ$ 作为第二类; 另一种分法以一切 $H < Ξ$ 作为第一类, 以一切 $H \geqslant Ξ$ 作为第二类.

```
(** DFT *)

(* REALS NUMBERS *)

(* SECTION V Dedekind's Fundamental Theorem *)

Require Export reals.

Section Dedekind.

Variables Fst Snd:Ensemble Real.

Definition R_Divide:= ∀ Ξ, Ξ ∈ Fst \/ Ξ ∈ Snd.

Definition ILT_FS:= ∀ Ξ H, Ξ ∈ Fst -> H ∈ Snd -> Ξ < H.

Definition Split Ξ:=
  (∀ H, H < Ξ -> H ∈ Fst) /\ (∀ H, H > Ξ -> H ∈ Snd).

Corollary Split_Pa: ∀ Ξ1 Ξ2,
  R_Divide -> ILT_FS -> Ξ1 ∈ Fst -> Ξ2 < Ξ1 -> Ξ2 ∈ Fst.
Proof.
  intros; destruct H with Ξ2; auto; LGR H2 (H0 _ _ H1 H3).
Qed.

Corollary Split_Pb: ∀ Ξ1 Ξ2,
  R_Divide -> ILT_FS -> Ξ1 ∈ Snd -> Ξ1 < Ξ2 -> Ξ2 ∈ Snd.
Proof.
  intros; destruct H with Ξ2; auto; LGR H2 (H0 _ _ H3 H1).
Qed.

Corollary Split_Pc: ∀ Ξ,
  R_Divide -> ILT_FS -> Ξ ∈ Fst -> Ξ ∈ Snd -> False.
Proof.
  intros; pose proof (H0 _ _ H1 H2); apply OrdR1 in H3; auto.
Qed.

End Dedekind.
```

Theorem DedekindCut_Unique: ∀ Fst Snd, R_Divide Fst Snd ->
  No_Empty Fst -> No_Empty Snd -> ILT_FS Fst Snd ->
  ∀ Z1 Z2, Split Fst Snd Z1 -> Split Fst Snd Z2 -> Z1 = Z2.
Proof.
  assert (∀ Fst Snd, R_Divide Fst Snd -> No_Empty Fst ->
    No_Empty Snd -> ILT_FS Fst Snd -> ∀ Ξ1 Ξ2, Split Fst Snd Ξ1 ->
    Split Fst Snd Ξ2 -> ~ Ξ1 < Ξ2).
  { intros; intro; red in H, H0, H1, H2, H3, H4; destruct H3, H4.
    assert (neq_zero 2). { reflexivity. }
    assert (Ξ1 < ((Ξ1 + Ξ2) / (1 + 1)) H8).
    { apply Theorem203_1' with (Z:=(1 + 1)); Simpl_R.
      rewrite Theorem201; Simpl_R.
      rewrite (Theorem175 Ξ1 Ξ2); apply Theorem188_1'; auto. }
    assert (((Ξ1 + Ξ2) / (1 + 1)) H8 < Ξ2).
    { apply Theorem203_1' with (Z:=(1 + 1)); Simpl_R.
      rewrite Theorem201; Simpl_R; apply Theorem188_1'; auto. }
    apply H6 in H9; apply H4 in H10.
    eapply Split_Pc in H9; eauto. }
  intros; destruct (Theorem167 Z1 Z2) as [H6 | [H6 | H6]]; auto;
  eapply H in H6; eauto; tauto.
Qed.

Definition ded_C Fst:=
  /{X|(P X*)∈Fst /\ (∃ Ξ, Ξ∈Fst /\ (P X*)<Ξ)/}.

Lemma Lemma_DFTa: ∀ Fst Snd, R_Divide Fst Snd ->
  No_Empty Snd -> ILT_FS Fst Snd -> (∃ a, P a ∈ Fst) ->
  Cut_p1 (ded_C Fst) /\ Cut_p2 (ded_C Fst) /\ Cut_p3 (ded_C Fst).
Proof.
  intros; destruct H2 as [ξ H2]; repeat split.
  - EC Z ξ H3; exists Z; constructor; split.
    + eapply Split_Pa; eauto; simpl; apply Theorem158_1; auto.
    + apply (cutp3 ξ) in H3; destruct H3 as [X [H3 H4]].
      assert (Num_L X ξ); auto. apply Theorem158_1 in H5.
      apply Theorem82 in H4; exists (P X); split.
      * eapply Split_Pa; eauto.
      * simpl; apply Theorem154_3; auto.
  - destruct H0 as [Ξ H0], Ξ; pose proof (H1 _ _ H2 H0);
    simpl in H3; try tauto. ENC W c H4; apply Theorem158_2 in H4.
    exists W; intro; destruct H5, H5, H4.
    + assert ((P W) ∈ Snd).
      { eapply Split_Pb ; eauto; simpl; auto. }

```
     eapply Split_Pc; eauto.
   + rewrite <- (eq2 H4) in H0; eapply Split_Pc; eauto.
 - destruct H3, H3; eapply Split_Pa; eauto; simpl.
   apply Theorem154_3; auto.
 - destruct H3, H3; apply Theorem91 in H4.
   destruct H4 as [Z [H4 H6]]. exists (P Z); split.
   + eapply Split_Pa; eauto; simpl; apply Theorem154_3; auto.
   + simpl; apply Theorem154_3; auto.
 - red; intros; destruct H3, H3, H4 as [Ξ [H4 H5]], Ξ;
   simpl in H5; try tauto. apply Theorem159 in H5; destruct H5 as
     [Z [H5 H6]]. exists Z; split; try (constructor; split).
   * eapply Split_Pa; eauto.
   * exists (P c); split; auto.
   * apply Theorem83; apply Theorem154_3'; auto.
Qed.

Definition Ded_C Fst Snd (l1:R_Divide Fst Snd) (l2:No_Empty Snd)
  (l3:ILT_FS Fst Snd) (l4:∃ ξ, P ξ ∈ Fst): Cut.
  apply mkcut with (ded_C Fst); eapply Lemma_DFTa; eauto.
Defined.

Definition Opp_En Fst:= /{ Ξ | (-Ξ) ∈ Fst /}.

Lemma Lemma_DFTb: ∀ Fst Snd, R_Divide Fst Snd ->
  No_Empty Fst -> No_Empty Snd -> ILT_FS Fst Snd ->
  R_Divide (Opp_En Snd) (Opp_En Fst) /\ No_Empty (Opp_En Snd)
  /\ No_Empty (Opp_En Fst) /\ ILT_FS (Opp_En Snd) (Opp_En Fst).
Proof.
  repeat split; red in *; intros.
  - destruct H with (-Ξ); [right|left]; constructor; auto.
  - destruct H1 as [Ξ H1]; exists (-Ξ); constructor; Simpl_R.
  - destruct H0 as [Ξ H0]; exists (-Ξ); constructor; Simpl_R.
  - destruct H3, H4; eapply H2 in H3; eauto.
    apply Theorem183_1'; auto.
Qed.

Lemma Lemma_DFTc: ∀ Fst Snd, R_Divide Fst Snd -> No_Empty Fst ->
  No_Empty Snd -> ILT_FS Fst Snd ->
  (∃ ξ, (P ξ) ∈ Fst) -> (∃ Ξ, Split Fst Snd Ξ).
Proof.
  intros; set (ξ:= (Ded_C Fst Snd H H1 H2 H3)).
  exists (P ξ); split; intros H H4.
```

```
  - elim H3; intros η H5. destruct H with H; auto.
    pose proof (H2 _ _ H5 H6). destruct H; simpl in H7; try tauto.
    simpl in H4; apply Theorem159 in H4.
    destruct H4 as [X [H4 H8]]. apply Theorem158_1 in H8.
    destruct H8, H8. apply (Split_Pa Fst Snd (P X) (P c)); auto.
  - destruct H; simpl in H4; try tauto. apply Theorem159 in H4;
    destruct H4 as [X [H4 H5]]. destruct H with (P c); auto.
    apply (Split_Pb Fst Snd (P X) (P c)); auto.
    assert (Num_U X ξ). { apply Theorem158_2; left; auto. }
    elim H7; constructor; split; eauto.
    apply (Split_Pa Fst Snd (P c) (P X)); auto.
Qed.


Theorem DedekindCut: ∀ Fst Snd, R_Divide Fst Snd -> No_Empty Fst
  -> No_Empty Snd -> ILT_FS Fst Snd -> (∃ Ξ, Split Fst Snd Ξ).
Proof.
  intros; destruct (classic (∃ ξ, (P ξ) ∈ Fst)) as [H3 |H3].
  - apply Lemma_DFTc; auto.
  - destruct (classic (O ∈ Fst)) as [H4 |H4].
    + exists O; red; split; intros Ξ H5.
      * destruct Ξ; inversion H5; destruct H with (N c); auto.
        elim (H2 _ _ H4 H6).
      * destruct Ξ; inversion H5; destruct H with (P c); auto.
        elim H3; eauto.
    + destruct (classic (∼ (∃ ξ, (N ξ) ∈ Snd))) as [H5 |H5].
      * exists O; red; split; intros Ξ H6.
        { destruct Ξ; inversion H6; destruct H with (N c); auto;
          elim H5; eauto. }
        { destruct Ξ; inversion H6; destruct H with (P c); auto;
          elim H3; eauto. }
      * apply -> property_not' in H5.
        assert (∃ ξ, (P ξ) ∈ (Opp_En Snd)).
        { destruct H5 as [ξ H5]; exists ξ; constructor. auto. }
        destruct (Lemma_DFTb _ _ H H0 H1 H2), H8, H9.
        destruct (Lemma_DFTc _ _ H7 H8 H9 H10 H6) as [Ξ H11].
        destruct H11; exists (-Ξ); split; intros H H13.
        { apply Theorem183_1 in H13; rewrite Theorem177 in H13.
          apply H12 in H13; destruct H13;
          rewrite Theorem177 in H13; auto. }
        { apply Theorem183_1 in H13; rewrite Theorem177 in H13.
          apply H11 in H13; destruct H13;
          rewrite Theorem177 in H13; auto. }
```

Qed.

　　本节 "Dedekind 基本定理" 是 Landau《分析基础》[117] 一书的核心定理. 在第 3 章, 我们将证明该定理的几个著名等价命题. 本节代码存为一个独立文件.

2.4.6　补充材料: 实数运算的一些性质

　　本节补充实数运算的一些性质, 包括绝对值、幂、不等式及取最大值和最小值运算等, 因为后续章节中要用到, 这里主要是完成它们的 Coq 描述和验证, 以便后续直接调用. 这些内容是熟知的, 在 Coq 代码中也是可读的和容易理解的, 直接给出代码如下:

```
(** R_sup *)

(* REAL ARITHMATIC *)

Require Export finite reals.

Corollary uneqOP: ∀ {c}, c > 0 -> neq_zero c.
Proof.
  intros. destruct c; auto. inversion H.
Qed.

Corollary Pos: ∀ x y, x > 0 -> y > 0 -> (x · y) > 0.
Proof.
  intros; destruct x, y; simpl; auto.
Qed.

Corollary Pos': ∀ x y l, x > 0 -> y > 0 -> (x/y) l > 0.
Proof.
  intros; destruct x, y; simpl; auto; elim H; elim H0.
Qed.

Corollary Pl_R: ∀ x y, y > 0 <-> x + y > x.
Proof.
  split; intros.
  - apply Theorem188_1 with (Z:=-x); Simpl_R.
  - apply Theorem188_1' with (Z:=-x) in H; Simpl_Rin H.
Qed.

Corollary Pl_R': ∀ x y, y > 0 <-> x - y < x + y.
Proof.
  split; intros.
```

```
- apply Theorem188_1 with (Z:=y); Simpl_R.
  rewrite Theorem186; simpl; apply Pl_R. destruct y; auto.
- apply Theorem188_1' with (Z:=y) in H; Simpl_Rin H.
  rewrite Theorem186 in H; apply Pl_R in H. destruct y; auto.
Qed.


Corollary Mi_R: ∀ a b c d, (a - c) + (b - d) = (a + b) - (c + d).
Proof.
  intros. unfold Minus_R.
  rewrite Theorem180. repeat rewrite <- Theorem186.
  apply Theorem188_2 with (Z:=d); Simpl_R. unfold Minus_R.
  do 2 rewrite Theorem186. rewrite (Theorem175 b); auto.
Qed.


Corollary Mi_R': ∀ a b c d, (a - c) - (b - d) = (a - b) - (c - d).
Proof.
  intros. unfold Minus_R at 2 3. rewrite <- Mi_R. Simpl_R.
  unfold Minus_R at 2. f_equal.
  rewrite Theorem181, Theorem175. Simpl_R.
Qed.


Corollary Real_PZp: ∀ n m:Nat, n + m = Real_PZ (Plus_N n m).
Proof.
  intros; simpl; unfold Cut_I; rewrite <- (eq2 Theorem155_1).
  rewrite (eq1 (Theorem112_1 _ _)); Simpl_N.
Qed.


Corollary Real_TZp: ∀ n m:Nat, n · m = Real_PZ (Times_N n m).
Proof.
  intros; simpl; unfold Cut_I; rewrite <- (eq2 Theorem155_3).
  rewrite (eq1 (Theorem112_2 _ _)); Simpl_N.
Qed.


Corollary RN1: ∀ a, a` - 1 = a.
Proof.
  intros; apply Theorem188_2 with (Z:=1); Simpl_R.
  rewrite Real_PZp; Simpl_N.
Qed.


Corollary RN2: ∀ a:Nat, a` - a = 1.
Proof.
  intros; apply Theorem188_2 with (Z:=a); Simpl_R.
```

```
  rewrite Real_PZp; Simpl_N.
Qed.

Corollary RN3: ∀ a:Nat, a + 1 = a`.
Proof.
  intros; rewrite Real_PZp; Simpl_N.
Qed.

Corollary RN4: ∀ a:Nat, 1 + a = a`.
Proof.
  intros; rewrite Real_PZp; Simpl_N.
Qed.

Hint Rewrite RN1 RN2 RN3 RN4: Real.

Corollary R_T2: ∀ a, 2 · a = a + a.
Proof.
  intros. rewrite <- NPl1_, <-Real_PZp, Theorem201'; Simpl_R.
Qed.

Corollary OrderNRlt: ∀ n m:Nat, ILT_N n m -> n < m.
Proof.
  intros; simpl. apply Theorem154_1; apply Theorem111_1'; auto.
Qed.

Corollary OrderNRle: ∀ n m:Nat, ILE_N n m -> n ⩽ m.
Proof.
  intros; destruct H; [left; apply OrderNRlt|subst n; red]; auto.
Qed.

Corollary No0_N: ∀ {N:Nat}, neq_zero N.
Proof.
  intros; simpl; auto.
Qed.

Definition RdiN r (N:Nat):= (r/N) No0_N.

Corollary RdN1: ∀ a n, a > 0 -> RdiN a n > 0.
Proof.
  intros. unfold RdiN. apply Pos; simpl; auto.
Qed.
```

Corollary RdN2: ∀ a b n, a·(RdiN b n) = RdiN (a·b) n.
Proof.
　intros. unfold RdiN. rewrite Di_Rt; auto.
Qed.

Corollary RdN3: ∀ a b n, (RdiN a n) + (RdiN b n) = RdiN (a+b) n.
Proof.
　intros. unfold RdiN. rewrite Di_Rp; auto.
Qed.

Corollary RdN4: ∀ a b n, (RdiN a n) - (RdiN b n) = RdiN (a-b) n.
Proof.
　intros. unfold RdiN. rewrite Di_Rm; auto.
Qed.

Corollary Pr_2a: ∀ {z}, z > 0 -> (z/2) NoO_N > 0.
Proof.
　intros; apply Pos; simpl; auto.
Qed.

Corollary Pr_2b: ∀ {z}, z > 0 -> (z/2) NoO_N < z.
Proof.
　intros; apply Theorem203_1' with (Z:=2); Simpl_R; [|reflexivity].
　replace 2 with (Plus_N 1 1); auto.
　rewrite <- Real_PZp, Theorem201; Simpl_R; apply Pl_R; auto.
Qed.

Corollary Pr_2c: ∀ z l, ((z/2) l) + ((z/2) l) = z.
Proof.
　intros; rewrite Di_Rp, <- (Theorem195 z),
　　<- Theorem201, Real_PZp; Simpl_R.
Qed.

Hint Rewrite Pr_2c: Real.

Corollary Ab1: ∀ x y, -x < y /\ y < x <-> |y| < x.
Proof.
　split; intros; destruct x, y; simpl in *; tauto.
Qed.

Corollary Ab1': ∀ x y, -x ⩽ y /\ y ⩽ x <-> |y| ⩽ x.
Proof.

```
split; intros.
 - destruct H, H, H0; red.
   + left; apply -> Ab1; auto.
   + subst y; destruct x; simpl in *; destruct H; auto.
   + subst y; destruct x; simpl in *; destruct H0; auto.
   + subst y; destruct x; simpl in *; destruct H0; auto.
 - destruct H; split; red.
   + apply Ab1 in H; tauto. + apply Ab1 in H; tauto.
   + destruct x, y; simpl; auto; inversion H; auto.
   + destruct x, y; simpl; auto; inversion H; auto.
Qed.
```

Corollary Ab1'': ∀ x y z, x - y < z /\ z < x + y <-> |z - x| < y.
Proof.
```
  split; intros.
 - destruct H; apply (Ab1 y (z - x)); split.
   + apply Theorem188_1 with (Z:=x); Simpl_R.
     rewrite Theorem175; auto.
   + apply Theorem188_1 with (Z:=x); Simpl_R.
     rewrite Theorem175; auto.
 - apply (Ab1 y (z - x)) in H; destruct H; split.
   + apply Theorem188_1' with (Z:=x) in H; Simpl_Rin H.
     rewrite Theorem175 in H; auto.
   + apply Theorem188_1' with (Z:=x) in H0; Simpl_R.
     unfold Minus_R in H0; rewrite Theorem186 in H0; Simpl_Rin H0.
     rewrite Theorem175; auto.
Qed.
```

Corollary Ab2: ∀ x y, |x + y| ⩽ |x| + |y|.
Proof.
```
  intros; destruct x, y; simpl; red; auto.
 - destruct (Ccase c c0) as [[H | H] | H]; simpl; left; auto.
   + rewrite (eq2 Theorem130).
     apply Theorem136_3 with (ζ:=c); Simpl_C.
     rewrite (eq2 Theorem131); apply Theorem133.
   + apply Theorem136_3 with (ζ:=c0); Simpl_C.
     rewrite (eq2 Theorem131); apply Theorem133.
 - destruct (Ccase c c0) as [[H | H] | H]; simpl; left; auto.
   + rewrite (eq2 Theorem130).
     apply Theorem136_3 with (ζ:=c); Simpl_C.
     rewrite (eq2 Theorem131); apply Theorem133.
   + apply Theorem136_3 with (ζ:=c0); Simpl_C.
```

```
      rewrite (eq2 Theorem131); apply Theorem133.
Qed.

Corollary Ab2': ∀ x y, |x| - |y| ⩽ |x - y|.
Proof.
  intros; destruct (Ab2 (x-y) y); Simpl_Rin H.
  - left; apply Theorem188_1 with (Z:=|y|); Simpl_R.
  - right; apply Theorem188_2 with (Z:=|y|); Simpl_R.
Qed.

Corollary Ab3: ∀ x, x > 0 -> |x| = x.
Proof.
  intros; destruct x; simpl in *; auto; elim H.
Qed.

Corollary Ab3': ∀ x, 0 ⩽ x -> |x| = x.
Proof.
  intros. destruct H, x; inversion H; reflexivity.
Qed.

Corollary Ab3'': ∀ x, x < 0 -> |x| = -x.
Proof.
  intros. destruct x; inversion H; reflexivity.
Qed.

Corollary Ab3''': ∀ x, x ⩽ 0 -> |x| = -x.
Proof.
  intros. destruct H, x; inversion H; reflexivity.
Qed.

Corollary Ab4: ∀ x y, x > y -> |x - y| = x - y.
Proof.
  intros; destruct x, y; simpl in *; try tauto;
  destruct (Ccase c c0) as [[H0 | H0] | H0]; simpl; auto; LGC H H0.
Qed.

Corollary Ab5: ∀ x y, y ⩽ x -> |x - y| = x - y.
Proof.
  intros; destruct H.
  - apply Ab4; auto. - rewrite H; simpl; Simpl_R.
Qed.
```

Corollary Ab6: ∀ x y, y ⩽ x -> |y - x| = x - y.
Proof.
  intros; rewrite <- Theorem178, Theorem181; apply Ab5; auto.
Qed.

Corollary Ab7: ∀ x, x ⩽ |x|.
Proof.
  intros; destruct x; red; simpl; auto.
Qed.

Corollary Ab8: ∀ x, x <> 0 -> |x| > 0.
Proof.
  intros. destruct x; simpl; tauto.
Qed.

Corollary Ab8': ∀ x y, x <> y -> |x - y| > 0.
Proof.
  intros. apply Ab8; intro; apply H, Theorem182_2; auto.
Qed.

Corollary Ab1''': ∀ x y z, x-y ⩽ z /\ z ⩽ x+y <-> |z-x| ⩽ y.
Proof.
  split; intros.
  - destruct H, H, H0; try subst z; Simpl_R.
    + left; apply Ab1''; auto.
    + apply Pl_R' in H. destruct y; inversion H; red; auto.
    + unfold Minus_R; rewrite (Theorem175 x _); Simpl_R.
      apply Pl_R' in H0. destruct y; inversion H0; red; auto.
    + unfold Minus_R; rewrite (Theorem175 x _); Simpl_R.
      apply Theorem183_2 in H0.
      rewrite Theorem181,Theorem175,Theorem180 in H0; Simpl_Rin H0.
      apply Theorem188_2' with (Z:=x) in H0; Simpl_Rin H0.
      rewrite Theorem178; red; destruct y; auto.
  - destruct H; split; red.
    + apply Ab1'' in H; tauto. + apply Ab1'' in H; tauto.
    + destruct (Theorem167 x z) as [H0 | [H0 | H0]].
      * subst z; Simpl_Rin H; simpl in H. rewrite <- H; Simpl_R.
      * rewrite Ab4 in H; auto; left.
        assert (y > 0). { rewrite <- H; apply Theorem182_1'; auto. }
        apply Theorem188_1 with (Z:=y); Simpl_R.
        rewrite <- (Theorem175' x). apply Theorem189; auto.
      * rewrite <- Theorem178, Theorem181, Ab4 in H; auto; right.

```
      apply Theorem188_2 with (Z:=y); Simpl_R.
      rewrite Theorem175, <- H; Simpl_R.
  + destruct (Theorem167 x z) as [H0 | [H0 | H0]].
    * subst z; Simpl_Rin H; simpl in H. rewrite <- H; Simpl_R.
    * right; rewrite Theorem175. apply Theorem188_2 with (Z:=-x);
      Simpl_R. apply Theorem182_1' in H0. rewrite <- H.
      destruct (z-x); inversion H0; auto.
    * left; rewrite Theorem175. apply Theorem188_3 with (Z:=-x);
      Simpl_R. apply Theorem182_3' in H0. eapply Theorem171;
      eauto; rewrite <- H. destruct (z-x); inversion H0; auto.
Qed.
```

```
Corollary Ab9: ∀ x y, (∀ z, z > 0 -> |x - y| ≤ z) -> x = y.
Proof.
  intros; destruct (Theorem167 x y) as [H0 | [H0 | H0]]; auto.
  - rewrite <- Theorem178, Theorem181 in H.
    rewrite Ab4 in H; auto. apply Theorem182_1' in H0.
    pose proof (Pr_2a H0). apply H in H1; destruct H1.
    + LGR H1 (Pr_2b H0). + EGR H1 (Pr_2b H0).
  - rewrite Ab4 in H; auto. apply Theorem182_1' in H0.
    pose proof (Pr_2a H0). apply H in H1; destruct H1.
   + LGR H1 (Pr_2b H0). + EGR H1 (Pr_2b H0).
Qed.
```

```
Fixpoint Pow x n:=
  match n with
  | 1 => x
  | m` => (Pow x m) · x
  end.
```

```
Notation "x ^ n":= (Pow x n).
```

```
Corollary Pow1: ∀ x, x^1 = x.
Proof.
  intros; simpl; auto.
Qed.
```

```
Corollary PowS: ∀ x n, x^n` = x^n · x.
Proof.
  intros; simpl; auto.
Qed.
```

```
Corollary pow0: ∀ n, 0^n = 0.
Proof.
  intros. destruct n; simpl; Simpl_R.
Qed.

Corollary pow1: ∀ n, 1^n = 1.
Proof.
  intros. induction n; auto. simpl. rewrite IHn; Simpl_R.
Qed.

Corollary square_p1: ∀ a, 0 ⩽ a^2.
Proof.
  intros; red; destruct a; simpl; auto.
Qed.

Corollary square_p2: ∀ a, |a|^2 = a^2.
Proof.
  intros. destruct a; simpl; auto.
Qed.

Corollary square_p3: ∀ a, (-a)^2 = a^2.
Proof.
  intros. destruct a; simpl; auto.
Qed.

Corollary powT: ∀ a b n, a^n · b^n = (a·b)^n.
Proof.
  induction n; simpl; auto.
  rewrite (Theorem194 _ b), Theorem199, <- (Theorem199 a).
  rewrite (Theorem194 (a·b)), <- Theorem199, IHn; auto.
Qed.

Corollary powm: ∀ a n, (-a)^n = (-(1))^n · a^n.
Proof.
  induction n; intros; Simpl_R. repeat rewrite PowS.
  rewrite IHn, Theorem199, Theorem199, Theorem197''; Simpl_R.
Qed.

Corollary Archimedes: ∀ x, ∃ N:Nat, x < N.
Proof.
  intros; destruct x.
  - exists 1; reflexivity.
```

```
  - ENC X c H. destruct (Theorem115 1 X) as [n H0]; Simpl_Prin H0.
    pose proof (Theorem119 _ _ _ H H0).
    apply Theorem158_2 in H1; apply Theorem124 in H1.
    assert (IGT_C (Plus_N n 1) c).
    { eapply Theorem127; left; split; eauto.
      apply Theorem154_3; apply Theorem111_3'; red; eauto. }
    exists (Plus_N n 1); simpl; auto.
  - exists 1; reflexivity.
Qed.

Corollary LEminus: ∀ x y, x ≤ y <-> -y ≤ -x.
Proof.
  split; intros; destruct H.
  - left; apply Theorem183_1; auto.
  - right; apply Theorem183_2; auto.
  - left; apply Theorem183_1'; auto.
  - right; apply Theorem183_2'; auto.
Qed.

Corollary Co_T167: ∀ x y, x ≤ y \/ y < x.
Proof.
  intros; destruct (Theorem167 x y) as [H | [H | H]];
  unfold ILE_R; auto.
Qed.

Corollary Rcase: ∀ x y, {x ≤ y} + {y < x}.
Proof.
  intros. destruct (classicT (x ≤ y)); auto. right.
  destruct (Co_T167 x y); tauto.
Qed.

Corollary Rcase2: ∀ x y, x ≤ y \/ y ≤ x.
Proof.
  intros; destruct (Theorem167 x y) as [H | [H | H]];
  unfold ILE_R; auto.
Qed.

Definition R2max x y:= ((x + y + |x - y|)/2) NoO_N.
Definition R2min x y:= ((x + y - |x - y|)/2) NoO_N.

Corollary Pr_min: ∀ x y, x ≤ y -> (R2min x y = x).
Proof.
```

```
  intros; unfold R2min; rewrite Ab6; auto.
  unfold Minus_R; rewrite Theorem180.
  rewrite Theorem186, <- (Theorem186 _ (-y) _); Simpl_R.
  pattern x at 1 2; rewrite <- Theorem195.
  rewrite <- Theorem201, Real_PZp; Simpl_R.
Qed.

Corollary Pr_min1: ∀ x y, (R2min x y) = (R2min y x).
Proof.
  intros; unfold R2min.
  rewrite (Theorem175 x y), <- Theorem178, Theorem181; auto.
Qed.

Corollary Pr_min1': ∀ x y z,
  R2min (R2min x y) z = R2min x (R2min y z).
Proof.
  intros; destruct (Rcase2 x y), (Rcase2 y z).
  - rewrite (Pr_min y z), (Pr_min x y); auto.
    rewrite Pr_min; auto. eapply Theorem173; eauto.
  - rewrite (Pr_min1 y z), (Pr_min z y), (Pr_min x y); auto.
  - rewrite (Pr_min1 x y), (Pr_min1 x (R2min y z)); auto.
    repeat rewrite (Pr_min y _); auto.
  - rewrite (Pr_min1 x y), (Pr_min1 y z).
    rewrite (Pr_min y x), (Pr_min z y); auto.
    rewrite Pr_min1, (Pr_min1 x z). repeat rewrite Pr_min; auto.
    eapply Theorem173; eauto.
Qed.

Corollary Pr_min2: ∀ x y, (R2min x y) ⩽ x.
Proof.
  intros; destruct (Rcase2 x y); red.
  - rewrite Pr_min; auto. - rewrite Pr_min1, Pr_min; auto.
Qed.

Corollary Pr_min3: ∀ x y, (R2min x y) ⩽ y.
Proof.
  intros; rewrite Pr_min1; apply Pr_min2.
Qed.

Corollary Pr_min4: ∀ x y, (R2min x y) = x \/ R2min x y = y.
Proof.
  intros; destruct (Rcase2 x y).
```

```
  - left; apply Pr_min; auto.
  - right; rewrite Pr_min1; apply Pr_min; auto.
Qed.


Corollary Pr_max: ∀ x y, x ⩽ y -> (R2max x y = y).
Proof.
  intros; unfold R2max; rewrite Ab6; auto.
  rewrite Theorem175, <- Theorem186; Simpl_R.
  pattern y at 1 2; rewrite <- Theorem195.
  rewrite <- Theorem201, Real_PZp; Simpl_R.
Qed.


Corollary Pr_max1: ∀ x y, (R2max x y) = (R2max y x).
Proof.
  intros; unfold R2max.
  rewrite (Theorem175 x y), <- Theorem178, Theorem181; auto.
Qed.


Corollary Pr_max1': ∀ x y z,
  R2max (R2max x y) z = R2max x (R2max y z).
Proof.
  intros; destruct (Rcase2 x y), (Rcase2 y z).
  - rewrite (Pr_max y z), (Pr_max x y); auto.
    repeat rewrite Pr_max; auto. eapply Theorem173; eauto.
  - rewrite (Pr_max1 y z), (Pr_max z y),
      (Pr_max x y), Pr_max1, Pr_max; auto.
  - rewrite (Pr_max1 x y), (Pr_max1 x (R2max y z)); auto.
    repeat rewrite (Pr_max y _); auto. apply Pr_max1.
  - rewrite (Pr_max1 x y), (Pr_max1 y z).
    rewrite (Pr_max y x), (Pr_max z y); auto.
    rewrite Pr_max1, (Pr_max1 x y). repeat rewrite Pr_max; auto.
    eapply Theorem173; eauto.
Qed.


Corollary Pr_max2: ∀ x y, x ⩽ (R2max x y).
Proof.
  intros; destruct (Rcase2 x y).
  - rewrite Pr_max; auto.
  - rewrite Pr_max1, Pr_max; red; auto.
Qed.


Corollary Pr_max3: ∀ x y, y ⩽ (R2max x y).
```

```
Proof.
  intros; rewrite Pr_max1; apply Pr_max2.
Qed.

Corollary Pr_max4: ∀ x y, (R2max x y) = x \/ R2max x y = y.
Proof.
  intros; destruct (Rcase2 x y).
  - right; apply Pr_max; auto.
  - left; rewrite Pr_max1; apply Pr_max; auto.
Qed.

Definition Boundup_Ens y A:= ∀ x, x ∈ A -> x ≤ y.
Definition Bounddown_Ens y A:= ∀ x, x ∈ A -> y ≤ x.

Definition EnsMax x X:= x ∈ X /\ (Boundup_Ens x X).
Definition EnsMin x X:= x ∈ X /\ (Bounddown_Ens x X).

Corollary FinMin: ∀ R, fin R -> No_Empty R -> ∃ r, EnsMin r R.
Proof.
  intros; destruct H as [n [f H]]; generalize dependent R;
  generalize dependent f; induction n; intros.
  - destruct H0 as [r H0].
    apply H in H0; destruct H0, H as [_ [_ [_ [H _]]]].
    apply H in H0; destruct H0; N1F H0.
  - rename H0 into H1; rename H into H0; rename IHn into H.
    rename n into m; assert (m ∈ (Fin_En m`)).
    { constructor; red; exists 1; Simpl_N. }
    apply H0 in H2; destruct H2 as [x H2].
    destruct (classic (∃ y, y <> x /\ y ∈ R)) as [H3 | H3].
    + destruct H3 as [y H3], H3.
      set (R1:= /{ r | r ∈ R /\ r <> x /}).
      set (N1:= /{ n | ∃ r1, r1 ∈ R1 /\ f n r1 /}).
      assert (Surjection (Fin_En m) R1 (RelAB N1 (Fin_En m) y f)).
      { destruct H0, H5, H6, H7; repeat split; try red; intros.
        - destruct H9, H10; try tauto.
          + eapply H0; eauto. + subst y0 z; auto.
        - destruct (classic (x0 ∈ N1)).
          + destruct H9, H5 with x0.
            * constructor. eapply Theorem15; eauto.
              red; exists 1; Simpl_N.
            * exists x1; constructor; auto.
          + exists y; constructor 2; eauto.
```

```
      - destruct H9, H9, H6 with y0; auto.
        exists x0; constructor; auto.
        constructor; exists y0; split; auto. constructor; auto.
      - destruct H9.
        + destruct H9, H9, H9, H9, H9.
          apply (H0 _ _ _ H10) in H11; subst x1.
          pose proof H10; apply H7 in H10; destruct H10.
          apply Theorem26 in H10. destruct H10; auto.
          subst x0; elim H12; eapply H0; eauto.
        + destruct H10; auto.
      - destruct H9.
        + eapply H8; eauto. + subst y0; auto.
      - subst y0; destruct H9.
        + destruct H9,H9,H9,H9,H9. apply H12; eapply H0; eauto.
        + subst x; auto. }
  assert (No_Empty R1). { red; exists y; constructor; auto. }
  destruct (H _ _ H5 H6) as [r1 H7], H7.
  assert (R1 ⊂ R). { red; intros; destruct H9; tauto. }
  assert (R = Union R1 (/{ r | r = x /})).
  { apply ens_ext; split; intros.
    - destruct (classic (x0 = x)).
      + constructor; right; constructor; auto.
      + constructor; left; constructor; auto.
    - destruct H10, H10; auto. destruct H10. subst x0.
      eapply H0; eauto. }
  destruct (Rcase2 r1 x).
  * exists r1; split; auto; red; intros.
    rewrite H10 in H12. destruct H12, H12.
    { apply H8 in H12; auto. }
    { destruct H12; subst x0; auto. }
  * apply H0 in H2. exists x; split; auto; red; intros.
    rewrite H10 in H12. destruct H12, H12.
    { apply H8 in H12; eapply Theorem173; eauto. }
    { destruct H12; subst x0; red ;auto. }
 + apply H0 in H2. exists x; split; auto; red; intros; red.
   destruct (Theorem167 x0 x) as [H5 | [H5 | H5]]; auto.
   elim H3; exists x0; split; auto.
   intro; eapply OrdR2; eauto.
Qed.


Inductive RelMax (f:Relation Nat Real) n y: Prop:=
 | M_in: f n (-y) -> RelMax f n y.
```

```
Corollary FinMax: ∀ R, fin R -> No_Empty R -> ∃ r, EnsMax r R.
Proof.
  intros; set (R':= /{ r | (-r) ∈ R /} ).
  destruct H as [n [f H]], H, H1, H2, H3.
  assert (fin R').
  { red; exists n, (RelMax f); repeat split; try red; intros.
    - destruct H5, H6. apply Theorem183_2'. eapply H; eauto.
    - destruct H1 with x; auto.
      exists (- x0); constructor; Simpl_R.
    - destruct H5, H2 with (-y); auto. exists x; constructor; auto.
    - destruct H5. apply H3 in H5. destruct H5; auto.
    - destruct H5. apply H4 in H5; auto. }
  assert (No_Empty R').
  { destruct H0; exists (- x); constructor; Simpl_R. }
  destruct (FinMin _ H5 H6) as [M H7], H7, H7.
  exists (- M); red; split; auto; red; intros.
  apply LEminus; Simpl_R. apply H8; constructor; Simpl_R.
Qed.

Definition mid x y:= RdiN (x + y) 2.

Corollary Mid_P: ∀ x y, y > x -> y > mid x y.
Proof.
  intros; apply Theorem203_1' with (Z:=2); simpl; auto.
  unfold mid, RdiN; Simpl_R.
  rewrite <- NPl1_, <-Real_PZp, Theorem201; Simpl_R.
  apply Theorem188_1'; auto.
Qed.

Corollary Mid_P': ∀ x y, y > x -> x < mid x y.
Proof.
  intros; apply Theorem203_1' with (Z:=2); simpl; auto.
  unfold mid, RdiN; Simpl_R; rewrite Theorem175.
  rewrite <- NPl1_, <-Real_PZp, Theorem201; Simpl_R.
  apply Theorem188_1'; auto.
Qed.

Corollary Midp1: ∀ x y l, mid x y - ((y-x)/2) l = x.
Proof.
  intros. unfold mid, RdiN. rewrite (proof_irr l NoO_N), Di_Rm.
  unfold Minus_R. rewrite Theorem180, <- Theorem186. Simpl_R.
```

```
  rewrite <- Di_Rp. Simpl_R.
Qed.

Corollary Midp2: ∀ x y l, y - ((y-x)/2) l = mid x y.
Proof.
  intros. pose proof (Midp1 x y l).
  apply Theorem188_2' with (Z:=((y-x)/2) l) in H; Simpl_Rin H.
  rewrite H; apply Theorem188_2 with (Z:=((y-x)/2) l); Simpl_R.
  rewrite Theorem186; Simpl_R.
Qed.

Corollary MiR: ∀ x y z l l1,
  (z - (x/(y·2)) l) - (x/(y·2)) l = z - (x/y) l1.
Proof.
  intros; unfold Minus_R; rewrite Theorem186,<- Theorem180;Simpl_R.
  f_equal. rewrite Di_Rp, <- (RTi1_ x), <- Theorem201'.
  rewrite Real_PZp; Simpl_N. apply ROv_uni.
  rewrite <- Di_Rt, <- Theorem199, Theorem194; Simpl_R.
Qed.

Definition Open x y:= /{ z | x < z /\ z < y /}.
Definition Close x y:= /{ z | x ≤ z /\ z ≤ y /}.
Definition NeighO x y:= /{ z | (x - y) < z /\ z < (x + y) /}.
Definition NeighC x y:= /{ z | (x - y) ≤ z /\ z ≤ (x + y) /}.

Notation " ( x | y ) ":= (Open x y).
Notation " [ x | y ] ":= (Close x y).
Notation " ( x |- y ) ":= (NeighO x y).
Notation " [ x |- y ] ":= (NeighC x y).
```

　　注意, 这里引进的区间和邻域的记号与传统表示法略有区别, 主要是为了避免与序偶的记号和后续复数的表示法混淆.

　　本节内容未涉及实数完备性的相关内容, 亦即未用到 "Dedekind 基本定理", 因此, 上节代码可不必读入. 如果读者只关心 Landau《分析基础》[117] 一书的形式化实现, 本节内容可跳过.

　　本节代码存为一个独立文件, 不用时无须读入.

2.4.7　补充材料: 实数序列的一些性质

　　本节补充实数序列的相关内容, 包括实数序列的定义、性质及运算等, 特别地, 给出了标准的实数序列极限的定义, 为后续章节做准备.

定义 (实数序列)　实数序列是自然数集到实数集的一个映射, 通常记为 $\{a_n \mid n = 1, 2, \cdots\}$, 有时也简记为 $\{a_n\}$.

定义 (有界序列)　给定实数序列 $\{a_n\}$, 若存在 M 使得对任意满足 $a_n \leqslant M$, 则称该序列有上界; 若存在 m 使得对任意满足 $m \leqslant a_n$, 则称该序列有下界; 既有上界又有下界的序列称为有界序列.

定义 (单调序列)　给定实数序列 $\{a_n\}$, 若任意 n 和 m, 当 $n < m$ 时有 $a_n \leqslant a_m$, 则称该序列为单调递增序列; 若任意 n 和 m 满足 $n < m$ 使得 $a_m \leqslant a_n$, 则称该序列为单调递减序列.

定义 (子序列)　给定实数序列 $\{a_n\}$, $\{n_k\}$ 是一个单调递增的自然数序列, 则称 $\{a_{n_k}\}$ 为 $\{a_n\}$ 的子列.

定义 (序列极限)　$\lim\limits_{n\to\infty} a_n = A \Longleftrightarrow \forall \varepsilon > 0, \exists N, \forall n > N \Longrightarrow |a_n - A| < \varepsilon.$

这里主要是完成它们的 Coq 描述和验证, 直接给出代码如下:

```
(** Seq *)

(* SOME PROPERTIES OF REAL SEQUENCES *)

Require Export finite R_sup.

Definition Seq:= Nat -> Real.

Corollary eq_Seq: ∀ (P Q:Seq), (∀ m, P m = Q m) -> P = Q.
Proof.
  intros; apply fun_ext; auto.
Qed.

Definition Boundup_Seq y (a:Seq):= ∀ n, (a n) ≤ y.
Definition Bounddown_Seq y (a:Seq):= ∀ n, y ≤ (a n).
Definition ILT_Seq (a b:Seq):= ∀ n, a n ≤ b n.

Definition Increase (a:Seq):= ∀ n m, ILT_N n m -> (a n) ≤ (a m).
Definition Decrease (a:Seq):= ∀ n m, ILT_N n m -> (a m) ≤ (a n).

Corollary IncP: ∀ a, Increase a -> ∀ N, (a 1) ≤ (a N).
Proof.
  intros; induction N; red; auto.
  eapply Theorem173; eauto; apply H, Nlt_S_.
Qed.

Corollary DecP: ∀ b, Decrease b -> ∀ N, (b N) ≤ (b 1).
```

Proof.
  intros; induction N; red; auto.
  eapply Theorem173; eauto; apply H, Nlt_S_.
Qed.

Definition Plus_Seq (a b:Seq):= λ n, a n + b n.
Definition minus_Seq (a:Seq):= λ n, - a n.
Definition Minus_Seq (a b:Seq):= λ n, a n - b n.

Corollary SeqCon1: ∀ a b:Seq, b = Plus_Seq (Minus_Seq b a) a.
Proof.
  intros; unfold Minus_Seq, Plus_Seq; apply eq_Seq; intros;Simpl_R.
Qed.

Definition SubSeq (a b:Seq):= ∃ s, (∀ n m, ILT_N n m ->
  ILT_N (s n) (s m)) /\ (∀ n, (a n) = b (s n)).

Corollary SubSeq_P: ∀ (z b:Seq) s,
  (∀ n m, ILT_N n m -> ILT_N (s n) (s m)) ->
  (∀ n, (z n) = b (s n)) -> ∀ n, IGE_N (s n) n.
Proof.
  intros; induction n; [apply Theorem24|].
  pose proof (Theorem18 n 1); Simpl_Nin H1. apply H in H1.
  assert (IGT_N (s n`) n).
  { eapply Theorem16; left; split; eauto; apply Theorem13; auto. }
  apply Theorem25 in H2; Simpl_Nin H2.
Qed.

Definition Limit (a:Seq) ξ:= ∀ ε, ε > 0 ->
  ∃ N, ∀ n, (IGT_N n N) -> |(a n) - ξ| < ε.

Corollary SeqLimPlus: ∀ a b ξ1 ξ2, Limit a ξ1 -> Limit b ξ2 ->
  Limit (Plus_Seq a b) (ξ1 + ξ2).
Proof.
  intros; red in H, H0; red; intros. pose proof (Pr_2a H1).
  destruct (H _ H2) as [N1 H3], (H0 _ H2) as [N2 H4].
  exists (Plus_N N1 N2); intros.
  pose proof (Theorem18 N1 N2); pose proof (Theorem18 N2 N1).
  rewrite Theorem6 in H7. generalize (Theorem15 _ _ _ H6 H5)
    (Theorem15 _ _ _ H7 H5); intros.
  apply H3 in H8; apply H4 in H9; unfold Plus_Seq.
  pose proof (Theorem189 H8 H9). Simpl_Rin H10.

```
  eapply Theorem172; left; split; eauto.
  rewrite <- Mi_R; apply Ab2.
Qed.
```

```
Corollary SqueezeT: ∀ a b c ξ,
  (∃ N, ∀ n, IGT_N n N -> ((a n) ⩽ (b n)) /\ ((b n) ⩽ (c n))) ->
  Limit a ξ -> Limit c ξ -> Limit b ξ.
Proof.
  intros; red; intros.
  destruct (H0 _ H2) as [N2 H3], (H1 _ H2) as [N3 H4], H as [N1 H].
  exists (Plus_N N1 (Plus_N N2 N3)); intros.
  assert (IGT_N (Plus_N N1 (Plus_N N2 N3)) N1). { apply Theorem18.}
  assert (IGT_N (Plus_N N1 (Plus_N N2 N3)) N2).
  { rewrite <- Theorem5,(Theorem6 _ N2),Theorem5. apply Theorem18.}
  assert (IGT_N (Plus_N N1 (Plus_N N2 N3)) N3).
  { rewrite <- Theorem5, Theorem6. apply Theorem18. }
  apply (Theorem15 _ _ n) in H6; auto.
  apply (Theorem15 _ _ n) in H7; auto.
  apply (Theorem15 _ _ n) in H8; auto.
  apply H in H6; destruct H6. apply H3 in H7. apply H4 in H8.
  apply Ab1'' in H7; apply Ab1'' in H8; destruct H7, H8.
  apply Ab1''; split; eapply Theorem172; eauto.
Qed.
```

```
Corollary LimUni: ∀ a ξ1 ξ2, Limit a ξ1 -> Limit a ξ2 -> ξ1 = ξ2.
Proof.
  intros; destruct (classic (ξ1 = ξ2)); auto.
  apply Ab8' in H1; apply Pr_2a in H1; pose proof H1.
  apply H in H1; destruct H1 as [N1 H3].
  apply H0 in H2; destruct H2 as [N2 H2].
  pose proof (Theorem18 N1 N2).
  pose proof (Theorem18 N2 N1); rewrite Theorem6 in H4.
  apply H3 in H1; apply H2 in H4.
  rewrite <- Theorem178, Theorem181 in H1.
  pose proof (Theorem189 H1 H4); Simpl_Rin H5.
  pose proof (Ab2 (ξ1 - a (Plus_N N1 N2)) (a (Plus_N N1 N2) - ξ2)).
  unfold Minus_R at 2 in H6; rewrite <- Theorem186 in H6.
  Simpl_Rin H6. LEGR H6 H5.
Qed.
```

```
Corollary Increase_limitP: ∀ a ξ,
  Increase a -> Limit a ξ -> (∀ n, a n ⩽ ξ).
```

Proof.
　intros; red in H, H0; red.
　destruct (Theorem167 (a n) ξ) as [H1 | [H1 | H1]]; auto.
　assert (a n - ξ > 0). { apply Theorem188_1 with (Z:=ξ); Simpl_R.}
　apply H0 in H2; destruct H2 as [N H2].
　destruct (Theorem10 n N) as [H3 | [H3 | H3]]; auto.
　- generalize (Theorem18 N 1) (Theorem18 N 1); intros; subst n.
　　apply H in H4; apply H2 in H5.
　　assert (a (Plus_N N 1) > ξ).
　　{ eapply Theorem172; right; split; eauto. }
　　rewrite Ab4 in H5; auto.
　　apply Theorem188_1' with (Z:=ξ) in H5; Simpl_Rin H5.LEGR H4 H5.
　- generalize (Theorem15 _ _ _ H3 (Theorem18 n 1))
　　　(Theorem18 n 1); intros. apply H2 in H4; apply H in H5.
　　assert (a (Plus_N n 1) > ξ).
　　{ eapply Theorem172; right; split; eauto. }
　　rewrite Ab4 in H4; auto.
　　apply Theorem188_1' with (Z:=ξ) in H4; Simpl_Rin H4.LEGR H5 H4.
　- generalize (Theorem18 N 1) (Theorem18 N 1); intros.
　　pose proof (Theorem15 _ _ _ H3 H5); intros. apply H in H6.
　　assert (a (Plus_N N 1) > ξ).
　　{ eapply Theorem172; right; split; eauto. }
　　apply H2 in H4. rewrite Ab4 in H4; auto.
　　apply Theorem188_1' with (Z:=ξ) in H4; Simpl_Rin H4.LEGR H6 H4.
Qed.

Corollary Decrease_limitP: $\forall$ b ξ,
　Decrease b -> Limit b ξ -> ($\forall$ n, ξ $\leqslant$ b n).
Proof.
　intros. assert (Increase (minus_Seq b)).
　{ red in H; red; intros; unfold minus_Seq.
　　apply H in H1; destruct H1.
　　- left; apply Theorem183_1; auto.
　　- right; apply Theorem183_2; auto. }
　assert (Limit (minus_Seq b) (-ξ)).
　{ red in H0; red; intros; unfold minus_Seq.
　　apply H0 in H2; destruct H2 as [N H2].
　　exists N; intros; apply H2 in H3.
　　unfold Minus_R; rewrite <- Theorem178, Theorem180; Simpl_R. }
　destruct (Increase_limitP _ _ H1 H2 n); unfold minus_Seq in H3.
　- left; apply Theorem183_1'; auto.
　- right; apply Theorem183_2'; auto.

Qed.

Definition HarmonicSeq:Seq:= λ n, (1/n) NoO_N.

Corollary Limit_Har: Limit HarmonicSeq O.
Proof.
  red; intros. assert (neq_zero ε). { destruct ε; simpl; auto. }
  destruct (Archimedes (((1/ε) HO))) as [N H1].
  exists N; intros. unfold HarmonicSeq; Simpl_R.
  apply OrderNRlt in H2. pose proof (Theorem171 _ _ _ H1 H2).
  apply Theorem203_1 with (Z:=ε) in H3; Simpl_Rin H3. rewrite Ab3.
  - apply Theorem203_1' with (Z:=n); Simpl_R; [|reflexivity].
    rewrite Theorem194; auto.
  - apply Theorem203_1' with (Z:=n); Simpl_R; simpl; auto.
Qed.

Definition ZeroSeq:Seq:= λ n, O.

Corollary Limit_Ze: Limit ZeroSeq O.
Proof.
  red; intros; exists 1; intros. unfold ZeroSeq; Simpl_R.
Qed.

Corollary powSeq: $\forall$ {n}, 2^n > O.
Proof.
  intros; induction n; [|apply Pos]; simpl; auto.
Qed.

Corollary powSeq': $\forall$ {n}, neq_zero (2^n).
Proof.
  intros; apply uneqOP, powSeq.
Qed.

Definition PowSeq:Seq:= λ n, (1/(2^n)) powSeq'.

Corollary Limit_Pow: Limit PowSeq O.
Proof.
  apply (SqueezeT ZeroSeq _ HarmonicSeq _);
  try apply Limit_Har; try apply Limit_Ze.
  exists 1; intros; split; unfold HarmonicSeq, PowSeq, ZeroSeq.
  - left; apply Pos'; try reflexivity; apply powSeq.
  - left. assert (1 > O). { simpl; auto. }

```
    pose proof(OrderNRlt _ _ H).pose proof(Theorem171 _ _ _ H0 H1).
    apply Theorem203_1'with(Z:=n);Simpl_R.rewrite Theorem194,Di_Rt.
    apply Theorem203_1' with (Z:=2^n); Simpl_R; try apply powSeq.
    clear H1 H0 H2. destruct H; Simpl_Nin H; subst n. induction x.
    + rewrite PowS, Pow1. pattern 2 at 2; rewrite <- NP11_.
      rewrite <- Real_PZp, Theorem201; Simpl_R.
      apply Theorem182_1; Simpl_R; simpl; auto.
    + rewrite PowS.apply (Theorem203_1 _ _ 2)in IHx;[|reflexivity].
      eapply Theorem171; eauto.
      rewrite <- (NP1_1 1), <- Real_PZp, Theorem201; Simpl_R.
      rewrite <- NP1_1, <- Real_PZp.
      eapply Theorem190; left; split; red; auto.
      apply OrderNRlt; red; exists x; Simpl_N.
Qed.


Corollary Limit_Pow': ∀ x, Limit (λ n, (x/(2^n)) powSeq') 0.
Proof.
  intros; red; intros.
  destruct (classic (x = 0)) as [H0 | H0].
  { exists 1; intros; rewrite H0; Simpl_R. }
  assert (neq_zero (|x|)). { destruct x; simpl; auto. }
  pose proof (Ab8 _ H0). pose proof (Pos' _ _ H1 H H2).
  destruct (Limit_Pow _ H3) as [N H4]. exists N; intros; Simpl_R.
  apply H4 in H5; Simpl_Rin H5; unfold PowSeq in H5.
  apply Theorem203_1 with (Z:=(|x|)) in H5; Simpl_Rin H5.
  rewrite <- Theorem193, Theorem194, Di_Rt in H5; Simpl_Rin H5.
Qed.


Definition NatEns:= /{ x | ∃ z:Nat, z = x /}.
Definition NatEnsD1 n:= /{ x | ∃ z:Nat, (z = x /\ x <> n ) /}.


Inductive N1_N N n m:Prop:=
| N1_N_intro: ILT_N n N -> n = m -> N1_N N n m
| N1_N_intro': IGT_N n N -> (Plus_N m 1) = n -> N1_N N n m.


Lemma NatEns_P: ∀ N, Surjection (NatEnsD1 N) NatEns (N1_N N).
Proof.
  intros; red; repeat split; try red; intros; eauto.
  - destruct H, H0.
    + subst x; auto. + subst x y; LGN H H0. + subst x z; LGN H H0.
    + subst x; apply Theorem20_2 in H2; auto.
  - destruct H, H, H.
```

```
      destruct (Theorem10 x N) as [H1 | [H1 | H1]]; try tauto.
      + exists (Minus_N x 1 (N1P' H1)); constructor 2; Simpl_N.
      + exists x; constructor; auto.
    - destruct (classic (ILT_N y N)).
      + exists y; constructor; auto; constructor; auto.
      + exists (Plus_N y 1); constructor 2; auto. apply Theorem26'.
        destruct (Theorem10 y N); red; try tauto. right; auto.
    - destruct H; subst x.
      + exists y; split; auto; intro; ELN H0 H.
      + exists (Plus_N y 1); split; auto; intro; EGN H0 H.
Qed.

Corollary Infin_NatEns: ~ fin NatEns.
Proof.
  apply all_not_not_ex; intros; induction n; intro.
  - destruct H, H, H0, H1, H2. red in H1.
    assert (1 ∈ NatEns). { constructor; eauto. }
    apply H1 in H4; destruct H4.
    apply H2 in H4; destruct H4; N1F H4.
  - apply IHn; destruct H; rename x into f1; rename n into x.
    destruct H, H0, H1, H2.
    assert (x ∈ (Fin_En x`)).
    { constructor; red; exists 1; Simpl_N. }
    destruct H0 with x; auto. set (P:= NatEnsD1 x0).
    set (N:=/{ n | ∃ b', (b' ∈ P) /\ (f1 n b') /}).
    assert (∃ c, c ∈ NatEns /\ c <> x0).
    { exists (Plus_N x0 1); split.
      - constructor; eauto. - intro; EGN H6 (Theorem18 x0 1). }
    destruct H6, H6.
    assert (Surjection (Fin_En x) P (RelAB N (Fin_En x) x1 f1)).
    { red; repeat split; try red; intros.
      - destruct H8, H9; try tauto.
        + eapply H; eauto. + subst y z; auto.
      - destruct (classic (x2 ∈ N)).
        + destruct H8, H0 with x2.
          * constructor; eauto. apply Le_Lt; red; auto.
          * exists x3; constructor; auto.
        + exists x1; constructor 2; eauto.
      - pose proof H8. destruct H8, H8, H8.
        destruct H1 with y; auto.
        + constructor; eauto.
        + exists x3; constructor; auto. split; exists y; split;auto.
```

```
    - destruct H8.
      + destruct H8, H8, H8, H8, H8, H8.
        apply (H _ _ _ H9) in H10; subst x3.
        pose proof H9; apply H2 in H9; destruct H9.
        apply Theorem26 in H9. destruct H9; auto.
        subst x2 y; elim H11; eapply H; eauto.
      + destruct H9; auto.
    - destruct H8.
      + exists y; split; auto; intro; subst y.
        do 6 destruct H8. apply H11; eapply H; eauto.
      + subst y; eauto. }
  pose proof (comp H8 (NatEns_P x0)). eauto.
Qed.

Definition SeqEns (a:Seq):= /{ r | ∃ n, r = a n /}.
Definition AllSeq (a:Seq):= /{ z | ∃ n , z = (n, (a n)) /}.
Definition SeqFam a:= /{ z | ∃ r, r ∈ (SeqEns a) /\
  z = /{ z1 | z1 ∈ (AllSeq a) /\ snd z1 = r /} /}.

Inductive RelSeqEnstoSeqFam a r P:Prop:=
  | RelSeqEnstoSeqFam_intro: r ∈ (SeqEns a) ->
    P = /{ z1 | z1 ∈ (AllSeq a) /\ snd z1 = r /} ->
    RelSeqEnstoSeqFam a r P.

Corollary SeqEns_P1: ∀ a,
  Surjection (SeqEns a) (SeqFam a) (RelSeqEnstoSeqFam a).
Proof.
  intros; repeat split; try red; intros.
  - destruct H, H0; subst y; auto.
  - exists /{ z1 | z1 ∈ (AllSeq a) /\ snd z1 = x /}; split; auto.
  - destruct H, H, H; exists x; constructor; auto.
  - destruct H, H; auto.
  - destruct H; exists x; split; auto.
Qed.

Corollary AllSeq_eq: ∀ a, AllSeq a = ⋃ (SeqFam a).
Proof.
  intros; apply ens_ext; split; intros; destruct H, H; constructor.
  - exists /{ z | z ∈ (AllSeq a) /\ snd z = (a x0) /}.
    subst x; repeat constructor; eauto.
    exists (a x0); split; auto; constructor; eauto.
  - destruct H, H, H, H; subst x0; destruct H0, H0, H0; auto.
```

```
Qed.

Inductive RelNtoAllS (P:Ensemble (prod Nat Real)) p n:Prop:=
  | RelNtoAllS_intro: p ∈ P -> n = fst p -> RelNtoAllS P p n.

Lemma AllSeq_P1: ∀ a,
  Surjection (AllSeq a) NatEns (RelNtoAllS (AllSeq a)).
Proof.
  repeat split; try red; intros; eauto.
  - destruct H, H0. subst y. auto.
  - destruct H, H. exists x0; constructor.
    + constructor; eauto. + rewrite H; simpl; auto.
  - destruct H, H; exists (x,a x); constructor.
    + constructor; eauto. + rewrite H; auto.
  - destruct H, H, H; eauto.
Qed.

Corollary Infin_AllSeq: ∀ a, ~ fin (AllSeq a).
Proof.
  intros; intro. destruct H, H.
  apply Infin_NatEns; red; exists x.
  pose proof (comp H (AllSeq_P1 a)); eauto.
Qed.
```

　　本节内容同样也未涉及 "Dedekind 基本定理". 如果读者只关心 Landau《分析基础》[117] 一书的形式化实现, 本节内容可跳过.

　　本节代码存为一个独立文件, 不用时无须读入.

2.5　复　　数

2.5.1　定义

　　定义 2.57　复数是定序实数偶 Ξ_1, Ξ_2. 我们用 $[\Xi_1, \Xi_2]$ 表示这复数. 这里, 当且仅当

$$\Xi_1 = H_1, \quad \Xi_2 = H_2$$

$[\Xi_1, \Xi_2]$ 和 $[H_1, H_2]$ 认为是相同的数 (认为相等, 记为 "="), 否则认为不相等 (相异, 记为 "≠").

　　若无其他说明时, 小写黑体希腊字母都表示复数.

　　因此, 对于每一 $\boldsymbol{\xi}$ 和每一 $\boldsymbol{\eta}$, 恰只有

$$\boldsymbol{\xi} = \boldsymbol{\eta}, \quad \boldsymbol{\xi} \neq \boldsymbol{\eta},$$

两情形之一出现. 对于复数, 恒等和相等两概念无区别.

本节内容未涉及 "Dedekind 基本定理" 及上节补充材料的内容, 因此, 可不必
读入相应代码.

```
(** complex *)

(* COMPLEX NUMBERS *)

(* SECTION I Definition *)

Require Export reals.

Inductive Cn:= Pair: Real -> Real -> Cn.
Notation " [ Ξ , H ] ":= (Pair Ξ H)(at level 0).

Corollary eq4: ∀ Ξ1 Ξ2 H1 H2,
  [Ξ1, Ξ2] = [H1, H2] <-> Ξ1 = H1 /\ Ξ2 = H2.
Proof.
  intros; split; intros.
  - inversion H; auto.
  - destruct H; rewrite H, H0; auto.
Qed.
```

定理 2.206　$\xi = \xi$.

```
Theorem Theorem206: ∀ ξ:Cn, ξ = ξ.
Proof.
  intros; auto.
Qed.
```

定理 2.207　$\xi = \eta \implies \eta = \xi$.

```
Theorem Theorem207: ∀ (ξ η:Cn), ξ = η -> η = ξ.
Proof.
  intros; auto.
Qed.
```

定理 2.208　$(\xi = \eta \text{ 且 } \eta = \zeta) \implies \xi = \zeta$.

```
Theorem Theorem208: ∀ (ξ η ζ:Cn), ξ = η -> η = ζ -> ξ = ζ.
Proof.
  intros; subst η; auto.
Qed.
```

定义 2.58　$\pi = [0, 0]$.

```
Definition π:= [0, 0].
```

定义 2.59　$\epsilon = [1, 0]$.

黑体字母 π 和 ϵ 恒用于表示特殊的复数.

```
Definition ε:= [1, 0].
```

2.5.2　加法

定义 2.60　设

$$\xi = [\Xi_1, \Xi_2], \quad \eta = [H_1, H_2],$$

则

$$\xi + \eta = [\Xi_1 + H_1, \Xi_2 + H_2].$$

(+ 读为"加".) $\xi + \eta$ 称为 ξ 和 η 的和, 或加 η 于 ξ 所得的 (复) 数.

```
(* SECTION II Addition *)

Definition Plus_Cn ξ η:=
  match ξ, η with [Ξ1, Ξ2], [H1, H2]
  => [Ξ1 + H1, Ξ2 + H2]
  end.

Notation " ξ +# η ":= (Plus_Cn ξ η)(at level 50).
```

定理 2.209 (加法的交换律)　$\xi + \eta = \eta + \xi$.

```
Theorem Theorem209: ∀ ξ η, ξ +# η = η +# ξ.
Proof.
  intros; destruct ξ, η; simpl.
  rewrite Theorem175, (Theorem175 r0 r2); auto.
Qed.
```

定理 2.210　$\xi + \pi = \xi$.

```
Theorem Theorem210: ∀ ξ, ξ +# π = ξ.
Proof.
  intros; destruct ξ; simpl; Simpl_R.
Qed.

Theorem Theorem210': ∀ ξ, π +# ξ = ξ.
Proof.
  intros; destruct ξ; simpl; Simpl_R.
Qed.

Hint Rewrite Theorem210 Theorem210': Cn.
Ltac Simpl_Cn:= autorewrite with Cn; auto.
```

```
Ltac Simpl_Cnin H:= autorewrite with Cn in H; auto.
```

定理 2.211 (加法的结合律)　　$(\xi + \eta) + \zeta = \xi + (\eta + \zeta)$.

```
Theorem Theorem211: ∀ ξ η ζ, (ξ +# η) +# ζ = ξ +# (η +# ζ).
Proof.
  intros; destruct ξ, η, ζ; simpl; repeat rewrite Theorem186; auto.
Qed.
```

定理 2.212　　对于已知的 ξ, η,

$$\eta + \mu = \xi$$

仅有一解 μ, 即令

$$\xi = [\Xi_1, \Xi_2], \quad \eta = [H_1, H_2],$$

则

$$\mu = [\Xi_1 - H_1, \Xi_2 - H_2].$$

```
Theorem Theorem212: ∀ ξ η μ, η +# μ = ξ ->
  ∀ Ξ1 Ξ2 H1 H2, ξ = [Ξ1, Ξ2] -> η = [H1, H2] ->
  μ = [(Ξ1 - H1), (Ξ2 - H2)].
Proof.
  intros; subst ξ η; destruct μ; simpl in H0; inversion H0.
  rewrite Theorem175, (Theorem175 H2). Simpl_R.
Qed.
```

```
Theorem Theorem212': ∀ ξ η μ1 μ2,
  η +# μ1 = ξ -> η +# μ2 = ξ -> μ1 = μ2.
Proof.
  intros; subst ξ; destruct μ1, μ2, η; simpl in H0; inversion H0.
  rewrite Theorem175, (Theorem175 r3) in H1;
  apply Theorem188_2 in H1.
  rewrite Theorem175, (Theorem175 r4) in H2;
  apply Theorem188_2 in H2. rewrite H1, H2; auto.
Qed.
```

定义 2.61　　定理 2.212 中的 μ 称为 $\xi - \eta$ (— 读为 "减"), 或 ξ 减 η 的差, 或由 ξ 减 η 所得的数.

```
Definition Minus_Cn ξ η: Cn:=
  match ξ, η with [Ξ1, Ξ2], [H1, H2] => [(Ξ1 - H1), (Ξ2 - H2)]
  end.
Notation " ξ -# η ":= (Minus_Cn ξ η)(at level 50).
```

定理 2.213　当且仅当

$$\xi = \eta$$

时, 有

$$\xi - \eta = \pi.$$

```
Theorem Theorem213: ∀ ξ η, ξ -# η = π <-> ξ = η.
Proof.
  intros; split; intros.
  - destruct η, ξ; simpl in H; inversion H; rewrite H1 in H2.
    apply Theorem182_2 in H1; apply Theorem182_2 in H2.
    rewrite H1, H2; auto.
  - rewrite H; destruct η; simpl; Simpl_R.
Qed.
```

定义 2.62

$$-\xi = \pi - \xi$$

(左边的 − 读为"负").

```
Definition minus_Cn ξ:Cn:= (π -# ξ).
Notation " -# ξ ":= (minus_Cn ξ)(at level 40).
```

定理 2.214　$\xi = [\Xi_1, \Xi_2] \implies -\xi = [-\Xi_1, -\Xi_2].$

```
Theorem Theorem214: ∀ ξ Ξ1 Ξ2, ξ = [Ξ1, Ξ2] ->
  -# ξ = [(minus_R Ξ1), (minus_R Ξ2)].
Proof.
  intros; destruct ξ; inversion H; auto.
Qed.
```

定理 2.215　$-(-\xi) = \xi.$

```
Theorem Theorem215: ∀ ξ, -# (-# ξ) = ξ.
Proof.
  intros; destruct ξ; unfold minus_Cn; simpl; Simpl_R.
Qed.
```

定理 2.216　$\xi + (-\xi) = \pi.$

```
Theorem Theorem216: ∀ ξ, ξ +# (-# ξ) = π.
Proof.
  intros; destruct ξ; simpl; Simpl_R.
Qed.
```

```
Theorem Theorem216': ∀ ξ, (-# ξ) +# ξ = π.
Proof.
```

```
  intros; destruct ξ; simpl; Simpl_R.
Qed.
```

```
Hint Rewrite Theorem215 Theorem216 Theorem216': Cn.
```

定理 2.217　$-(\xi + \eta) = -\xi + (-\eta)$.

```
Theorem Theorem217: ∀ ξ η, -# (ξ +# η) = (-# ξ) +# (-# η).
Proof.
  intros; destruct ξ, η; unfold minus_Cn; simpl.
  repeat rewrite <- Theorem180; auto.
Qed.
```

定理 2.218　$\xi - \eta = \xi + (-\eta)$.

```
Theorem Theorem218: ∀ ξ η, ξ -# η = ξ +# (-# η).
Proof.
  intros; destruct ξ, η; simpl; auto.
Qed.
```

定理 2.219　$-(\xi - \eta) = \eta - \xi$.

```
Theorem Theorem219: ∀ ξ η, -# (ξ -# η) = η -# ξ.
Proof.
  intros; rewrite Theorem218, Theorem217.
  rewrite Theorem215, Theorem209, <- Theorem218; auto.
Qed.
```

```
Corollary CnMi_uni: ∀ ξ η ζ, ξ +# η = ζ <-> η = ζ -# ξ .
Proof.
  split; intros.
  - eapply Theorem212'; eauto.
    rewrite Theorem209, Theorem218, Theorem211; Simpl_Cn.
  - rewrite H, Theorem209, Theorem218, Theorem211; Simpl_Cn.
Qed.
```

```
Corollary CnMi1: ∀ ξ, (ξ -# ξ) = π.
Proof.
  intros; rewrite Theorem218; apply Theorem216.
Qed.
```

```
Corollary CnMi1': ∀ ξ, (ξ -# π) = ξ.
Proof.
  intros; destruct ξ; simpl; Simpl_R.
Qed.
```

```
Hint Rewrite CnMi1 CnMi1': Cn.
```

2.5.3 乘法

定义 2.63 设

$$\xi = [\Xi_1, \Xi_2], \quad \eta = [H_1, H_2],$$

则

$$\xi \cdot \eta = [\Xi_1 H_1 - \Xi_2 H_2, [\Xi_1 H_2 - \Xi_2 H_1]]$$

(· 读为 "乘", 但通常都不写它). $\xi \cdot \eta$ 称为 ξ 和 η 的积, 或以 η 乘 ξ 所得的数.

```
(* SECTION III Multiplication *)

Definition Times_Cn ξ η:=
  match ξ, η with [Ξ1, Ξ2], [H1, H2]
  => [(Ξ1 · H1) - (Ξ2 · H2), (Ξ1 · H2) + (Ξ2 · H1)]
  end.
Notation " ξ ·# η ":= (Times_Cn ξ η)(at level 40).
```

定理 2.220 (乘法的交换律) $\xi\eta = \eta\xi$.

```
Theorem Theorem220: ∀ ξ η, ξ ·# η = η ·# ξ.
Proof.
  intros; destruct ξ, η; simpl;
  rewrite Theorem194, (Theorem194 r0 r2);
  rewrite Theorem175, (Theorem194 r0 r1), (Theorem194 r r2); auto.
Qed.
```

定理 2.221 当且仅当 ξ, η 中至少有一数等于 π 时, 有

$$\xi\eta = \pi.$$

```
Theorem Theorem221: ∀ ξ η, ξ ·# η = π <-> ξ = π \/ η = π.
Proof.
  split; intros.
  - destruct ξ, η; simpl in H. inversion H; rewrite H1 in H2.
    destruct (classic ([r1, r2] = π)) as [H3 | H3]; auto.
    assert (~ ((r1 = 0) /\ (r2 = 0))).
    { intro; destruct H0; rewrite H4, H0 in H3; apply H3; auto. }
    assert (((r1 · r1) + (r2 · r2)) > (0 + 0)).
    { apply property_not in H0; destruct H0; apply Theorem190.
      + right; split; destruct r1, r2;
        unfold IGE_R; simpl; try tauto.
```

```
  + left; split; destruct r1, r2;
     unfold IGE_R; simpl; try tauto. }
  Simpl_Rin H4; apply Theorem182_2 in H1.
  assert ((r · r1) · r1 =(r0 · r2) · r1). { rewrite H1; auto. }
  assert (((r · r2) + (r0 · r1)) · r2 =0 · r2).
  { rewrite H2; auto. }
  Simpl_Rin H6; rewrite Theorem201' in H6.
  repeat rewrite Theorem199 in H5;
  repeat rewrite Theorem199 in H6.
  rewrite (Theorem194 r2 r1) in H5.
  rewrite <- H5, <- Theorem201, Theorem175 in H6.
  apply Theorem192 in H6; destruct H6.
  + rewrite H6 in H1; simpl in H1; symmetry in H1.
    rewrite H6 in H2; simpl in H2.
    apply Theorem192 in H1; apply Theorem192 in H2.
    apply property_not in H0; destruct H0.
    * destruct H2; try tauto. left; rewrite H2, H6; auto.
    * destruct H1; try tauto. left; rewrite H1, H6; auto.
  + rewrite H6 in H4; simpl in H4; elim H4.
 - destruct H; rewrite H.
   * destruct η; simpl; auto. * destruct ξ; simpl; Simpl_R.
Qed.


Corollary CnTi_0: ∀ ξ, ξ ·# π = π.
Proof.
  intros; apply Theorem221; tauto.
Qed.


Corollary CnTi0_: ∀ ξ, π ·# ξ = π.
Proof.
  intros; apply Theorem221; tauto.
Qed.
```

定理 2.222　$\xi\epsilon = \xi$.

```
Theorem Theorem222: ∀ ξ, ξ ·# ε = ξ.
Proof.
  intros; destruct ξ; simpl; repeat rewrite Theorem195; Simpl_R.
Qed.


Corollary Theorem222': ∀ ξ, ε ·# ξ = ξ.
Proof.
  intros; rewrite Theorem220; apply Theorem222.
Qed.
```

Hint Rewrite CnTi_0 CnTi0_ Theorem222 Theorem222': Cn.

定理 2.223　$\xi(-\epsilon) = -\xi$.

Theorem Theorem223: ∀ ξ, ξ ·# (-# ϵ) = (-# ξ).
Proof.
　intros; destruct ξ; simpl; Simpl_R.
Qed.

定理 2.224　$(-\xi)\eta = \xi(-\eta) = -(\xi\eta)$.

Theorem Theorem224: ∀ ξ η, (-# ξ) ·# η = -# (ξ ·# η).
Proof.
　intros; destruct ξ, η; simpl; unfold minus_Cn; simpl.
　repeat rewrite Theorem197'; unfold Minus_R; rewrite Theorem177.
　rewrite Theorem180, Theorem177.
　rewrite Theorem194, (Theorem194 r0 r2), Theorem180; auto.
Qed.

Theorem Theorem224': ∀ ξ η, ξ ·# (-# η) = -# (ξ ·# η).
Proof.
　intros; rewrite Theorem220, Theorem224, Theorem220; auto.
Qed.

Theorem Theorem224'': ∀ ξ η, (-# ξ) ·# η = ξ ·# (-# η).
Proof.
　intros; rewrite Theorem224, Theorem224'; auto.
Qed.

定理 2.225　$(-\xi)(-\eta) = \xi\eta$.

Theorem Theorem225: ∀ ξ η, (-# ξ) ·# (-# η) = (ξ ·# η).
Proof.
　intros; rewrite Theorem224'', Theorem215; auto.
Qed.

定理 2.226 (乘法的结合律)　$(\xi\eta)\zeta = \xi(\eta\zeta)$.

Theorem Theorem226: ∀ ξ η ζ, (ξ ·# η) ·# ζ = ξ ·# (η ·# ζ).
Proof.
　intros; destruct ξ, η, ζ; simpl.
　repeat rewrite Theorem202', Theorem201', Theorem202, Theorem201.
　repeat rewrite Theorem199; unfold Minus_R.
　repeat rewrite Theorem186; repeat rewrite <- Theorem180.
　apply eq4; split.
　- rewrite (Theorem175 (r0·(r2·r3)) _), Theorem186; auto.

```
- rewrite (Theorem175 (- (r0·(r2·r4))) _), Theorem186; auto.
Qed.
```

定理 2.227 (分配律)　$\xi(\eta+\zeta)=\xi\eta+\xi\zeta$.

```
Theorem Theorem227: ∀ ξ η ζ, ξ ·# (η +# ζ) = (ξ ·# η) +# (ξ ·# ζ).
Proof.
  intros; destruct ξ, η, ζ; simpl; repeat rewrite Theorem201.
  unfold Minus_R; repeat rewrite Theorem186.
  rewrite Theorem180, <- (Theorem186 (r · r3) _ _).
  rewrite (Theorem175 _ (- (r0 · r2))), Theorem186.
  rewrite <- (Theorem186 (r0 · r1) _ _), (Theorem175 _ (r · r4)).
  rewrite <- (Theorem186 (r · r4) _ _); auto.
Qed.
```

定理 2.228　$\xi(\eta-\zeta)=\xi\eta-\xi\zeta$.

```
Theorem Theorem228: ∀ ξ η ζ, ξ ·# (η -# ζ) = (ξ ·# η) -# (ξ ·# ζ).
Proof.
  intros; now rewrite Theorem218,Theorem218,Theorem227,Theorem224'.
Qed.
```

定理 2.229　若已知 ξ,η, 且 $\eta\neq\pi$, 则

$$\eta\mu=\xi$$

仅有一解 μ.

```
Definition Get_l η: Real:=
  match η with
  [Ξ1, Ξ2] => Ξ1
  end.


Definition Get_r η: Real:=
  match η with
  [Ξ1, Ξ2] => Ξ2
  end.


Definition Square_Cn η:=
  match η with
  [Ξ1, Ξ2] => (Ξ1 · Ξ1) + (Ξ2 · Ξ2)
  end.


Lemma Lemma_D64: ∀ {η}, η <> π -> neq_zero (Square_Cn η).
Proof.
  intros; destruct η; simpl.
```

```
    assert (~ ((r = 0) /\ (r0 = 0))).
    { intro; destruct H0; rewrite H0, H1 in H; apply H; auto. }
    assert ((r · r + r0 · r0)> (0 + 0)).
    { apply property_not in H0;destruct H0; apply Theorem190.
      + right; split; destruct r, r0; unfold IGE_R; simpl; try tauto.
      + left; split; destruct r, r0; unfold IGE_R; simpl; try tauto.}
    destruct ((r · r) + (r0 · r0)); elim H1; auto.
Qed.


Definition Out_l η l:= ((Get_l η)/(Square_Cn η)) (Lemma_D64 1).
Definition Out_r η l:=
    minus_R (((Get_r η)/(Square_Cn η)) (Lemma_D64 1)).

Lemma Lemma_T229: ∀ ξ η l,
    η ·# ([(Out_l η l), (Out_r η l)] ·# ξ) = ξ.
Proof.
    intros; destruct η; unfold Out_l, Out_r; simpl Get_l;simpl Get_r.
    rewrite <- Theorem226; simpl Times_Cn at 2.
    repeat rewrite Theorem197'', Di_Rt.
    unfold Minus_R; rewrite Theorem177, Di_Rp.
    repeat rewrite Di_Rt; rewrite (Theorem194 r r0); Simpl_R.
    rewrite Theorem220, Theorem222; auto.
Qed.

Theorem Theorem229: ∀ η μ1 μ2 ξ,
    η ·# μ1 = ξ -> η ·# μ2 = ξ -> η <> π -> μ1 = μ2.
Proof.
    intros; rewrite <- H in H0; apply Theorem213 in H0.
    rewrite <- Theorem228 in H0; apply Theorem221 in H0.
    destruct H0; try tauto; apply -> Theorem213 in H0; auto.
Qed.

Theorem Theorem229': ∀ ξ η, η <> π -> ∃ μ, η ·# μ = ξ.
Proof.
    intros; exists ([(Out_l η H), (Out_r η H)] ·# ξ);
    apply Lemma_T229.
Qed.
```

定义 2.64 定理 2.229 中的 μ 称为 $\dfrac{\xi}{\eta}$ (读为 "ξ 除以 η"). $\dfrac{\xi}{\eta}$ 又称为 ξ 除以 η 的商, 或以 η 除 ξ 所得的数.

```
Definition Over_Cn ξ η l: Cn:= ([(Out_l η l), (Out_r η l)] ·# ξ).
Notation " ξ /# η ":= (Over_Cn ξ η)(at level 40).
```

```
Corollary CnOv_uni: ∀ a b c l, a ·# b = c <-> b = (c /# a) l.
Proof.
  split; intros.
  - pose proof (Lemma_T229 c a l). eapply Theorem229; eauto.
  - rewrite H; apply Lemma_T229.
Qed.
```

2.5.4　减法

　　定理 2.230　$(\xi - \eta) + \eta = \xi$.

```
(* SECTION IV Subtraction *)

Theorem Theorem230: ∀ ξ η, (ξ -# η) +# η = ξ.
Proof.
  intros; rewrite Theorem209; apply CnMi_uni; auto.
Qed.
```

　　定理 2.231　$(\xi + \eta) - \eta = \xi$.

```
Theorem Theorem231: ∀ ξ η, (ξ +# η) -# η = ξ.
Proof.
  intros; symmetry; apply CnMi_uni; apply Theorem209.
Qed.
```

　　定理 2.232　$\xi - (\xi - \eta) = \eta$.

```
Theorem Theorem232: ∀ ξ η, ξ -# (ξ -# η) = η.
Proof.
  intros; symmetry; apply CnMi_uni; apply Theorem230.
Qed.
```

```
Hint Rewrite Theorem230 Theorem231 Theorem232: Cn.
```

　　定理 2.233　$(\xi - \eta) - \zeta = \xi - (\eta + \zeta)$.

```
Theorem Theorem233: ∀ ξ η ζ, (ξ -# η) -# ζ = ξ -# (η +# ζ).
Proof.
  intros; repeat rewrite Theorem218.
  rewrite Theorem211, Theorem217; auto.
Qed.
```

　　定理 2.234　$(\xi + \eta) - \zeta = \xi + (\eta - \zeta)$.

```
Theorem Theorem234: ∀ ξ η ζ, (ξ +# η) -# ζ = ξ +# (η -# ζ).
Proof.
  intros; repeat rewrite Theorem218; apply Theorem211.
Qed.
```

定理 2.235　$(\xi - \eta) + \zeta = \xi - (\eta - \zeta).$

```
Theorem Theorem235: ∀ ξ η ζ, (ξ -# η) +# ζ = ξ -# (η -# ζ).
Proof.
  intros; repeat rewrite Theorem218.
  rewrite Theorem217, Theorem215; apply Theorem211.
Qed.
```

定理 2.236　$(\xi + \zeta) - (\eta + \zeta) = \xi - \eta.$

```
Theorem Theorem236: ∀ ξ η ζ, (ξ +# ζ) -# (η +# ζ) = ξ -# η.
Proof.
  intros; symmetry; apply CnMi_uni;
  rewrite Theorem209, <- Theorem211; Simpl_Cn.
Qed.
```

定理 2.237　$(\xi - \eta) + (\zeta - \mu) = (\xi + \zeta) - (\eta + \mu).$

```
Theorem Theorem237: ∀ ξ η ζ μ,
  (ξ -# η) +# (ζ -# μ) = (ξ +# ζ) -# (η +# μ).
Proof.
  intros; apply CnMi_uni; rewrite <- Theorem235, Theorem233.
  rewrite Theorem235,(Theorem209 _ ξ), <- Theorem211.
  rewrite (Theorem209 _ μ), (Theorem234 μ _ η); Simpl_Cn.
  rewrite Theorem209, Theorem236; auto.
Qed.
```

定理 2.238　$(\xi - \eta) - (\zeta - \mu) = (\xi + \mu) - (\eta + \zeta).$

```
Theorem Theorem238: ∀ ξ η ζ μ,
          (ξ -# η) -# (ζ -# μ) = (ξ +# μ) -# (η +# ζ).
Proof.
  intros; symmetry; apply CnMi_uni; rewrite Theorem209, Theorem237.
  repeat rewrite Theorem211; rewrite (Theorem209 μ ζ);
  apply Theorem236.
Qed.
```

定理 2.239　当且仅当

$$\xi + \mu = \eta + \zeta$$

有

$$\xi - \eta = \zeta - \mu.$$

```
Theorem Theorem239: ∀ ξ η ζ μ,
          ξ -# η = ζ -# μ <-> ξ +# μ = η +# ζ.
Proof.
```

```
split; intros.
 - apply Theorem213 in H; rewrite Theorem238 in H;
   apply Theorem213; auto.
 - apply Theorem213; rewrite Theorem238; apply Theorem213; auto.
Qed.
```

2.5.5　除法

定理 2.240　$\eta \neq \pi \implies \dfrac{\xi}{\eta}\eta = \xi.$

```
(* SECTION V Division *)

Theorem Theorem240: ∀ ξ η 1, ((ξ /# η) 1) ·# η = ξ.
Proof.
  intros; rewrite Theorem220; apply <- CnOv_uni; auto.
Qed.

Theorem Theorem240': ∀ ξ η 1, η ·# ((ξ /# η) 1) = ξ.
Proof.
  intros; apply <- CnOv_uni; auto.
Qed.
```

定理 2.241　$\eta \neq \pi \implies \dfrac{\xi\eta}{\eta} = \xi.$

```
Theorem Theorem241: ∀ ξ η 1, ((ξ ·# η) /# η) 1 = ξ.
Proof.
  intros; symmetry; apply CnOv_uni; apply Theorem220.
Qed.

Hint Rewrite Theorem240 Theorem240' Theorem241: Cn.
```

定理 2.242　$(\xi \neq \pi \text{ 且 } \eta \neq \pi) \implies \dfrac{\frac{\xi}{\xi}}{\eta} = \eta.$

```
Lemma cndicom: ∀ {ξ η}, η ·# ξ <> π -> ξ ·# η <> π.
Proof.
  intros; rewrite Theorem220; auto.
Qed.

Corollary CnDi_com: ∀ η ζ {ξ 1},
  (ξ /# (η ·# ζ)) 1 = (ξ /# (ζ ·# η)) (cndicom 1).
Proof.
  intros;
```

```
  apply CnOv_uni; rewrite Theorem220, (Theorem220 ζ η); Simpl_Cn.
Qed.

Lemma Lemma_T242: ∀ {η ξ} l, η <> π -> (η /# ξ) l <> π.
Proof.
  intros; intro; symmetry in H0; apply CnOv_uni in H0.
  destruct ξ, η; simpl in H0; Simpl_Rin H0.
Qed.

Theorem Theorem242: ∀ η ξ l l1,
  (ξ /# ((ξ /# η) l)) (Lemma_T242 l l1) = η.
Proof.
  intros; symmetry; apply CnOv_uni; Simpl_Cn.
Qed.
```

定理 2.243 $(\eta \neq \pi \text{ 且 } \zeta \neq \pi) \implies \dfrac{\dfrac{\xi}{\eta}}{\zeta} = \dfrac{\xi}{\eta\zeta}.$

```
Lemma Lemma_T243: ∀ {η ξ:Cn}, η <> π -> ξ <> π -> η ·# ξ <> π.
Proof.
  intros; intro; apply Theorem221 in H1; tauto.
Qed.

Theorem Theorem243: ∀ ξ η ζ l l1,
  (((ξ /# η) l) /# ζ) l1 = (ξ /# (η ·# ζ)) (Lemma_T243 l l1).
Proof.
  intros; apply CnOv_uni; rewrite Theorem220, (Theorem220 η ζ).
  rewrite <- Theorem226; Simpl_Cn.
Qed.
```

定理 2.244 $\zeta \neq \pi \implies \dfrac{\xi\eta}{\zeta} = \xi\dfrac{\eta}{\zeta}.$

```
Theorem Theorem244: ∀ ξ η ζ l,
  ((ξ ·# η) /# ζ) l = ξ ·# ((η /# ζ) l).
Proof.
  intros; symmetry; apply CnOv_uni;
  rewrite Theorem220, Theorem226; Simpl_Cn.
Qed.
```

定理 2.245 $(\eta \neq \pi \text{ 且 } \zeta \neq \pi) \implies \dfrac{\xi}{\eta}\zeta = \dfrac{\xi}{\dfrac{\eta}{\zeta}}.$

```
Theorem Theorem245: ∀ ξ η ζ l l1,
  ((ξ /# η) l) ·# ζ = (ξ /# ((η /# ζ) l1)) (Lemma_T242 l1 l).
```

Proof.
  intros; apply CnOv_uni; rewrite Theorem220, Theorem226.
  rewrite (Theorem220 ζ); Simpl_Cn.
Qed.

定理 2.246 $(\eta \neq \pi \text{ 且 } \zeta \neq \pi) \implies \dfrac{\xi\zeta}{\eta\zeta} = \dfrac{\xi}{\eta}$.

Theorem Theorem246: $\forall$ ξ η ζ 1 11,
  $((\xi \cdot\# \zeta)$ /# $(\eta \cdot\# \zeta))$ (Lemma_T243 1 11) = $(\xi$ /# $\eta)$ 1.
Proof.
  intros; symmetry; apply CnOv_uni;
  rewrite Theorem220, <- Theorem226; Simpl_Cn.
Qed.

定理 2.247 $(\eta \neq \pi \text{ 且 } \mu \neq \pi) \implies \dfrac{\xi}{\eta} \cdot \dfrac{\zeta}{\mu} = \dfrac{\xi\zeta}{\eta\mu}$.

Theorem Theorem247: $\forall$ ξ η ζ μ 1 11,
  $((\xi$ /# $\eta)$ 1) $\cdot\#$ $((\zeta$ /# $\mu)$ 11) =
  $((\xi \cdot\# \zeta)$ /# $(\eta \cdot\# \mu))$ (Lemma_T243 1 11).
Proof.
  intros; apply CnOv_uni;
  rewrite <- Theorem226, (Theorem220 $(\eta \cdot\# \mu)$).
  rewrite <- Theorem226; Simpl_Cn;
  rewrite Theorem220, (Theorem220 ξ).
  rewrite (Theorem220 ξ _), <- Theorem226; Simpl_Cn.
Qed.

定理 2.248 $(\eta \neq \pi \text{ 且 } \zeta \neq \pi \text{ 且 } \mu \neq \pi) \implies \dfrac{\frac{\xi}{\eta}}{\frac{\zeta}{\mu}} = \dfrac{\xi\mu}{\eta\zeta}$.

Theorem Theorem248: $\forall$ η ξ ζ μ 1 11 12,
  $(((\xi$ /# $\eta)$ 1) /# $((\zeta$ /# $\mu)$ 12)) (Lemma_T242 12 11) =
  $((\xi \cdot\# \mu)$ /# $(\eta \cdot\# \zeta))$ (Lemma_T243 1 11).
Proof.
  intros; symmetry; apply CnOv_uni;
  rewrite Theorem247, Theorem220, Theorem226.
  symmetry; apply CnOv_uni.
  rewrite <- (Theorem226 μ), (Theorem220 μ).
  rewrite Theorem220; repeat rewrite <- Theorem226; Simpl_Cn.
Qed.

定理 2.249 $\xi \neq \pi \implies \dfrac{\pi}{\xi} = \pi$.

Theorem Theorem249: ∀ ξ l, (π /# ξ) l = π.
Proof.
　intros; symmetry; apply CnOv_uni; Simpl_Cn.
Qed.

定理 2.250　　$\xi \neq \pi \implies \dfrac{\xi}{\xi} = \epsilon.$

Theorem Theorem250: ∀ ξ l, (ξ /# ξ) l = ε.
Proof.
　intros; symmetry; apply CnOv_uni; Simpl_Cn.
Qed.

Hint Rewrite Theorem249 Theorem250: Cn.

定理 2.251　设

$$\eta \neq \pi,$$

则当且仅当

$$\xi = \eta$$

有

$$\frac{\xi}{\eta} = \epsilon.$$

Theorem Theorem251: ∀ ξ η l, (ξ /# η) l = ε <-> ξ = η.
Proof.
　split; intros.
　- symmetry in H; apply CnOv_uni in H; Simpl_Cnin H.
　- rewrite H; Simpl_Cn.
Qed.

定理 2.252　设

$$\eta \neq \pi, \quad \mu \neq \pi,$$

则当且仅当

$$\xi\mu = \eta\zeta$$

有

$$\frac{\xi}{\eta} = \frac{\zeta}{\mu}.$$

Theorem Theorem252: ∀ ξ η ζ μ l ll,
　(ξ /# η) l = (ζ /# μ) ll <-> ξ ·# μ = η ·# ζ.
Proof.

```
split; intros.
- destruct (classic (ζ = π)) as [H0 | H0].
  + subst ζ; Simpl_Cn; Simpl_Cnin H;
    symmetry in H; apply CnOv_uni in H.
    Simpl_Cnin H; rewrite <- H; Simpl_Cn.
  + pose proof (Theorem248 η ξ ζ μ 1 H0 11).
    rewrite H in H1; Simpl_Cnin H1; symmetry in H1.
    apply Theorem251 in H1; auto.
- destruct (classic (ζ = π)) as [H0 | H0].
  + subst ζ; Simpl_Cn; Simpl_Cnin H.
    apply Theorem221 in H; destruct H; try tauto.
    rewrite H; symmetry; apply CnOv_uni; Simpl_Cn.
  + pose proof (Theorem248 η ξ ζ μ 1 H0 11).
    rewrite H in H1; Simpl_Cnin H1; apply Theorem251 in H1; auto.
Qed.
```

定理 2.253　$\eta \neq \pi \implies \dfrac{\xi}{\eta} + \dfrac{\zeta}{\eta} = \dfrac{\xi + \zeta}{\eta}$.

```
Theorem Theorem253: ∀ ξ η ζ 1,
  ((ξ /# η) 1) +# ((ζ /# η) 1) = ((ξ +# ζ) /# η) 1.
Proof.
  intros; apply CnOv_uni; rewrite Theorem227, Theorem220; Simpl_Cn.
Qed.
```

定理 2.254　$(\eta \neq \pi \text{ 且 } \mu \neq \pi) \implies \dfrac{\xi}{\eta} + \dfrac{\zeta}{\mu} = \dfrac{\xi\mu + \eta\zeta}{\eta\mu}$.

```
Theorem Theorem254: ∀ ξ η ζ μ 1 11,
  ((ξ /# η) 1) +# ((ζ /# μ) 11) =
  ((ξ ·# μ +# η ·# ζ) /# (η ·# μ)) (Lemma_T243 1 11).
Proof.
  intros; rewrite <- Theorem246 with (ζ:=μ) (11:=11).
  pattern ((ζ /# μ) 11);
  rewrite <- Theorem246 with (ζ:=η) (11:=1).
  rewrite (CnDi_com μ η), (Theorem220 ζ).
  rewrite (proof_irr (cndicom (Lemma_T243 11 1))(Lemma_T243 1 11)).
  rewrite Theorem253; auto.
Qed.
```

定理 2.255　$\eta \neq \pi \implies \dfrac{\xi}{\eta} - \dfrac{\zeta}{\eta} = \dfrac{\xi - \zeta}{\eta}$.

```
Theorem Theorem255: ∀ ξ η ζ 1,
  ((ξ /# η) 1) -# ((ζ /# η) 1) = ((ξ -# ζ) /# η) 1.
Proof.
  intros; apply CnOv_uni; rewrite Theorem228, Theorem220; Simpl_Cn.
```

Qed.

定理 2.256 $(\eta \neq \pi$ 且 $\mu \neq \pi) \implies \dfrac{\xi}{\eta} - \dfrac{\zeta}{\mu} = \dfrac{\xi\mu - \eta\zeta}{\eta\mu}$.

```
Theorem Theorem256: ∀ ξ η ζ μ l ll,
 ((ξ /# η) l) -# ((ζ /# μ) ll) =
 ((ξ ·# μ -# η ·# ζ) /# (η ·# μ)) (Lemma_T243 l ll).
Proof.
  intros; rewrite <- Theorem246 with (ζ:=μ) (ll:=ll).
  pattern ((ζ /# μ) ll);
  rewrite <- Theorem246 with (ζ:=η) (ll:=l).
  rewrite (CnDi_com μ η), (Theorem220 ζ η).
  rewrite (proof_irr (cndicom (Lemma_T243 ll l))(Lemma_T243 l ll)).
  rewrite Theorem255; auto.
Qed.
```

2.5.6　共轭复数

定义 2.65

$$\bar{\xi} = [\Xi_1, -\Xi_2]$$

称为

$$\xi = [\Xi_1, \Xi_2]$$

的共轭复数.

```
(* SECTION VI Complex Conjugates *)

Definition Conj ξ:= match ξ with [Ξ1, Ξ2] => [Ξ1, -Ξ2] end.
Notation " ξ ‾ ":= (Conj ξ)(at level 0).
```

定理 2.257 $\bar{\bar{\xi}} = \xi$.

```
Theorem Theorem257: ∀ ξ, (ξ‾)‾ = ξ.
Proof.
  intros; destruct ξ; simpl; Simpl_R.
Qed.
```

定理 2.258 当且仅当

$$\xi = \pi$$

有

$$\bar{\xi} = \pi.$$

Theorem Theorem258: ∀ ξ, ξ⁻ = π <-> ξ = π.
Proof.
  split; intros; destruct ξ; simpl in H; simpl; inversion H; auto.
  destruct r0; simpl; auto; inversion H2.
Qed.

定理 2.259　当且仅当 ξ 有形式

$$\xi = [\Xi, 0]$$

有

$$\bar{\xi} = \xi.$$

Theorem Theorem259: ∀ ξ, (ξ⁻) = ξ <-> ∃ Z, ξ = [Z, 0].
Proof.
  split; intros; destruct ξ.
  - inversion H; destruct r0; inversion H; eauto.
  - destruct H; inversion H; auto.
Qed.

定理 2.260　$\overline{\xi + \eta} = \bar{\xi} + \bar{\eta}.$

Theorem Theorem260: ∀ ξ η, (ξ +# η)⁻ = ξ⁻ +# η⁻.
Proof.
  intros; destruct ξ, η; simpl; rewrite Theorem180; auto.
Qed.

定理 2.261　$\overline{\xi\eta} = \bar{\xi}\bar{\eta}.$

Theorem Theorem261: ∀ ξ η, (ξ ·# η)⁻ = ξ⁻ ·# η⁻.
Proof.
  intros; destruct ξ, η; simpl; rewrite Theorem198,
  Theorem197', Theorem197'', Theorem180; auto.
Qed.

定理 2.262　$\overline{\xi - \eta} = \bar{\xi} - \bar{\eta}.$

Theorem Theorem262: ∀ ξ η, (ξ -# η)⁻ = ξ⁻ -# η⁻.
Proof.
  intros; apply CnMi_uni;
  rewrite Theorem209, <- Theorem260, Theorem230; auto.
Qed.

定理 2.263　$\eta \neq \pi \implies \overline{\left(\dfrac{\xi}{\eta}\right)} = \dfrac{\bar{\xi}}{\bar{\eta}}.$

```
Lemma Lemma_T263: ∀ {ξ}, ξ <> π -> ξ⁻ <> π.
Proof.
  intros; intro; apply -> Theorem258 in H0; auto.
Qed.

Theorem Theorem263: ∀ ξ η l,
  ((ξ /# η) l)⁻ = (ξ⁻ /# η⁻) (Lemma_T263 l).
Proof.
  intros; apply CnOv_uni;
  rewrite Theorem220, <- Theorem261, Theorem240; auto.
Qed.
```

2.5.7　绝对值

定义 2.66　$\sqrt{\zeta}$ 表示

$$\xi\xi = \zeta$$

的 (正) 解 ξ (依定理 2.161, 它是唯一存在的正解).

定义 2.67　$\sqrt{0} = 0$.

定义 2.66 和定义 2.67 统一处理如下:

```
(* SECTION VII Absolute *)

Definition neq_N Ξ:=
  match Ξ with
  | N ζ => False
  | _ => True
  end.

Definition Sqrt_R Ξ: (neq_N Ξ) -> Real:=
  match Ξ with
  | N ξ => fun (l:neq_N (N ξ)) => match l return Real with end
  | O => fun _ => 0
  | P ξ => fun _ => (P (√ξ))
  end.
Notation " √` Ξ ":= (Sqrt_R Ξ)(at level 0).

Corollary Co_D67: ∀ Ξ l, (√`Ξ l) · (√` Ξ l) = Ξ.
Proof.
  intros; destruct Ξ; simpl; destruct l;
  try rewrite (eq2 Lemma_T161'); auto.
Qed.
```

定义 2.68

$$|[\Xi_1, \Xi_2]| = \sqrt{\Xi_1 \overline{\Xi_1} + \Xi_2 \overline{\Xi_2}}$$

(| | 读为 "绝对值" 或 "模").

```
Lemma D68: ∀ Ξ1 Ξ2, neq_N ((Ξ1 · Ξ1) + (Ξ2 · Ξ2)).
Proof.
  intros; destruct Ξ1, Ξ2; simpl; auto.
Qed.


Definition Abs_Cn ξ:=
  match ξ with [Ξ1, Ξ2]
   => Sqrt_R ((Ξ1 · Ξ1) + (Ξ2 · Ξ2)) (D68 Ξ1 Ξ2)
  end.


Notation " |- ξ -| ":= (Abs_Cn ξ).
```

定理 2.264

$$|\xi| = \begin{cases} > 0, & \xi \neq \pi, \\ = 0, & \xi = \pi. \end{cases}$$

```
Theorem Theorem264: ∀ ξ, ξ <> π <-> |- ξ -| > 0.
Proof.
  intros; destruct ξ; split; intros.
  - destruct r, r0; simpl; auto.
  - destruct r, r0; simpl in H; elim H; intro; inversion H0.
Qed.


Theorem Theorem264': ∀ ξ, ξ = π <-> |- ξ -| = 0.
Proof.
  split; intros.
  - rewrite H; simpl; auto.
  - destruct ξ; simpl in H.
    destruct r, r0; simpl in H; auto; discriminate.
Qed.


Theorem Theorem264'': ∀ ξ, |- ξ -| ⩾ 0.
Proof.
  intros; destruct (classic (ξ = π)) as [H | H].
  - apply Theorem264' in H; right; auto.
  - apply Theorem264 in H; left; auto.
Qed.
```

定理 **2.265**

$$||\Xi_1, \Xi_2|| \geqslant |\Xi_1|,$$

$$||\Xi_1, \Xi_2|| \geqslant |\Xi_2|.$$

Lemma `Lemma_T265`: $\forall\ \Xi\ H$,
  $\Xi \geqslant 0$ -> $H \geqslant 0$ -> $(\Xi \cdot \Xi) \geqslant (H \cdot H)$ -> $\Xi \geqslant H$.
Proof.
  intros; destruct H, H0; red.
  - destruct (Theorem167 $\Xi\ H$) as [H2 | [H2 | H2]]; auto.
    pose proof H2; apply Theorem203_1 with (Z:=Ξ) in H3; auto.
    apply Theorem203_1 with (Z:=H) in H2; auto.
    rewrite Theorem194 in H3; pose proof (Theorem171 _ _ _ H3 H2).
    apply Theorem168 in H1; LEGR H1 H4.
  - rewrite <- H0 in H; tauto.
  - rewrite H in H1; destruct H; simpl in H1; auto;
    destruct H1; inversion H1.
  - rewrite H, H0; auto.
Qed.

Theorem `Theorem265`: $\forall\ \Xi1\ \Xi2$, |- [$\Xi1$, $\Xi2$] -| $\geqslant$ | $\Xi1$ |.
Proof.
  intros; simpl; apply Lemma_T265.
  - destruct $\Xi1$, $\Xi2$; red; simpl; tauto.
  - destruct $\Xi1$; red; simpl; auto.
  - rewrite Co_D67; destruct $\Xi1$, $\Xi2$; red; simpl; try tauto;
    left; apply Theorem121; apply Theorem133.
Qed.

Theorem `Theorem265'`: $\forall\ \Xi1\ \Xi2$, |- [$\Xi1$, $\Xi2$] -| $\geqslant$ | $\Xi2$ |.
Proof.
  intros; simpl; apply Lemma_T265.
  - destruct $\Xi1$, $\Xi2$; red; simpl; tauto.
  - destruct $\Xi2$; red; simpl; auto.
  - rewrite Co_D67; destruct $\Xi1$, $\Xi2$; red; simpl; try tauto;
    left; rewrite (eq2 Theorem130); apply Theorem133.
Qed.

定理 **2.266**　设

$$[\Xi, 0][\Xi, 0] = [H, 0][H, 0], \quad \Xi \geqslant 0,\ H \geqslant 0,$$

则

$$\Xi = H.$$

Theorem Theorem266: ∀ Ξ H,
  [Ξ, 0] ·# [Ξ, 0] = [H, 0] ·# [H, 0] -> Ξ ⩾ 0 -> H ⩾ 0 -> Ξ=H.
Proof.
  intros; simpl in H; Simpl_Rin H; inversion H; destruct H, Ξ;
  simpl in *; auto;
  try discriminate; apply eq3 in H3; apply eq3; simpl in *.
  - Absurd; pose proof (Theorem161_1 _ _ _ (Theorem117 _ _ H3) H2).
    elim H4; apply Theorem116.
  - destruct H0; inversion H0.
  - destruct H1; inversion H1.
  - Absurd; pose proof (Theorem161_1 _ _ _ (Theorem117 _ _ H3) H2).
    elim H4; apply Theorem116.
Qed.

定理 2.267

$$[|\boldsymbol{\xi}|,0][|\boldsymbol{\xi}|,0] = \boldsymbol{\xi}\bar{\boldsymbol{\xi}}.$$

Theorem Theorem267: ∀ $\boldsymbol{\xi}$, [|-ξ-|, 0] ·# [|-ξ-|, 0] = $\boldsymbol{\xi}$ ·# $\boldsymbol{\xi}^-$.
Proof.
  intros; simpl; Simpl_R; destruct $\boldsymbol{\xi}$; simpl; rewrite Co_D67.
  unfold Minus_R; rewrite Theorem197'', Theorem177.
  rewrite Theorem197'', (Theorem194 r r0); Simpl_R.
Qed.

定理 2.268

$$|\xi\eta| = |\xi||\eta|.$$

Theorem Theorem268: ∀ ξ η, |-(ξ ·# η)-| = |-ξ-| · |-η-|.
Proof.
  intros. pose proof (Theorem267 (Times_Cn ξ η)).
  rewrite Theorem261, Theorem226, <- (Theorem226 η) in H.
  rewrite (Theorem220 η), Theorem226, <- Theorem226 in H.
  rewrite <- (Theorem267 ξ), <- (Theorem267 η), Theorem226 in H.
  rewrite <- (Theorem226 _ _ [|- η -|, 0]) in H.
  rewrite (Theorem220 [|- ξ -|, 0] [|- η -|, 0]), Theorem226 in H.
  rewrite <- (Theorem226 _ _ ([|- ξ -|, 0] ·# [|- η -|, 0])) in H.
  simpl Times_Cn in H at 5 6; Simpl_Rin H.
  apply Theorem266; auto; try apply Theorem264''.

```
assert (∀ A B, A ⩾ 0 -> B ⩾ 0 -> A · B ⩾ 0); intros.
{ destruct A, B; red; simpl; try tauto.
  - destruct H1; inversion H1.
  - destruct H0; inversion H0. }
apply H0; apply Theorem264''.
Qed.
```

定理 2.269　$\eta \neq \pi \implies \left|\dfrac{\xi}{\eta}\right| = \dfrac{|\xi|}{|\eta|}.$

```
Lemma Lemma_T269: ∀ {ξ}, ξ <> π -> neq_zero |-ξ-|.
Proof.
  intros; destruct ξ; destruct r, r0; simpl; auto.
Qed.


Theorem Theorem269: ∀ ξ η l,
  |- (ξ /# η) l -| = (|-ξ-| / |-η-|) (Lemma_T269 l).
Proof.
  intros; pose proof (Theorem240 ξ η l).
  pattern ξ at 2; rewrite <- H; rewrite Theorem268; Simpl_R.
Qed.
```

定理 2.270　$\xi + \eta = \epsilon \implies |\xi| + |\eta| \geqslant 1.$

```
Theorem Theorem270: ∀ ξ η, ξ +# η = ε -> |-ξ-| + |-η-| ⩾ 1.
Proof.
  intros; destruct ξ, η; simpl in H; inversion H;
  apply Theorem191; apply Theorem168'.
  - apply Theorem173 with (H:=|r|); apply Theorem168;
    try apply Theorem265. destruct r; red; simpl; auto.
  - apply Theorem173 with (H:=|r1|); apply Theorem168;
    try apply Theorem265. destruct r1; red; simpl; auto.
Qed.
```

定理 2.271　$|\xi + \eta| \leqslant |\xi| + |\eta|.$

```
Theorem Theorem271: ∀ ξ η, |- ξ +# η -| ⩽ |- ξ -| + |- η -|.
Proof.
  intros; apply Theorem168;
  destruct (classic ((ξ +# η) = π)) as [H | H].
  - rewrite H; simpl; change 0 with (Plus_R 0 0).
    apply Theorem191; apply Theorem264''.
  - pose proof (Theorem250 _ H); rewrite <- Theorem253 in H0.
    apply Theorem270 in H0; repeat rewrite Theorem269 in H0;
    destruct H0.
    + left; apply Theorem203_1 with (Z:=|- ξ +# η -|) in H0;
```

```
    Simpl_Rin H0.
    * rewrite Theorem201' in H0; Simpl_Rin H0.
    * apply Theorem264; auto.
  + rewrite Di_Rp in H0; symmetry in H0.
    apply ROv_uni in H0; Simpl_Rin H0; red; auto.
Qed.
```

定理 2.272　$|-\xi| = |\xi|$.

```
Theorem Theorem272: ∀ ξ, |- -#ξ -| = |- ξ -|.
Proof.
  intros; destruct ξ, r, r0; simpl; auto.
Qed.
```

定理 2.273　$|\xi - \eta| \geqslant ||\xi| - |\eta||$.

```
Theorem Theorem273: ∀ ξ η, |- (ξ -# η) -| ⩾ | |-ξ-| - |-η-| |.
Proof.
  intros; generalize (Theorem230 ξ η) (Theorem230 η ξ); intros.
  assert (|- ξ -# η -| ⩾ (|- ξ -| - |- η -|)).
  { pose proof (Theorem271 (ξ -# η) η); rewrite Theorem230 in H1.
    apply Theorem168' in H1; destruct H1.
    - left; apply Theorem188_1 with (Z:=|- η -|); Simpl_R.
    - right; apply Theorem188_2 with (Z:=|- η -|); Simpl_R. }
  assert (|- η -# ξ -| ⩾ (|- η -| - |- ξ -|)).
  { pose proof (Theorem271 (η -# ξ) ξ); rewrite Theorem230 in H2.
    apply Theorem168' in H2; destruct H2.
    - left; apply Theorem188_1 with (Z:=|- ξ -|); Simpl_R.
    - right; apply Theorem188_2 with (Z:=|- ξ -|); Simpl_R. }
  rewrite <- Theorem219, Theorem272, <- Theorem181 in H2.
  destruct |- ξ -# η -|, (|- ξ -| - |- η -|); simpl; auto.
Qed.
```

2.5.8　和与积

定理 2.274　设 $x < y$, 则不能使 $m \leqslant x$ 和 $n \leqslant y$ 成一一对应.
这里, "一一对应" 即 "双射". 本节中的 "对应" 恒指 "一一对应".

```
(* SECTION VIII Sum and Product *)

Section T274.

Variables p q:Nat.
Variables f:Relation Nat Nat.
```

```
Inductive T274h x y: Prop:=
  T274h_intro: ILT_N x p -> ILT_N y q -> f x y -> T274h x y.

Inductive T274h' x y: Prop:=
  | T274h'_l: f p y -> f x q -> T274h' x y
  | T274h'_r: x <> p -> y <> q -> f x y -> T274h' x y.


End T274.


Definition Ensemble_LE x:= /{ z | ILE_N z x /}.


Lemma Lemma274: ∀ x y f,
  Bijection (Ensemble_LE x`) (Ensemble_LE y`) f ->
  ∃ f, Bijection (Ensemble_LE x) (Ensemble_LE y) f.
Proof.
  intros; destruct H, H0, H1, H2, (classic (f x` y`)) as [H4 |H4].
  - exists (T274h x` y` f); red; repeat split; try red; intros.
    + destruct H5, H6; eauto.
    + destruct H5; red in H0; apply Le_Lt in H5.
      assert (x0 ∈ (Ensemble_LE x`)). { constructor; red; tauto. }
      apply H0 in H6; destruct H6; exists x1; constructor; auto.
      pose proof H6; destruct H3; apply H8 in H6; destruct H6, H6;
      auto. rewrite H6 in H7; ELN (H1 _ _ _ H7 H4) H5.
    + destruct H5, H6; eauto.
    + destruct H5; red in H2; apply Le_Lt in H5.
      assert (y0 ∈ (Ensemble_LE y`)). { constructor; red; tauto. }
      apply H2 in H6; destruct H6; exists x0; constructor; auto.
      pose proof H6; destruct H3; apply H3 in H6; destruct H6, H6;
      auto. rewrite H6 in H7; ELN (H _ _ _ H7 H4) H5.
    + destruct H5; apply Theorem26; Simpl_N.
    + destruct H5; apply Theorem26; Simpl_N.
  - exists (T274h' x` y` f); red; repeat split; try red; intros.
    + destruct H5, H6; eauto.
      * red in H; elim H8; eapply H; eauto.
      * red in H; elim H7; eapply H; eauto.
    + destruct H5; red in H0; apply Le_Lt in H5.
      assert (x0 ∈ (Ensemble_LE x`)). { constructor; red; tauto. }
      apply H0 in H6; destruct H6.
      assert (x` ∈ (Ensemble_LE x`)). { constructor; red; tauto. }
      apply H0 in H7; destruct H7.
      destruct (classic (x1 = y`)) as [H8 |H8].
      * rewrite H8 in H6; exists x2; constructor; auto.
```

```
      * exists x1; constructor 2; auto; intro; ELN H9 H5.
   + destruct H5, H6; eauto.
      * red in H1; elim H6; eapply H1; eauto.
      * red in H1; elim H5; eapply H1; eauto.
   + destruct H5; red in H2; apply Le_Lt in H5.
      assert (y0 ∈ (Ensemble_LE y`)). { constructor; red; tauto. }
      apply H2 in H6; destruct H6.
      assert (y` ∈ (Ensemble_LE y`)). { constructor; red; tauto. }
      apply H2 in H7; destruct H7.
      destruct (classic (x0 = x`)) as [H8| H8].
      * rewrite H8 in H6; exists x1; constructor; auto.
      * exists x0; constructor 2; auto; intro; ELN H9 H5.
   + destruct (Theorem10 x0 x) as [H6 | [H6 | H6]], H3, H5;
      try tauto.
      * pose proof H8; apply Theorem25 in H6; Simpl_Nin H6.
        apply H3 in H8; destruct H8.
        apply Theorem13 in H6; apply LEGEN in H6; auto.
        rewrite H6 in H9; contradiction.
      * apply Theorem25 in H6; Simpl_Nin H6.
        apply H3 in H9; destruct H9. apply Theorem13 in H6;
        apply LEGEN in H6; auto; contradiction.
   + destruct (Theorem10 y0 y) as [H6 | [H6 | H6]], H3, H5;
      try tauto.
      * pose proof H5; apply Theorem25 in H6; Simpl_Nin H6.
        apply H7 in H5; destruct H5.
        apply Theorem13 in H6; apply LEGEN in H6; auto.
        rewrite H6 in H9; contradiction.
      * apply Theorem25 in H6; Simpl_Nin H6.
        apply H7 in H9; destruct H9. apply Theorem13 in H6;
        apply LEGEN in H6; auto; contradiction.
Qed.

Theorem Theorem274: ∀ x y, ILT_N x y ->
  ∀ f, ~(Bijection (Ensemble_LE x) (Ensemble_LE y) f).
Proof.
  intros; intro.
  set (M274:= /{ x | ∀ y, ILT_N x y ->
  ∀ f, ~ Bijection (Ensemble_LE x) (Ensemble_LE y) f /}).
  assert (1 ∈ M274).
  { constructor; intros; intro; red in H2; destruct H2, H3, H4, H5.
    red in H2, H3, H4, H5, H6; destruct H6; red in H1; destruct H1.
    assert (1 ∈ (Ensemble_LE y0)).
```

```
    { constructor; left; exists x0; auto. }
    assert (x0` ∈ (Ensemble_LE y0)).
    { constructor; right; Simpl_Nin H1. }
    apply H5 in H8; apply H5 in H9; destruct H8, H9.
    assert (∀ x y, f0 x y -> x = 1); intros.
    { apply H6 in H10; destruct H10, H10; auto.
      destruct (Theorem24 x3); try LGN H10 H11; ELN H11 H10. }
    generalize (H10 _ _ H8); generalize (H10 _ _ H9); intros.
    subst x1 x2; apply AxiomIII with (x:=x0); eauto. }
  assert (∀ x, x ∈ M274 -> x` ∈ M274); intros.
  { destruct H2; constructor; intros; intro.
    assert (exists z, y0 = z`).
    { destruct H3; Simpl_Nin H3; eauto. }
    destruct H5; subst y0; apply Lemma274 in H4; destruct H4.
    repeat rewrite <- NPl_1 in H3.
    apply Theorem20_3 in H3; eapply H2; eauto. }
    assert (∀ x, x ∈ M274). { apply AxiomV; auto. }
    destruct H3 with x; eapply H4; eauto.
Qed.
```

因定理 2.275 至定理 2.278 和定理 2.280 至定理 2.286 的证明以及相应的定义, 对和与积都是逐字相同的, 为了避免冗长的重复, 我们都仅叙述一次, 并以中性符号 ∗ 表示 + 或 ·. 暂时引入的中性符号 ⨉ 以后将相应地分为两个符号 $\sum$ 和 $\prod$ (+ 用 $\sum$, · 用 $\prod$).

下文中的 "有定义" 是指: "定义为一复数." 为此, 我们需要用到 "Z -> Cn" 类型, Landau[117] 中的定理 275 至定理 283 仅用到 "Nat -> Cn" 类型, 因此我们这里得到的结论更广泛. 特补充定义如下:

```
Inductive Z: Type:=
  | Po: Nat -> Z
  | ZO: Z
  | Ne: Nat -> Z.

Definition defined:= Z -> Cn.

Fixpoint RepZ n (f:defined) o:=
  match n with
  | 1 => f (Po 1)
  | m` => o (RepZ m f o) (f (Po n))
  end.

Definition Ope:= Cn -> Cn -> Cn.
```

```
Definition law_com (o:Ope):= ∀ x y, o x y = o y x.
Definition law_ass (o:Ope):= ∀ x y z, o (o x y) z = o x (o y z).
```

定理 2.275　设 x 固定, $f(n)$ 当 $n \leqslant x$ 有定义, 则对一切 $n \leqslant x$, 恰存在一有定义的

$$g_x(n)$$

(更详细地写为

$$g_{x,f}(n),$$

更简单地写为

$$g(n)),$$

具有下列性质:

$$g_x(1) = f(1),$$

$$g_x(n+1) = g_x(n) * f(n), \quad n < x.$$

```
Theorem Theorem275: ∀ f h n o, RepZ 1 f o = (f (Po 1)) ->
  RepZ 1 h o = (f (Po 1)) ->
  (∀ n, RepZ n` f o = o (RepZ n f o) (f (Po n`))) ->
  (∀ n, RepZ n` h o = o (RepZ n h o) (f (Po n`)))
  -> RepZ n f o = RepZ n h o.
Proof.
  intros; set (M275:= /{ n | RepZ n f o = RepZ n h o /}).
  assert (1 ∈ M275). { constructor; rewrite H, H0; auto. }
  assert (∀ x, x ∈ M275 -> x` ∈ M275); intros.
  { destruct H4; constructor; rewrite H1, H2, H4; auto. }
  assert (∀ x, x ∈ M275). { apply AxiomV; auto. }
  destruct H5 with n; auto.
Qed.

Theorem Theorem275': ∀ f n o, ∃ C, C = RepZ n f o.
Proof.
  intros; exists (RepZ n f o); auto.
Qed.
```

定理 2.276　设 $f(n)$ 当 $n \leqslant x+1$ 时有定义, 则对于相应的 $g_x(n)$ 和 $g_{x+1}(n)$,

$$g_{x+1}(x+1) = g_x(x) * f(x+1).$$

```
Theorem Theorem276: ∀ f n o,
  RepZ n` f o = o (RepZ n f o) (f (Po n`)).
Proof.
  intros; auto.
Qed.
```

定义 2.69　设 $f(n)$ 当 $n \leqslant x$ 时有定义, 则

$$\sum_{n=1}^{x} f(n) = g_x(x)(= g_{x,f}(x)).$$

当 ＊ 表示 ＋ 时, 写为

$$\sum_{n=1}^{x} f(n);$$

当 ＊ 表示 · 时, 写为

$$\prod_{n=1}^{x} f(n).$$

$\left(\sum$ 读为 "和", $\prod$ 读为 "积".$\right)$

```
Definition Rep_P n f:= RepZ n f (Plus_Cn).
Definition Rep_T n f:= RepZ n f (Times_Cn).
```

定理 2.277　设 $f(1)$ 有定义, 则

$$\sum_{n=1}^{1} f(n) = f(1).$$

```
Theorem Theorem277: ∀ f o , RepZ 1 f o = (f (Po 1)).
Proof.
  intros; auto.
Qed.
```

定理 2.278　设 $f(n)$ 当 $n \leqslant x+1$ 有定义, 则

$$\sum_{n=1}^{x+1} f(n) = \sum_{n=1}^{x} f(n) \ast f(x+1).$$

```
Theorem Theorem278: ∀ f n o,
  RepZ n` f o= o (RepZ n f o) (f (Po n`)).
```

```
Proof.
  intros; apply Theorem276.
Qed.
```

定理 2.279　$\displaystyle\sum_{n=1}^{x} \boldsymbol{\xi} = \boldsymbol{\xi}[x,0].$

```
Definition Con_C (ξ : Cn):= λ n:Z, ξ.

Theorem Theorem279: ∀ x ξ, Rep_P x (Con_C ξ) = ξ ·# [x, 0].
Proof.
  intros; set (M279:= /{ x | Rep_P x (Con_C ξ) = ξ ·# [x, 0] /}).
  assert (1 ∈ M279).
  { constructor; unfold Rep_P; simpl. unfold Con_C; Simpl_Cn. }
  assert (∀ x, x ∈ M279 -> x` ∈ M279); intros.
  { destruct H0; constructor; unfold Rep_P in *; simpl.
    rewrite H0; unfold Con_C. pattern ξ at 2;
    rewrite <- Theorem222, <- Theorem227; simpl Plus_Cn.
    unfold Cut_I; rewrite <- (eq2 Theorem155_1); Simpl_Pr. }
  assert (∀ x, x ∈ M279). { apply AxiomV; auto. }
  destruct H1 with x; auto.
Qed.
```

定理 2.280　设 $\boldsymbol{f}(1)$ 和 $\boldsymbol{f}(1+1)$ 有定义, 则

$$\sum_{n=1}^{1+1} \boldsymbol{f}(n) = \boldsymbol{f}(1) * \boldsymbol{f}(1+1).$$

```
Theorem Theorem280: ∀ f o, RepZ 1` f o = o (f (Po 1)) (f (Po 1`)).
Proof.
  intros; rewrite Theorem278, Theorem277; auto.
Qed.
```

　　注意, 定理 281 和定理 283 是针对 "Z -> Cn" 类型来证明的, 较 Landau 在文献 [117] 中对应结论要广泛, 同时也便于后续定理 284 至定理 286 直接调用. 为此, 我们需要额外定义整数类型及验证相关运算性质, 也就是说, 要将针对自然数类型的运算重新在整数类型中加以验证, 这部分工作是简单但烦琐的, 因后续幂运算一节的描述中也要用到, 为完整起见, 补充代码如下:

```
Section Integers.

Definition ZtoR j:=
  match j with
```

```
  | Po x => P x
  | ZO => O
  | Ne x => N x
  end.

Definition ILT_Z (j k:Z):=
  match j, k with
  | Po a , Po b => ILT_N a b
  | ZO , Po _ => True
  | Ne _, Po _ => True
  | Ne _, ZO => True
  | Ne a , Ne b => ILT_N b a
  | _ , _ => False
  end.

Definition IGT_Z (j k:Z):= ILT_Z k j.

Definition ILE_Z (j k:Z):=
  match j, k with
  | Po a , Po b => ILE_N a b
  | ZO , Po _ => True
  | ZO , ZO => True
  | Ne _, Po _ => True
  | Ne _, ZO => True
  | Ne a , Ne b => ILE_N b a
  | _ , _ => False
  end.

Definition IGE_Z (j k:Z):= ILE_Z k j.

Definition ILE_Z' (j k:Z):= ILT_Z j k \/ j = k.

Definition IGE_Z' (j k:Z):= ILE_Z' k j.

Lemma Zle_inv: ∀ {j k}, ILE_Z' j k -> ILE_Z j k.
Proof.
  intros; destruct H, j, k; simpl in H; simpl;
  try red; auto; inversion H; auto.
Qed.

Lemma Zle_inv': ∀ {j k}, ILE_Z j k -> ILE_Z' j k.
Proof.
```

```
  intros; destruct j, k; simpl in H; simpl; try red; auto;
  destruct H.
  - left; f_equal; auto.
  - right; subst n; auto.
  - left; f_equal; auto.
  - right; subst n; auto.
Qed.

Definition Plus_Z (j k:Z): Z:=
  match j, k with
  | Po a , Po b => Po (Plus_N a b)
  | Ne a , Ne b => Ne (Plus_N a b)
  | ZO , _ => k
  | _, ZO => j
  | Po a , Ne b => match Ncase a b with
                   | inright _ => ZO
                   | inleft (left l) => Ne (Minus_N b a l)
                   | inleft (right l) => Po (Minus_N a b l)
                 end
  | Ne a , Po b => match Ncase a b with
                   | inright _ => ZO
                   | inleft (left l) => Po (Minus_N b a l)
                   | inleft (right l) => Ne (Minus_N a b l)
                 end
  end.

Definition minus_Z (j:Z): Z:=
  match j with
  | Po a => Ne a
  | ZO => j
  | Ne b => Po b
  end.

Corollary Zminp1: ∀ j k, minus_Z j = minus_Z k <-> j = k.
Proof.
  split; intros.
  - destruct j, k; simpl in H; inversion H; auto.
  - subst; auto.
Qed.

Corollary Zminp2: ∀ j, minus_Z (minus_Z j) = j.
Proof.
```

```
  intros; destruct j; auto.
Qed.

Definition Minus_Z (j k:Z): Z:=Plus_Z j (minus_Z k).

Corollary ZPlup1: ∀ j k, Plus_Z j (minus_Z k) = Minus_Z j k.
Proof.
  intros; auto.
Qed.

Corollary ZPlup2: ∀ j k,
  minus_Z (Plus_Z j k) = Plus_Z (minus_Z j) (minus_Z k).
Proof.
  intros; destruct j, k; simpl; auto;
  destruct (Ncase n n0) as [[H | H] | H]; simpl; auto.
Qed.

Corollary ZPlup3: ∀ (j:Z), Plus_Z j (minus_Z j) = Z0.
Proof.
  intros. destruct j; simpl minus_Z; simpl; auto.
  - destruct (Ncase n n) as [[H | H] | H]; auto;
    assert (n = n); auto; EGN H0 H.
  - destruct (Ncase n n) as [[H | H] | H]; auto;
    assert (n = n); auto; EGN H0 H.
Qed.

Corollary ZPlup4: ∀ (j k:Z), Plus_Z (Minus_Z j k) k = j.
Proof.
  intros; destruct j, k; simpl; auto.
  - destruct (Ncase n n0) as [[H | H] | H].
    + assert (ILT_N (Minus_N n0 n H) n0). { exists n; Simpl_N. }
      simpl; destruct (Ncase n n0) as [[H1|H1]|H1];
      [|LGN H H1|ELN H1 H].
      destruct (Ncase (Minus_N n0 n H) n0) as [[H2 | H2] | H2];
      [|LGN H0 H2|ELN H2 H0]. f_equal;
      apply Theorem20_2 with (z:=(Minus_N n0 n H)); Simpl_N.
    + simpl; Simpl_N.
    + rewrite H; simpl; auto.
  - pose proof (Theorem18 n0 n).
    destruct (Ncase (Plus_N n n0) n0) as [[H0 | H0] | H0].
    + rewrite Theorem6 in H; LGN H H0.
    + f_equal; apply Theorem20_2 with (z:=n0); Simpl_N.
```

```
      + rewrite Theorem6 in H; EGN HO H.
   - assert (n=n); auto.
     destruct (Ncase n n) as [[HO | HO] | HO]; simpl; auto;EGN H HO.
   - assert (n=n); auto.
     destruct (Ncase n n) as [[HO | HO] | HO]; simpl; auto;EGN H HO.
   - pose proof (Theorem18 nO n).
     destruct (Ncase (Plus_N n nO) nO) as [[HO | HO] | HO].
      + rewrite Theorem6 in H; LGN H HO.
      + f_equal; apply Theorem20_2 with (z:=nO); Simpl_N.
      + rewrite Theorem6 in H; EGN HO H.
   - destruct (Ncase n nO) as [[H | H] | H].
      + assert (ILT_N (Minus_N nO n H) nO). { exists n; Simpl_N. }
        simpl; destruct (Ncase n nO) as [[H1|H1]|H1];
        [|LGN H H1|ELN H1 H].
        destruct (Ncase (Minus_N nO n H) nO) as [[H2 | H2] | H2];
        [|LGN HO H2|ELN H2 HO]. f_equal;
        apply Theorem20_2 with (z:=(Minus_N nO n H)); Simpl_N.
      + simpl; Simpl_N.
      + rewrite H; simpl; auto.
Qed.


Definition Times_Z (j k:Z): Z:=
   match j, k with
 | Po a , Po b => Po (Times_N a b)
 | Ne a , Ne b => Po (Times_N a b)
 | Po a, Ne b => Ne (Times_N a b)
 | Ne a, Po b => Ne (Times_N a b)
 | _ , _ => ZO
end.


Corollary ZTimp1: ∀ j k,
  minus_Z (Times_Z j k) = Times_Z j (minus_Z k).
Proof.
  intros; destruct j, k; simpl; auto.
Qed.


Corollary ZTimp2: ∀ j, Times_Z j (Po 1) = j.
Proof.
  intros; destruct j; simpl; auto.
Qed.


Corollary ZTimp3: ∀ j, Times_Z j ZO = ZO.
```

```
Proof.
  intros; destruct j; simpl; auto.
Qed.


End Integers.

Corollary Zltp1: ∀ j k, ILT_Z j k <-> ILT_Z Z0 (Minus_Z k j).
Proof.
  split; intros.
  - destruct j, k; simpl in H|-*; auto.
    + destruct (Ncase n0 n) as [[H0|H0]|H0]; auto;
      [LGN H H0|EGN H0 H].
    + destruct (Ncase n0 n) as [[H0|H0]|H0]; auto;
      [LGN H H0|ELN H0 H].
  - destruct j, k; simpl in H|-*; auto.
    + destruct (Ncase n0 n) as [[H0 | H0] | H0]; auto; destruct H.
    + destruct (Ncase n0 n) as [[H0 | H0] | H0]; auto; destruct H.
Qed.

Corollary Zltp2: ∀ j x, ILT_Z j (Plus_Z j (Po x)).
Proof.
  intros; destruct j; simpl; auto.
  - apply Theorem18.
  - destruct (Ncase n x) as [[H | H] | H]; auto.
    apply Theorem20_1 with (z:=x); Simpl_N. apply Theorem18.
Qed.

Corollary Zltp3: ∀ {j k i}, ILT_Z j k -> ILT_Z k i -> ILT_Z j i.
Proof.
  intros; destruct j, k, i; simpl in H, H0|-*; auto.
  - eapply Theorem15; eauto. - destruct H. - destruct H.
  - destruct H0. - destruct H0. - eapply Theorem15; eauto.
Qed.

Corollary Zlt_le: ∀ {j k}, ILT_Z j k -> ILE_Z (Plus_Z j (Po 1)) k.
Proof.
  intros; destruct j, k; simpl in H|-*; auto.
  - apply Lt_Le; auto.
  - apply Theorem13; apply Theorem24.
  - destruct (Ncase n 1) as [[H0 | H0] | H0]; auto. N1F H0.
  - destruct (Ncase n 1) as [[H0 | H0] | H0]; auto. N1F H0.
  - destruct (Ncase n 1) as [[H0 | H0] | H0]; simpl.
```

```
    + N1F H0.
    + apply LePl_N with (z:=1); Simpl_N.
      apply Theorem25, Theorem13 in H; auto.
    + subst n; N1F H.
Qed.


Corollary Zle_lt: ∀ {j k}, ILE_Z j k -> ILT_Z j (Plus_Z k (Po 1)).
Proof.
  intros; apply Zle_inv' in H; destruct H.
  - pose proof (Zltp2 k 1); eapply Zltp3; eauto.
  - subst j; apply Zltp2.
Qed.


Theorem ZPl_com: ∀ (j k:Z), Plus_Z j k = Plus_Z k j.
Proof.
  intros; destruct j, k; simpl; try rewrite Theorem6; auto.
  - destruct (Ncase n n0) as [[H | H] | H],
      (Ncase n0 n) as [[H0 | H0] | H0]; auto;
    [LGN H H0|rewrite (proof_irr H H0)|EGN H0 H|rewrite
    (proof_irr H H0)|LGN H0 H|ELN H0 H|EGN H H0|ELN H H0]; auto.
  - destruct (Ncase n n0) as [[H | H] | H],
      (Ncase n0 n) as [[H0 | H0] | H0]; auto;
    [LGN H H0|rewrite (proof_irr H H0)|EGN H0 H|rewrite
    (proof_irr H H0)|LGN H0 H|ELN H0 H|EGN H H0|ELN H H0]; auto.
Qed.


Lemma ZPl_ass_pre1: ∀ x y z l l0 l1,
  Minus_N x (Minus_N y z l) l0 = Minus_N (Plus_N z x) y l1.
Proof.
  intros; apply NMi_uni. apply Theorem20_2 with (z:=y).
  rewrite Theorem5; Simpl_N.
  rewrite <- Theorem5; Simpl_N; apply Theorem6.
Qed.


Lemma ZPl_ass_pre2: ∀ x y l, IGT_N y (Minus_N y x l).
Proof.
  intros; apply Theorem20_1 with (z:=x); Simpl_N.
  apply Theorem18.
Qed.


Lemma ZPl_assP1: ∀ j x y,
  Plus_Z (Plus_Z j (Po x)) (Po y) = Plus_Z j (Plus_Z (Po x)(Po y)).
```

Proof.
    intros; destruct j; simpl; try rewrite Theorem5; auto.
    destruct (Ncase n x) as [[H | H] | H];
    destruct (Ncase n (Plus_N x y)) as [[HO | HO] | HO]; simpl.
    - f_equal. apply Theorem20_2 with (z:=n); Simpl_N.
      rewrite (Theorem6 _ y), Theorem5; Simpl_N; apply Theorem6.
    - pose proof (Theorem15 _ _ _ HO H).
      pose proof (Theorem18 x y); LGN H1 H2.
    - subst n; pose proof (Theorem18 x y); LGN H HO.
    - assert (ILT_N (Minus_N n x H) y).
      { apply Theorem20_1 with (z:=x); rewrite Theorem6; Simpl_N. }
      destruct (Ncase (Minus_N n x H) y) as [[H2|H2]|H2];
      [f_equal; apply ZPl_ass_pre1|LGN H1 H2|ELN H2 H1].
    - assert (IGT_N (Minus_N n x H) y).
      { apply Theorem20_1 with (z:=x);
        Simpl_N; rewrite Theorem6; auto. }
      destruct (Ncase (Minus_N n x H) y) as [[H2|H2]|H2];
      [LGN H1 H2| |EGN H2 H1].
      f_equal; symmetry; apply NMi_uni.
      rewrite Theorem6, (Theorem6 x), <- Theorem5; Simpl_N.
    - assert ((Minus_N n x H) = y).
      { apply Theorem20_2 with (z:=x);
        Simpl_N; rewrite Theorem6; auto. }
      destruct (Ncase (Minus_N n x H) y) as [[H2 | H2] | H2]; auto.
      + ELN H1 H2. + EGN H1 H2.
    - f_equal; subst n.
      apply Theorem20_2 with (z:=x); Simpl_N; apply Theorem6.
    - subst n; pose proof (Theorem18 x y); LGN H HO.
    - subst n; pose proof (Theorem18 x y); ELN HO H.
Qed.

Lemma ZPl_assP2: ∀ j x y,
    Plus_Z (Plus_Z j (Ne x)) (Po y) = Plus_Z j (Plus_Z (Ne x)(Po y)).
Proof.
    intros; destruct j; simpl.
    - destruct (Ncase n x) as [[H | H] | H];
      destruct (Ncase x y) as [[HO | HO] | HO]; simpl.
      + pose proof (Theorem15 _ _ _ (ZPl_ass_pre2 n x H) HO).
        destruct (Ncase (Minus_N x n H) y) as [[H2 | H2] | H2].
        * f_equal. pose proof (Theorem15 _ _ _ HO (Theorem18 y n)).
          rewrite Theorem6 in H3. rewrite ZPl_ass_pre1 with (l1:=H3).
          apply Theorem20_2 with (z:=x); Simpl_N.

```
      rewrite Theorem5; Simpl_N.
    * LGN H1 H2. * ELN H2 H1.
  + destruct (Ncase (Minus_N x n H) y) as [[H1 | H1] | H1];
    destruct (Ncase n (Minus_N x y H0)) as [[H2|H2]|H2]; auto.
    * pose proof H1; apply Theorem19_1 with (z:=n) in H3;
      Simpl_Nin H3. pose proof H2;
      apply Theorem19_1 with (z:=y) in H4; Simpl_Nin H4.
      rewrite Theorem6 in H3. LGN H3 H4.
    * f_equal. pose proof H1;
      apply Theorem19_1 with (z:=n) in H3; Simpl_Nin H3.
      pose proof H2; apply Theorem19_1 with (z:=y) in H4;
      Simpl_Nin H4. rewrite ZPl_ass_pre1 with (l1:=H3);
      rewrite ZPl_ass_pre1 with (l1:=H4).
      apply Theorem20_2 with (z:=x); Simpl_N; apply Theorem6.
    * pose proof H1; apply Theorem19_1 with (z:=n) in H3;
      Simpl_Nin H3. apply Theorem19_2 with (z:=y) in H2;
      Simpl_Nin H2. rewrite Theorem6 in H2. EGN H2 H3.
    * f_equal; symmetry; apply NMi_uni.
      apply Theorem20_2 with (z:=y); Simpl_N.
      rewrite Theorem5, Theorem6; Simpl_N.
    * pose proof H1; apply Theorem19_1 with (z:=n) in H3;
      Simpl_Nin H3. pose proof H2;
      apply Theorem19_1 with (z:=y) in H4; Simpl_Nin H4.
      rewrite Theorem6 in H3. LGN H3 H4.
    * pose proof H1; apply Theorem19_1 with (z:=n) in H3;
      Simpl_Nin H3. apply Theorem19_2 with (z:=y) in H2;
      Simpl_Nin H2. rewrite Theorem6 in H2. ELN H2 H3.
    * pose proof H2;
      apply Theorem19_1 with (z:=y) in H3; Simpl_Nin H3.
      apply Theorem19_2 with (z:=n) in H1; Simpl_Nin H1.
      rewrite Theorem6 in H1. EGN H1 H3.
    * pose proof H2;
      apply Theorem19_1 with (z:=y) in H3; Simpl_Nin H3.
      apply Theorem19_2 with (z:=n) in H1; Simpl_Nin H1.
      rewrite Theorem6 in H1. ELN H1 H3.
  + subst x. pose proof (ZPl_ass_pre2 n y H).
    destruct (Ncase (Minus_N y n H) y) as [[H1 | H1] | H1].
    * f_equal; apply NMi_uni; Simpl_N.
    * LGN H0 H1. * ELN H1 H0.
  + f_equal; rewrite Theorem6; apply Theorem20_2 with (z:=x).
    repeat rewrite Theorem5; Simpl_N; apply Theorem6.
  + pose proof (Theorem15 _ _ _ (ZPl_ass_pre2 y x H0) H).
```

```
  destruct (Ncase n (Minus_N x y H0)) as [[H2|H2]|H2];
    [LGN H1 H2|  |EGN H2 H1].
  f_equal; symmetry; apply NMi_uni.
  rewrite (Theorem6 _ y), <- Theorem5; Simpl_N.
+ subst x; Simpl_N.
+ subst x; rewrite Theorem6; Simpl_N.
+ subst n; pose proof (ZPl_ass_pre2 y x H0).
  destruct (Ncase x (Minus_N x y H0)) as [[H1|H1]|H1];
    [LGN H H1|  |EGN H1 H].
  f_equal; symmetry; apply NMi_uni; Simpl_N.
+ subst n x; auto.
- destruct (Ncase x y) as [[H | H] | H]; auto.
- destruct (Ncase (Plus_N n x) y) as [[H | H] | H];
  destruct (Ncase x y) as [[H0 | H0] | H0]; simpl.
+ assert (ILT_N n (Minus_N y x H0)).
  { apply Theorem20_1 with (z:=x); Simpl_N. }
  destruct (Ncase n (Minus_N y x H0)) as [[H2|H2]|H2];
    [|LGN H1 H2|ELN H2 H1].
  f_equal; apply NMi_uni; rewrite Theorem6,<- Theorem5; Simpl_N.
+ pose proof (Theorem15 _ _ _ H H0).
  pose proof (Theorem18 x n).
  rewrite Theorem6 in H2; LGN H1 H2.
+ subst y; pose proof (Theorem18 x n).
  rewrite Theorem6 in H0; LGN H H0.
+ assert (IGT_N n (Minus_N y x H0)).
  { apply Theorem20_1 with (z:=x); Simpl_N. }
  destruct (Ncase n (Minus_N y x H0)) as [[H2|H2]|H2];
    [LGN H1 H2|  |EGN H2 H1].
  f_equal; symmetry; apply NMi_uni.
  apply Theorem20_2 with (z:=y); rewrite Theorem5; Simpl_N.
  rewrite (Theorem6 n), <- Theorem5; Simpl_N; apply Theorem6.
+ f_equal; apply Theorem20_2 with (z:=y);
  rewrite Theorem5; Simpl_N.
+ subst x; Simpl_N.
+ assert (n = (Minus_N y x H0)).
  { apply Theorem20_2 with (z:=x); Simpl_N. }
  destruct (Ncase n (Minus_N y x H0)) as [[H2 | H2] | H2];
  auto. * ELN H1 H2. * EGN H1 H2.
+ subst y; pose proof (Theorem18 x n).
  rewrite Theorem6 in H; LGN H H0.
+ subst y; pose proof (Theorem18 x n).
  rewrite Theorem6 in H; ELN H0 H.
```

Qed.

Theorem ZPl_ass: ∀ j k i,
  Plus_Z (Plus_Z j k) i = Plus_Z j (Plus_Z k i).
Proof.
  intros. destruct k, i; try rewrite (ZPl_com _ Z0); auto.
  - apply ZPl_assP1.
  - apply Zminp1; repeat rewrite ZPlup2.
    simpl minus_Z; apply ZPl_assP2.
  - apply ZPl_assP2.
  - apply Zminp1; repeat rewrite ZPlup2.
    simpl minus_Z; apply ZPl_assP1.
Qed.

Theorem ZTi_com: ∀ (j k:Z), Times_Z j k = Times_Z k j.
Proof.
  intros; destruct j, k; simpl; try rewrite (Theorem29); auto.
Qed.

Lemma ZTi_disP1: ∀ j k x, Times_Z j (Plus_Z k (Po x)) =
  Plus_Z (Times_Z j k) (Times_Z j (Po x)).
Proof.
  intros; destruct j, k; simpl; try rewrite Theorem30; auto.
  - destruct(Ncase n0 x) as [[H | H] | H].
    + assert (ILT_N (Times_N n n0) (Times_N n x)).
      { rewrite Theorem29,(Theorem29 n); apply Theorem32_1; auto. }
      destruct (Ncase (Times_N n n0)
        (Times_N n x)) as [[H1|H1]|H1].
      * f_equal; apply Theorem20_2 with (z:=(Times_N n n0));
        Simpl_N. rewrite <- Theorem30; Simpl_N.
      * LGN H0 H1. * ELN H1 H0.
    + assert (IGT_N (Times_N n n0) (Times_N n x)).
      { rewrite Theorem29, (Theorem29 n x);
        apply Theorem32_1; auto. }
      destruct (Ncase (Times_N n n0) (Times_N n x))
        as [[H1|H1]|H1]; [LGN H0 H1| |EGN H1 H0].
      f_equal; apply Theorem20_2 with (z:=(Times_N n x)); Simpl_N.
      rewrite <- Theorem30; Simpl_N.
    + destruct (Ncase (Times_N n n0) (Times_N n x))
        as [[H1|H1]|H1]; auto.
      * apply Theorem32_2 with (z:=n) in H.
        rewrite Theorem29, (Theorem29 x) in H; ELN H H1.

```
      * apply Theorem32_2 with (z:=n) in H.
        rewrite Theorem29, (Theorem29 x) in H; EGN H H1.
   - destruct (Ncase n0 x) as [[H | H] | H].
     + assert (ILT_N (Times_N n n0) (Times_N n x)).
       { rewrite Theorem29, (Theorem29 n);
         apply Theorem32_1; auto. }
       destruct (Ncase (Times_N n n0) (Times_N n x))
         as [[H1|H1]|H1]; [|LGN H0 H1|ELN H1 H0].
       f_equal; apply Theorem20_2 with (z:=(Times_N n n0)); Simpl_N.
       rewrite <- Theorem30; Simpl_N.
     + assert (IGT_N (Times_N n n0) (Times_N n x)).
       { rewrite Theorem29,(Theorem29 n); apply Theorem32_1; auto. }
       destruct (Ncase (Times_N n n0) (Times_N n x))
         as [[H1|H1]|H1]; [LGN H0 H1| |EGN H1 H0].
       f_equal; apply Theorem20_2 with (z:=(Times_N n x)); Simpl_N.
       rewrite <- Theorem30; Simpl_N.
     + destruct (Ncase (Times_N n n0) (Times_N n x))
         as [[H1|H1]|H1]; auto.
       * apply Theorem32_2 with (z:=n) in H.
         rewrite Theorem29, (Theorem29 x) in H; ELN H H1.
       * apply Theorem32_2 with (z:=n) in H.
         rewrite Theorem29, (Theorem29 x) in H; EGN H H1.
Qed.

Theorem ZTi_dis: ∀ j k i,
  Times_Z j (Plus_Z k i) = Plus_Z (Times_Z j k) (Times_Z j i).
Proof.
  intros; destruct i.
  - apply ZTi_disP1.
  - rewrite ZPl_com, (ZTi_com _ Z0); simpl.
    rewrite ZPl_com; simpl; auto.
  - apply Zminp1. rewrite ZTimp1. repeat rewrite ZPlup2.
    repeat rewrite ZTimp1; simpl; apply ZTi_disP1.
Qed.

Lemma ZPl_same_eqP1: ∀ j k x,
  Plus_Z j (Po x) = Plus_Z k (Po x) -> j = k.
Proof.
  intros; destruct j, k; simpl in H|-*; auto; inversion H.
  - f_equal; eapply Theorem20_2; eauto.
  - pose proof (Theorem18 x n); rewrite Theorem6 in H0; EGN H1 H0.
  - destruct (Ncase n0 x) as [[H2 | H2] | H2]; inversion H.
```

```
    apply Theorem19_2 with (z:=n0) in H3; Simpl_Nin H3.
    pose proof (Theorem18 x n0).
    pattern x at 2 in H0; rewrite <- H3 in H0.
    rewrite Theorem5, (Theorem6 n) in H0.
    pose proof (Theorem18 (Plus_N x n0) n); LGN H0 H4.
  - pose proof (Theorem18 x n); rewrite Theorem6 in H0; ELN H1 H0.
  - destruct (Ncase n x) as [[H2 | H2] | H2]; inversion H.
    apply Theorem19_2 with (z:=n) in H3; Simpl_Nin H3.
    pose proof (Theorem18 x n); EGN H3 H0.
  - destruct (Ncase n x) as [[H2 | H2] | H2]; inversion H.
    apply Theorem19_2 with (z:=n) in H3; Simpl_Nin H3.
    pose proof (Theorem18 x n0).
    pattern x at 2 in H0; rewrite H3 in H0.
    rewrite (Theorem6 n0) in H0.
    pose proof (Theorem18 (Plus_N x n0) n); LGN H0 H4.
  - destruct (Ncase n x) as [[H2 | H2] | H2]; inversion H.
    apply Theorem19_2 with (z:=n) in H3; Simpl_Nin H3.
    pose proof (Theorem18 x n); ELN H3 H0.
  - destruct (Ncase n0 x) as [[H2 | H2] | H2];
    destruct (Ncase n x) as [[H3 | H3] | H3]; inversion H.
    + pose proof (NMi1 x n H3). pose proof (NMi1 x n0 H2).
      rewrite Theorem6, <-H0, (Theorem6 _ n), H4 in H5.
      apply Theorem20_2 in H5; f_equal; auto.
    + apply Theorem19_2 with (z:=x) in H4; Simpl_Nin H4.
      f_equal; auto.
    + subst x n; auto.
Qed.


Corollary ZP1_same_eq: ∀ j k i,
  Plus_Z j i = Plus_Z k i <-> j = k.
Proof.
  split; intros.
  { destruct i.
    - eapply ZP1_same_eqP1; eauto.
    - rewrite ZP1_com, (ZP1_com k) in H; simpl in H; auto.
    - apply Zminp1 in H. repeat rewrite ZPlup2 in H. simpl in H.
      apply ZP1_same_eqP1 in H; apply -> Zminp1 in H; auto. }
  rewrite H; auto.
Qed.


Lemma Zltp4: ∀ {j k}, ILT_Z j k -> {x | Minus_Z k j = Po x}.
Proof.
```

```
  intros; destruct j, k; simpl in H; try inversion H.
  - exists (Minus_N n0 n H). apply ZPl_same_eq with (i:=(Po n)).
    rewrite ZPlup4. simpl; Simpl_N.
  - exists n; auto.
  - exists (Plus_N n0 n).
    apply ZPl_same_eq with (i:=(Ne n)). rewrite ZPlup4. simpl.
    pose proof (Theorem18 n n0). rewrite Theorem6 in H0.
    destruct (Ncase (Plus_N n0 n) n) as [[H1 | H1] | H1]; Simpl_N.
    + LGN H0 H1. + EGN H1 H0.
  - exists n; auto.
  - exists (Minus_N n n0 H). unfold Minus_Z.
    apply Zminp1. rewrite ZPlup2. simpl minus_Z. rewrite ZPl_com.
    replace (Po n0) with (minus_Z (Ne n0)); auto. rewrite ZPlup1.
    apply ZPl_same_eq with (i:=(Ne n0)).
    rewrite ZPlup4. simpl; Simpl_N.
Qed.

Corollary ZPl_same_lt: ∀ j k i,
  ILT_Z (Plus_Z j i) (Plus_Z k i) <-> ILT_Z j k.
Proof.
  split; intros.
  - apply Zltp1 in H. unfold Minus_Z in H.
    rewrite ZPlup2, (ZPl_com (minus_Z j)) in H.
    rewrite <- ZPl_ass, (ZPl_ass k) in H.
    rewrite ZPlup3, (ZPl_com k) in H; simpl Plus_Z at 2 in H.
    rewrite ZPlup1 in H; apply Zltp1; auto.
  - apply Zltp1; unfold Minus_Z.
    rewrite ZPlup2, (ZPl_com (minus_Z j)).
    rewrite <- ZPl_ass, (ZPl_ass k).
    rewrite ZPlup3, (ZPl_com k); simpl Plus_Z at 2.
    rewrite ZPlup1; apply -> Zltp1; auto.
Qed.

Corollary ZMi_uni: ∀ j k i, Plus_Z j k = i -> j = Minus_Z i k.
Proof.
  intros; apply ZPl_same_eq with (i:=k); rewrite ZPlup4; auto.
Qed.

Corollary ZPl_same_le: ∀ j k i,
  ILE_Z j k <-> ILE_Z (Plus_Z j i) (Plus_Z k i).
Proof.
  split; intros.
```

```
  - apply Zle_inv' in H; apply Zle_inv; destruct H.
    + left; apply ZPl_same_lt; auto.
    + subst j; right; auto.
  - apply Zle_inv' in H; apply Zle_inv; destruct H.
    + left; eapply ZPl_same_lt; eauto.
    + right; eapply ZPl_same_eq; eauto.
Qed.

Corollary Zle_lt': ∀ {j i},
  ILT_Z j (Plus_Z i (Po 1)) -> ILE_Z j i.
Proof.
  intros; apply Zlt_le, ZPl_same_le in H; auto.
Qed.
```

定理 2.281　　设 $f(n)$ 当 $n \leqslant x+y$ 时有定义, 则

$$\sum_{n=1}^{x+y} f(n) = \sum_{n=1}^{x} f(n) \ast \sum_{n=1}^{y} f(x+n).$$

```
Theorem Theorem281u: ∀ f x y o, law_ass o ->
  RepZ (Plus_N x y) f o =
    o (RepZ x f o) (RepZ y (λ n, f (Plus_Z (Po x) n)) o).
Proof.
  intros; induction y; auto.
  simpl; rewrite IHy, H; auto.
Qed.

Theorem Theorem281t: ∀ f x y, Rep_T (Plus_N x y) f =
  (Rep_T x f) ·# (Rep_T y (λ n, f (Plus_Z (Po x) n))).
Proof.
  intros; apply Theorem281u; red; apply Theorem226.
Qed.

Theorem Theorem281p: ∀ f x y, Rep_P (Plus_N x y) f =
  (Rep_P x f) +# (Rep_P y (λ n, f (Plus_Z (Po x) n))).
Proof.
  intros; apply Theorem281u; red; apply Theorem211.
Qed.
```

定理 2.282　　设 $f(n)$ 和 $g(n)$ 当 $n \leqslant x$ 有定义, 则

$$\sum_{n=1}^{x} (f(n) \ast g(n)) = \sum_{n=1}^{x} f(n) \ast \sum_{n=1}^{x} g(n).$$

```
Theorem Theorem282u: ∀ f g x o, law_ass o -> law_com o ->
  RepZ x (λ z, o (f z) (g z)) o = o (RepZ x f o) (RepZ x g o).
Proof.
  intros; set (M282:= /{ x | RepZ x (λ z, o (f z) (g z)) o =
  o (RepZ x f o) (RepZ x g o) /}).
  assert (1 ∈ M282). { constructor; simpl; auto. }
  assert (∀ x, x ∈ M282 -> x` ∈ M282); intros.
  { destruct H2; constructor; simpl. rewrite H2. repeat rewrite H.
    rewrite <- (H _ _ (g (Po x0`))),(H0 _ (f (Po x0`))), H; auto. }
  assert (∀ x, x ∈ M282). { apply AxiomV; auto. }
  destruct H3 with x; auto.
Qed.

Theorem Theorem282t: ∀ f g x,
  Rep_T x (λ z, (f z) ·# (g z)) = (Rep_T x f) ·# (Rep_T x g).
Proof.
  intros; apply Theorem282u;
  red; try apply Theorem220; apply Theorem226.
Qed.

Theorem Theorem282p: ∀ f g x,
  Rep_P x (λ z, (f z) +# (g z)) = (Rep_P x f) +# (Rep_P x g).
Proof.
  intros; apply Theorem282u;
  red; try apply Theorem211; apply Theorem209.
Qed.
```

定理 2.283　设 $s(n)$ 表示 $n \leqslant x$ 和 $m \leqslant x$ 之间的对应. 设 $f(n)$ 当 $n \leqslant x$ 时有定义, 则

$$\sum_{n=1}^{x} f(s(n)) = \sum_{n=1}^{x} f(n).$$

```
Definition spZ0 (s:Z ->Z):= ∀ a b, s a = s b -> a = b.

Definition spZ1 (s:Z ->Z) n:= ∀ a, ILE_Z (Po a) (Po n) ->
  ILE_Z (s (Po a)) (Po n) /\ ∃ m, s (Po a) = (Po m).

Definition spZ2 (s:Z ->Z) n:= ∀ a, ILE_Z (Po a) (Po n) ->
  ∃ b, s (Po b) = (Po a) /\ ILE_Z (Po b) (Po n).

Lemma eq_RepZs: ∀ f (s1 s2:Z ->Z) x o,
```

```
(∀ a, ILE_N a x -> s1 (Po a) = s2 (Po a)) ->
(RepZ x (λ n, f (s1 n)) o) = (RepZ x (λ n, f (s2 n)) o).
Proof.
  intros; revert H; induction x; intros; simpl; f_equal.
  - apply H; apply Theorem13; apply Theorem24.
  - rewrite IHx; auto. intros; apply H; left; apply Le_Lt; auto.
  - f_equal; apply H; red; tauto.
Qed.

Lemma Lemma_T283Za: ∀ f s x o, law_ass o -> law_com o ->
  (∀ f s, spZ0 s -> spZ1 s x -> spZ2 s x ->
  RepZ x f o = RepZ x (λ n, f (s n)) o) ->
  spZ0 s -> spZ1 s x` -> spZ2 s x` -> s (Po x`) = (Po x`) ->
  RepZ x` f o = RepZ x` (λ n, f (s n)) o.
Proof.
  intros; rewrite <- NP1_1. repeat rewrite Theorem281u; auto.
  simpl; rewrite H5; f_equal; apply H1; red; intros; auto.
  - assert (ILE_Z (s (Po a)) (Po x`)).
    { apply H3; left; apply Le_Lt; auto. } split.
    + apply Zle_lt'; simpl. apply Zle_inv' in H7. destruct H7;auto.
      rewrite <- H5 in H7; apply H2 in H7. inversion H7; subst a.
      simpl in H6; apply Le_Lt in H6; apply OrdN2 in H6; tauto.
    + apply H3; simpl in H6|-*. left.
      eapply Theorem16; left; split; eauto. exists 1; Simpl_N.
  - assert (ILE_N a x`). { left; apply Le_Lt; auto. }
    apply H4 in H7; destruct H7, H7.
    exists x0; split; auto; destruct H8.
    * apply Theorem26; Simpl_N.
    * subst x0; rewrite H7 in H5; inversion H5; subst a; auto.
Qed.

Lemma Lemma_T283Zb: ∀ f s x o, law_ass o -> law_com o ->
  (∀ f s, spZ0 s -> spZ1 s x -> spZ2 s x ->
  RepZ x f o = RepZ x (λ n, f (s n)) o) ->
  spZ0 s -> spZ1 s x` -> spZ2 s x` -> s (Po 1) = (Po 1) ->
  RepZ x` f o = RepZ x` (λ n, f (s n)) o.
Proof.
  intros. rewrite <- NP11_; repeat rewrite Theorem281u; auto.
  repeat rewrite Theorem277; rewrite H5; f_equal.
  assert ((λ n, f (s (Plus_Z (Po 1) n))) = (λ n,
    f (Plus_Z (Po 1) (Minus_Z (s (Plus_Z (Po 1) n)) (Po 1))))).
  { apply fun_ext; intros; f_equal. rewrite (ZP1_com _
```

```
   (Minus_Z (s (Plus_Z (Po 1) m)) (Po 1))), ZPlup4; auto. }
 rewrite H6. apply H1 with (f:=(λ n, f (Plus_Z (Po 1) n)))
   (s:=(λ n, (Minus_Z (s (Plus_Z (Po 1) n)) (Po 1)))); red;intros.
 - apply ZPl_same_eq with (i:=(Po 1)) in H7;
   repeat rewrite ZPlup4 in H7.
   apply H2 in H7; rewrite ZPl_com, (ZPl_com _ b) in H7.
   apply ZPl_same_eq in H7; auto.
 - split.
   + apply ZPl_same_le with (i:= (Po 1)).
     rewrite ZPlup4, (ZPl_com (Po 1)). simpl in H7.
     apply LePl_N with (z:=1) in H7; Simpl_Nin H7. apply H3; auto.
   + assert (ILE_Z (Po a`) (Po x`)).
     { simpl in H7|-*.
       apply LePl_N with (z:=1) in H7; Simpl_Nin H7. }
     apply H3 in H8. destruct H8 as [_ [m H8]].
     assert (IGT_N m 1).
     { destruct m.
       - rewrite <- H5 in H8. apply H2 in H8. inversion H8.
       - rewrite <- NPl1_; apply N1P. }
     exists (Minus_N m 1 H9).
     apply ZPl_same_eq with (i:=(Po 1)). rewrite ZPlup4.
     simpl; Simpl_N.
 - apply ZPl_same_le with (i:=(Po 1)) in H7;
   repeat rewrite ZPlup4 in H7.
   apply H4 in H7; destruct H7, H7; destruct x0.
   + rewrite H7 in H5; inversion H5.
   + simpl in H7, H8; apply LePl_N with (z:=1) in H8.
     exists x0; split; auto. apply ZPl_same_eq with (i:=(Po 1)).
     rewrite ZPlup4. simpl; Simpl_N.
Qed.

Lemma eq_dec: ∀ {T:Type} (t1 t2: T), {t1 = t2} + {t1 <> t2}.
Proof.
  intros; destruct (classicT (t1 = t2)); auto.
Qed.

Definition s4Z' (x:Nat) (s:Z ->Z):=
  λ n, if eq_dec n (Po 1) then (Po 1)
   else if eq_dec n (Po x`) then (Po x`) else s n.

Lemma Lemma_T283Zc: ∀ x1 x f s o, x = Plus_N x1 1 ->
  (RepZ x1 (λ n, f (s (Plus_Z (Po 1) n))) o) =
```

```
  (RepZ x1 (λ n, f ((s4Z' x s) (Plus_Z (Po 1) n))) o).
Proof.
  intros; apply eq_RepZs; intros.
  unfold s4Z'; destruct (eq_dec (Plus_Z (Po 1) (Po a)) (Po 1)).
  - inversion e; Simpl_Nin H2; destruct (AxiomIII _ H2).
  - destruct (eq_dec (Plus_Z (Po 1) (Po a)) (Po x`)); auto.
    inversion e; Simpl_Nin H2; apply AxiomIV in H2.
    subst a x; Simpl_Nin H0; apply OrdN4 in H0; try tauto.
    red; exists 1; auto.
Qed.

Theorem Theorem283Zu: ∀ f s n o, law_ass o -> law_com o ->
  (spZ0 s) -> (spZ1 s n) -> (spZ2 s n) ->
  RepZ n f o = RepZ n (λ m, f (s m)) o.
Proof.
  intros f s n o L1 L2 H H0 H1.
  set (M283:= /{ n | ∀ f s, (spZ0 s) -> (spZ1 s n) -> (spZ2 s n) ->
  RepZ n f o = RepZ n (λ m, f (s m)) o /}).
  assert (1 ∈ M283).
  { constructor; intros; simpl.
    assert (ILE_Z (Po 1) (Po 1)). { simpl; red; auto. }
    pose proof H5. apply H3 in H5. destruct H5 as [H5 [m P1]].
    apply Zle_inv' in H5. destruct H5.
    - apply H4 in H6; destruct H6 as [b [H6]], H7; [N1F H7|].
      subst b; rewrite H6 in H5; simpl in H5; N1F H5.
    - rewrite H5; auto. }
  assert (∀ x, x ∈ M283 -> x` ∈ M283); intros.
  { destruct H3; constructor; intros.
    destruct (classic (s0 (Po x`) = (Po x`))) as [H7 |H7].
    - apply Lemma_T283Za; auto.
    - destruct (classic (s0 (Po 1) = (Po 1))) as [H8 |H8].
      + apply Lemma_T283Zb; auto.
      + pose proof (Theorem13 _ _ (Theorem24 x`)).
        destruct (H6 _ H9) as [b [H10 H11]].
        set (s1:= (λ n, match (eq_dec n (Po 1)) with
                        | left _ => (Po 1)
                        | right _ => match (eq_dec n (Po b)) with
                                     | left _ => s0 (Po 1)
                                     | right _ => s0 n
                                     end
                        end )).
        assert (spZ0 s1 /\ spZ1 s1 x` /\ spZ2 s1 x`) as G1.
```

```
{ repeat split; try red; intros.
  - unfold s1 in H12. destruct (eq_dec a (Po 1)).
    + destruct eq_dec; try subst a; auto.
      destruct eq_dec; symmetry in H12; try tauto.
      rewrite <- H10 in H12; pose proof (H4 _ _ H12); tauto.
    + destruct (eq_dec a (Po b)).
      * destruct eq_dec; try tauto.
        destruct eq_dec; try subst b0; auto.
        symmetry in H12; pose proof (H4 _ _ H12); tauto.
      * destruct (eq_dec b0 (Po 1)).
        { rewrite <- H10 in H12;
          pose proof (H4 _ _ H12); tauto. }
        { destruct (eq_dec b0 (Po b)); try apply H4; auto.
          pose proof (H4 _ _ H12); contradiction. }
  - unfold s1. assert (ILE_N 1 x`).
    { apply Theorem13; apply Theorem24. }
    destruct eq_dec; auto. destruct eq_dec; apply H5; auto.
  - unfold s1. destruct eq_dec; eauto. destruct eq_dec.
    + apply H5; simpl; apply Theorem13, Theorem24.
    + apply H5; auto.
  - assert (ILE_N 1 x`).
    { apply Theorem13; apply Theorem24. }
    unfold s1; destruct (eq_dec (Po a) (Po 1)).
    + exists 1; split; auto.
      destruct (eq_dec (Po 1) (Po 1)); auto. elim n0; auto.
    + destruct (eq_dec (Po a) (s0 (Po 1))).
      * exists b. destruct (eq_dec (Po b) (Po 1));
          try rewrite e0 in *; try tauto. symmetry in e.
        destruct eq_dec; auto. elim n2; auto.
      * apply H6 in H12. destruct H12, H12.
        exists x0; symmetry in H12.
        destruct eq_dec; try rewrite e in *; try tauto.
        symmetry in H12; destruct eq_dec; auto.
        elim n0; rewrite <- H12, e; auto. }
assert (s1 (Po 1) = (Po 1)) as G2.
{ unfold s1. destruct eq_dec; auto. elim n0; auto. }
apply H5 in H9. destruct H9 as [H9 [m1 P1]].
apply Zle_inv' in H9. destruct H9.
{ set (s2:= (λ n, match (eq_dec n (Po 1)) with
                  | left _ => s0 (Po 1)
                  | right _ =>
                      match (eq_dec n (s0 (Po 1))) with
```

```
                               | left _ => (Po 1)
                               | right _ => n
                            end
                      end )).
assert (s0 = (λ x, s2 (s1 x))).
{ apply fun_ext; intros; unfold s1. destruct eq_dec.
  { subst m; unfold s2; destruct eq_dec; tauto. }
  destruct (eq_dec m (Po b)).
  { rewrite e, H10. unfold s2.
    destruct eq_dec; try tauto. destruct eq_dec; tauto. }
  { assert ((s0 m) <> (Po 1)).
    { intro; rewrite <- H10 in H12;
      pose proof (H4 _ _ H12); tauto. }
    unfold s2; destruct eq_dec; try tauto.
    destruct (eq_dec (s0 m) (s0 (Po 1))); auto.
    pose proof (H4 _ _ e); tauto. } } rewrite H12.
assert (RepZ x` (λ n, f0 (s2 n)) o =
  RepZ x` (λ n, f0 (s2 (s1 n))) o).
{ apply (Lemma_T283Zb (λ x, f0 (s2 x)) s1 x); auto;
  try apply G1. } rewrite <- H13.
apply Lemma_T283Za; auto; try red; intros.
- unfold s2 in H14. destruct (eq_dec a (Po 1)).
  + destruct eq_dec; try subst a; auto.
    destruct eq_dec; symmetry in H12; try tauto.
    symmetry in H14; contradiction.
  + destruct (eq_dec a (s0 (Po 1))).
    * destruct eq_dec; symmetry in H14; try tauto.
      destruct eq_dec; try subst b0; tauto.
    * destruct eq_dec; try tauto. destruct eq_dec; tauto.
- unfold s2. assert (ILE_N 1 x`).
  { apply Theorem13; apply Theorem24. }
  destruct eq_dec; auto. destruct eq_dec; eauto.
- assert (ILE_N 1 x`).
  { apply Theorem13; apply Theorem24. }
  unfold s2. destruct (eq_dec (Po a) (s0 (Po 1))).
  + exists 1; split; auto.
    destruct (eq_dec (Po 1) (Po 1)); auto. tauto.
  + destruct (eq_dec (Po a) (Po 1)).
    * assert (ILE_Z (Po 1) (Po (x) `)).
      { simpl; apply Theorem13, Theorem24. }
      apply H5 in H16. destruct H16 as [H16 [m H17]].
      exists m. destruct (eq_dec (Po m) (Po 1)).
```

```
    { elim n0; rewrite H17, e0; auto. }
    { destruct (eq_dec (Po m) (s0 (Po 1))).
      - split; auto; rewrite e0; auto.
      - elim n2; rewrite H17; auto. }
   * exists a. destruct eq_dec; try tauto.
     destruct eq_dec; try tauto; split; auto.
 - unfold s2. destruct eq_dec; [inversion e|].
   destruct eq_dec; auto. rewrite <- e in H9. simpl in H9.
   apply OrdN2 in H9; tauto. } destruct H11.
{ set (s3:=(λ n, match (eq_dec n (Po 1)) with
                 | left _ => (Po b)
                 | right _ => match (eq_dec n (Po b)) with
                              | left _ => (Po 1)
                              | right _ => n
                              end
                 end )).
 assert (s0 = (λ x, s1 (s3 x))).
 { apply fun_ext; intros; unfold s3.
   destruct (eq_dec m (Po 1)).
   { subst m; unfold s1. destruct eq_dec.
     - inversion e. subst b; try contradiction.
     - destruct (eq_dec (Po b) (Po b)); tauto. }
   destruct (eq_dec m (Po b)).
   { rewrite e, H10. unfold s1.
     destruct (eq_dec (Po 1) (Po 1)); try tauto. }
   { unfold s1; destruct (eq_dec m (Po 1)); try tauto.
     destruct (eq_dec m (Po b)); tauto. } } rewrite H12.
 assert (RepZ x` f0 o = RepZ x` (λ n, f0 (s1 n)) o).
 { apply (Lemma_T283Zb f0 s1 x); auto; try apply G1. }
 rewrite H13. apply (Lemma_T283Za (λ n, f0 (s1 n)) s3 x);
 auto; try red; intros.
 - unfold s3 in H14. destruct (eq_dec a (Po 1)).
   + destruct eq_dec; try subst a; auto.
     destruct eq_dec;[subst b0; auto|elim n1; auto].
   + destruct (eq_dec a (Po b)).
     * destruct (eq_dec b0 (Po 1)).
       { subst a b0; auto. }
       { destruct eq_dec; try subst b0; tauto. }
     * destruct (eq_dec b0 (Po 1)); try tauto.
       destruct (eq_dec b0 (Po b)); tauto.
 - unfold s3. assert (ILE_N 1 x`).
   { apply Theorem13; apply Theorem24. }
```

```
      destruct (eq_dec (Po a) (Po 1)).
      + inversion e; split; eauto; simpl; red; auto.
      + destruct (eq_dec (Po a) (Po b)); eauto.
    - assert (ILE_N 1 x`).
      { apply Theorem13; apply Theorem24. }
      unfold s3. destruct (eq_dec a b).
      + exists 1; split; auto.
        destruct eq_dec;[subst a; auto|elim n0; auto].
      + destruct (eq_dec (Po a) (Po 1)).
        * exists b. destruct (eq_dec (Po b) (Po 1)).
          { split;[rewrite e, e0; auto|simpl; red; auto]. }
          { destruct (eq_dec (Po b) (Po b)).
            - split; auto. simpl; red; auto.
            - elim n2; auto. }
        * exists a. destruct eq_dec; try tauto.
          destruct eq_dec; try tauto;
          split; auto. inversion e; contradiction.
    - unfold s3. destruct (eq_dec (Po x`) (Po 1)).
      + inversion e.
      + destruct (eq_dec (Po x`) (Po b)); auto.
        inversion e; subst b; apply OrdN1 in H11; tauto. }
{ destruct x.
  - simpl; rewrite H9, L2; f_equal; f_equal; subst b; auto.
  - pattern (x`)` at 2; rewrite <- NP1_1.
    rewrite Theorem281u; auto; simpl RepZ at 3.
    pattern x` at 2; rewrite <- NP11_, Theorem281u; auto.
    simpl RepZ at 2. subst b.
    rewrite L1, L2, (L2 _ (f0 (s0 (Po (x`)`)))), H10, H9.
    set (s4:= (s4Z' x` s0)).
    erewrite Lemma_T283Zc; eauto.
    assert (s4 (Po 1) = (Po 1)).
    { unfold s4, s4Z'. destruct eq_dec; tauto. }
    assert (s4 (Po (x`)`) = Po (x`)`).
    { unfold s4, s4Z'. destruct eq_dec; auto.
      destruct eq_dec; tauto. }
    pattern (Po 1) at 1; rewrite <- H11. rewrite <- H12.
    assert ((RepZ 1 (λ z, (f0 (s4 z)))) o = f0 (s4 (Po 1))).
    { simpl; auto. } rewrite <- H13.
    rewrite <- Theorem281u, Theorem6; auto. simpl RepZ at 2.
    assert ((RepZ 1 (λ z,
      (f0 (s4 (Plus_Z (Po x) z)))))) o = f0 (s4 (Po x`))).
    { simpl; auto. } rewrite <- H14, <- Theorem281u; auto.
```

```
        apply Lemma_T283Zb; auto; red; intros.
      + unfold s4, s4Z' in H15. destruct (eq_dec a (Po 1)).
        * destruct eq_dec; try subst a; auto. destruct eq_dec.
          { inversion H15. }
          { rewrite H15 in H10; symmetry in H10.
            pose proof (H4 _ _ H10); contradiction. }
        * destruct eq_dec.
          { destruct eq_dec.
            { inversion H15. }
            { destruct (eq_dec b (Po (x`)`)); try subst a;
              auto. rewrite H15 in H9; symmetry in H9.
              pose proof (H4 _ _ H9); contradiction. } }
          { destruct (eq_dec b (Po 1)).
            { rewrite <- H10 in H15;
              pose proof (H4 _ _ H15); tauto. }
            { destruct eq_dec; try subst a;
              auto. rewrite <- H9 in H15;
              pose proof (H4 _ _ H15); tauto. } }
      + unfold s4, s4Z'. assert (ILE_N 1 (x`)`).
        { apply Theorem13; apply Theorem24. }
        destruct eq_dec; eauto. destruct eq_dec; auto.
        split; eauto. simpl; red; auto.
      + assert (ILE_N 1 (x`)`).
        { apply Theorem13; apply Theorem24. }
        unfold s4, s4Z'. destruct (eq_dec a 1).
        * exists 1; split; auto.
          destruct eq_dec;[subst a; auto|elim n0; auto].
        * destruct (eq_dec a (x`)`).
          { exists (x`)`. destruct eq_dec.
            { inversion e0. }
            { destruct (eq_dec (Po (x`)`) (Po (x`)`)).
              { subst a; split; auto; red; auto. }
              { elim n2; auto. } } }
          { apply H6 in H15; destruct H15, H15.
            exists x0. destruct (eq_dec (Po x0) (Po 1)).
            { inversion e; subst x0. rewrite H15 in H9.
              inversion H9; contradiction. }
            { destruct (eq_dec (Po x0) (Po (x`)`)); auto.
              inversion e. subst x0. rewrite H15 in H10.
              inversion H10; contradiction. } } } }
assert (∀ n, n ∈ M283); intros. { apply AxiomV; auto. }
destruct H4 with n; auto.
```

Qed.

在定义 2.70 和定理 2.284 至定理 2.286 中, 小写拉丁字母破例表示整数 (但不必是正数).

定义 2.70　设

$$y \leqslant x,$$

$f(n)$ 当

$$y \leqslant n \leqslant x$$

时有定义. 则

$$\sum_{n=y}^{x} f(n) = \sum_{n=1}^{(x+1)-y} f((n+y)-1).$$

上式中我们也可不用 n 而代以表整数的其他任一字母.

注意,

$$x+1 > 1,\ y \leqslant (n+y-1), \quad \text{当 } 1 \leqslant n \leqslant (x+1)-y \text{ 时,}$$

且当 $y = 1$ 时, 定义 2.70 (正如它应该的) 和定义 2.69 相符.

```
Lemma D70N_ex: ∀ j k (l:ILE_Z j k),
  { x | Plus_Z j (Po x) = (Plus_Z k (Po 1))}.
Proof.
  intros; apply Zle_lt, Zltp4 in l; destruct l.
  exists x; apply ZPl_same_eq with (i:=j) in e.
  rewrite ZPlup4, (ZPl_com _ j) in e; auto.
Qed.

Definition D70N_get j k l:= proj1_sig (D70N_ex j k l).

Definition RepZ' j k f l o:= RepZ (D70N_get j k l)
  (λ n, f (Minus_Z (Plus_Z n j) (Po 1))) o.
```

定理 2.284　设

$$y \leqslant u < x,$$

又设 $f(n)$ 当

$$y \leqslant n \leqslant x$$

时有定义. 则

$$\sum_{n=y}^{x} f(n) = \sum_{n=y}^{u} f(n) \ast \sum_{n=u+1}^{x} f(n).$$

Lemma Lemma_T284Za: ∀ y u x, Minus_Z (Plus_Z x (Po 1)) y =
  Plus_Z (Minus_Z (Plus_Z u (Po 1)) y) (Minus_Z x u).
Proof.
  intros; rewrite ZPl_com.
  apply ZPl_same_eq with (i:=y). rewrite ZPlup4.
  rewrite ZPl_ass, (ZPl_com _ y), <- ZPl_ass, ZPlup4.
  rewrite (ZPl_com _ (Minus_Z x u)), <- ZPl_ass, ZPlup4.
  apply ZPl_com.
Qed.

Lemma T284Z_cond: ∀ {y u x} (l:ILE_Z y u)(l1:ILT_Z u x),
  ILE_Z y x.
Proof.
  intros; apply Zle_inv' in l; apply Zle_inv; destruct l; left.
  - eapply Zltp3; eauto. - subst y; auto.
Qed.

Theorem Theorem284Zu: ∀ y u x f o l1 l2, law_ass o ->
  RepZ' y x f (T284Z_cond l1 l2) o =
  o (RepZ' y u f l1 o) (RepZ' (Plus_Z u (Po 1)) x f (Zlt_le l2) o).
Proof.
  intros; unfold RepZ', D70N_get.
  destruct (D70N_ex y x (T284Z_cond l1 l2)),
   ((D70N_ex y u l1)), (D70N_ex (Plus_Z u (Po 1))); simpl.
  rewrite ZPl_com in e. apply ZMi_uni in e.
  rewrite Lemma_T284Za with (u:=u) in e.
  destruct (Zltp4 l2) as [n H0]. rewrite H0 in *.
  destruct (Zltp4 (Zle_lt l1)) as [m H1]. rewrite H1 in *.
  inversion e. assert (x1 = m).
  { rewrite ZPl_com in e0; apply ZMi_uni in e0.
    rewrite <- e0 in H1; inversion H1; auto. } assert (x2 = n).
  { rewrite ZPl_ass, (ZPl_com (Po 1)), <-ZPl_ass in e1.
    apply ZPl_same_eq in e1.
    rewrite ZPl_com in e1; apply ZMi_uni in e1.
    rewrite <- e1 in H0. inversion H0; auto. }
  subst x0 x1 x2. rewrite Theorem281u; auto.
  f_equal; f_equal; rewrite <- H1. apply fun_ext; intros; f_equal.
  apply ZPl_same_eq with (i:=(Po 1)). repeat rewrite ZPlup4.
  rewrite (ZPl_com _ m0), ZPl_ass, ZPlup4; auto.
Qed.

定理 2.285   设

$$y \leqslant x,$$

$f(n)$ 当

$$y \leqslant n \leqslant x$$

时有定义. 则

$$\sum_{n=y}^{x} f(n) = \sum_{n=y+v}^{x+v} f(n-v).$$

```
Theorem Theorem285 Zu: ∀ y x v f l l1 o,
  RepZ' y x f l o =
  RepZ' (Plus_Z y v) (Plus_Z x v) (λ n, f (Minus_Z n v)) l1 o.
Proof.
  intros; unfold RepZ'; f_equal.
  - unfold D7ON_get; destruct (D7ON_ex y x l),
    (D7ON_ex (Plus_Z y v) (Plus_Z x v) l1); simpl.
    rewrite (ZPl_com x), (ZPl_ass v), <- e in e0.
    rewrite <- ZPl_ass, (ZPl_com v) in e0.
    rewrite ZPl_com, (ZPl_com _ (Po x0)) in e0.
    apply ZPl_same_eq in e0; inversion e0; auto.
  - apply fun_ext; intros; f_equal.
    apply ZPl_same_eq with (i:=v). rewrite ZPlup4.
    apply ZPl_same_eq with (i:=(Po 1)). rewrite ZPlup4.
    rewrite (ZPl_com _ v), ZPl_ass, ZPlup4.
    rewrite (ZPl_com v); apply ZPl_ass.
Qed.
```

定理 2.286   设

$$y \leqslant x,$$

$f(n)$ 当

$$y \leqslant n \leqslant x$$

时有定义. 令 $s(n)$ 使 $y \leqslant n \leqslant x$ 中的 n 对应于 $y \leqslant m \leqslant x$ 中的 m. 则

$$\sum_{n=y}^{x} f(s(n)) = \sum_{n=y}^{x} f(n).$$

```
Definition spZ3 (s:Z ->Z) n m:=
  ∀ a, ILE_Z m a -> ILE_Z a n -> ILE_Z m (s a) /\ ILE_Z (s a) n.
```

```
Definition spZ4 (s:Z ->Z) n m:=
  ∀ a, ILE_Z m a -> ILE_Z a n ->
  ∃ b, s b = a /\ ILE_Z m b /\ ILE_Z b n.

Theorem Theorem286Zu: ∀ f x y s l o, law_ass o -> law_com o ->
  spZ0 s -> spZ3 s x y -> spZ4 s x y ->
  RepZ' y x (λ x, f (s x)) l o = RepZ' y x f l o.
Proof.
  intros. set (s1:= λ n, Minus_Z (s (Minus_Z (Plus_Z n y) (Po 1)))
    (Minus_Z y (Po 1))). unfold RepZ'.
  assert ((λ n, f (s (Minus_Z (Plus_Z n y) (Po 1)))) =
  (λ n, f (Plus_Z (s1 n) (Minus_Z y (Po 1))))).
  { apply fun_ext; intros; unfold s1; rewrite ZPlup4; auto. }
  rewrite H4. unfold D70N_get. destruct ((D70N_ex y x l)); simpl.
  pose proof e as G. rewrite ZPl_com in G. apply ZMi_uni in G.
  rewrite <- (Theorem283Zu (λ n,
    f (Plus_Z n (Minus_Z y (Po 1)))) s1); try red; intros; auto.
  - f_equal; apply fun_ext; intros; f_equal.
    apply ZPl_same_eq with (i:=(Po 1)).
    rewrite ZPl_ass; repeat rewrite ZPlup4; auto.
  - unfold s1 in H5.
    apply ZPl_same_eq with (i:=(Minus_Z y (Po 1))) in H5.
    repeat rewrite ZPlup4 in H5. apply H1 in H5.
    apply ZPl_same_eq with (i:=(Po 1)) in H5.
    repeat rewrite ZPlup4 in H5. eapply ZPl_same_eq; eauto.
  - unfold s1. split.
    { apply ZPl_same_le with (i:=(Minus_Z y (Po 1)));
      rewrite ZPlup4.
      assert ((Plus_Z (Po x0) (Minus_Z y (Po 1))) = x).
      { apply ZPl_same_eq with (i:=(Po 1)).
        rewrite ZPl_ass, G. repeat rewrite ZPlup4; auto. }
      rewrite H6. apply H2.
    + apply ZPl_same_le with (i:=(Po 1)); rewrite ZPlup4, ZPl_com.
      apply ZPl_same_le; simpl; apply Theorem13; apply Theorem24.
    + rewrite <- H6. apply ZPl_same_le with (i:=(Po 1));
      rewrite ZPlup4. rewrite ZPl_ass, ZPlup4.
      apply ZPl_same_le; auto. }
    { apply inhabited_sig_to_exists; constructor.
      apply Zltp4, ZPl_same_lt with (i:=(Po 1)).
      apply Zle_lt; rewrite ZPlup4; apply H2.
      - apply ZPl_same_le with (i:=(Po 1)); rewrite ZPlup4, ZPl_com.
        apply ZPl_same_le; simpl. apply Theorem13, Theorem24.
```

```
      - rewrite G in H5.
        apply ZPl_same_le with (i:=y) in H5; rewrite ZPlup4 in H5.
        apply ZPl_same_le with (i:=(Po 1)); rewrite ZPlup4; auto. }
  - rewrite G in H5.
    apply ZPl_same_le with (i:=y) in H5; rewrite ZPlup4 in H5.
    apply ZPl_same_le with (i:=(minus_Z (Po 1))) in H5.
    rewrite (ZPl_ass x), ZPlup1, ZPlup3 in H5.
    rewrite (ZPl_com x) in H5; simpl Plus_Z at 2 in H5.
    assert (ILE_Z y (Minus_Z (Plus_Z (Po a) y) (Po 1))).
    { apply ZPl_same_le with (i:=(Po 1)). rewrite ZPlup4, ZPl_com.
      apply ZPl_same_le; simpl; apply Theorem13; apply Theorem24. }
    destruct (H3 _ H6 H5), H7, H8. pose proof H8.
    apply ZPl_same_le with (i:=(minus_Z (Po 1))) in H10.
    apply Zle_lt in H10. rewrite ZPlup1 in H10.
    rewrite ZPl_ass, (ZPl_com _ (Po 1)), ZPlup3 in H10.
    rewrite ZPl_com in H10; simpl in H10.
    destruct (Zltp4 H10) as [n H11]. exists n; split.
    + unfold s1. symmetry. apply ZMi_uni.
      assert (x1 = (Minus_Z (Plus_Z (Po n) y) (Po 1))).
      { apply ZMi_uni. apply ZMi_uni in H11.
        unfold Minus_Z in H11. rewrite ZPlup2 in H11.
        simpl minus_Z in H11. rewrite ZPlup2, Zminp2 in H11.
        rewrite H11. repeat rewrite ZPl_ass.
        pattern (Po 1) at 1; rewrite <- Zminp2.
        rewrite ZPlup3, (ZPl_com _ ZO); auto. }
      rewrite <- H12, H7. apply ZMi_uni.
      rewrite ZPl_ass, ZPlup4; auto.
    + rewrite G, <- H11.
      assert ((Minus_Z x (Minus_Z y (Po 1))) =
        (Minus_Z (Plus_Z x (Po 1)) y)).
      { symmetry. apply ZMi_uni. unfold Minus_Z at 2.
        rewrite <- ZPl_ass, ZPlup4, ZPlup1.
        apply ZPl_same_eq with (i:=(Po 1)). rewrite ZPlup4; auto. }
      rewrite <- H12; apply ZPl_same_le; auto.
Qed.
```

$$\sum_{n=y}^{x} \boldsymbol{f}(n)$$

也常写为分散的记法

$$\boldsymbol{f}(y) + \boldsymbol{f}(y+1) + \cdots + \boldsymbol{f}(x)$$

(积的记法类似), 但像

$$f(1) + f(1+1) + f((1+1)+1) + f(((1+1)+1)+1)$$

这样的记法, 换句话说, 即

$$\alpha + \beta + \gamma + \delta,$$

(依定义, 它仍回到旧的加法, 且表示

$$((\alpha+\beta)+\gamma)+\delta)$$

或者如

$$\alpha\beta\gamma\delta\epsilon\iota\kappa\mu\varpi\rho\sigma\tau\upsilon\xi\eta\zeta$$

这样的记法, 也是完全可以的.

又例如, 我们可以放心使用

$$\alpha - \beta + \gamma,$$

这种记号来表示

$$(\alpha - \beta) + \gamma,$$

因为, 若令

$$f(1) = \alpha, \quad f(1+1) = -\beta, \quad f((1+1)+1) = \gamma,$$

则上述记法总表示

$$f(1) + f(1+1) + f((1+1)+1).$$

在这以后, 小写拉丁字母又表示正整数.

定理 2.287　设 $f(n)$ 当 $n \leqslant x$ 有定义, 则有一 Ξ 存在, 使得

$$\left| \sum_{n=1}^{x} f(n) \right| \leqslant \Xi,$$

$$\sum_{n=1}^{x} [|f(n)|, 0] = [\Xi, 0].$$

```
Theorem Theorem287: ∀ f x, ∃ Z, |-Rep_P x f-| ⩽ Z.
Proof.
  intros; set (M287:= /{ x | ∃ Z, |-Rep_P x f-| ⩽ Z /}).
```

```
assert (1 ∈ M287).
{ constructor; simpl; exists |-f (Po 1)-|; right; auto. }
assert (∀ x, x ∈ M287 -> x` ∈ M287); intros.
{ destruct H0, H0; constructor. unfold Rep_P in *.
  exists (Plus_R x1 |-f (Po x0`)-|); simpl.
  apply Theorem173 with
    (H:=(|-(RepZ x0 f Plus_Cn)-| + |-f (Po x0`)-|)).
  - apply Theorem271.
  - destruct H0.
    + left; apply Theorem188_1'; auto.
    + right; rewrite H0; auto. }
assert (∀ x, x ∈ M287). { apply AxiomV; auto. }
destruct H1 with x; auto.
Qed.
```

定理 2.288　设 $f(n)$ 当 $n \leqslant x$ 时有定义, 则

$$\left[\left|\prod_{n=1}^{x} f(n)\right|, 0\right] = \prod_{n=1}^{x} [|f(n)|, 0].$$

```
Theorem Theorem288:
 ∀ f x , [|-(Rep_T x f)-|,0] = Rep_T x (λ z, [|-(f z)-|,0]).
Proof.
  intros; set (M288:=
  /{ x | [|-(Rep_T x f)-|,0] = Rep_T x (λ z, [|-(f z)-|,0]) /}).
  assert (1 ∈ M288). { constructor; simpl; auto. }
  assert (∀ x, x ∈ M288 -> x` ∈ M288); intros.
  { destruct H0; constructor. unfold Rep_T in *;
    simpl; rewrite <- H0. simpl; unfold Minus_R; simpl.
    Simpl_R; rewrite Theorem268; Simpl_R. }
  assert (∀ x, x ∈ M288). { apply AxiomV; auto. }
  destruct H1 with x; auto.
Qed.
```

定理 2.289　设 $f(n)$ 当 $n \leqslant x$ 时有定义, 则存在 $n \leqslant x$,

$$f(n) = \pi$$

当且仅当

$$\prod_{n=1}^{x} f(n) = \pi.$$

```
Theorem Theorem289: ∀ f x , Rep_T x f = π -> ∃ z, (f z) = π.
```

```
Proof.
  intros f x; set (M289:=
  /{ x | Rep_T x f = π -> ∃ z, (f z) = π /}).
  assert (1 ∈ M289). { constructor; intros; simpl; eauto. }
  assert (∀ x, x ∈ M289 -> x` ∈ M289); intros.
  { destruct H0; constructor; intros. unfold Rep_T in H1;
    simpl in H1. apply Theorem221 in H1; destruct H1; eauto. }
  assert (∀ x, x ∈ M289). { apply AxiomV; auto. }
  destruct H2 with x; auto.
Qed.
```

2.5.9 幂

在本节中, 小写拉丁字母表示整数.

定义 2.71

$$\xi^x = \begin{cases} \displaystyle\prod_{n=1}^{x} \xi, & x > 0, \\ \epsilon, & \xi \neq \pi,\ x = 0, \\ \dfrac{\epsilon}{\xi^{|x|}}, & \xi \neq \pi,\ x < 0 \end{cases}$$

(读为 ξ 的 x 次幂). 因此, 仅当

$$\xi = \pi, \quad x \leqslant 0$$

时, ξ^x 无定义.

注意, 当

$$\xi \neq \pi,\ x < 0\ 时,$$

依定义 2.71 中的第一行和定理 2.289, 有

$$\xi^{|x|} \neq \pi,$$

故这时 $\dfrac{\epsilon}{\xi^{|x|}}$ 有意义.

```
(* SECTION IV Power *)

Definition judge ξ j:=
  match j with
  | Po a => True
  | ZO => match ξ with
          | [0,0] => False
```

```
                  | _ => True
                end
   | Ne b => match ξ with
               | [0,0] => False
               | _ => True
             end
 end.
```

```
Lemma judge1: ∀ {a}, [0,P a] <> π.
Proof.
  intros; intro; inversion H.
Qed.
```

```
Lemma judge2: ∀ {b}, [0, N b] <> π.
Proof.
  intros; intro; inversion H.
Qed.
```

```
Lemma judge3: ∀ {a j}, [P a, j] <> π.
Proof.
  intros; intro; inversion H.
Qed.
```

```
Lemma judge4: ∀ {b k}, [N b , k] <> π.
Proof.
  intros; intro; inversion H.
Qed.
```

```
Lemma Lemma_D71: ∀ {b ξ}, ξ <> π -> (Rep_T b (Con_C ξ)) <> π.
Proof.
  intros; intro; apply Theorem289 in H0; destruct H0.
  unfold Con_C in H0; auto.
Qed.
```

```
Definition PowCn ξ j: (judge ξ j) -> Cn:=
  match j with
  | Po a => fun _ => Rep_T a (Con_C ξ)
  | ZO => match ξ with
           | [0,0] => fun (l:judge [0,0] ZO)
                      => match l return Cn with end
           | _ => fun _ => ε
          end
```

```
  | Ne b =>
    match ξ with
    | [0,0] =>
     fun (l:judge [0,0] (Ne b)) => match l with end
    | [0,P j] => fun _ =>
     (ε /# (Rep_T b (Con_C [0,P j]))) (Lemma_D71 judge1)
    | [0, N k] => fun _ =>
     (ε /# (Rep_T b (Con_C [0, N k]))) (Lemma_D71 judge2)
    | [P j, r] => fun _ =>
     (ε /# (Rep_T b (Con_C [P j, r]))) (Lemma_D71 judge3)
    | [N k , r] => fun _ =>
     (ε /# (Rep_T b (Con_C [N k, r]))) (Lemma_D71 judge4)
    end
  end.

Notation " ξ #^ j ":= (PowCn ξ j)(at level 15).

Corollary jud_NnC:∀ {ξ j}, ξ <> π -> judge ξ j.
Proof.
  intros; destruct j; simpl; auto; destruct ξ, r, r0; auto.
Qed.

Corollary jud_P:∀ {ξ j}, judge ξ (Po j).
Proof.
  intros; simpl; auto.
Qed.

Corollary jud_P1:∀ {ξ k}, ILT_Z Z0 k -> judge ξ k.
Proof.
  intros; destruct k; inversion H; simpl; auto.
Qed.

Corollary jud_P2:∀ {ξ j k},
  ILT_Z Z0 j -> ILT_Z Z0 k -> judge ξ (Plus_Z j k).
Proof.
  intros; destruct j, k; inversion H; inversion H0; simpl; auto.
Qed.

Corollary jud_P3: ∀ {a b}, judge a (Ne b) -> judge a (Po b).
Proof.
  intros; destruct a, r, r0, H; simpl; auto.
Qed.
```

Corollary jud_P4: ∀ {a b} l, (a #^ Po b) (jud_P3 l) <> π.
Proof.
　intros; destruct a, r, r0, l; simpl;
　apply Lemma_D71; intro; inversion H.
Qed.

Corollary powOP: ∀ ξ l, (π#^(Po ξ)) l = π.
Proof.
　intros; simpl; induction ξ; intros;
　unfold Rep_T; simpl; unfold Con_C; Simpl_Cn.
Qed.

Corollary pow_O: ∀ ξ l, (ξ#^ZO) l = ε.
Proof.
　intros; destruct ξ, r, r0; simpl; auto.
　elim l; auto.
Qed.

Corollary pow_N: ∀ ξ b l,
　(ξ#^(Ne b)) l = ((ε /# ((ξ#^(Po b)) (jud_P3 l)))) (jud_P4 l).
Proof.
　intros; destruct ξ, r, r0, l; simpl;
　try apply Lemma_D71; f_equal; apply proof_irr.
Qed.

　　定理 2.290　$\xi \neq \pi \implies \xi^x \neq \pi$.

Theorem Theorem290: ∀ {ξ j l}, ξ <> π -> (ξ#^j) l <> π.
Proof.
　intros; intro; destruct j; simpl in l.
　- eapply Lemma_D71; eauto.
　- rewrite pow_O in H0; inversion H0.
　- rewrite pow_N in H0.
　　assert (ε <> π). { intro; inversion H1. }
　　eapply Lemma_T242; eauto.
Qed.

　　定理 2.291　$\xi^1 = \xi$.

Theorem Theorem291: ∀ ξ l, (ξ#^(Po 1)) l = ξ.
Proof.
　intros; unfold PowCn, Rep_T; simpl; unfold Con_C; auto.
Qed.

定理 2.292　$(x > 0)$ 或 $(\xi \neq \pi \text{ 且 } \eta \neq \pi) \implies (\xi\eta)^x = \xi^x \eta^x$.

提示　因当 $x \leqslant 0, \xi\eta \neq \pi$ 时, 定理中的等式两边在任意情形下有意义.

```
Theorem Theorem292: ∀ ξ η k l l1 l2,
  ILT_Z ZO k -> ((ξ ·# η)#^k) l = ((ξ#^k) l1) ·# ((η#^k) l2).
Proof.
  intros; set (M292:= /{ n | Rep_T n (Con_C (ξ ·# η)) =
  (Rep_T n (Con_C ξ)) ·# (Rep_T n (Con_C η)) /}).
  assert (1 ∈ M292). { constructor; unfold Rep_T;
    repeat rewrite Rep_1; unfold Con_C; auto. }
  assert (∀ n, n ∈ M292 -> n` ∈ M292); intros.
  { destruct H1; constructor.
    unfold Rep_T; simpl; unfold Con_C at 2 4 6.
    unfold Rep_T in H1; rewrite H1. repeat rewrite <- Theorem226.
    rewrite (Theorem226 _ _ ξ), (Theorem220 _ ξ), <- Theorem226;
    auto. } assert (∀ n, n ∈ M292). { apply AxiomV; auto. }
  destruct k; inversion H. destruct H2 with n; auto.
Qed.


Theorem Theorem292':
  ∀ ξ η k l l1 l2, ξ <> π -> η <> π ->
  ((ξ ·# η)#^k) l = ((ξ#^k) l1) ·# ((η#^k) l2).
Proof.
  intros; destruct k.
  - apply Theorem292; simpl; auto.
  - repeat rewrite pow_0; Simpl_Cn.
  - repeat rewrite pow_N. rewrite Theorem247, Theorem222.
    apply Theorem252; rewrite Theorem222, Theorem222'.
    symmetry; apply Theorem292; simpl; auto.
Qed.


Theorem T292_1: ∀ ξ η k l l1,
  ((ξ ·# η)#^k) l = ((ξ#^k) (jud_P1 l1)) ·# ((η#^k) (jud_P1 l1)).
Proof.
  intros; apply Theorem292; auto.
Qed.


Theorem T292_2: ∀ ξ η k l l1 l2,
  ((ξ#^k) l) ·# ((η#^k) l1) = ((ξ ·# η)#^k) (jud_P1 l2).
Proof.
  symmetry; apply Theorem292; auto.
Qed.
```

定理 2.293　$\epsilon^x = \epsilon$.

Theorem Theorem293: ∀ j l, (ε#^j) l = ε.
Proof.
  assert (∀ n, RepZ n (Con_C ε) Times_Cn = ε).
  { induction n; simpl; unfold Con_C in *; auto.
    rewrite IHn; Simpl_Cn. }
  intros; destruct j; simpl; unfold Rep_T; auto.
  symmetry; apply CnOv_uni; Simpl_Cn.
Qed.

定理 2.294 $(x > 0 \text{ 且 } y > 0)$ 或 $(\xi \neq \pi) \implies \xi^x \xi^y = \xi^{x+y}$.

Theorem Theorem294: ∀ ξ j k l l1 l2, ILT_Z Z0 j -> ILT_Z Z0 k ->
((ξ#^j) l) ·# ((ξ#^k) l1) = (ξ#^(Plus_Z j k)) l2.
Proof.
  intros; destruct j, k; inversion H; inversion H0.
  symmetry; simpl PowCn; apply Theorem281t.
Qed.

Theorem T294_1: ∀ ξ j k l l1 l2 l3,
  ((ξ#^j) l) ·# ((ξ#^k) l1) = (ξ#^(Plus_Z j k)) (jud_P2 l2 l3).
Proof.
  intros; apply Theorem294; auto.
Qed.

Theorem T294_2: ∀ ξ j k l l1 l2,
  (ξ#^(Plus_Z j k)) l = ((ξ#^j) (jud_P1 l1))·# ((ξ#^k)(jud_P1 l2)).
Proof.
  symmetry; apply Theorem294; auto.
Qed.

Lemma Lemma_T294: ∀ ξ j k l l1,
  ((ξ#^(Po j)) l) ·# ((ξ#^(Po k)) l1) =
  (ξ#^(Plus_Z (Po j) (Po k))) jud_P.
Proof.
  intros; simpl; rewrite Theorem281t; auto.
Qed.

Lemma Lemma_T294': ∀ ξ j k l,
  ((ξ#^(Po j)) (jud_NnC l)) ·# ((ξ#^(Po k)) (jud_NnC l)) =
  (ξ#^(Plus_Z (Po j) (Po k))) (jud_NnC l).
Proof.
  intros; simpl; rewrite Theorem281t; auto.
Qed.

Theorem Theorem294': ∀ {*ξ* j k l l1} l2,
  ((*ξ*#^j) l) ·# ((*ξ*#^k) l1) = (*ξ*#^(Plus_Z j k)) (jud_NnC l2).
Proof.
  assert (∀ *ξ* *η* l, *η* ·# ((*ϵ* /# *ξ*) l) = (*η* /# *ξ*) l) as G1.
  { intros; apply CnOv_uni; rewrite Theorem220, Theorem226;
    Simpl_Cn. } intros; destruct j, k.
  - simpl; rewrite Theorem281t; auto.
  - rewrite pow_0; Simpl_Cn.
  - unfold Plus_Z; simpl in l2;
    destruct (Ncase n n0) as [[H | H] | H].
    + rewrite pow_N, G1, pow_N. apply Theorem252; Simpl_Cn.
      rewrite Theorem220, Lemma_T294; simpl; Simpl_N.
    + rewrite pow_N, G1; symmetry; apply CnOv_uni.
      rewrite Theorem220, Lemma_T294; simpl; Simpl_N.
    + rewrite H, pow_0, pow_N; Simpl_Cn.
  - simpl Plus_Z; rewrite pow_0; Simpl_Cn.
  - simpl Plus_Z; repeat rewrite pow_0; Simpl_Cn.
  - simpl Plus_Z; rewrite pow_0; Simpl_Cn; f_equal;apply proof_irr.
  - unfold Plus_Z; simpl in l2;
    destruct (Ncase n n0) as [[H | H] | H].
    + rewrite Theorem220, pow_N, G1. symmetry; apply CnOv_uni.
      rewrite Lemma_T294; simpl; rewrite Theorem6; Simpl_N.
    + rewrite Theorem220, pow_N, pow_N, G1.
      apply Theorem252; Simpl_Cn.
      rewrite Lemma_T294; simpl; rewrite Theorem6; Simpl_N.
    + rewrite H, pow_N, Theorem220, pow_0; Simpl_Cn.
  - simpl Plus_Z; rewrite pow_0; Simpl_Cn; f_equal;apply proof_irr.
  - simpl Plus_Z; repeat rewrite pow_N.
    rewrite Theorem247; Simpl_Cn.
    apply Theorem252; Simpl_Cn.
    rewrite Lemma_T294; simpl; auto.
Qed.

定理 2.295　　$\xi \neq \pi \implies \dfrac{\xi^x}{\xi^y} = \xi^{x-y}$.

Theorem Theorem295: ∀ *ξ* j k l l1 l2 l3, *ξ* <> *π* ->
  (((*ξ*#^j) l) /# ((*ξ*#^k) l1)) l2 =
  (*ξ*#^(Minus_Z j k)) l3.
Proof.
  intros; symmetry; apply CnOv_uni.
  rewrite Theorem220, (Theorem294' H), ZPlup4.
  f_equal; apply proof_irr.
Qed.

Theorem T295_1: ∀ ξ j k l l1 l2 l3,
  (((ξ#^j) l) /# ((ξ#^k) l1)) l2 = (ξ#^(Minus_Z j k)) (jud_NnC l3).
Proof.
   intros; apply Theorem295; auto.
Qed.

Theorem T295_2: ∀ ξ j k l,
  (ξ#^(Minus_Z j k)) (jud_NnC l) =
  (((ξ#^j) (jud_NnC l)) /# ((ξ#^k) (jud_NnC l))) (Theorem290 l).
Proof.
   symmetry; apply Theorem295; auto.
Qed.

定理 2.296 $\xi \neq \pi \implies \dfrac{\epsilon}{\xi^x} = \xi^{-x}$.

Theorem Theorem296:
   ∀ ξ j l, (ϵ /# ((ξ#^j) (jud_NnC l))) (Theorem290 l) =
   (ξ#^(minus_Z j)) (jud_NnC l).
Proof.
   intros; symmetry; apply CnOv_uni.
   rewrite (Theorem294' l), ZPlup3, pow_0; auto.
Qed.

定理 2.297 $(x > 0$ 且 $y > 0)$ 或 $(\xi \neq \pi) \implies (\xi^x)^y = \xi^{xy}$.

Lemma Lemma_T297: ∀ ξ j n l,
  ((((ξ#^j) (jud_NnC l))#^(Po n)) (jud_NnC (Theorem290 l)) =
  (ξ#^(Times_Z j (Po n))) (jud_Nπ l).
Proof.
   intros; induction n.
   - unfold Rep_T, Con_C; rewrite ZTimp2; auto.
   - rewrite <- NP1_1.
     replace (Po (Plus_N n 1)) with (Plus_Z (Po n) (Po 1)); auto.
     rewrite <- Lemma_T294', IHn, (proof_irr _ jud_P), Theorem291.
     rewrite (Theorem294' l), ZTi_dis, ZTimp2; auto.
Qed.

Theorem Theorem297: ∀ ξ j k l,
  ((((ξ#^j) (jud_NnC l))#^k) (jud_NnC (Theorem290 l)) =
  (ξ#^(Times_Z j k)) (jud_NnC l).
Proof.
   intros; destruct k.
   - apply Lemma_T297.

```
  - destruct j; simpl Times_Z; repeat rewrite pow_O; auto.
  - assert (Ne n = minus_Z (Po n)). { simpl; auto. }
    rewrite pow_N; symmetry. apply CnOv_uni.
    rewrite (proof_irr _ (jud_NnC (Theorem290 1))), Lemma_T297.
    rewrite (Theorem294' 1), <- ZTi_dis, H.
    rewrite ZPlup3, ZTimp3, pow_O; auto.
Qed.
```

```
Theorem Theorem297': ∀ ξ j k l l1 l2, ILT_Z ZO j -> ILT_Z ZO k ->
  (((ξ#^j) 1)#^k) l1 = (ξ#^(Times_Z j k)) l2.
Proof.
  intros; destruct j, k; inversion H; inversion H0.
  destruct (classic (ξ = π)) as [H1 | H1].
  - subst ξ; repeat rewrite powOP;
    simpl Times_Z; symmetry; apply powOP.
  - repeat rewrite (proof_irr jud_P (jud_NnC H)).
    rewrite (proof_irr l2 (jud_NnC H1)), <- Theorem297.
    f_equal; apply proof_irr.
Qed.
```

2.5.10　将实数编排在复数系统中

定理 2.298

$$[\Xi + H, 0] = [\Xi, 0] + [H, 0];$$

$$[\Xi - H, 0] = [\Xi, 0] - [H, 0];$$

$$[\Xi H, 0] = [\Xi, 0][H, 0];$$

$$\left[\frac{\Xi}{H}, 0\right] = \frac{[\Xi, 0]}{[H, 0]}, \quad H \neq 0;$$

$$[-\Xi, 0] = -[\Xi, 0];$$

$$|[\Xi, 0]| = |\Xi|.$$

```
(* SECTION V Incorporation of the Real Numbers into
     the System of Complex Numbers *)
```

```
Theorem Theorem298_1: ∀ Ξ H, [Ξ+H,0] = [Ξ,0] +# [H,0].
Proof.
  intros; simpl; auto.
Qed.
```

Theorem Theorem298_2: ∀ Ξ H, [Ξ-H,0] = [Ξ,0] -# [H,0].
Proof.
  intros; simpl; auto.
Qed.

Theorem Theorem298_3: ∀ Ξ H, [Ξ·H,0] = [Ξ,0] ·# [H,0].
Proof.
  intros; simpl; Simpl_R.
Qed.

Lemma Lemma_T298: ∀ {Ξ}(l:neq_zero Ξ), [Ξ,0] <> π.
Proof.
  intros; intro; inversion H; subst Ξ; destruct l.
Qed.

Theorem Theorem298_4: ∀ Ξ H l,
  [(Ξ/H)l,0] = ([Ξ,0]/#[H,0])(Lemma_T298 l).
Proof.
  intros; apply CnOv_uni; simpl; rewrite Theorem194; Simpl_R.
Qed.

Theorem Theorem298_5: ∀ Ξ, [-Ξ,0] = -#[Ξ,0].
Proof.
  intros; simpl; auto.
Qed.

Theorem Theorem298_6: ∀ Ξ, |-[Ξ,0]-| = |Ξ|.
Proof.
  assert (∀ ξ, √ (Times_C ξ ξ) ≈ ξ) as G.
  { assert (∀ ξ η,
    ILT_C (Times_C η η) (Times_C ξ ξ) <-> ILT_C η ξ) as G.
   { split; intros.
     - destruct (Theorem123 ξ η) as [H0 | [H0 |H0]]; auto.
       + LGC H (Theorem147 H0 H0).
       + rewrite (eq2 H0) in H; ELC (Theorem116 (Times_C η η)) H.
     - apply Theorem122 in H; apply Theorem121; eapply Theorem147;
       eauto. } split; intros.
    - destruct H; apply -> G in H; apply Theorem158_1; auto.
    - constructor; apply G; apply Theorem158_1; auto. }
  intros; destruct Ξ; simpl; try rewrite (eq2 (G c)); auto.
Qed.

定理 2.299　设以 $[1,0]$ 代 1, 并令

$$[x,0]' = [x',0],$$

则形式为 $[x,0]$ 的复数满足自然数的五个公理.

依定理 2.298, 两 $[\Xi,0]$ 的和、差、积、商 (若商存在) 都和以前的概念相适应; 符号 $-[\Xi,0]$ 和 $[\Xi,0]$ 也是这样的, 且我们可定义

$$[\Xi,0] > [H,0], \quad \Xi > H;$$

$$[\Xi,0] < [H,0], \quad \Xi < H.$$

故复数 $[\Xi,0]$ 具有 2.4 节中所证明的实数的一切性质; 特别, 数 $[x,0]$ 具有已经证明的正整数的一切性质.

因此, 我们抛弃实数而代以相应的复数 $[\Xi,0]$, 且今后提到的数都是指复数 (但实数仍是成对地存在于复数的概念中).

```
Definition 𝔐299:= /{ x | ∃ y:Nat, [y, 0] = x /}.

Theorem Theorem299_1: [1,0] ∈ 𝔐299.
Proof.
  intros; constructor; eauto.
Qed.

Theorem Theorem299_2: ∀ x:Nat, [x,0] ∈ 𝔐299 -> [x`,0] ∈ 𝔐299.
Proof.
  intros; destruct H; constructor; eauto.
Qed.

Theorem Theorem299_3: ∀ x:Nat, [x`,0] <> [1,0].
Proof.
  intros; intro; apply eq4 in H; destruct H.
  apply eq3 in H; simpl in H.
  eapply Theorem156_3; eauto.
Qed.

Theorem Theorem299_4: ∀ x y:Nat, [x`,0] = [y`,0] -> [x,0] = [y,0].
Proof.
  intros; apply eq4 in H; destruct H.
  apply eq3 in H; simpl in H; apply Theorem156_4 in H.
   unfold Real_PZ, Cut_I; rewrite (eq2 H); auto.
Qed.
```

```
Theorem Theorem299_5: ∀ M, [1,0] ∈ M /\
  (∀ x:Nat, [x,0] ∈ M -> [x`,0] ∈ M) -> ∀ z:Nat, [z,0] ∈ M.
Proof.
  intros; destruct H. set (𝔐299_5:= /{ x | [(Real_PZ x),0] ∈ M/}).
  assert (1 ∈ (𝔐299_5)). { constructor; auto. }
  assert (∀ x, x ∈ (𝔐299_5) -> x` ∈ (𝔐299_5)); intros.
  { destruct H2; constructor; auto. }
  assert (∀ x, x ∈ (𝔐299_5)). { apply AxiomV; auto. }
  destruct H3 with z; auto.
Qed.
```

定义 2.72　符号 Ξ (不受旧意义限制) 表示复数 [Ξ,0], 设对于这样的复数, 我们也称它为实数. 仿此, 当 Ξ 是整数时, 称 [Ξ,0] 为整数; 当 Ξ 是有理数时, 称 [Ξ,0] 为有理数; 当 Ξ 是无理数时, 称 [Ξ,0] 为无理数; 当 Ξ 是正数时, 称 [Ξ,0] 为正数; 当 Ξ 是负数时, 称 [Ξ,0] 为负数.

例如, 根据这定义, 我们把 π 写为 0, 把 ϵ 写为 1.

```
Coercion RCn R:= Pair R 0.
```

此后, 我们可用小写的或大写的任何种类的字母 (甚至可用混合种类的字母) 表复数. 但有一个小写字母通常用来表示定义 2.73 中的一个特殊的数.

定义 2.73　$i = [0,1]$.

```
Definition i:= [0, 1].
```

定理 2.300　$ii = -1$.

```
Theorem Theorem300: i ·# i = - (1).
Proof.
  intros; simpl; rewrite (eq2 Theorem151); auto.
Qed.
```

定理 2.301　对于实数 u_1, u_2,

$$u_1 + u_2 i = [u_1, u_2].$$

故对每一复数 x, 仅有一对实数 u_1, u_2 存在, 使得

$$x = u_1 + u_2 i.$$

依定理 2.301, 符号 [ ] 是不必要的, 复数就是数 $u_1 + u_2 i$, 式中 u_1 和 u_2 是实数; 相等 (或相异) 的数对应于相等 (或相异) 的数偶, 并依下列公式作两复数 $u_1 + u_2 i, v_1 + v_2 i$ (式中 u_1, u_2, v_1, v_2 是实数) 的和、差、积.

$$(u_1 + u_2 i) + (v_1 + v_2 i) = (u_1 + v_1) + (u_2 + v_2)i,$$

$$(u_1 + u_2i) - (v_1 + v_2i) = (u_1 - v_1) + (u_2 - v_2)i,$$

$$(u_1 + u_2i)(v_1 + v_2i) = (u_1v_1 - u_2v_2) + (u_1v_2 + u_2v_1)i.$$

我们甚至不必强记这些公式, 仅需记着实数的运算律仍有效, 且定理 2.300 成立, 于是就可径自按下面的方式来作计算:

$$(u_1 + u_2i) + (v_1 + v_2i) = (u_1 + v_1) + (u_2i + v_2i)$$
$$= (u_1 + v_1) + (u_2 + v_2)i,$$

$$(u_1 + u_2i) - (v_1 + v_2i) = (u_1 - v_1) + (u_2i - v_2i)$$
$$= (u_1 - v_1) + (u_2 - v_2)i,$$

$$(u_1 + u_2i)(v_1 + v_2i) = (u_1 + u_2i)v_1 + (u_1 + u_2i)v_2i$$
$$= u_1v_1 + u_2iv_1 + u_1v_2i + u_2iv_2i$$
$$= u_1v_1 + u_2v_1i + u_1v_2i + u_2v_2ii$$
$$= u_1v_1 + u_2v_1i + u_1v_2i + u_2v_2(-1)$$
$$= (u_1v_1 - u_2v_2) + (u_1v_2 + u_2v_1)i.$$

至于除法, 当 v_1 和 v_2 不都是 0 时, 计算的结果是

$$\frac{u_1 + u_2i}{v_1 + v_2i} = \frac{(u_1 + u_2i)(v_1 - v_2i)}{(v_1 + v_2i)(v_1 - v_2i)}$$
$$= \frac{(u_1v_1 + u_2v_2) + (-(u_1v_2) + u_2v_1)i}{(v_1v_1 + v_2v_2) + (-(v_1v_2) + v_2v_1)i}$$
$$= \frac{(u_1v_1 + u_2v_2) + (-(u_1v_2) + u_2v_1)i}{v_1v_1 + v_2v_2}$$
$$= \frac{u_1v_1 + u_2v_2}{v_1v_1 + v_2v_2} + \frac{-(u_1v_2) + u_2v_1}{v_1v_1 + v_2v_2}i,$$

即在定理 2.301 意义下的标准表示法.

```
Theorem Theorem301a: ∀ u1 u2:Real, u1 +# (u2 ·# i) = [u1, u2].
Proof.
  intros; simpl; Simpl_R.
Qed.

Theorem Theorem301b: ∀ x, ∃ u1 u2:Real, x = u1 +# u2 ·# i.
Proof.
  intros; destruct x as [u1 u2].
```

```
  exists u1, u2; simpl; Simpl_R.
Qed.

Theorem Theorem301b': ∀ x (u1 u2 v1 v2:Real),
  x = u1 +# u2 ·# i -> x = v1 +# v2 ·# i -> u1 = v1 /\ u2 = v2.
Proof.
  intros; subst x; repeat rewrite Theorem301a in H0.
  inversion H0; auto.
Qed.
```

　　至此, 我们已忠实地实现 Landau 著名的《分析基础》[117] 的形式化系统, 严格按 Landau 的体系, 从 Peano 五条公设出发, 完成该专著中全部 5 个公设、73 条定义和 301 个定理的 Coq 描述, 其中依次构造了自然数、分数、分割、实数和复数, 并证明了 Dedekind 实数完备性定理, 为后续需要还补充了有限数、实数运算和实数序列等的必要内容, 从而迅速且自然地给出数学分析的坚实基础.

第 3 章　实数完备性等价命题的机器证明

　　众所周知, 实数完备性定理有众多的著名等价命题, 为纪念在分析基础的严密性方面作出重要贡献的杰出数学家 [115], 这些等价命题在分析学的一些名著中曾有多种方式冠以这些数学家的名字, 例如, 可参见文献 [1, 50, 51, 157, 227]. 这些等价命题包括 Dedekind 基本定理、确界存在定理、单调有界定理、Cauchy-Cantor 闭区间套定理、Heine-Borel-Lebesgue 有限覆盖定理、Bolzano-Weierstrass 聚点原理、Bolzano-Weierstrass 列紧性定理及 Bolzano-Cauchy 收敛准则等. 本章中用通用的简写方式命名这些命题.

　　如图 3.1 所示, 我们从 Dedekind 基本定理出发, 依次证明确界存在定理、单调有界定理、闭区间套定理、有限覆盖定理、聚点原理、列紧性定理及 Cauchy 收敛准则, 并且分别由确界存在定理及 Cauchy 收敛准则证明 Dedekind 基本定理, 完成整个循环策略的证明, 从而说明上述各命题间的等价性. 这些命题的人工证明过程是标准的, 散见于国内外数学分析的相关论著或教材中, 例如, 可参见文献 [1, 50, 51, 128, 204, 205, 227].

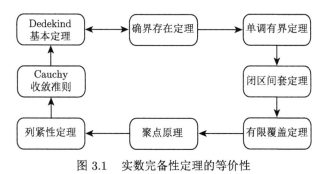

图 3.1　实数完备性定理的等价性

3.1　确界存在定理

本节证明 Dedekind 基本定理与确界存在定理等价.

3.1.1　用 Dedekind 基本定理证明确界存在定理

　　下面从 Dedekind 基本定理出发, 证明确界存在定理

定义 3.1 (**确界**)   给定实数集 A, 若 A 中任何元都小于等于 y, 则称 y 为 A 的上界, A 的最小上界称为上确界; 若 A 中任何元都大于等于 z, 则称 z 为 A 的下界, A 的最大下界称为下确界.

本节内容需先读入实数运算及 Dedekind 基本定理的代码.

```
(** t1 *)

(* COMPLETENESS THEOREMS *)

(* SECTION I.1 Supremum Theorem *)

Require Export R_sup.
Require Import DFT.


Definition supremum y A:=
  Boundup_Ens y A /\ ∀ z, Boundup_Ens z A -> y ⩽ z.
Definition infimum y A:=
  Bounddown_Ens y A /\ ∀ z, Bounddown_Ens z A -> z ⩽ y.

Corollary Cor_supremum: ∀ s S, supremum s S ->
  ∀ ε, ε > 0 -> ∃ x, x ∈ S /\ (s - ε) < x.
Proof.
  intros; destruct H; Absurd.
  assert (Boundup_Ens (s - ε) S).
  { red; intros. destruct (Co_T167 x (s - ε)); auto.
    elim H2; eauto. }
  apply H1 in H3. apply LePl_R with (z:=ε) in H3; Simpl_Rin H3.
  destruct (@ Pl_R s ε). LEGR H3 (H4 H0).
Qed.

Corollary Cor_infimum: ∀ s S, infimum s S ->
  ∀ ε, ε > 0 -> ∃ x, x ∈ S /\ x < (s + ε).
Proof.
  intros; destruct H; Absurd.
  assert (Bounddown_Ens (s + ε) S).
  { red; intros. destruct (Co_T167 (s + ε) x); auto.
    elim H2; eauto. }
  apply H1 in H3. destruct (@ Pl_R s ε). LEGR H3 (H4 H0).
Qed.
```

定理 3.1 (**确界存在定理**)   非空有上 (下) 界的数集必有上 (下) 确界.

```
Theorem SupremumT: ∀ R, No_Empty R ->
  (∃ x, Boundup_Ens x R) -> ∃ y, supremum y R.
```

Proof.
  intros; destruct H0 as [x H0],
  (classic (∃ x, EnsMax x R)) as [H1 | H1].
  - destruct H1 as [Max [H1 H2]].
    exists Max; red; intros; split; auto.
  - set (S:= /{ z | Boundup_Ens z R /});
    set (S':= /{ w | ∼ w ∈ S /}). assert (∃ y, Split S' S y).
    { apply DedekindCut; red; intros.
      - destruct (classic (Ξ ∈ S)); auto. left; constructor; auto.
      - red in H; destruct H as [r H]. exists r; constructor; intro.
        destruct H2; apply H1. exists r; red; auto.
      - exists x; constructor; auto.
      - destruct H2, H3, (Theorem167 Ξ H) as [H4|[H4|H4]]; auto.
        + elim H2; constructor; rewrite H4; auto.
        + elim H2; constructor; red in H3|-*; intros.
          apply H3 in H5; left; eapply Theorem172; eauto. }
    destruct H2 as [y [H2 H3]].
    exists y; red; intros; split; red; intros; try red.
    + destruct (Theorem167 x0 y) as [H5 | [H5 | H5]]; auto.
      apply H3 in H5; destruct H5; elim H1.
      exists x0; red; auto.
    + destruct (Theorem167 y z) as [H5 | [H5 | H5]]; auto.
      apply H2 in H5; destruct H5; elim H5; constructor; auto.
Qed.

Theorem InfimumT: ∀ R, No_Empty R ->
  (∃ x, Bounddown_Ens x R) -> ∃ y, infimum y R.
Proof.
  intros; destruct H0 as [x H0].
  set (R':= /{ r | (- r) ∈ R /}).
  assert (∃ y, supremum y R').
  { apply SupremumT.
    - destruct H; red. exists (-x0); constructor; Simpl_R.
    - exists (-x); red; intros; destruct H1.
      apply LEminus; Simpl_R. }
  destruct H1 as [y [H1]].
  exists (-y); split; try red; intros.
  - apply LEminus; Simpl_R. apply H1; constructor; Simpl_R.
  - apply LEminus; Simpl_R. apply H2; red; intros; destruct H4.
    apply LEminus; Simpl_R.
Qed.

3.1.2　用确界存在定理证明 Dedekind 基本定理

下面从确界存在定理出发, 证明 Dedekind 基本定理.

Dedekind 基本定理的描述与定理 2.205 完全相同.

定理 (Dedekind 基本定理)　设有实数的任一分法, 将一切实数分为两类, 使具有下列性质:

1) 第一类有一数, 第二类也有一数;

2) 第一类的每一数小于第二类的每一数,

则恰有一实数 Ξ, 能使每一 $H < Ξ$ 属于第一类, 每一 $H > Ξ$ 属于第二类.

```
(** t1_1 *)

(* SECTION I.2 Dedekind's Fundamental Theorem *)

Require Export R_sup.
Require Import t1.

Section Dedekind.

Variables Fst Snd:Ensemble Real.

Definition R_Divide:= ∀ Ξ, Ξ ∈ Fst \/ Ξ ∈ Snd.

Definition ILT_FS:= ∀ Ξ H, Ξ ∈ Fst -> H ∈ Snd -> Ξ < H.

Definition Split Ξ:=
  (∀ H, H < Ξ -> H ∈ Fst) /\ (∀ H, H > Ξ -> H ∈ Snd).

End Dedekind.

Theorem DedekindCut: ∀ Fst Snd, R_Divide Fst Snd ->
  No_Empty Fst -> No_Empty Snd -> ILT_FS Fst Snd ->
  (∃ Ξ, Split Fst Snd Ξ).
Proof.
  intros; assert (∃ x, Boundup_Ens x Fst).
  { destruct H1; exists x; red; intros. left; apply H2; auto. }
  apply SupremumT in H0; auto. destruct H0 as [Ξ [H0]].
  exists Ξ; split; intros.
  - destruct H with H; auto. assert (Boundup_Ens H Fst).
    { red; intros; left; apply H2; auto. }
    apply H4 in H7; LEGR H7 H5.
  - destruct H with H; auto. apply H0 in H6; LEGR H6 H5.
```

```
Qed.

Theorem DedekindCut_Unique: ∀ Fst Snd, R_Divide Fst Snd ->
  No_Empty Fst -> No_Empty Snd -> ILT_FS Fst Snd ->
  ∀ Z1 Z2, Split Fst Snd Z1 -> Split Fst Snd Z2 -> Z1 = Z2.
Proof.
  assert (∀ Fst Snd, R_Divide Fst Snd -> No_Empty Fst
    -> No_Empty Snd -> ILT_FS Fst Snd
    -> ∀ Ξ1 Ξ2, Split Fst Snd Ξ1 -> Split Fst Snd Ξ2 -> ~ Ξ1<Ξ2).
  { intros; intro; red in H, H0, H1, H2, H3, H4; destruct H3, H4.
    pose proof (Mid_P' _ _ H5); pose proof (Mid_P _ _ H5).
    apply H6 in H8; apply H4 in H9. intros;
    pose proof (H2 _ _ H9 H8). apply OrdR1 in H10; tauto. }
  intros; destruct (Theorem167 Z1 Z2) as [H6 | [H6 | H6]]; auto;
  eapply H in H6; eauto; tauto.
Qed.
```

3.2　单调有界定理

定理 3.2 (单调有界定理)　单调有界数列必有极限.
　　本节内容需先读入确界存在定理及实数序列的相关文件.

```
(** t2 *)

(* COMPLETENESS THEOREMS *)

(* SECTION II Monotone Bounded Convergence Theorem *)

Require Import t1.
Require Export Seq.

Theorem MCTup: ∀ a y,
  Increase a -> Boundup_Seq y a -> ∃ ξ, Limit a ξ.
Proof.
  intros; red in H, H0.
  set (J:= /{ r | ∃ t, r = (a t) /}).
  assert (exists p, supremum p J).
  { apply SupremumT.
    - red; exists (a 1); constructor; eauto.
    - exists y; red; intros. destruct H1, H1; rewrite H1; auto. }
  destruct H1 as [z H1]; pose proof H1; destruct H1.
  exists z; red; intros. eapply Cor_supremum in H2; eauto.
  destruct H2 as [x [[[n H2]]]]; subst x. exists n; intros.
```

```
  apply -> Ab1; split; apply Theorem188_1 with (Z:=z); Simpl_R.
  - rewrite Theorem175; unfold Minus_R in H4.
    eapply Theorem172; eauto.
  - assert (a n0 ∈ J). { constructor; eauto. }
    apply H1 in H6; eapply Theorem172.
    left; split; eauto. rewrite Theorem175; apply Pl_R; auto.
Qed.

Theorem MCTdown: ∀ a y,
  Decrease a -> Bounddown_Seq y a -> ∃ ξ, Limit a ξ.
Proof.
  intros; red in H, H0.
  assert (∃ ξ, Limit (minus_Seq a) ξ).
  { apply (MCTup _ (-y)); red; intros;
    unfold minus_Seq; apply -> LEminus; auto. }
  destruct H1 as [ξ H1]. exists (-ξ); red; intros.
  apply H1 in H2; destruct H2 as [N H2].
  exists N; intros; unfold minus_Seq in H2.
  unfold Minus_R; rewrite <- Theorem178, Theorem180; Simpl_R.
Qed.
```

3.3　闭区间套定理

定理 3.3 (**闭区间套定理**)　设闭区间序列 $\{[a_n, b_n]\}$ 满足条件:

(1) $[a_{n+1}, b_{n+1}] \subset [a_n, b_n]$ $(n = 1, 2, \cdots)$;

(2) $\lim\limits_{n \to \infty} (b_n - a_n) = 0$,

则必存在唯一的一点 $\xi \in [a_n, b_n]$ $(n = 1, 2, \cdots)$, 且

$$\lim_{n \to \infty} a_n = \lim_{n \to \infty} b_n = \xi.$$

```
(** t3 *)

(* COMPLETENESS THEOREMS *)

(* SECTION III Nested Intervals Theorem *)

Require Import t2.
Require Export Seq.

Definition NestedIntervals a b:= Increase a /\
```

```
    Decrease b /\ ILT_Seq a b /\ Limit (Minus_Seq b a) 0.

Theorem NITex: ∀ a b, NestedIntervals a b ->
  ∃ ξ, (∀ n, a n ⩽ ξ /\ ξ ⩽ b n) /\ Limit a ξ /\ Limit b ξ.
Proof.
  intros; red in H; destruct H, H0, H1.
  assert (Boundup_Seq (b 1) a).
  { red; intros. red in H, H0, H1; destruct (Theorem24 n).
    - pose proof H3; apply H in H3. eapply Theorem173; eauto.
    - rewrite H3; auto. }
  destruct (MCTup _ _ H H3) as [ξ H4].
  assert (Limit b ξ).
  { rewrite (SeqCon1 a b), <- Theorem175'';
    apply SeqLimPlus; auto. }
  exists ξ; repeat split; auto.
  - apply Increase_limitP; auto. - apply Decrease_limitP; auto.
Qed.

Theorem NITuni: ∀ a b, NestedIntervals a b -> ∀ ξ1 ξ2,
  (∀ n, a n ⩽ ξ1 /\ ξ1 ⩽ b n) /\ Limit a ξ1 /\ Limit b ξ1 ->
  (∀ n, a n ⩽ ξ2 /\ ξ2 ⩽ b n) /\ Limit a ξ2 /\ Limit b ξ2 ->
  ξ1 = ξ2.
Proof.
  intros; destruct H0 as [_ [H0 _]], H1 as [_ [H1 _]].
  eapply LimUni; eauto.
Qed.

Corollary Cor_NIT: ∀ a b, NestedIntervals a b ->
  ∃ ξ, (∀ N, a N ⩽ ξ /\ ξ ⩽ b N) /\
  (∀ ε, ε > 0 -> ∃ N, ∀ n, (IGT_N n N) ->
  [(a n) | (b n)] ⊂ (ξ|-ε)).
Proof.
  intros. apply NITex in H; destruct H as [ξ H], H, H0.
  exists ξ; split; intros; auto.
  destruct H0 with ε as [N1 H3]; auto.
  destruct H1 with ε as [N2 H4]; auto.
  exists (Plus_N N1 N2); intros.
  pose proof (H3 _ (Theorem15 _ _ _ (Theorem18 N1 N2) H5)).
  pose proof (Theorem18 N2 N1); rewrite Theorem6 in H7.
  pose proof (H4 _ (Theorem15 _ _ _ H7 H5)).
  red; intros; destruct H9, H9; constructor; split.
  - apply Ab1 in H6; destruct H6.
```

```
    apply Theorem172 with (H:=a n); right; split; auto.
    apply Theorem188_1' with (Z:=ξ) in H6; Simpl_Rin H6.
    rewrite Theorem175 in H6; auto.
  - apply Ab1 in H8; destruct H8.
    apply Theorem172 with (H:=b n); left; split; auto.
    apply Theorem188_1' with (Z:=ξ) in H11; Simpl_Rin H11.
    rewrite Theorem175; auto.
Qed.
```

　　Hornung 在文献 [99] 中也给出了闭区间套定理的一个形式化证明, 但由于其未引入极限的概念, 仅得到存在性结论, 未给出唯一性.

3.4　有限覆盖定理

　　定义 3.2 (有限开覆盖)　给定闭区间 $[x,y]$, $\mathcal{H}$ 为由开区间组成的集族, 若闭区间 $[x,y]$ 中的任一点都含在 $\mathcal{H}$ 中至少一个开区间内, 则称 $\mathcal{H}$ 为闭区间 $[x,y]$ 的一个开覆盖, 或称 $\mathcal{H}$ 覆盖 $[x,y]$. 若 $\mathcal{H}$ 中开区间的个数是有限的, 则称 $\mathcal{H}$ 为 $[x,y]$ 的有限开覆盖, 若 $\mathcal{H}$ 的子族覆盖闭区间 $[x,y]$, 则称此子族为闭区间 $[x,y]$ 的子覆盖.

```
(** t4 *)

(* COMPLETENESS THEOREMS *)

(* SECTION IV Finite Cover Theorem *)

Require Import t3.
Require Export Seq.

Inductive RR:= | rr: ∀ r1 r2, r1 < r2 -> RR.
Definition Fst (A:RR):= match A with rr a b l => a end.
Definition Snd (A:RR):= match A with rr a b l => b end.
Definition Open_En cH:=
  /{ i | ∃ h, h ∈ cH /\ i = (Fst h | Snd h) /}.
Definition OpenCover x y cH:= (x < y) /\
  (∀ z, z ∈ [x | y] -> (∃ h, h ∈ (Open_En cH) /\ z ∈ h)).
Definition FinCover x y cH:= (x < y) /\
  ∃ h, h ⊂ cH /\ fin h /\ OpenCover x y h.
Definition InfinCover_Only x y cH:=
  OpenCover x y cH /\ ~ FinCover x y cH.

Corollary CoverP1: ∀ x y cH, FinCover x (mid x y) cH ->
```

```
          FinCover (mid x y) y cH -> FinCover x y cH.
Proof.
  intros; destruct H, H1 as [R1 H1], H1, H2.
  destruct H0, H4 as [R2 H4], H4, H5.
  pose proof (Theorem171 _ _ _ H H0).
  red; split; auto; exists (Union R1 R2);
  repeat split; auto; intros.
  - red; intros; destruct H8, H8; auto.
  - apply Fin_Union; auto.
  - destruct H8, H8, (Rcase2 z (mid x y)).
    * assert (z ∈ [x | (mid x y)]). { constructor; auto. }
      apply H3 in H11; destruct H11, H11, H11, H11, H11.
      exists x0; split; auto. constructor; exists x1; split; auto.
      constructor; auto.
    * assert (z ∈ [(mid x y) | y]). { constructor; auto. }
      apply H6 in H11; destruct H11, H11, H11, H11, H11.
      exists x0; split; auto. constructor; exists x1; split; auto.
      constructor; auto.
Qed.


Corollary CoverP2: ∀ x y cH, InfinCover_Only x y cH
  -> {InfinCover_Only x (mid x y) cH} +
  {InfinCover_Only (mid x y) y cH}.
Proof.
  intros; destruct (classicT (InfinCover_Only x (mid x y) cH))
    as [H0 | H0]; auto.
  right; Absurd; apply property_not in H0; apply property_not in H1.
  destruct H, H0, H.
  - elim H0; red; split; intros.
    + apply Mid_P'; auto.
    + apply H3; destruct H4, H4; constructor; split; auto.
      eapply Theorem173; eauto; left; apply Mid_P; auto.
  - destruct H1.
    + elim H1; red; split; intros.
      * apply Mid_P; auto.
      * apply H3; destruct H4, H4; constructor; split; auto.
        eapply Theorem173; eauto; left; apply Mid_P'; auto.
    + apply -> property_not' in H0; apply -> property_not' in H1.
      elim H2; apply CoverP1; auto.
Qed.
```

定理 3.4 (有限覆盖定理) 闭区间的任一开覆盖必存在一个有限子覆盖.

```
Section Constr5.
```

```
Variable x y:Real.
Variable rr:Ensemble RR.
Hypothesis H:InfinCover_Only x y rr.

Let ICO_dec x y:= classicT (InfinCover_Only x y rr).
Let yx2 n:= ((y-x)/(2^n)) powSeq'.

Lemma tem: ∀ z m, z - (yx2 m) < z.
Proof.
  intros; destruct H, H0. apply Theorem182_1' in H0.
  apply Theorem188_1 with (yx2 m); Simpl_R.
  apply Pl_R; apply Pos'; auto. apply powSeq.
Qed.

Lemma tem1: ∀ x y z, x - y = z -> x - z = y.
Proof.
  intros; apply Theorem188_2' with (Z:=y0) in H0; Simpl_Rin H0.
  apply Theorem188_2 with (Z:=z); Simpl_R. rewrite Theorem175; auto.
Qed.

Fixpoint Codc n:=
  match n with
  | 1 => mid x y
  | m` => match ICO_dec ((Codc m) - (yx2 m)) (Codc m) with
            | left _  => (Codc m) - (yx2 n)
            | right _ => (Codc m) + (yx2 n)
          end
  end.

Fixpoint Coda n:=
  match n with
  | 1 => x
  | m` => match ICO_dec (Coda m) (Codc m) with
            | left _  => Coda m
            | right _ => Codc m
          end
  end.

Fixpoint Codb n:=
  match n with
  | 1 => y
```

```
    | m` => match ICO_dec (Coda m) (Codc m) with
          | left _ => Codc m
          | right _ => Codb m
        end
  end.
```

Lemma FL01: ∀ n, (Codc n) - (yx2 n) = (Coda n).
Proof.
  intros; induction n.
  - simpl Codc; simpl Coda; simpl Pow; apply Midp1.
  - simpl Codc; simpl Coda; simpl Pow; rewrite IHn.
    destruct ICO_dec; Simpl_R. rewrite <- IHn; apply MiR.
Qed.

Lemma FL01': ∀ n, (Codb n) - (yx2 n) = (Codc n).
Proof.
  intros; induction n.
  - simpl Codc; simpl Codb; simpl Pow; apply Midp2.
  - simpl Codc; simpl Codb. rewrite (FL01 n).
    destruct ICO_dec; auto.
    apply Theorem188_2 with (Z:= - (yx2 n`)); Simpl_R.
    simpl; rewrite <- IHn; apply MiR.
Qed.

Lemma FL02: ∀ n, Codc n = mid (Coda n) (Codb n).
Proof.
  intro; pose proof (FL01 n); pose proof (FL01' n).
  apply tem1 in H1; apply tem1 in H0. rewrite <- H0 in H1.
  apply Theorem188_2' with (Z:= (Coda n)) in H1; Simpl_Rin H1.
  rewrite Theorem175 in H1.
  unfold Minus_R in H1; rewrite <- Theorem186 in H1.
  apply Theorem188_2' with (Z:= (Codc n)) in H1; Simpl_Rin H1.
  unfold mid, RdiN; rewrite H1, <- Di_Rp; Simpl_R.
Qed.

Lemma FL1: ∀ n, InfinCover_Only (Coda n) (Codb n) rr.
Proof.
  intros; induction n; simpl; auto. simpl; destruct ICO_dec; auto.
  apply CoverP2 in IHn; rewrite <- FL02 in IHn. destruct IHn; tauto.
Qed.

Lemma FL2: Increase Coda.

Proof.
  red; intros; induction m; intros; [N1F HO|].
  rename HO into H1; rename IHm into HO. apply Theorem26 in H1.
  assert ((Coda m) ⩽ (Coda m`)).
  { simpl; destruct ICO_dec.
    - red; auto. - left; rewrite <- FL01; apply tem. }
  destruct H1.
  - apply HO in H1; eapply Theorem173; eauto. - subst n; auto.
Qed.

Lemma FL3: Decrease Codb.
Proof.
  red; intros; induction m; intros; [N1F HO|].
  rename HO into H1; rename IHm into HO. apply Theorem26 in H1.
  assert ((Codb m`) ⩽ (Codb m)).
  { simpl; destruct ICO_dec.
    - left; rewrite <- FL01'; apply tem. - red; auto. }
  destruct H1.
  - eapply Theorem173; eauto. - subst n; auto.
Qed.

Lemma FL4: ILT_Seq Coda Codb.
Proof.
  red; intros; destruct (FL1 n), HO; left; auto.
Qed.

Lemma FL5a: ∀ n,
  (Codb n`) - (Coda n`) = (((Codb n) - (Coda n))/ 2) NoO_N.
Proof.
  intros; simpl Codb; simpl Coda. destruct ICO_dec.
  - rewrite FL02. apply tem1. apply Midp1.
  - rewrite FL02. apply tem1. apply Midp2.
Qed.

Lemma FL5b: Minus_Seq Codb Coda =
  λ n, (((y - x) · 1`) / (2^n)) powSeq'.
Proof.
  apply eq_Seq; intros; unfold Minus_Seq; induction m.
  - apply ROv_uni; rewrite Pow1; apply Theorem194.
  - apply ROv_uni; rewrite PowS, FL5a.
    rewrite Di_Rt, Theorem194, <- Theorem199; Simpl_R.
    rewrite IHm; Simpl_R.

Qed.

Lemma FL5: Limit (Minus_Seq Codb Coda) O.
Proof.
  rewrite FL5b; apply Limit_Pow'.
Qed.

End Constr5.

Inductive fin1 (r:RR) x y:=
  | fin1_intro: ILT_N x 2 -> y = r -> fin1 r x y.

Theorem FinCoverT: ∀ x y cH, OpenCover x y cH -> FinCover x y cH.
Proof.
  intros; Absurd.
  assert (InfinCover_Only x y cH); unfold InfinCover_Only; auto.
  generalize (FL1 x y cH H1) (FL2 x y cH H1)
    (FL3 x y cH H1) (FL4 x y cH H1) (FL5 x y cH); intros.
  set (a:=(Coda x y cH)) in *; set (b:=(Codb x y cH)) in *.
  assert (NestedIntervals a b). { red; repeat split; auto. }
  clear H3 H4 H6.
  destruct (Cor_NIT _ _ H7) as [ξ [H6 H8]], H.
  assert (ξ ∈ [x | y]).
  { destruct H6 with 1; constructor; split;
    eapply Theorem173; red; eauto. }
  destruct (H3 _ H4) as [R [H9 H10]], H9, H9 as [rr0 [H9 H11]].
  remember rr0 as rr'. destruct rr' as [rr1 rr2 l].
  simpl in H11; subst R; destruct H10, H10.
  apply Theorem182_1' in H10. apply Theorem182_1' in H11.
  assert (R2min (ξ -rr1) (rr2 - ξ) > O).
  { destruct (Pr_min4 (ξ -rr1) (rr2 - ξ)); rewrite H12; auto. }
  apply H8 in H12. destruct H12 as [n H12].
  pose proof (H12 _ (Theorem18 n 1)); Simpl_Nin H13; clear H12.
  specialize H2 with n`; red in H2; destruct H2, H2; elim H12.
  red; split; auto.
  exists /{ r | r = rr0 /}; repeat split; intros; auto.
  + red; intros; destruct H15; subst x0 rr0; auto.
  + red; exists 2, (fin1 rr0); repeat split; try red;
    intros; destruct H15; auto.
    * destruct H16; subst y0 z; auto.
    * exists rr0; constructor; auto.
    * exists 1; constructor; auto. apply Nlt_S_.

```
  + subst rr0; exists (rr1 | rr2); split.
   * constructor; exists (rr rr1 rr2 1); split; auto.
     constructor; auto.
   * apply H13 in H15; destruct H15, H15.
     apply Theorem188_1' with
       (Z:=(R2min (ξ - rr1) (rr2 - ξ))) in H15; Simpl_Rin H15.
     assert (z + (ξ - rr1) > ξ).
     { eapply Theorem172; right; split; eauto.
       rewrite Theorem175, (Theorem175 z).
       apply LePl_R; apply Pr_min2. }
     assert (z < ξ + (rr2 - ξ)).
     { eapply Theorem172; right; split; eauto.
       rewrite Theorem175, (Theorem175 ξ).
       apply LePl_R; apply Pr_min3. }
     apply Theorem188_1' with (Z:=-(ξ - rr1)) in H17;
     Simpl_Rin H17. rewrite Theorem175 in H18; Simpl_Rin H18.
     constructor; auto.
Qed.
```

3.5　聚点原理

定义 3.3（聚点）　设 E 是一个点集, e 是一个定点 (可以不属于 E), 如果 e 的任意邻域都含有 E 中的无穷多个点, 则称 e 是 E 的一个聚点; 它的另一等价定义为: 设 E 是一个点集, e 是一个定点 (可以不属于 E), 如果 e 的任意邻域内都含有 E 中异于 e 的点, 则称 e 是 E 的一个聚点.

```
(** t5 *)

(* COMPLETENESS THEOREMS *)

(* SECTION V Accumulative Point Principle *)

Require Import t4.
Require Export R_sup.

Definition AccumulationPoint e E:=
  ∀ x, x > 0 -> ∃ y, y ∈ (e|-x) /\ y ∈ E /\ y <> e.
Definition AccumulationPoint' e E:=
  ∀ x, x > 0 -> ~ fin /{ z | z ∈ (e|-x) /\ z ∈ E /}.

Inductive Relcond A e x y:=
  | Relcond_intro: x ∈ A -> |x - e| = y -> Relcond A e x y.
```

```
Corollary Cor_acc: ∀ e E, AccumulationPoint e E ->
  AccumulationPoint' e E.
Proof.
  assert (∀ e E, (AccumulationPoint e E) ->
  ∀ b, b > 0 -> ~ fin /{ z | z ∈ (e|-b) /\ z ∈ E /\ z <> e /}).
  { intros; red in H; intro.
    apply H in H0.
    set (R1:=/{ z | z ∈ (e|-b) /\ z ∈ E /\ z <> e /}).
    set (R:=/{ z | ∃ r, r ∈ R1 /\ r <> e /\ z = | r - e | /}).
    assert (Surjection R1 R (Relcond R1 e)).
    { repeat split; intros; try apply conj; try red; intros.
      - destruct H2, H3; auto. subst y; auto.
      - exists (|x - e|). constructor; auto.
      - destruct H2, H2, H2, H3; exists x; constructor; auto.
      - destruct H2, i, H2, H2; tauto.
      - destruct H2, i, H2, H2; tauto.
      - destruct H2, i; tauto.
      - destruct H2, i; tauto.
      - destruct H2, i, H2, H2, H2, H3;
        exists x; repeat split; auto. }
    assert (fin R).
    { destruct H1 as [N [f H1]]; pose proof (comp H1 H2); red;
      eauto. } assert (No_Empty R).
    { destruct H0, H0, H0, H0, H4.
      red; exists (|x - e|); constructor;
      exists x; repeat split; auto. }
    destruct (FinMin _ H3 H4) as [m H5], H5, H5, H5, H5, H7.
    pose proof (Ab8' _ _ H7); apply H in H9.
    destruct H9, H9, H9, H9, H10, H5, H5, H5, H5.
    subst m; pose proof (conj H5 H14).
    apply Ab1'' in H8; pose proof (conj H9 H11). apply Ab1'' in H15.
    assert (|x0 - e| ∈ R).
    { constructor; exists x0; split; auto; constructor; split; auto.
      constructor; apply Ab1''; eapply Theorem171; eauto. }
    apply H6 in H16; LEGR H16 H15. }
  red; intros; intro. eapply H in H1; eauto; apply H1.
  eapply Fin_Included; eauto.
  red; intros; destruct H3; constructor; tauto.
Qed.

Inductive fin1 (r:Real) x y:=
```

```
  | fin1_intro: ILT_N x 2 -> y = r -> fin1 r x y.

Corollary Cor_acc': ∀ e E, AccumulationPoint' e E
  -> AccumulationPoint e E.
Proof.
  intros; red; intros; pose proof H0; apply H in H0; Absurd;
  elim H0. destruct (classic (e ∈ E)) as [H3 | H3].
  - exists 2, (fin1 e); repeat apply conj; try red; intros.
    + destruct H4, H5; subst y; auto.
    + destruct H4; exists e; constructor; auto.
    + destruct H4, H4; exists 1; constructor; auto.
      * apply Nlt_S_. * Absurd; elim H2; eauto.
    + destruct H4; constructor; auto.
    + destruct H4; constructor; subst y; split; auto.
      constructor; split; try apply Pl_R; auto.
      apply Theorem188_1 with (Z:= x); Simpl_R; apply Pl_R; auto.
  - assert (/{ z | z ∈ (e|-x) /\ z ∈ E /} =
    /{ z | z ∈ (e|-x) /\ z ∈ E /\ z <> e /}).
    { apply ens_ext; split; intros; destruct H4; constructor.
      - destruct H4; split; [| split]; auto; intro; subst x0; tauto.
      - destruct H4, H5; auto. } rewrite H4.
      apply Fin_Empty; intro; destruct H5, H5; apply H2; eauto.
Qed.
```

　　下面要证的聚点原理和下节的列紧性定理需要将非构造性的存在性元素选取出来, 这一点本质上要用到集合论中的选择公理[112,201,213], 传统数学中一般是默认了选择公理的成立[85,155,213], 为此, 我们约定如下较为自然的 "不确定描述的构造" 原理.

```
Axiom constructive_indefinite_description:
  ∀ {A: Type} {P: A->Prop},
    (∃ x, P x) -> { x: A | P x }.

Definition Cid {A: Type} {P: A->Prop} (l: ∃ x, P x):=
  constructive_indefinite_description l.
```

　　定理 3.5 (**聚点原理**)　有界无限点集必有聚点.

```
Inductive RRtoR A B x y: Prop:=
  | RRtoR_intro: x ∈ A -> y ∈ B -> y ∈ (Fst x | Snd x) ->
  RRtoR A B x y .

Theorem APT: ∀ E x y, x < y -> ∼ fin E -> Bounddown_Ens x E ->
  Boundup_Ens y E -> ∃ e, AccumulationPoint e E.
```

```
Proof.
  assert (∀ E, ∼ (∃ e, AccumulationPoint e E) ->
    ∀ z, ∃ δ, δ > 0 /\ (∀ w, w ∈ (z|-δ) /\ w ∈ E -> w = z)) as G.
  { intros; Absurd; elim H. exists z; red; intros.
    Absurd; elim H0. exists x; split; intros; auto.
    destruct H3; Absurd. elim H2; eauto. }
  intros; red in H1, H2; Absurd. pose proof (G E H3).
  set (Gete p:=(proj1_sig (Cid (H4 p))) ).
  assert (∀ x, Gete x > 0).
  { intros; unfold Gete; destruct (Cid (H4 x0));
  simpl proj1_sig; tauto. }
  assert (G1: ∀ x y, y > 0 -> x - y < x + y). { apply Pl_R'. }
  set (R:= /{ r | ∃ x,
    r = (rr (x-(Gete x)) (x+(Gete x)) (G1 x _ (H5 x))) /}).
  assert (OpenCover x y R).
  { red; split; auto; intros.
    exists (z|-(Gete z)); split; constructor; intros.
    - exists (rr (z-(Gete z)) (z+(Gete z)) (G1 z _ (H5 z))).
      split; simpl; auto; constructor; eauto.
    - split; try apply Pl_R; auto.
      apply Theorem188_1 with (Z:=Gete z);
      Simpl_R; apply Pl_R; auto. }
  apply FinCoverT in H6; destruct H6 as [H6 [h1 H7]], H7, H8.
  set (g:=(RRtoR /{ z | z ∈ h1 /\
  (∃ r, r ∈ E /\ r ∈ (Fst z | Snd z))/} E)).
  assert (Surjection /{ z | z ∈ h1 /\
  (∃ r, r ∈ E /\ r ∈ (Fst z | Snd z))/} E g).
  { red; repeat split; try red; intros.
    - destruct H10, H10, H11, H11, H10, H11.
      apply H7 in H10; destruct H10, H10 as [r1 H10].
      clear H11; subst x0; simpl in *; unfold Gete in *.
      destruct (Cid (H4 r1)); simpl proj1_sig in *; destruct a.
      apply (Theorem165 _ r1 _); auto; symmetry; auto.
    - destruct H10, H10, H11 as [r [H11 H12]].
      exists r; constructor; auto. constructor; split; auto; eauto.
    - assert (y0 ∈ [x | y]). { constructor; split; auto. }
      destruct H9; apply H12 in H11.
      destruct H11 as [R1 [H11 H13]], H11, H11 as [rr1 [H11 H14]].
      subst R1; destruct H13; pose proof H11.
      apply H7 in H11; destruct H11, H11 as [r1 H11].
      exists rr1; constructor; auto; constructor; auto.
      split; auto; exists y0; repeat split; tauto.
```

```
      - destruct H10, H10; tauto.
      - destruct H10; eauto. - destruct H10; auto. }
  assert (fin /{ z | z ∈ h1 /\
    (∃ r, r ∈ E /\ r ∈ (Fst z | Snd z))/}).
  { apply Fin_Included with (B:=h1); auto.
    red; intros; destruct H11; tauto. }
  destruct H11 as [N [f H11]]; elim H0.
  pose proof (comp H11 H10). red. eauto.
Qed.
```

3.6 列紧性定理

定理 3.6 (列紧性定理) *任何有界数列必可选出一个收敛的子列.*

```
(** t6 *)

(* COMPLETENESS THEOREMS *)

(* SECTION VI Sequential Compactness Theorem *)

Require Import t5.
Require Export Seq.

Lemma SL1: ∀ a, fin (SeqEns a) -> ∃ r, r ∈ (SeqEns a)
  /\ ~ fin /{ z | z ∈ (AllSeq a) /\ (snd z) = r /}.
Proof.
  intros; Absurd.
  pose proof (not_ex_all_not _ H0); simpl in H1.
  assert (∀ n, (n ∈ (SeqEns a) ->
    fin /{ z | z ∈ (AllSeq a) /\ snd z = n /})).
  { intros; pose proof (H1 n).
    apply property_not in H3; destruct H3; try tauto.
    apply property_not'; auto. } clear H0 H1.
  assert (∀ m, fin /{ z | z ∈ (AllSeq a) /\ snd z = m /}).
  { intros; destruct (classic (m ∈ (SeqEns a))) as [H0 | H0]; auto.
    apply Fin_Empty; intro; destruct H1, H1, H1, H1, H1.
    subst x; simpl in H3; apply H0; constructor; eauto. } clear H2.
  assert (fin (AllSeq a)).
  { rewrite AllSeq_eq; apply Fin_EleUnion; intros.
    - destruct H as [x [f H]]; pose proof (comp H (SeqEns_P1 _)).
      red; eauto.
    - destruct H1, H1, H1; rewrite H2; auto. }
  destruct (Infin_AllSeq _ H1).
```

```
Qed.

Lemma SL2: ∀ a, fin (SeqEns a) ->
  ∃ N, ∀ n, (∃ m, IGT_N m n /\ a m = a N).
Proof.
  intros; destruct (SL1 a H) as [r [H0 H1 ]].
  destruct H0 as [[N H0]]; subst r.
  exists N; intros; Absurd; elim H1.
  apply Fin_Included with
    (B:=/{ z | z ∈ (AllSeq a) /\ (∼ (IGT_N (fst z) n)) /}).
  - red; intros; destruct H2, H2, x. constructor; split; auto.
    intro; destruct H2, H2; rewrite H2 in H3, H4.
    simpl fst in H4; simpl snd in H3. elim H0; eauto.
  - set (A:=/{z | z ∈ (AllSeq a) /\ (∼ (IGT_N (fst z) n))/}).
    exists n`, (λ n p, RelNtoAllS A p n).
    red; repeat split; try red; intros.
    + destruct H2, H2, H2, H2, H2, H3, H3, H3, H3, H3.
      subst x y z; simpl in H6; subst x0; auto.
    + exists (x, (a x)); constructor; simpl; auto.
      constructor; split; try constructor; eauto.
      intro; destruct H2; simpl in H3.
      apply Theorem26 in H2; LEGN H2 H3.
    + destruct H2, H2, H2, H2; subst y; simpl in H3.
      exists x; constructor; simpl; auto.
      constructor; split; try constructor; eauto.
    + destruct H2,H2,H2, H2, H2; subst y; simpl in H3, H4; subst x.
      apply Theorem26'; red. destruct (Theorem10 x0 n); try tauto.
    + destruct H2, H2, H2, H2; auto.
    + destruct H2, H2; tauto.
Qed.

Section Extract_Seq.

Variable N:Nat.
Variable f:Nat -> Nat ->Prop.
Variable l:∀ y, ∃ x, f y x.

Fixpoint Extract_Seq n:=
  match n with
  | 1 => N
  | m` => proj1_sig (Cid (l (Extract_Seq m)))
  end.
```

End Extract_Seq.

Theorem SCT_fin: ∀ a,
　fin (SeqEns a) -> ∃ b, (SubSeq b a) /\ (∃ ξ, Limit b ξ).
Proof.
　intros; destruct (SL2 _ H) as [N H0].
　set (Extract_Seq0:= Extract_Seq N _ H0).
　exists (fun n=> a (Extract_Seq0 n)); split.
　- red; exists Extract_Seq0; split; intros; auto.
　　generalize dependent n; induction m; intros; [N1F H1|].
　　rename H1 into H2. rename IHm into H1.
　　apply Theorem26 in H2; destruct H2.
　　+ apply H1 in H2; eapply Theorem15; eauto.
　　　simpl; destruct (Cid (H0 (Extract_Seq0 m))), a0; simpl; auto.
　　+ subst m; simpl.
　　　destruct (Cid (H0 (Extract_Seq0 n))), a0; simpl; auto.
　- set (c:= a N). assert (∀ m, a (Extract_Seq0 m) = c); intros.
　　{ rename m into p; destruct p; simpl; auto.
　　　destruct (Cid (H0 (Extract_Seq0 p))), a0; simpl; auto. }
　　exists c; red; intros.
　　exists 1; intros; rewrite H1; Simpl_R.
Qed.

Inductive Relsubseq N (a:Seq) x y:Prop:=
　| Relsubseq_in: ILT_N x N -> y = a x -> Relsubseq N a x y.

Lemma RNG0: ∀ {n:Nat}, (1/n) No0_N > 0.
Proof.
　intros; apply Theorem203_1' with (Z:=n); Simpl_R; simpl; auto.
Qed.

Lemma SL3: ∀ {e a}, AccumulationPoint e (SeqEns a) ->
　∀ n k, k > 0 -> ∃ m, IGT_N m n /\ (a m) ∈ (e|-k).
Proof.
　intros; Absurd; elim (Cor_acc _ _ H _ H0).
　assert (fin /{ z | ∃ m, ILE_N m n /\ z = a m /}).
　{ exists n`, (Relsubseq n` a); red; intros;
　　repeat split; try red; intros.
　　- destruct H2, H3; rewrite H4; auto.
　　- destruct H2; exists (a x); constructor; auto.
　　- destruct H2, H2, H2; exists x; constructor; auto.

```
    apply Theorem26'; auto.
   - destruct H2; auto.
   - destruct H2; apply Theorem26 in H2; eauto. }
  eapply Fin_Included; eauto; red; intros.
  destruct H3, H3, H4, H4.
  constructor; exists x0; split; auto; red; subst x.
  destruct (Theorem10 x0 n) as [H4 | [H4 | H4]]; auto.
  elim H1; eauto.
Qed.


Section Extract_Seq'.

Variable N:Nat.
Variable P:Nat -> ∀ y, y > 0 -> Nat -> Prop.
Variable l:∀ z y (l: y >0), ∃ x, P z y l x.

Fixpoint Extract_Seq' n:=
  match n with
  | 1 => N
  | m` => proj1_sig (Cid (l (Extract_Seq' m) ((1/n) NoO_N) RNGO))
end.


End Extract_Seq'.

Theorem SCT_infin: ∀ a x y, x < y -> ∼ fin (SeqEns a) ->
  Bounddown_Ens x (SeqEns a) -> Boundup_Ens y (SeqEns a) ->
  ∃ b, (SubSeq b a) /\ (∃ ξ, Limit b ξ).
Proof.
  intros; destruct (APT _ _ _ H HO H1 H2) as [e H3].
  destruct H3 with 1; simpl; auto. destruct H4,H5,H5, H5 as [N H5].
  pose proof (SL3 H3). set (Extract_Seq0':= Extract_Seq' N _ H7).
  exists (λ n, a (Extract_Seq0' n)); split.
  - red; exists Extract_Seq0'; split; intros; auto.
    generalize dependent n; induction m; intros;[N1F H8|].
    rename H8 into H9. rename IHm into H8.
    apply Theorem26 in H9; destruct H9.
    + apply H8 in H9; eapply Theorem15; eauto.
      replace (Extract_Seq0' m`) with (proj1_sig
        (Cid (H7 (Extract_Seq0' m) ((1/m`) NoO_N) RNGO))); auto.
      destruct (Cid (H7 (Extract_Seq0' m) ((1/m`) NoO_N) RNGO)).
      simpl; tauto.
    + subst n. replace (Extract_Seq0' m`) with (proj1_sig
```

```
      (Cid (H7 (Extract_Seq0' m) ((1/m`) No0_N) RNG0))); auto.
    destruct (Cid (H7 (Extract_Seq0' m) ((1/m`) No0_N) RNG0)).
    simpl; tauto.
- assert (∀ n, (a (Extract_Seq0' n)) ∈ (Neigh0 e ((1/n) No0_N))).
  { intros; destruct n; Simpl_R.
    - simpl; constructor; Simpl_R; subst x0.
      destruct H4; auto.
    - replace (Extract_Seq0' n`) with (proj1_sig
        (Cid (H7 (Extract_Seq0' n) ((1/n`) No0_N) RNG0))); auto.
      destruct (Cid (H7 (Extract_Seq0' n) ((1/n`) No0_N) RNG0)),
        a0, i0. constructor. simpl proj1_sig; auto. }
  exists e; red; intros.
  assert (neq_zero ε). { destruct ε; simpl; auto. }
  destruct (Archimedes ((1/ε) H10)) as [M H11]. exists M; intros.
  apply OrderNRlt in H12. eapply Theorem171 in H12; eauto.
  destruct H8 with n; apply Ab1'' in H13. eapply Theorem171;
  eauto. apply Theorem203_1 with (Z:=ε) in H12; Simpl_Rin H12.
  rewrite Theorem194 in H12.
  apply Theorem203_1' with (Z:=n); Simpl_R; simpl; auto.
Qed.

Theorem SCT: ∀ a x y, x < y -> Bounddown_Ens x (SeqEns a) ->
  Boundup_Ens y (SeqEns a) ->
  ∃ b, (SubSeq b a) /\ (∃ ξ, Limit b ξ).
Proof.
  intros; destruct (classic (fin (SeqEns a))).
  - apply SCT_fin; auto.
  - eapply SCT_infin; eauto.
Qed.
```

3.7　Cauchy 收敛准则

定义 3.4 (Cauchy 列)　给定序列 $\{a_n\}$, 满足

$$\forall \varepsilon > 0, \exists N, \forall n, m > N \Longrightarrow |a_n - a_m| < \varepsilon,$$

则称该序列为 Cauchy 列, 也称为基本列.

```
(** t7 *)

(* COMPLETENESS THEOREMS *)
```

```
(* SECTION VII Cauchy Sequence Theorem *)

Require Import t6.
Require Export Seq.

Definition CauchySeq (a:Seq):= ∀ ε, ε > 0 ->
  ∃ N, ∀ m n, (IGT_N m N) -> (IGT_N n N) -> |(a m) - (a n)| < ε.
```

定理 3.7 (**Cauchy 收敛准则**)   数列收敛当且仅当数列是基本列.

```
Inductive RelCauchy N (a:Seq) x y:Prop:=
  | RelCauchy_in: ILT_N x N -> y = |a x| -> RelCauchy N a x y.

Theorem CCT: ∀ a, (∃ ξ, Limit a ξ) <-> CauchySeq a.
Proof.
  split; try red; intros.
  - destruct H as [ξ H]; red in H. apply Pr_2a in H0.
    destruct (H _ H0) as [N H1]. exists N; intros.
    apply H1 in H2; apply H1 in H3.
    rewrite <- Theorem178, Theorem181 in H3.
    pose proof (Theorem189 H2 H3); Simpl_Rin H4.
    pose proof (Ab2 ((a m)- ξ) (ξ - (a n))).
    unfold Minus_R in H5; rewrite <- Theorem186 in H5; Simpl_Rin H5.
    eapply Theorem172; eauto.
  - destruct H with 1 as [N H0]; simpl; auto.
    assert (∀ n, IGT_N n N` -> |a n| < |a N`| + 1); intros.
    { pose proof (Theorem18 N 1); Simpl_Nin H2.
      eapply Theorem15 in H1; eauto.
      pose proof (H0 _ _ H1 H2); pose proof (Ab2' (a n) (a N`)).
      assert ((|a n| - |a N`|) < 1).
      { eapply Theorem172; left; eauto. }
      apply Theorem188_1' with (Z:=|a N`|) in H5; Simpl_Rin H5.
      rewrite Theorem175; auto. }
    set (R:= /{ z| ∃ m, ILE_N m N` /\ z = |a m| /}).
    assert (fin R).
    { exists (N`)`, (RelCauchy (N`)` a); repeat split;
      try red; intros.
      - destruct H2, H3; subst y; auto.
      - destruct H2; exists (|a x|); constructor; auto.
      - destruct H2, H2, H2; exists x; constructor; auto.
        apply Theorem26'; auto.
      - destruct H2; auto.
      - destruct H2; apply Theorem26 in H2; eauto. }
    assert (No_Empty R).
```

```
{ red; exists (|a N`|); constructor; unfold ILE_N; eauto. }
apply FinMax in H3; auto; destruct H3 as [M1 H3], H3.
set (M:= (R2max M1 (|a N`| + 1))).
assert (∀ n, |a n| ≤ M); intros.
{ destruct (Theorem10 n N`) as [H5| [H5 |H5]].
  - assert (|a N`| ∈ R).
    { constructor; exists N`; split; auto; red; auto. }
    subst n; apply H4 in H6.
    eapply Theorem173; eauto; apply Pr_max2.
  - apply H1 in H5. pose proof (Pr_max3 M1 (|a N`| +1)).
    left; eapply Theorem172; eauto.
  - assert (|a n| ∈ R).
    { constructor; exists n; split; try red; auto. }
    apply H4 in H6. eapply Theorem173; eauto; apply Pr_max2. }
assert (Bounddown_Ens (-M) (SeqEns a)).
{ red; intros; destruct H6, H6; subst x.
  pose proof (H5 x0); apply Ab1' in H6; tauto. }
assert (Boundup_Ens M (SeqEns a)).
{ red; intros; destruct H7, H7; subst x.
  pose proof (H5 x0); apply Ab1' in H7; tauto. }
assert (M > - M).
{ assert (M > 0).
  { pose proof (Pr_max3 M1 (|a N`| +1)).
    eapply Theorem172; right; split; eauto.
    destruct (a N`); simpl; auto. }
  destruct M; simpl; tauto. }
destruct (SCT _ _ _ H8 H6 H7) as [a' H9].
destruct H9, H9 as [s H9], H9, H10 as [ξ H10].
exists ξ; red; intros. apply Pr_2a in H12.
destruct (H _ H12) as [N1 H13], (H10 _ H12) as [N2 H14].
exists (Plus_N N1 N2); intros.
pose proof (Theorem18 N2 N1); rewrite Theorem6 in H16.
apply (Theorem15 _ _ n) in H16; auto.
apply H14 in H16; rewrite H11 in H16.
pose proof (Theorem18 N1 N2).
apply (Theorem15 _ _ n) in H17; auto.
pose proof (SubSeq_P _ _ _ H9 H11 n).
assert (IGT_N (s n) N1).
{ apply Theorem13 in H18. eapply Theorem16; eauto. }
pose proof (H13 _ _ H17 H19).
pose proof (Theorem189 H20 H16); Simpl_Rin H21.
pose proof (Ab2 ((a n) - (a (s n))) ((a (s n)) - ξ)).
```

```
    unfold Minus_R at 2 in H22; rewrite <- Theorem186 in H22;
    Simpl_Rin H22. eapply Theorem172; eauto.
Qed.
```

3.8 用 Cauchy 收敛准则证明 Dedekind 基本定理

本节从 Cauchy 收敛准则出发, 证明 Dedekind 基本定理.

为完整、方便、可读起见, 与下面代码一致, Dedekind 基本定理再次重复描述如下.

定理 (Dedekind 基本定理) 设有实数的任一分法, 将一切实数分为两类, 使具有下列性质:

1) 第一类有一数, 第二类也有一数;

2) 第一类的每一数小于第二类的每一数,

则恰有一实数 Ξ, 能使每一 $H < \Xi$ 属于第一类, 每一 $H > \Xi$ 属于第二类.

```
(** t8 *)

(* COMPLETENESS THEOREMS *)

(* SECTION VIII Dedekind's Fundamental Theorem *)

Require Import t7.
Require Export Seq.

Section Dedekind.

Variables Fst Snd:Ensemble Real.

Definition R_Divide:= ∀ Ξ, Ξ ∈ Fst \/ Ξ ∈ Snd.

Definition ILT_FS:= ∀ Ξ H, Ξ ∈ Fst -> H ∈ Snd -> Ξ < H.

Definition Split Ξ:=
  (∀ H, H < Ξ -> H ∈ Fst) /\ (∀ H, H > Ξ -> H ∈ Snd).

End Dedekind.

Section Constr8.

Variables Fst Snd:Ensemble Real.
Hypothesis H:R_Divide Fst Snd.
```

```
Hypothesis G:ILT_FS Fst Snd.
Variables x y:Real.
Hypothesis P1:x ∈ Fst.
Hypothesis P2:y ∈ Snd.

Let yx2 n:= ((y-x)/(2^n)) powSeq'.

Lemma tem: ∀ z m, z - (yx2 m) < z.
Proof.
  intros. pose proof (G _ _ P1 P2). apply Theorem182_1' in H0.
  apply Theorem188_1 with (Z:= yx2 m); Simpl_R.
  apply P1_R; apply Pos'; auto. apply powSeq.
Qed.

Lemma tem1: ∀ x y z, x - y = z -> x - z = y.
Proof.
  intros; apply Theorem188_2' with (Z:=y0) in H0; Simpl_Rin H0.
  apply Theorem188_2 with (Z:=z); Simpl_R.
  rewrite Theorem175; auto.
Qed.

Lemma caseFS: ∀ r, {r ∈ Fst} + {r ∈ Snd}.
Proof.
  intros; destruct (classicT (r ∈ Fst)); auto.
  right; destruct H with r; tauto.
Qed.

Fixpoint Codc n:=
  match n with
  | 1 => mid x y
  | m` => match (caseFS (Codc m)) with
          | left _ => (Codc m) + (yx2 n)
          | right _ => (Codc m) - (yx2 n)
        end
  end.

Fixpoint Coda n:=
  match n with
  | 1 => x
  | m` => match (caseFS (Codc m)) with
          | left _ => Codc m
          | right _ => Coda m
```

```
        end
  end.

Fixpoint Codb n:=
  match n with
  | 1 => y
  | m` => match (caseFS (Codc m)) with
          | left _ => Codb m
          | right _ => Codc m
          end
  end.
```

Lemma DL1: ∀ n, Coda n ∈ Fst.
Proof.
  intros; induction n.
  - simpl; auto. - simpl; destruct caseFS; auto.
Qed.

Lemma DL2: ∀ n, Codb n ∈ Snd.
Proof.
  intros; induction n.
  - simpl; auto. - simpl; destruct caseFS; auto.
Qed.

Lemma DL01: ∀ n, (Codc n) - (yx2 n) = (Coda n).
Proof.
  intros; induction n.
  - simpl Codc; simpl Coda; simpl Pow. apply Midp1.
  - simpl Codc; simpl Coda; simpl Pow.
    destruct caseFS; Simpl_R. rewrite <- IHn. apply MiR.
Qed.

Lemma DL01': ∀ n, (Codb n) - (yx2 n) = (Codc n).
Proof.
  intros; induction n.
  - simpl Codc; simpl Codb; simpl Pow. apply Midp2.
  - simpl Codc; simpl Codb. destruct caseFS; Simpl_R.
    rewrite <- IHn. apply Theorem188_2 with (Z:= -(yx2 n`));
    Simpl_R. simpl; apply MiR.
Qed.

Lemma DL02: ∀ n, Codc n = mid (Coda n) (Codb n).

Proof.
  intro; pose proof (DL01 n); pose proof (DL01' n).
  apply tem1 in H1; apply tem1 in H0. rewrite <- H0 in H1.
  apply Theorem188_2' with (Z:= (Coda n)) in H1; Simpl_Rin H1.
  rewrite Theorem175 in H1.
  unfold Minus_R in H1; rewrite <- Theorem186 in H1.
  apply Theorem188_2' with (Z:= (Codc n)) in H1; Simpl_Rin H1.
  unfold mid, RdiN; rewrite H1, <- Di_Rp; Simpl_R.
Qed.

Lemma DL3: Increase Coda.
Proof.
  red; intros; induction m; intros; [N1F H0|].
  simpl; destruct caseFS; auto.
  - apply Theorem25 in H0; destruct H0.
    + replace m` with (Plus_N m 1) in H0; auto.
     apply Theorem20_1 in H0. apply IHm in H0.
     eapply Theorem173; eauto. left. rewrite <- DL01. apply tem.
    + replace m` with (Plus_N m 1) in H0; auto.
     apply Theorem20_2 in H0.
     subst m; left. rewrite <- DL01. apply tem.
  - apply Theorem25 in H0.
    replace m` with (Plus_N m 1) in H0; auto. destruct H0.
    + apply Theorem20_1 in H0; auto.
    + apply Theorem20_2 in H0; subst n; red; auto.
Qed.

Lemma DL4: Decrease Codb.
Proof.
  red; intros; induction m; [N1F H0|].
  simpl; destruct (caseFS (Codc m)); auto.
  - apply Theorem25 in H0; destruct H0.
    + replace m` with (Plus_N m 1) in H0; auto.
     apply Theorem20_1 in H0; auto.
    + replace m` with (Plus_N m 1) in H0; auto.
     apply Theorem20_2 in H0. subst m; right; auto.
  - apply Theorem25 in H0.
    replace m` with (Plus_N m 1) in H0; auto. destruct H0.
    + replace m` with (Plus_N m 1) in H0; auto.
     apply Theorem20_1 in H0. apply IHm in H0.
     eapply Theorem173; eauto. left. rewrite <- DL01'. apply tem.
    + replace m` with (Plus_N m 1) in H0; auto.

```
      apply Theorem20_2 in H0.
      subst m; left. rewrite <- DL01'. apply tem.
Qed.

Lemma DL5a: ∀ n, (Codb n`) - (Coda n`)
  = (((Codb n) - (Coda n))/ 2) NoO_N.
Proof.
  intros. simpl Codb; simpl Coda. destruct caseFS.
  - rewrite DL02. apply tem1. apply Midp2.
  - rewrite DL02. apply tem1. apply Midp1.
Qed.

Lemma DL5b: Minus_Seq Codb Coda =
  λ N, ((((Codb 1) - (Coda 1)) · 2)/(2^N)) powSeq'.
Proof.
  intros; apply eq_Seq; intros; unfold Minus_Seq. induction m.
  - apply ROv_uni; rewrite Pow1; apply Theorem194.
  - apply ROv_uni; rewrite PowS, DL5a.
    rewrite Di_Rt, Theorem194, <- Theorem199; Simpl_R.
    rewrite IHm; Simpl_R.
Qed.

Lemma DL5: Limit (Minus_Seq Codb Coda) O.
Proof.
  intros; rewrite DL5b; apply Limit_Pow'.
Qed.

Lemma DL6: CauchySeq Coda.
Proof.
  red; intros; pose proof DL5.
  assert (∃ ξ, Limit (Minus_Seq Codb Coda) ξ); eauto.
  apply CCT in H2; pose proof (H2 _ H0); clear H2.
  destruct H3 as [N H2]; exists N; intros.
  pose proof (H2 _ _ H3 H4); unfold Minus_Seq in H5.
  assert (∀ w x y z, w ≤ x -> y ≤ z ->
    x - w ≤ | x - w - (y - z)|) as G2; intros.
  { apply LePl_R with (z:=-w) in H6; Simpl_Rin H6.
    apply LePl_R with (z:=-z) in H7; Simpl_Rin H7.
    pattern (x0 - w) at 1; rewrite <- Theorem175', Ab5.
    - unfold Minus_R at 2; apply Theorem168;
      apply Theorem191; red; auto.
      apply LEminus in H7; apply Theorem168' in H7; auto.
```

```
    - eapply Theorem173; eauto. }
  destruct (Theorem10 m n) as [H6 | [H6 | H6]].
  - subst m; Simpl_R.
  - eapply Theorem172; left; split; eauto.
    pose proof (DL3 _ _ H6); pose proof (DL4 _ _ H6).
    rewrite Ab5, Mi_R', <- Theorem178, Theorem181; auto.
  - eapply Theorem172; left; split; eauto.
    pose proof (DL3 _ _ H6); pose proof (DL4 _ _ H6).
    rewrite Ab6, Mi_R'; auto.
    unfold Minus_R at 2; rewrite Theorem175, Theorem181.
    rewrite <- (Theorem177 (Codb m - Codb n)), Theorem181; Simpl_R.
Qed.

End Constr8.

Theorem DedekindCut: ∀ Fst Snd,
  R_Divide Fst Snd -> No_Empty Fst ->
  No_Empty Snd -> ILT_FS Fst Snd -> (∃ E, Split Fst Snd E).
Proof.
  intros; destruct H0 as [A H0], H1 as [B H1].
  generalize (DL3 Fst Snd H H2 _ _ H0 H1) (DL4 Fst Snd H H2 _ _ H0
    H1) (DL5 Fst Snd H A B) (DL6 Fst Snd H H2 _ _ H0 H1); intros.
  apply CCT in H6; destruct H6 as [ξ H6].
  set (a:=Coda Fst Snd H A B) in *.
  set (b:=Codb Fst Snd H A B) in *. assert (Limit b ξ).
  { rewrite (SeqCon1 a b), <- Theorem175'';
    apply SeqLimPlus; auto. } exists ξ; split; intros Z H9.
  - pose proof (DL1 _ _ H A B H0). apply Theorem182_1' in H9.
    destruct H6 with (ξ - Z) as [N H10]; auto.
    pose proof (Theorem18 N 1); Simpl_Nin H11.
    apply H10 in H11; rewrite Ab6 in H11;
    try apply Increase_limitP; auto.
    apply Theorem183_1 in H11; repeat rewrite Theorem181 in H11.
    apply Theorem188_1' with (Z:=ξ) in H11; Simpl_Rin H11.
    specialize H8 with N`.
    destruct H with Z; auto; LGR H11 (H2 _ _ H8 H12).
  - pose proof (DL2 _ _ H A B H1); apply Theorem182_1' in H9.
    destruct H7 with (Z -ξ) as [N H10]; auto.
    pose proof (Theorem18 N 1); Simpl_Nin H11.
    apply H10 in H11; rewrite Ab5 in H11;
    try apply Decrease_limitP; auto.
    apply Theorem188_1' with (Z:=ξ) in H11; Simpl_Rin H11.
```

```
    specialize H8 with N`. destruct H with Z; auto.
    LGR H11 (H2 _ _ H12 H8).
Qed.

Theorem DedekindCut_Unique: ∀ Fst Snd, R_Divide Fst Snd ->
  No_Empty Fst -> No_Empty Snd -> ILT_FS Fst Snd ->
  ∀ Z1 Z2, Split Fst Snd Z1 -> Split Fst Snd Z2 -> Z1 = Z2.
Proof.
  assert (∀ Fst Snd, R_Divide Fst Snd -> No_Empty Fst
   -> No_Empty Snd -> ILT_FS Fst Snd ->
   ∀ Ξ1 Ξ2, Split Fst Snd Ξ1 -> Split Fst Snd Ξ2 -> ~ Ξ1 < Ξ2).
  { intros; intro; red in H, H0, H1, H2, H3, H4; destruct H3, H4.
    pose proof (Mid_P' _ _ H5); pose proof (Mid_P _ _ H5).
    apply H6 in H8; apply H4 in H9. pose proof (H2 _ _ H9 H8).
    apply OrdR1 in H10; tauto. }
  intros; destruct (Theorem167 Z1 Z2) as [H6 | [H6 | H6]]; auto;
  eapply H in H6; eauto; tauto.
Qed.
```

　　至此, 我们采用循环的策略, 已完成八大实数完备性定理的等价性形式化证明. 实数完备性奠定了极限论的基础, 一直是数学分析的重点和难点. 原则上, 从任何一条实数完备性定理出发, 都可以严格定义实数, 建立完整的实数理论. 历史上, 在分析严密化的过程中, 代表性地定义实数的方法包括 Cauchy 基本列、Dedekind 分割和十进制表示法[115], 这些方法在传统的数学分析教材中都有所体现, 例如, 可参见文献 [29, 36, 50, 51, 102, 103, 140, 152, 165, 177, 178, 228]. 基于实数完备性理论, 也有一些论著中径直用公理化方式 (包含完备性) 构建实数体系 [1, 64, 227].

　　近年来仍有人在各类期刊上讨论有关实数完备性定理的证明, 特别指出, 广州大学袁文俊教授在文献 [204, 205] 中, 放射性地给出了八大实数完备性定理间的 56 种等价性证明.

　　图 3.2 给出实数定义及实数完备性的一个总览图. 尝试其中任何一个环节的人工证明及形式化机器验证都是一个很好的实践, 不再赘述.

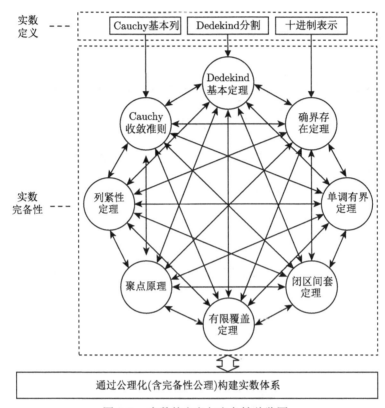

图 3.2   实数的定义与完备性总览图

第 4 章　闭区间上连续函数性质的机器证明

　　本章证明闭区间上连续函数的一些重要性质, 包括有界性定理、最值定理、介值定理、一致连续性定理, 这些定理本质上依赖于实数完备性理论, 它们的人工证明是常规的, 可参见任何一本"数学分析"的标准教材, 例如 [28,50,51,102,120] 等.

4.1　基 本 定 义

　　本章需用到连续函数如下熟知的一些定义.

定义 4.1 (实函数)　实函数是实数集到实数集的一个映射.

定义 4.2 (点连续)　函数 $f(x)$ 在点 x_0 处连续是指

$$\forall \varepsilon > 0, \exists \delta > 0, \text{当 } |x - x_0| < \delta \text{ 时, 有 } |f(x) - f(x_0)| < \varepsilon.$$

定义 4.3 (点右连续)　函数 $f(x)$ 在点 x_0 处右连续是指

$$\forall \varepsilon > 0, \exists \delta > 0, \text{当 } 0 \leqslant (x - x_0) < \delta \text{ 时, 有 } |f(x) - f(x_0)| < \varepsilon.$$

定义 4.4 (点左连续)　函数 $f(x)$ 在点 x_0 处左连续是指

$$\forall \varepsilon > 0, \exists \delta > 0, \text{当 } 0 \leqslant (x_0 - x) < \delta \text{ 时, 有 } |f(x) - f(x_0)| < \varepsilon.$$

　　定义 4.5 (函数在开区间上连续)　函数在开区间上连续是指该函数在此开区间上点点连续.

　　定义 4.6 (函数在闭区间上连续)　函数在闭区间上连续是指该函数在此闭区间内点点连续, 并且在区间左端点右连续, 在区间右端点左连续.

　　本章需读入确界存在定理的相关代码.

(** fun *)

(* PROPERTIES OF CONTINUOUS ON CLOSED INTERVALS *)

(* SECTION I Basic Definition *)

```
Require Import t1.

Definition Fun:= Real ->Real.

Definition FunDot_con (f:Fun) x0:= ∀ ε, ε > 0 ->
  ∃ δ, δ > 0 /\ ∀ x, | x - x0 | < δ -> | f x - f x0 | < ε.

Definition FunDot_conr (f:Fun) x0:= ∀ ε, ε > 0 ->
  ∃ δ, δ > 0 /\ ∀ x, x-x0 < δ -> 0 ≤ x-x0 -> | f x - f x0 | < ε.

Definition FunDot_conl (f:Fun) x0:= ∀ ε, ε > 0 ->
  ∃ δ, δ > 0 /\ ∀ x, x0-x < δ -> 0 ≤ x0-x -> | f x - f x0 | < ε.

Definition FunOpen_con f a b:= a < b /\
  (∀ z, z ∈ (a|b) -> FunDot_con f z).

Definition FunClose_con f a b:= a < b /\ FunDot_conr f a /\
  FunDot_conl f b /\ (∀ z, z ∈ (a|b) -> FunDot_con f z).

Corollary Pr_FunDot: ∀ f x0, FunDot_con f x0 -> ∀ ε, ε > 0 ->
  ∃ δ, δ > 0 /\ ∀ x, | x - x0 | ≤ δ -> | f x - f x0 | < ε.
Proof.
  intros; apply H in H0; destruct H0 as [δ [H0]].
  exists ((δ/2) No0_N); split; intros.
  - apply Pos; simpl; auto.
  - apply H1; eapply Theorem172; left; split; eauto.
    apply Pr_2b; auto.
Qed.

Corollary limP1: ∀ f a,
  FunDot_conr f a -> f a > 0 -> ∀ r, r > 0 -> r < f a ->
  ∃ δ, δ > 0 /\ ∀ x, x - a < δ -> 0 ≤ x - a -> f x > r.
Proof.
  intros. apply Theorem182_1' in H2; apply H in H2.
  destruct H2 as [δ H2], H2.
  exists δ; split; intros; auto. apply H3 in H4; auto;
  apply Ab1'' in H4; destruct H4; Simpl_Rin H4.
Qed.

Corollary limP1': ∀ f a, FunDot_conr f a -> f a > 0 -> ∃ δ,
  δ > 0 /\ ∀ x, x - a < δ -> 0 ≤ x - a -> f x > ((f a)/2) No0_N.
Proof.
```

```
   intros; apply limP1; try apply Pr_2b; try apply Pr_2a; auto.
Qed.

Corollary limP2: ∀ f b,
   FunDot_conl f b -> f b > 0 -> ∀ r, r > 0 -> r < f b ->
   ∃ δ, δ > 0 /\ ∀ x, b - x < δ -> 0 ≤ b - x -> f x > r.
Proof.
   intros; apply Theorem182_1' in H2; apply H in H2.
   destruct H2 as [δ H2], H2. exists δ; split; intros; auto.
   apply H3 in H4; auto; apply Ab1'' in H4;
   destruct H4; Simpl_Rin H4.
Qed.

Corollary limP2': ∀ f b, FunDot_conl f b -> f b > 0 -> ∃ δ,
   δ > 0 /\ ∀ x, b - x < δ -> 0 ≤ b - x -> f x > ((f b)/2) NoO_N.
Proof.
   intros; apply limP2; try apply Pr_2b; try apply Pr_2a; auto.
Qed.

Corollary limP3: ∀ f a b c, (∀ z, z ∈ (a|b) -> FunDot_con f z)
   -> c ∈ (a|b) -> f c > 0 -> ∀ r, r > 0 -> r < f c ->
   ∃ δ, δ > 0 /\ ∀ x, | x - c | < δ -> f x > r.
Proof.
   intros. apply Theorem182_1' in H3; pose proof (H _ H0 _ H3).
   destruct H4 as [δ H4], H4. exists δ; split; intros; auto.
   apply H5 in H6; auto; apply Ab1'' in H6;
   destruct H6; Simpl_Rin H6.
Qed.

Corollary limP3': ∀ f a b c, (∀ z, z ∈ (a|b) -> FunDot_con f z)
   -> c ∈ (a|b) -> f c > 0 ->
   ∃ δ, δ > 0 /\ ∀ x, | x - c | < δ -> f x > ((f c)/2) NoO_N.
Proof.
   intros; eapply limP3; try apply Pr_2b; try apply Pr_2a; eauto.
Qed.

Corollary Pr_Fun1: ∀ f M a b, FunClose_con f a b ->
   FunClose_con (λ x, M - (f x)) a b.
Proof.
   intros; destruct H, H0, H1.
   repeat split; auto; red; intros.
   - apply H0 in H3; destruct H3 as [δ [H3]].
```

```
    exists δ; split; intros; auto.
    rewrite Mi_R'; Simpl_R. simpl. rewrite Theorem178; auto.
  - apply H1 in H3; destruct H3 as [δ [H3]].
    exists δ; split; intros; auto.
    rewrite Mi_R'; Simpl_R. simpl. rewrite Theorem178; auto.
  - apply H2 in H3; apply H3 in H4; destruct H4 as [δ [H4]].
    exists δ; split; intros; auto.
    rewrite Mi_R'; Simpl_R. simpl. rewrite Theorem178; auto.
Qed.

Corollary Pr_Fun2: ∀ f a b (P: ∀ z, z ∈ [a|b] -> neq_zero (f z))
  (Q:∀ z, z ∈ [a|b] -> (f z) > 0),
  FunClose_con f a b -> FunClose_con
  (λ x, match classicT (x ∈ [a|b]) with
        | left l => (1/(f x)) (P _ l)
        | right _ => f x end) a b.
Proof.
  intros; destruct H, H0, H1.
  assert (a ∈ [a|b]) as G1. { constructor; split; red; auto. }
  assert (b ∈ [a|b]) as G2. { constructor; split; red; auto. }
  assert (∀z, z ∈ (a|b) -> f z > 0) as G3.
  { intros; destruct H3,H3.
    apply Q; constructor; split; red; auto. }
  repeat split; auto; red; intros.
  - assert (f a > 0); auto.
    destruct (limP1' f a H0 H4) as [δ1 H5], H5.
    assert (((f a) · ((f a)/2) NoO_N) > 0) as Q1.
    { apply Pos; auto; apply Pos'; simpl; auto. }
    pose proof (Pos _ _ H3 Q1).
    apply H0 in H7. destruct H7 as [δ2 [H7]].
    assert ((R2min δ1 (R2min δ2 (b - a))) > 0).
    { destruct (Rcase2 δ1 (R2min δ2 (b - a))).
      - rewrite Pr_min; auto.
      - rewrite Pr_min1, Pr_min; auto.
        destruct (Rcase2 δ2 (b - a)).
        + rewrite Pr_min; auto.
        + rewrite Pr_min1,Pr_min; auto. apply Theorem182_1'; auto. }
    exists (R2min δ1 (R2min δ2 (b - a))); split; intros; auto.
    destruct (classicT (a ∈ [a|b])); try tauto.
    assert ((R2min δ1 (R2min δ2 (b - a))) ≤ δ1) as P1.
    { apply Pr_min2. }
    assert ((R2min δ1 (R2min δ2 (b - a))) ≤ δ2) as P2.
```

```
{ pose proof (Pr_min2 δ2 (b - a)).
  pose proof (Pr_min3 δ1 (R2min δ2 (b - a))).
  eapply Theorem173; eauto. }
assert ((R2min δ1 (R2min δ2 (b - a))) ⩽ (b - a)) as P3.
{ rewrite (Pr_min1 δ2 _).
  pose proof (Pr_min2 (b - a) δ2).
  pose proof (Pr_min3 δ1 (R2min (b - a) δ2)).
  eapply Theorem173; eauto. }
assert (x ∈ [a|b]).
{ apply LePl_R with (z:=a) in H11; Simpl_Rin H11.
  constructor; split; auto.
  apply LePl_R with (z:=-a); Simpl_R.
  left; eapply Theorem172; eauto. }
destruct (classicT (x ∈ [a|b])); try tauto.
apply Theorem203_1' with (Z:=(f a)); auto.
pattern (f a) at 3; rewrite <- Ab3; auto.
rewrite <- Theorem193, Theorem202'; Simpl_R.
pattern (f a) at 1; rewrite Theorem194, Di_Rt; Simpl_R.
apply Theorem203_1' with (Z:=(f x)); auto.
pattern (f x) at 3; rewrite <- Ab3; auto.
rewrite <- Theorem193, Theorem202'; Simpl_R.
rewrite <- Theorem181, Theorem178.
assert (x - a < δ1). { eapply Theorem172; eauto. }
assert (x - a < δ2). { eapply Theorem172; eauto. }
apply H6 in H13; auto. apply H8 in H14; auto.
eapply Theorem171; eauto.
rewrite <- Theorem199, Theorem194, (Theorem194 (ε · f a)).
apply Theorem203_1; auto. apply Pos; auto.
- assert (f b > 0); auto.
  destruct (limP2' f b H1 H4) as [δ1 H5], H5.
  assert (((f b) · ((f b)/2) NoO_N) > 0) as Q1.
  { apply Pos; auto. apply Pos'; simpl; auto. }
  pose proof (Pos _ _ H3 Q1).
  apply H1 in H7. destruct H7 as [δ2 [H7]].
  assert ((R2min δ1 (R2min δ2 (b - a))) > 0).
  { destruct (Rcase2 δ1 (R2min δ2 (b - a))).
    - rewrite Pr_min; auto.
    - rewrite Pr_min1, Pr_min; auto.
      destruct (Rcase2 δ2 (b - a)).
      + rewrite Pr_min; auto.
      + rewrite Pr_min1, Pr_min; auto.
        apply Theorem182_1'; auto. }
```

```
      exists (R2min δ1 (R2min δ2 (b - a))); split; intros; auto.
      destruct (classicT (b ∈ [a|b])); try tauto.
      assert ((R2min δ1 (R2min δ2 (b - a))) ⩽ δ1) as P1.
      { apply Pr_min2. }
      assert ((R2min δ1 (R2min δ2 (b - a))) ⩽ δ2) as P2.
      { pose proof (Pr_min2 δ2 (b - a)).
        pose proof (Pr_min3 δ1 (R2min δ2 (b - a))).
        eapply Theorem173; eauto. }
      assert ((R2min δ1 (R2min δ2 (b - a))) ⩽ (b - a)) as P3.
      { rewrite (Pr_min1 δ2 _).
        pose proof (Pr_min2 (b - a) δ2).
        pose proof (Pr_min3 δ1 (R2min (b - a) δ2)).
        eapply Theorem173; eauto. }
      assert (x ∈ [a|b]).
      { apply LePl_R with (z:=x) in H11; Simpl_Rin H11.
        constructor; split; red; auto.
        assert (b - x < b - a). { eapply Theorem172; eauto. }
        apply Theorem183_1 in H12. repeat rewrite Theorem181 in H12.
        apply Theorem188_1' with (Z:=b) in H12; Simpl_Rin H12. }
      destruct (classicT (x ∈ [a|b])); try tauto.
      apply Theorem203_1' with (Z:=(f b)); auto.
      pattern (f b) at 3; rewrite <- Ab3; auto.
      rewrite <- Theorem193, Theorem202'; Simpl_R.
      pattern (f b) at 1; rewrite Theorem194, Di_Rt; Simpl_R.
      apply Theorem203_1' with (Z:=(f x)); auto.
      pattern (f x) at 3; rewrite <- Ab3; auto.
      rewrite <- Theorem193, Theorem202'; Simpl_R.
      rewrite <- Theorem181, Theorem178.
      assert (b - x < δ1). { eapply Theorem172; eauto. }
      assert (b - x < δ2). { eapply Theorem172; eauto. }
      apply H6 in H13; auto. apply H8 in H14; auto.
      eapply Theorem171; eauto.
      rewrite <- Theorem199, Theorem194, (Theorem194 (ε · f b)).
      apply Theorem203_1; auto. apply Pos; auto.
  - assert (f z > 0); auto.
    destruct (limP3' f a b z H2 H3 H5) as [δ1 H6], H6.
    assert (((f z) · ((f z)/2) No0_N) > 0) as Q1.
    { apply Pos; auto. apply Pos'; simpl; auto. }
    pose proof (Pos _ _ H4 Q1). specialize (H2 z H3).
    apply H2 in H8. destruct H8 as [δ2 [H8]].
    assert ((R2min δ1 (R2min δ2 (R2min (z - a) (b - z)))) > 0).
    { destruct (Pr_min4 δ1 (R2min δ2 (R2min (z - a) (b - z))));
```

```
    rewrite H10; auto.
    destruct (Pr_min4 δ2 (R2min (z - a) (b - z)));
    rewrite H11; auto.
    destruct H3, H3. apply Theorem182_1' in H3.
    apply Theorem182_1' in H12.
    destruct (Pr_min4 (z - a) (b - z)); rewrite H13; auto. }
exists ((R2min δ1 (R2min δ2 (R2min (z - a) (b - z))))));
split; intros; auto. assert (z ∈ [a|b]).
{ destruct H3, H3; constructor; split; red; auto. }
clear H3; rename H12 into H3.
destruct (classicT (z ∈ [a|b])); try tauto.
assert ((R2min δ1 (R2min δ2 (R2min (z-a) (b-z))))⩽δ1) as P1.
{ apply Pr_min2. }
assert ((R2min δ1 (R2min δ2 (R2min (z-a) (b-z))))⩽δ2) as P2.
{ rewrite Pr_min1, Pr_min1'; apply Pr_min2. }
assert ((R2min δ1 (R2min δ2 (R2min (z-a) (b-z))))⩽(z-a)) as P3.
{ rewrite <- Pr_min1', Pr_min1, Pr_min1'; apply Pr_min2. }
assert ((R2min δ1 (R2min δ2 (R2min (z-a) (b-z))))⩽(b-z)) as P4.
{ repeat rewrite <- Pr_min1'; rewrite Pr_min1; apply Pr_min2. }
assert (x ∈ [a|b]).
{ assert (|x - z| < z - a). { eapply Theorem172; eauto. }
  assert (|x - z| < b - z). { eapply Theorem172; eauto. }
  apply Ab1'' in H12; destruct H12 as [H12 _].
  apply Ab1'' in H13; destruct H13 as [_ H13].
  unfold Minus_R in H12; rewrite Theorem180 in H12.
  rewrite <- Theorem186 in H12; Simpl_Rin H12.
  rewrite Theorem175 in H13; Simpl_Rin H13.
  constructor; split; red; auto. }
destruct (classicT (x ∈ [a|b])); try tauto.
apply Theorem203_1' with (Z:=(f z)); auto.
pattern (f z) at 3; rewrite <- Ab3; auto.
rewrite <- Theorem193, Theorem202'; Simpl_R.
pattern (f z) at 1; rewrite Theorem194, Di_Rt; Simpl_R.
apply Theorem203_1' with (Z:=(f x)); auto.
pattern (f x) at 3; rewrite <- Ab3; auto.
rewrite <- Theorem193, Theorem202'; Simpl_R.
rewrite <- Theorem181, Theorem178.
assert (|x - z| < δ1). { eapply Theorem172; eauto. }
assert (|x - z| < δ2). { eapply Theorem172; eauto. }
apply H7 in H13; auto. apply H9 in H14; auto.
eapply Theorem171; eauto.
rewrite <- Theorem199, Theorem194, (Theorem194 (ε · f z)).
```

```
    apply Theorem203_1; auto. apply Pos; auto.
Qed.
```

4.2　有界性定理

定义 4.7 (函数在闭区间上有上界)　函数 $f(x)$ 在闭区间 $[a,b]$ 上有上界是指

$$\exists M, \forall z, z \in [a,b]\ 有\ f(z) \leqslant M.$$

定义 4.8 (函数在闭区间上有下界)　函数 $f(x)$ 在闭区间 $[a,b]$ 上有下界是指

$$\exists m, \forall z, z \in [a,b]\ 有\ m \leqslant f(z).$$

函数在闭区间上有界即是函数在闭区间上既有上界又有下界.

```
(* SECTION II Boundness Theorem *)

Definition FunClose_boundup f a b:=
  a < b /\ ∃ up, (∀ z, z ∈ [a|b] -> f z ≤ up).

Definition FunClose_bounddown f a b:=
  a < b /\ ∃ down, (∀ z, z ∈ [a|b] -> down ≤ f z).

Lemma L1: ∀ f a b, FunClose_con f a b -> ∀ x0, x0 ∈ (a|b) ->
  ∃ δ, δ > 0 /\ (∃ up down, (∀ z, z ∈ [x0|-δ] -> f z ≤ up) /\
  (∀ z, z ∈ [x0|-δ] -> down ≤ f z)).
Proof.
  intros; apply H in H0.
  assert (1 > 0). { simpl; auto. } eapply Pr_FunDot in H1; eauto.
  destruct H1 as [δ H2], H2. exists δ; split; auto.
  assert (∀z, z ∈ [x0|-δ] -> |f z| ≤ (|f x0| + 1)).
  { intros; left; destruct H3. apply Ab1''' in H3. apply H2 in H3.
    apply Theorem188_1' with (Z:=|f x0|) in H3.
    rewrite Theorem175 in H3.
    pose proof (Ab2 ((f z) - (f x0)) (f x0)); Simpl_Rin H4.
    eapply Theorem172; eauto. }
  exists (|f x0|+1), (- (|f x0|+1)); split; intros; apply H3 in H4;
  apply Ab1' in H4; tauto.
Qed.
```

定理 4.1 (有界性定理)　若 $f(x)$ 在闭区间 $[a,b]$ 上连续, 则 $f(x)$ 在 $[a,b]$ 上有界.

Theorem T1: ∀ f a b, FunClose_con f a b -> FunClose_boundup f a b.
Proof.
  intros; destruct H; split; auto.
  set (R:=/{ t | FunClose_boundup f a t /\ t ≤ b /}).
  assert (Boundup_Ens b R). { red; intros; destruct H1; tauto. }
  destruct H0; red in H0. assert (1 > 0). { simpl; auto. }
  destruct H0 with 1 as [δ [H4 H5]]; auto.
  destruct (Co_T167 (b - a) δ).
- exists (R2max ((f a) + 1) (f (δ + a))); intros. destruct H7, H7.
  apply LePl_R with (z:=-a) in H8; Simpl_Rin H8.
  eapply Theorem173 in H6; eauto.
  apply LePl_R with (z:=-a) in H7; Simpl_Rin H7; destruct H6.
  + apply H5 in H7; auto; apply Ab1'' in H7; destruct H7.
    left; eapply Theorem172; right; split; eauto; apply Pr_max2.
  + apply Theorem188_2' with (Z:=a) in H6; Simpl_Rin H6.
    subst z; apply Pr_max3.
- assert (((δ/2) No0_N + a) ∈ R).
  { constructor; repeat split.
    - rewrite Theorem175; apply Pl_R; apply Pr_2a; auto.
    - exists ((f a) + 1); intros; destruct H7, H7.
      assert (|z - a|< δ).
      { rewrite Ab5; auto; apply Theorem188_3 with (Z:=a);
        Simpl_R. eapply Theorem172; left; split; eauto.
        apply Theorem188_3'; apply Pr_2b; auto. }
      apply Ab1'' in H9; destruct H9. rewrite Theorem175 in H10.
      apply LePl_R with (z:=-a) in H7; Simpl_Rin H7.
      apply Theorem188_3' with (Z:=-a) in H10; Simpl_Rin H10.
      apply H5 in H10; auto; apply Ab1'' in H10;
      destruct H10; red; auto.
    - left; apply Theorem188_1 with (Z:=-a); Simpl_R.
      eapply Theorem171; eauto. apply Pr_2b; auto. }
  assert (∃ y, supremum y R).
  { apply SupremumT; eauto; red; eauto. }
  destruct H8 as [ξ H8]; pose proof H8; destruct H8.
  red in H8; apply H8 in H7. apply H9 in H1; destruct H1.
  { assert (ξ ∈ (a|b)).
    { constructor; split; auto.
      eapply Theorem172; right; split; try apply H7.
      rewrite Theorem175; apply Pl_R; apply Pr_2a; auto. }
    eapply L1 in H11; try split; eauto.
    destruct H11 as [δ1 H11], H11, H12 as [up [_ [H12 _]]].
    destruct (Cor_supremum _ _ H9 _ H11) as [t0 H13],H13,H13,H13.

```
assert (FunClose_boundup f a (ξ + δ1)).
{ red; split.
  - assert (a < ξ).
    { eapply Theorem172; right; split; try apply H7.
      rewrite Theorem175; apply Pl_R; apply Pr_2a; auto. }
    eapply Theorem171; eauto. apply Pl_R; auto.
  - destruct H13, H16 as [up1 H16].
    exists (R2max up up1); intros; destruct H17, H17.
    destruct (Co_T167 z t0).
    + assert (z ∈ [a|t0]). { constructor; auto. }
      apply H16 in H20. eapply Theorem173; eauto.
      apply Pr_max3.
    + assert (z ∈ (NeighC ξ δ1)).
      { constructor; split; auto. left;
        eapply Theorem171; eauto. }
      apply H12 in H20. eapply Theorem173; eauto.
      apply Pr_max2. }
  - destruct (Co_T167 (ξ + δ1) b).
    + assert ((ξ + δ1) ∈ R). { constructor; split; auto. }
      apply H8 in H18. destruct (@ Pl_R ξ δ1).
      LEGR H18 (H19 H11).
    + destruct H16, H18 as [up1 H18].
      exists up1; intros; destruct H19, H19.
      apply H18; constructor; split; auto.
      left; eapply Theorem172; eauto. }
{ subst ξ; destruct H2; red in H1.
  destruct H1 with 1 as [δ1 [H11]]; auto.
  assert (FunClose_boundup f (b - δ1) b).
  { red; split.
    - apply Theorem188_3 with (Z:=δ1); Simpl_R.
      apply Pl_R; auto.
    - exists (R2max ((f b) + 1) (f (b - δ1))); intros.
      destruct H13, H13, H13.
      + apply Theorem188_3' with (Z:=δ1) in H13;
        Simpl_Rin H13. rewrite Theorem175 in H13.
        apply Theorem188_3' with (Z:=-z) in H13;
        Simpl_Rin H13. apply LePl_R with (z:=-z) in H14;
        Simpl_Rin H14. apply H12 in H13; red; auto.
        apply Ab1'' in H13; destruct H13.
        left; eapply Theorem172; right; split; eauto.
        apply Pr_max2.
      + rewrite <- H13; apply Pr_max3. }
```

```
      destruct (Cor_supremum _ _ H9 _ H11) as [t0 H14],
        H14, H14, H14.
      destruct H13 as [_ [up1 H13]], H14 as [_ [up2 H14]].
      exists (R2max up1 up2); intros; destruct H17, H17.
      destruct (Co_T167 (b - δ1) z).
      - assert (z ∈ [(b - δ1)|b]). { constructor; auto. }
        apply H13 in H20; eapply Theorem173; eauto; apply Pr_max2.
      - assert (z ∈ [a|t0]).
        { constructor; split; auto;
          left; eapply Theorem171; eauto. }
        apply H14 in H20; eapply Theorem173; eauto;
        apply Pr_max3. }
Qed.

Theorem T1': ∀ f a b,
  FunClose_con f a b -> FunClose_bounddown f a b.
Proof.
  intros; apply Pr_Fun1 with (M:=0) in H; simpl in H.
  apply T1 in H; destruct H as [H [up H0]].
  red; split; auto; exists (-up); intros.
  apply H0 in H1; destruct H1.
  - left; apply Theorem183_3'; Simpl_R.
  - right; apply Theorem183_2'; Simpl_R.
Qed.
```

4.3　最值定理

定理 4.2 (最值定理)　若 $f(x)$ 在闭区间 $[a,b]$ 上连续, 则 $f(x)$ 在 $[a,b]$ 上达到其最大值与最小值.

```
(* SECTION III Extreme Value Theorem *)

Theorem T2: ∀ f a b, FunClose_con f a b ->
  ∃ z, z ∈ [a|b] /\ (∀ w, w ∈ [a|b] -> f w ⩽ f z).
Proof.
  intros. pose proof H as G.
  apply T1 in H; destruct H as [H [up H0]].
  set (R:=/{ w | ∃ z, z ∈ [a|b] /\ w = f z /}).
  assert (∃ y, supremum y R).
  { apply SupremumT.
    - red. exists (f a); constructor.
      exists a; split; auto. constructor; split; red; auto.
    - exists up; red; intros; destruct H1, H1 as [z H1], H1.
```

```
  apply H0 in H1. subst x; auto. }
destruct H1 as [M H1], H1; red in H1.
destruct (classic (∃ x, x ∈ [a|b] /\ M = f x)) as [H3 | H3].
- destruct H3, H3; subst M.
  exists x; split; intros; auto. apply H1; constructor; eauto.
- assert (∀ x, x ∈ [a|b] -> f x < M).
  { intros. assert (f x ∈ R). { constructor; eauto. }
    apply H1 in H5; destruct H5; auto. elim H3; eauto. }
  assert (∀ x, x ∈ [a|b] -> neq_zero (M - (f x))).
  { intros; apply H4 in H5; apply Theorem182_1' in H5.
    destruct (M - f x); simpl; auto. }
  set (g:= λ x, match classicT (x ∈ [a|b]) with
              | left l => (1/(M - (f x))) (H5 _ l)
              | right _ => M - f x end).
assert (FunClose_con g a b).
{ destruct G, H7, H8.
  assert (FunClose_con f a b). repeat split; auto.
  assert (∀ z, z ∈ [a|b] -> (M - (f z)) > 0).
  { intros. apply Theorem188_1 with (Z:=(f z));
    Simpl_R; apply H4; auto. }
  apply (Pr_Fun1 f M a b) in H10.
  pose proof (Pr_Fun2 (λ x,M - f x) a b H5 H11 H10);
  simpl in H12. destruct H12, H13, H14. repeat split; auto. }
apply T1 in H6; destruct H6, H7 as [K H7].
assert (K > 0).
{ assert ((mid a b) ∈ [a|b]).
  { constructor; split.
    - left. apply Mid_P'; auto.
    - left. apply Mid_P; auto. } pose proof H8.
  apply H7 in H8. eapply Theorem172; right; split; eauto.
  unfold g. destruct (classicT ((mid a b) ∈ [a|b])); try tauto.
  apply Pos'; try reflexivity.
  apply Theorem182_1'. apply H4; auto. }
  assert (neq_zero K). { destruct K; simpl; auto. }
assert (∀ z, z ∈ [a|b] -> f z ⩽ (M - ((1/ K) H9))).
{ intros. pose proof H10. apply H7 in H10. unfold g in H10.
  destruct (classicT (z ∈ [a|b])); try tauto. destruct H10.
  - left. apply Theorem203_1' with (Z:= K); Simpl_R.
    unfold Minus_R. rewrite Theorem201', Theorem197'; Simpl_R.
    apply H4 in H11. apply Theorem182_1' in H11.
    apply Theorem203_1 with (Z:= (M - f z)) in H10;
    Simpl_Rin H10. unfold Minus_R in H10.
```

```
      rewrite Theorem194, Theorem201' in H10.
      rewrite Theorem197' in H10; Simpl_Rin H10.
      apply Theorem188_1' with (Z:=((f z) · K)) in H10;
      Simpl_Rin H10. apply Theorem188_1 with (Z:=1); Simpl_R.
      rewrite Theorem175; auto.
    - right. symmetry in H10; apply ROv_uni in H10.
      rewrite <- H10; Simpl_R. }
  assert (Boundup_Ens (M - (1/K) H9) R).
  { red; intros. destruct H11, H11, H11. subst x; auto. }
  apply H2 in H11.
  assert (M > (M - (1/K) H9)).
  { apply Theorem188_1 with (Z:=(1/K) H9); Simpl_R.
    apply Pl_R; auto; apply Pos'; simpl; auto. } LEGR H11 H12.
Qed.
```

```
Theorem T2': ∀ f a b, FunClose_con f a b ->
 ∃ z, z ∈ [a|b] /\ (∀ w, w ∈ [a|b] -> f z ≤ f w).
Proof.
  intros; apply Pr_Fun1 with (M:=0) in H; simpl in H.
  apply T2 in H; destruct H as [up [H0]].
  exists up; split; intros; auto.
  apply H in H1; destruct H1.
  - left; apply Theorem183_3'; Simpl_R.
  - right; apply Theorem183_2'; Simpl_R.
Qed.
```

4.4 介 值 定 理

定理 4.3 (介值定理) 设 $f(x)$ 在 $[a,b]$ 上连续且 $f(a) \neq f(b)$, 则对介于 $f(a)$ 与 $f(b)$ 之间的任何实数 C, 必存在 $\xi \in (a,b)$, 使得 $f(\xi) = C$.

```
(* SECTION IV Intermediate Value Theorem *)
```

```
Lemma L3: ∀ {f a b C}, FunDot_conl f b -> b > a -> f b > C ->
 ∃ z, a < z /\ z < b /\ f z > C.
Proof.
  intros. apply Theorem182_1' in H1; apply H in H1.
  destruct H1 as [δ H1], H1.
  assert (b - (δ/2) NoO_N < b).
  { apply Theorem188_1 with (Z:=(δ/2) NoO_N); Simpl_R.
    apply Pl_R; apply Pr_2a; auto. }
  assert (b- (b - ((δ/2) NoO_N)) < δ).
  { Simpl_R; apply Pr_2b; auto. }
```

```
assert (0 ≤ b- (b - ((δ/2) NoO_N))).
{ left; apply Theorem182_1'; auto. }
destruct (Co_T167 (b - (δ/2) NoO_N) a).
- pose proof (Mid_P' _ _ H0). pose proof (Mid_P _ _ H0).
  exists (mid a b); repeat split; auto.
  assert (b - (mid a b) < δ).
  { assert (b - (δ/2) NoO_N < (mid a b)).
    { eapply Theorem172; eauto. }
    pose proof (Pr_2b H1). eapply Theorem171; eauto.
    apply Theorem188_1 with (Z:=(mid a b)); Simpl_R.
    apply Theorem188_1' with (Z:=(δ/2) NoO_N) in H9;
    Simpl_Rin H9. rewrite Theorem175; auto. }
  assert (0 ≤ b - ((mid a b))).
  { left; apply Theorem188_1 with (Z:=(mid a b)); Simpl_R. }
  apply H2 in H9; auto; apply Ab1'' in H9;
  destruct H9; Simpl_Rin H9.
- exists (b - (δ/2) NoO_N); repeat split; auto.
  apply H2 in H4; auto; apply Ab1'' in H4;
  destruct H4; Simpl_Rin H4.
Qed.

Theorem T3: ∀ f a b, FunClose_con f a b -> f a < f b ->
 ∀ C, f a < C -> C < f b -> ∃ ξ, ξ ∈ (a|b) /\ f ξ = C.
Proof.
  intros; set (R:= /{ t | (∀ x, x ∈ [a|t] -> f x < C) /\ t < b /}).
  assert (∃ w, w ∈ (a|b) /\ w ∈ R).
{ destruct H, H3; red in H3.
  apply Theorem182_1' in H1.
  destruct (H3 _ H1) as [δ1 H5], H5, (Co_T167 (b - a) δ1).
  - assert ((mid a b) ∈ (a|b)).
    { constructor; split; try apply Mid_P';
      try apply Mid_P; auto. }
      exists (mid a b); split; auto; constructor; split; intros.
    + destruct H8, H8, H9, H9.
      apply LePl_R with (z:=-a) in H9; Simpl_Rin H9.
      assert (x - a < δ1).
      { apply Theorem188_1 with (Z:=a); Simpl_R.
        apply LePl_R with (z:=a) in H7; Simpl_Rin H7.
        assert (b > x). { eapply Theorem172; eauto. }
        eapply Theorem172; eauto. }
      apply H6 in H12; auto. apply Ab1'' in H12; destruct H12.
      rewrite Theorem175 in H13; Simpl_Rin H13.
```

```
      + destruct H8; tauto.
  - assert ((a + ((δ1/2) NoO_N)) ∈ (a|b)).
    { constructor; split.
      - apply Pl_R; apply Pr_2a; auto.
      - apply Theorem188_1' with (Z:=a) in H7; Simpl_Rin H7.
        eapply Theorem171; eauto.
        rewrite Theorem175; apply Theorem188_1'.
        apply Pr_2b; auto. }
    exists (a + (δ1/2) NoO_N); split; auto;
    constructor; split; intros.
      + destruct H8, H8, H9, H9.
        apply LePl_R with (z:=-a) in H9; Simpl_Rin H9.
        assert (x - a < δ1).
        { apply Theorem188_1 with (Z:=a); Simpl_R.
          eapply Theorem172; left; split; eauto.
          rewrite Theorem175; apply Theorem188_1'.
          apply Pr_2b; auto. }
        apply H6 in H12; auto. apply Ab1'' in H12; destruct H12.
        rewrite Theorem175 in H13; Simpl_Rin H13.
      + destruct H8; tauto. }
destruct H3 as [w H3], H3, H3.
assert (Boundup_Ens b R).
{ red; intros; red; destruct H5; tauto. }
assert (∃ ξ, supremum ξ R). { apply SupremumT; try red; eauto. }
destruct H6 as [ξ H6].
assert (ξ ∈ (a|b)).
{ constructor; split.
  - apply H6 in H4; destruct H3; eapply Theorem172; eauto.
  - destruct H as [H [_ [H7 _]]].
    destruct (L3 H7 H H2) as [z H8], H8, H9.
    pose proof H6.
    destruct H6; apply H12 in H5; destruct H5; auto. subst ξ.
    apply Theorem182_1' in H9.
    destruct (Cor_supremum _ _ H11 _ H9) as [z1 [H13]], H13, H13;
    Simpl_Rin H5.
    assert (z ∈ [a|z1]). { constructor; split; red; auto. }
    apply H13 in H15. LGR H15 H10. }
destruct (Theorem167 (f ξ) C) as [H8 | [H8 | H8]]; eauto.
- assert (((C - (f ξ))/2) NoO_N > O).
  { apply Theorem182_1' in H8. apply Pos; simpl; auto. }
  pose proof H7. apply H in H7. apply H7 in H9.
  destruct H9 as [δ [H9]].
```

```
destruct (Cor_supremum _ _ H6 _ H9) as [t0 [H12]], H12, H12.
assert ((ξ + (R2min ((δ/2) NoO_N) (((b - ξ)/2) NoO_N))) ∈ R).
{ assert ((ξ + (R2min ((δ/2) NoO_N) (((b-ξ)/2) NoO_N))) < b).
  { assert (ξ + (((b - ξ)/2) NoO_N) < b).
    { apply Theorem203_1' with (Z:=2); try reflexivity.
      rewrite Theorem201'; Simpl_R.
      rewrite <- NP11_, <- Real_PZp.
      repeat rewrite Theorem201; Simpl_R.
      rewrite Theorem186, (Theorem175 _ (b - ξ)); Simpl_R.
      destruct H10, H10. apply Theorem188_1'; auto. }
    destruct (Rcase2 ((δ/2) NoO_N) (((b - ξ)/2) NoO_N)).
    - rewrite Pr_min; auto.
      eapply Theorem172; left; split; eauto.
      rewrite Theorem175, (Theorem175 ξ _). apply LeP1_R; auto.
    - rewrite Pr_min1, Pr_min; auto. }
  constructor; split; intros; auto.
  destruct H16, H16, (Co_T167 x t0 ).
  + apply H12; constructor; auto.
  + assert (| x - ξ | < δ).
    { apply Ab1''; split.
      - eapply Theorem171; eauto.
      - eapply Theorem172; left; split; eauto.
        rewrite Theorem175, (Theorem175 ξ _).
        apply Theorem188_1'. pose proof (Pr_2b H9).
        eapply Theorem172; left;
        split; eauto; apply Pr_min2. }
    apply H11, Ab1'' in H19; destruct H19.
    apply Theorem203_1 with (Z:=2) in H20; try reflexivity.
    rewrite Theorem201' in H20; Simpl_Rin H20.
    rewrite <- NP11_, <- Real_PZp in H20.
    repeat rewrite Theorem201 in H20; Simpl_Rin H20.
    rewrite Theorem186, (Theorem175 _ (C - (f ξ))) in H20;
    Simpl_Rin H20. apply Theorem188_1' with (Z:= C) in H8.
    eapply Theorem171 in H8; eauto.
    apply Theorem203_1' with (Z:=2); try reflexivity.
    rewrite <- NP11_, <- Real_PZp.
    repeat rewrite Theorem201; Simpl_R. } apply H6 in H15.
    assert (ξ + R2min ((δ/2) NoO_N) (((b - ξ)/2) NoO_N) > ξ).
    { apply P1_R.
      destruct (Pr_min4 ((δ/2) NoO_N) (((b - ξ)/2) NoO_N));
      rewrite H16.
      - apply Pos; simpl; auto.
```

```
              - apply Theorem203_1' with (Z:=2);
                try reflexivity; Simpl_R.
                destruct H10, H10; apply Theorem182_1'; auto. }
             LEGR H15 H16.
        - assert (FunDot_con1 f ξ).
          { red; intros; apply H in H7; apply H7 in H9.
            destruct H9 as [δ [H9]].
            exists δ; split; intros; auto.
            apply H10. apply Ab1''; split.
            - apply Theorem188_1 with (Z:= δ); Simpl_R.
              apply Theorem188_1' with (Z:= x) in H11; Simpl_Rin H11.
              rewrite Theorem175; auto.
            - apply LePl_R with (z:=x) in H12; Simpl_Rin H12.
              eapply Theorem172; left; split; eauto; apply Pl_R; auto. }
          destruct H7, H7, (L3 H9 H7 H8) as [z H11], H11, H12.
          assert (Boundup_Ens z R).
          { red; intros; destruct H14, H14.
            destruct (Co_T167 x z); auto.
            assert (f z < C).
            { apply H14; constructor; split; red; auto. }
            LGR H17 H13. }
          apply H6 in H14. LEGR H14 H12.
Qed.


Theorem T3': ∀ f a b, FunClose_con f a b -> f a > f b ->
  ∀ C, f b < C -> C < f a -> ∃ ξ, ξ ∈ (a|b) /\ f ξ = C.
Proof.
  intros; apply Pr_Fun1 with (M:=0) in H; simpl in H.
  apply Theorem183_1 in H0; apply Theorem183_1 in H1.
  apply Theorem183_1 in H2; eapply T3 in H; eauto.
  destruct H as [ξ [H]]; apply Theorem183_2' in H3; eauto.
Qed.
```

推论 4.1 (零点定理) 设 $f(x)$ 在闭区间 $[a,b]$ 上连续, $f(a)f(b) < 0$, 则存在 $c \in [a,b]$, 使得 $f(c) = 0$.

```
Theorem zero_point_theorem: ∀ f a b, FunClose_con f a b ->
  (f a · f b) < 0 -> ∃ ξ, ξ ∈ (a|b) /\ f ξ = 0.
Proof.
  intros. assert ((f a < 0 /\ f b > 0) \/ (f a > 0 /\ f b < 0)).
  { destruct (f a), (f b); simpl; inversion H0; auto. }
  destruct H1, H1.
  - apply T3; auto. eapply Theorem171; eauto.
  - apply T3'; auto. eapply Theorem171; eauto.
```

Qed.

4.5　一致连续性定理

定义 4.9 (一致连续)　函数 $f(x)$ 在闭区间 $[a,b]$ 上一致连续是指

$$\forall \varepsilon > 0, \exists \delta > 0, \forall x_1, x_2 \in [a,b], \text{ 当 } |x_1 - x_2| < \delta \text{ 时, 有 } |f(x_1) - f(x_2)| < \varepsilon.$$

(* SECTION V Uniformly Continuous Theorem *)

```
Definition Un_Con f a b:= a < b /\
  ∀ ε, ε > 0 -> ∃ δ, δ > 0 /\ ∀ x1 x2, x1 ∈ [a|b] ->
  x2 ∈ [a|b] -> |x1 - x2| < δ -> |f x1 - f x2| < ε.
```

定理 4.4 (一致连续性定理)　若 $f(x)$ 在闭区间 $[a,b]$ 上连续, 则 $f(x)$ 在 $[a,b]$ 上一致连续.

```
Theorem T4 : ∀ f a b, FunClose_con f a b -> Un_Con f a b.
Proof.
  intros; destruct H, H0, H1. split; intros; auto.
  set (R:= /{ t | (a < t /\ ∃δ, δ > 0 /\ (∀x1 x2,x1 ∈ [a|t] ->
  x2 ∈ [a|t] -> | x1-x2 | < δ -> | f x1 - f x2 | < ε)) /\ t≤b /}).
  assert (∃ c, c ∈ R).
  { pose proof (Pr_2a H3).
    apply H0 in H4; destruct H4 as [δ [H4]]. pose proof (Pr_2a H4).
    exists (a + (R2min ((δ/2) No0_N) (b - a))); repeat split.
    - destruct (Pr_min4 ((δ/2) No0_N) (b - a)); rewrite H7.
      + apply Pl_R; apply Pr_2a; auto.
      + rewrite Theorem175; Simpl_R.
    - exists δ; split; intros; auto.
      + destruct H7, H7, H8, H8.
        assert (x1 ≤ a + ((δ/2) No0_N)).
        { eapply Theorem173; eauto.
          rewrite Theorem175, (Theorem175 a _).
          apply LePl_R; apply Pr_min2. }
        assert (x2 ≤ a + ((δ/2) No0_N)).
        { eapply Theorem173; eauto.
          rewrite Theorem175, (Theorem175 a _).
          apply LePl_R; apply Pr_min2. }
        clear H9 H10 H11. rename H12 into H9. rename H13 into H10.
        apply LePl_R with (z:=-a) in H7; Simpl_Rin H7.
        apply LePl_R with (z:=-a) in H8; Simpl_Rin H8.
```

```
          assert (x1 - a < δ).
          { apply Theorem188_1 with (Z:=a); Simpl_R.
            eapply Theorem172; left; split; eauto.
            rewrite Theorem175; apply Theorem188_1'.
            apply Pr_2b; auto. }
          assert (x2 - a < δ).
          { apply Theorem188_1 with (Z:=a); Simpl_R.
            eapply Theorem172; left; split; eauto.
            rewrite Theorem175; apply Theorem188_1'.
            apply Pr_2b; auto. }
          apply H5 in H11; auto. apply H5 in H12; auto.
          pose proof (Theorem189 H11 H12); Simpl_Rin H13.
          rewrite <- (Theorem178 (f x2 - f a)), Theorem181 in H13.
          pose proof (Ab2 (f x1 - f a) (f a - f x2)).
          unfold Minus_R in H14. rewrite <- Theorem186 in H14.
          Simpl_Rin H14. eapply Theorem172; eauto.
      - pose proof (Pr_min3 ((δ/2) NoO_N) (b - a)).
        apply LePl_R with (z:=a) in H7; Simpl_Rin H7.
        rewrite Theorem175; auto. }
  destruct H4 as [c H4].
  assert (Boundup_Ens b R). { red; intros; destruct H5; tauto. }
  assert (exists ξ, supremum ξ R).
  { apply SupremumT; try red; eauto. }
  destruct H6 as [ξ H6]. pose proof H6 as G3. destruct H6.
  assert (a < ξ).
  { pose proof H4. apply H6 in H4. destruct H8, H8, H8.
    eapply Theorem172; eauto. }
  apply H7 in H5. destruct H5.
  - assert (ξ ∈ (a|b)). { constructor; auto. }
    pose proof (Pr_2a H3).
    apply H2 in H9. eapply Pr_FunDot in H10; eauto.
    destruct H10 as [δ1 [H10]].
    assert (∀x1 x2, x1 ∈ [(ξ-δ1)|(ξ+δ1)] ->
    x2 ∈ [(ξ-δ1)|(ξ+δ1)] -> |f x1 - f x2| < ε).
    { intros; destruct H12, H13.
      apply Ab1''' in H12. apply Ab1''' in H13.
      apply H11 in H12. apply H11 in H13.
      pose proof (Theorem189 H12 H13); Simpl_Rin H14.
      rewrite <- (Theorem178 (f x2 - f ξ)), Theorem181 in H14.
      pose proof (Ab2 (f x1 - f ξ) (f ξ - f x2)).
      unfold Minus_R in H15. rewrite <- Theorem186 in H15.
      Simpl_Rin H15. eapply Theorem172; eauto. }
```

```
pose proof (Pr_2a H10). pose proof H13 as H14.
eapply Cor_supremum in H14; eauto.
destruct H14 as [t0 [H14]], H14, H14, H14, H17 as [δ2 [H17]].
assert ((R2min b (ξ + δ1)) ∈ R).
{ repeat split; try apply Pr_min2.
  - destruct (Pr_min4 b (ξ + δ1)); rewrite H19; auto.
    rewrite <- (Theorem175' a); apply Theorem189; auto.
  - exists (R2min ((δ1/2) NoO_N) δ2); split; intros.
    + destruct (Pr_min4 ((δ1/2) NoO_N) δ2); rewrite H19; auto.
    + assert ((x1 ∈ [a|t0] /\ x2 ∈ [a|t0] \/
        x1 ∈ [(ξ - δ1)|(ξ + δ1)] /\ x2 ∈ [(ξ - δ1)|(ξ + δ1)])).
    { destruct H19, H19, H20, H20.
      destruct (Co_T167 x1 (t0 - (δ1/2) NoO_N)).
      - left; split; constructor; split; auto.
        + left; eapply Theorem172; left; split; eauto.
          apply Theorem188_1 with (Z:=(δ1/2) NoO_N); Simpl_R.
          apply Pl_R; auto.
        + left. apply Ab1'' in H21. destruct H21.
          apply LePl_R with (z:=(δ1/2) NoO_N) in H24;
          Simpl_Rin H24. apply Theorem188_1' with
            (Z:=(R2min ((δ1/2) NoO_N) δ2)) in H21;
          Simpl_Rin H21. eapply Theorem172; right; split;
          eauto. eapply Theorem173; eauto.
          rewrite Theorem175, (Theorem175 x1 _).
          apply LePl_R; apply Pr_min2.
      - destruct (Co_T167 x2 (ξ - δ1)).
        + left; split; constructor; split; auto.
          * apply Ab1'' in H21; destruct H21.
            assert (x1 < x2 + (δ1/2) NoO_N).
            { eapply Theorem172; right; split; eauto.
              rewrite Theorem175, (Theorem175 x2 _).
            apply LePl_R; apply Pr_min2. }
            apply LePl_R with (z:=(δ1/2) NoO_N) in H25.
            assert (x1 < ξ - δ1 + (δ1/2) NoO_N).
            { eapply Theorem172; eauto. }
            left; eapply Theorem172; right; split; eauto.
            left; eapply Theorem172; left; split; eauto; right.
            unfold Minus_R. rewrite Theorem186. f_equal.
            apply Theorem183_2'. rewrite Theorem180; Simpl_R.
            apply Theorem188_2 with (Z:=(δ1/2) NoO_N); Simpl_R.
          * eapply Theorem173; eauto.
            left; eapply Theorem172; left; split; eauto.
```

```
                left. apply Theorem183_1'.
                repeat rewrite Theorem181.
                apply Theorem188_1 with (Z:=ξ); Simpl_R.
                apply Pr_2b; auto.
              + right; split; constructor; split; auto.
                * left; apply (Theorem171 _ (t0 - (δ1/2) NoO_N) _);
                  auto. apply Theorem188_1 with (Z:=(δ1/2) NoO_N);
                  Simpl_R. eapply Theorem172; left; split; eauto;
                  right. unfold Minus_R. rewrite Theorem186. f_equal.
                  apply Theorem183_2'. rewrite Theorem180; Simpl_R.
                  apply Theorem188_2 with (Z:=(δ1/2) NoO_N); Simpl_R.
                * eapply Theorem173; eauto; apply Pr_min3.
                * red; auto.
                * eapply Theorem173; eauto; apply Pr_min3. }
          destruct H22, H22; auto. apply H18; auto.
          eapply Theorem172; right; split; eauto. apply Pr_min3. }
    destruct (Co_T167 (ξ + δ1) b).
    + rewrite Pr_min1, Pr_min in H19; auto.
      assert (ξ + δ1 ≤ ξ). { apply H6; auto. }
      destruct (Pl_R ξ δ1). LEGR H21 (H22 H10).
    + destruct H19, H19, H19 as [_ [δ [H19]]].
      exists δ; split; intros; auto.
      destruct H23, H23, H24, H24; apply H22; auto.
      * constructor; split; auto. rewrite Pr_min; red; auto.
      * constructor; split; auto. rewrite Pr_min; red; auto.
  - assert (∃ δ, δ > 0 /\ ∀ x1 x2, x1 ∈ [(b - δ)|b] ->
    x2 ∈ [(b - δ)|b] -> | f x1 - f x2 | < ε).
    { pose proof (Pr_2a H3). apply H1 in H9.
      destruct H9 as [δ [H9]]. pose proof (Pr_2a H9).
      exists (R2min ((δ/2) NoO_N) (b - a)); split; intros.
      - destruct (Pr_min4 ((δ/2) NoO_N) (b - a)); rewrite H12; auto.
        apply Theorem182_1'; auto.
      - destruct H12, H12, H13, H13.
        assert (b - x1 < δ).
        { apply Theorem188_1 with (Z:=x1); Simpl_R.
          apply LePl_R with (z:=R2min ((δ/2) NoO_N) (b - a)) in H12;
          Simpl_Rin H12. eapply Theorem172; left; split; eauto.
          rewrite Theorem175; apply Theorem188_1'.
          pose proof (Pr_min2 ((δ/2) NoO_N) (b - a)).
          eapply Theorem172; left; split; eauto. apply Pr_2b; auto. }
        assert (b - x2 < δ).
        { apply Theorem188_1 with (Z:=x2); Simpl_R.
```

```
    apply LePl_R with (z:=R2min ((δ/2) NoO_N) (b - a)) in H13;
    Simpl_Rin H13. eapply Theorem172; left; split; eauto.
    rewrite Theorem175; apply Theorem188_1'.
    pose proof (Pr_min2 ((δ/2) NoO_N) (b - a)).
    eapply Theorem172; left; split; eauto. apply Pr_2b; auto.}
  apply LePl_R with (z:=- x2) in H15; Simpl_Rin H15.
  apply LePl_R with (z:=- x1) in H14; Simpl_Rin H14.
  apply H10 in H16; auto. apply H10 in H17; auto.
  pose proof (Theorem189 H16 H17); Simpl_Rin H18.
  rewrite <- (Theorem178 (f x2 - f b)), Theorem181 in H18.
  pose proof (Ab2 (f x1 - f b) (f b - f x2)).
  unfold Minus_R in H19. rewrite <- Theorem186 in H19.
  Simpl_Rin H19. eapply Theorem172; eauto. }
destruct H9 as [δ1 [H9]]. pose proof (Pr_2a H9).
destruct (Cor_supremum _ _ G3 _ H11) as [t [H12]].
rewrite H5 in *. destruct H12, H12, H12, H15 as [δ2 [H15]].
exists (R2min ((δ1/2) NoO_N) δ2); split; intros.
+ destruct (Pr_min4 ((δ1/2) NoO_N) δ2); rewrite H17; auto.
+ assert ((x1 ∈ [a|t] /\ x2 ∈ [a|t] \/
         x1 ∈ [(b - δ1)|b] /\ x2 ∈ [(b - δ1)|b])).
  { destruct H17,H17,H18,H18, (Co_T167 x1 (t - (δ1/2) NoO_N)).
    - left; split; constructor; split; auto.
      + left; eapply Theorem172; left; split; eauto.
      apply Theorem188_1 with (Z:=(δ1/2) NoO_N); Simpl_R.
      apply Pl_R; auto.
      + left. apply Ab1'' in H19; destruct H19.
      apply LePl_R with (z:=(δ1/2) NoO_N) in H22;
      Simpl_Rin H22. apply Theorem188_1' with
        (Z:=(R2min ((δ1/2) NoO_N) δ2)) in H19; Simpl_Rin H19.
      eapply Theorem172; right; split; eauto.
      eapply Theorem173; eauto.
      rewrite Theorem175, (Theorem175 x1 _).
      apply LePl_R; apply Pr_min2.
    - destruct (Co_T167 x2 (b - δ1)).
      + left; split; constructor; split; auto.
      * apply Ab1'' in H19; destruct H19.
        assert (x1 < x2 + (δ1/2) NoO_N).
        { eapply Theorem172; right; split; eauto.
          rewrite Theorem175, (Theorem175 x2 _).
          apply LePl_R; apply Pr_min2. }
        apply LePl_R with (z:=(δ1/2) NoO_N) in H23.
        assert (x1 < b - δ1 + (δ1/2) NoO_N).
```

```
                { eapply Theorem172; eauto. }
                left; eapply Theorem172; right; split; eauto.
                left; eapply Theorem172; left; split; eauto; right.
                unfold Minus_R. rewrite Theorem186. f_equal.
                apply Theorem183_2'. rewrite Theorem180; Simpl_R.
                apply Theorem188_2 with (Z:=(δ1/2) NoO_N); Simpl_R.
            * eapply Theorem173; eauto.
                left; eapply Theorem172; left; split; eauto.
                left. apply Theorem183_1'. repeat rewrite Theorem181.
                apply Theorem188_1 with (Z:=b); Simpl_R.
                apply Pr_2b; auto.
        + right; split; constructor; split; red; auto.
          left; apply (Theorem171 _ (t - (δ1/2) NoO_N) _); auto.
          apply Theorem188_1 with (Z:=(δ1/2) NoO_N); Simpl_R.
          eapply Theorem172; left; split; eauto; right.
          unfold Minus_R. rewrite Theorem186. f_equal.
          apply Theorem183_2'. rewrite Theorem180; Simpl_R.
          apply Theorem188_2 with (Z:=(δ1/2) NoO_N); Simpl_R. }
    destruct H20, H20; auto. apply H16; eauto.
    eapply Theorem172; right; split; eauto; apply Pr_min3.
Qed.
```

第 5 章 第三代微积分的形式化实现

　　第三代微积分, 即没有极限的微积分, 基本思想是微积分的初等化. 自 2006 年以来, 张景中等提出了甲函数和乙函数的概念, 在不使用极限或无穷小的前提下建立了初等化的微积分, 大大简化了微积分理论, 做到了 "微分不微, 积分不积, 推理简化, 模型统一" [214, 216, 218, 219], 它将传统微积分极限概念中同时使用全称量词和存在量词, 且存在量词变量依赖于全称量词变量等烦琐迂回的难点转移为仅使用存在量词的不等式描述, 得到的不等式形式也较为自然, 并且 "将微分、积分系统统一成一个系统" [218]. 另外, 将微积分学初等化并代数化之后, 还可方便地利用新近不等式定理机器证明研究取得的成果 [189, 197–200, 221], 为微积分系统机械化研究提供必要的准备. 这也是林群院士和张景中院士大力倡导第三代微积分的一个初衷.

　　2009 年, 张景中和冯勇发表于《中国科学》上题为《微积分基础的新视角》的论文 [218] 中, 提出了一个函数的差商是另一个函数中值的概念, 刻画了原函数和导函数的本质, 给出直观的积分系统定义, 得到强可导和一致可导的充分必要条件, 从而简单完整地建立了不用极限的微积分系统. 2019 年, 林群和张景中避开极限概念, 运用 "差商控制函数" 简捷地解决了判断函数的增减凹凸、计算曲边梯形的面积、做曲边的切线等几大类问题 [127]. 而一旦对初等函数类找出计算 "差商控制函数" 的一般公式, 即可简捷而严谨地建立微积分系统 [216].

　　本章给出第三代微积分形式化系统实现. 文献 [84] 直接调用 Coq 库中的实数 (Reals) 文件, 曾给出文献 [218] 形式化实现的一个版本. 这里应用我们开发的分析基础形式化系统, 给出其形式化实现, 显示了分析基础形式化系统的自完备性, 同时也优化了文献 [84] 的代码结构, 代码量明显减少, 使得第三代微积分形式化系统更为可读.

　　同样, 在相关定义和定理的人工描述之后, 精确给出其相应的 Coq 代码, 所有定义和定理的序号及人工描述与文献 [218] 一致, 形式化过程中增加的一些辅助引理以及定理、推论等将另行编号. 全部定理无例外地给出 Coq 的机器证明代码, 所有形式化过程已被 Coq 验证.

5.1 预 备 知 识

5.1.1 基本定义

本节需读入《分析基础》中有关实数运算性质的文件"R_sup".

首先给出半开半闭区间的形式化描述:

```
(** Basic *)

(* THE THIRD GENERATION CALCULUS *)

(* SECTION I.1 Basic Definition *)

Require Export R_sup.

Definition oc x y:= /{ z | x < z /\ z ⩽ y /}.
Definition co x y:= /{ z | x ⩽ z /\ z < y /}.

Notation "( a | b ]":= (oc a b).
Notation "[ a | b )":= (co a b).
```

下面对函数在区间上的一些特殊性质进行形式化描述.

函数 $f(x)$ 在区间 q 上单调递增:

```
Definition mon_increasing f q:=
  ∀ x y, x ∈ q /\ y ∈ q /\ y - x > 0 -> f x ⩽ f y.
```

函数 $f(x)$ 在区间 q 上严格单调递增:

```
Definition strict_mon_increasing f q:=
  ∀ x y, x ∈ q /\ y ∈ q /\ y - x > 0 -> f x < f y.
```

函数 $f(x)$ 在区间 q 上单调递减:

```
Definition mon_decreasing f q:=
  ∀ x y, x ∈ q /\ y ∈ q /\ y - x >0 -> f x ⩾ f y.
```

函数 $f(x)$ 在区间 q 上严格单调递减:

```
Definition strict_mon_decreasing f q:=
  ∀ x y, x ∈ q /\ y ∈ q /\ y - x > 0 -> f x > f y.
```

函数 $f(x)$ 在区间 q 上倒数无界:

```
Definition bounded_rec_f f (q:Ensemble Real):=
  ∀ M, ∃ z l, z ∈ q /\ M < |(1/(f z)) l|.
```

函数 $f(x)$ 在区间 q 上正值单调不减:

```
Definition pos_inc f q:=
  (∀ z, z ∈ q -> f z > 0) /\
  (∀ z1 z2, z1 ∈ q -> z2 ∈ q -> z1<z2 -> f z1 ⩽ f z2).
```

函数 $f(x)$ 在区间 q 上正值单调不增:

```
Definition pos_dec f q:=
  (∀ z, z ∈ q -> f z > 0) /\
  (∀ z1 z2, z1 ∈ q -> z2 ∈ q -> z1<z2 -> f z2 ⩾ f z1).
```

一些组合函数、复合函数的形式化描述如下:

```
Definition Rfun:= Real -> Real.

Definition mult_fu c (f:Rfun):= λ x, (c·(f x)).

Definition multfu_ (f:Rfun) c:= λ x, f (c·x).

Definition multfu_pl (f:Rfun) c d:= λ x, f (c·x+d).

Definition plus_Fu (f1 f2:Rfun):= λ x, f1 x + f2 x.

Definition minus_Fu (f:Rfun):= λ x, - (f x).

Definition Minus_Fu (f1 f2:Rfun):= λ x, f1 x - f2 x.

Corollary MFu: ∀ f1 f2, Minus_Fu f1 f2 = plus_Fu f1 (minus_Fu f2).
Proof.
  intros; unfold Minus_Fu, plus_Fu, minus_Fu; Simpl_R.
Qed.
```

5.1.2　一些引理

为便于后续证明中的应用, 完整起见, 补充实数的一些性质, 这些内容是熟知的, 在 Coq 代码中也是可读和容易理解的, 直接给出验证代码如下:

```
(** R_sup1 *)

(* THE THIRD GENERATION CALCULUS *)

(* SECTION I.2 Some Lemmas *)

Require Export Basic.

Lemma absqu: ∀ h, | h |·| h | = h^2.
Proof.
```

```
  intros. destruct h; simpl; auto.
Qed.

Lemma powp1: ∀ a n, 0 ⩽ a -> |a|^n = a^n.
Proof.
  induction n; intros; simpl; rewrite Ab3'; auto.
Qed.

Lemma powp2: ∀ n, |(-(1))^n| = 1.
Proof.
  induction n; intros; simpl in *; auto.
  rewrite Theorem193, IHn. Simpl_R.
Qed.

Lemma powp3: ∀ n, (-(1))^n · (-(1))^n = 1.
Proof.
  intros. rewrite powT. Simpl_R. apply pow1.
Qed.

Lemma R2Mle: ∀ a b c, a ⩽ c -> b ⩽ c -> R2max a b ⩽ c.
Proof.
  intros. destruct (Pr_max4 a b); rewrite H1; auto.
Qed.

Lemma R2mgt: ∀ a b c, c < a -> c < b -> c < R2min a b.
Proof.
  intros. destruct (Pr_min4 a b); rewrite H1; auto.
Qed.

Lemma R2Mge: ∀ {a b c}, a ⩽ c /\ c ⩽ b ->
  |c| ⩽ R2max (|a|) (|b|).
Proof.
  intros. destruct H, c; simpl.
  - pose proof (Pr_max3 (|a|) (|b|)). eapply Theorem173; eauto.
    eapply Theorem173; eauto. apply Ab7.
  - pose proof (Pr_max3 (|a|) (|b|)). eapply Theorem173; eauto.
    eapply Theorem173; eauto. apply Ab7.
  - pose proof (Pr_max2 (|a|) (|b|)). eapply Theorem173; eauto.
    apply LEminus in H. simpl in H. eapply Theorem173; eauto.
    destruct a; red; simpl; auto.
Qed.
```

```
Lemma eqTi_R: ∀ x y z, z <> 0 -> x·z = y·z -> x = y.
Proof.
  intros. apply Theorem182_2' in H0.
  rewrite <- Theorem202' in H0. apply Theorem182_2.
  apply Theorem192 in H0. destruct H0; tauto.
Qed.

Lemma LeTi_R: ∀ x y z, 0 ⩽ z -> x ⩽ y -> x · z ⩽ y · z.
Proof.
  intros; destruct H0; red.
  - destruct H.
    + left; apply Theorem203_1; auto.
    + subst z; Simpl_R.
  - subst x; Simpl_R.
Qed.

Lemma LeTi_R': ∀ x y z, 0 ⩽ z -> x ⩽ y -> z · x ⩽ z· y.
Proof.
  intros. rewrite Theorem194, (Theorem194 z). apply LeTi_R; auto.
Qed.

Lemma LeTi_R1: ∀ x y z, 0 < z -> x ⩽ y -> x · z ⩽ y · z.
Proof.
  intros; apply LeTi_R; red; auto.
Qed.

Lemma LeTi_R1': ∀ x y z,0 < z -> x ⩽ y -> z · x ⩽ z· y.
Proof.
  intros; apply LeTi_R'; red; auto.
Qed.

Lemma LeTi_R2: ∀ x y z, 0 < z -> x · z ⩽ y · z -> x ⩽ y.
Proof.
  intros; destruct H0; red.
  - apply Theorem203_1' in H0; auto.
  - destruct (Theorem167 x y) as [H1 | [H1 | H1]]; auto.
    apply Theorem203_1 with (Z:=z) in H1; auto. EGR H0 H1.
Qed.

Lemma LeTi_R2': ∀ x y z, 0 < z -> z · x ⩽ z · y -> x ⩽ y.
Proof.
  intros; rewrite Theorem194, (Theorem194 z) in H0.
```

```
    eapply LeTi_R2; eauto.
Qed.


Lemma LeTi_R3: ∀ y z w x, 0 ≤ y -> 0 ≤ w ->
  x ≤ w -> y ≤ z -> x·y ≤ w·z.
Proof.
    intros. apply LeTi_R' with (z:=y) in H1; auto.
    apply LeTi_R' with (z:=w) in H2; auto.
    rewrite Theorem194, (Theorem194 y) in H1.
    eapply Theorem173; eauto.
Qed.


Lemma LeRp1: ∀ a b, 0 ≤ b -> a ≤ a+b.
Proof.
    intros; destruct H;
        [left; apply Pl_R; auto | right; subst b; Simpl_R].
Qed.


Lemma LeRp2: ∀ a b c, b ≤ c-a -> a+b ≤ c.
Proof.
    intros. apply LePl_R with (z:=-a); Simpl_R.
Qed.


Lemma Rlt1: ∀ a b c l, a < |(b/c) l| <-> a·|c|<|b|.
Proof.
    split; intros.
    - apply Theorem203_1 with (Z:=|c|) in H; Simpl_Rin H.
      + rewrite <- Theorem193 in H. Simpl_Rin H.
      + destruct c; simpl; auto.
    - apply Theorem203_1' with (Z:=|c|); Simpl_R.
      + rewrite <- Theorem193. Simpl_R.
      + destruct c; simpl; auto.
Qed.


Lemma Rle1: ∀ a b, a ≤ 0 -> b ≤ 0 -> a ≤ b -> |b| ≤ |a|.
Proof.
    intros. repeat rewrite Ab3'''; auto.
    apply -> LEminus; auto.
Qed.


Lemma Rle2: ∀ {a b z1 z2 w1 w2}, z1 ≤ a -> a ≤ z2 ->
    w1 ≤ b -> b ≤ w2 -> z1-w2 ≤ a-b /\ a-b ≤ z2-w1.
```

第 5 章 第三代微积分的形式化实现

· 312 ·

Proof.
  intros; split; unfold Minus_R; apply Theorem191'; auto;
  apply LEminus; Simpl_R.
Qed.

Lemma Rle3: $\forall$ a b, $0 \leqslant$ a -> $0 \leqslant$ b -> $0 \leqslant$ a·b.
Proof.
  intros; destruct H, H0; try rewrite <- H; try rewrite <- H0;
  red; Simpl_R. left; apply Pos; auto.
Qed.

Corollary Abope1: $\forall$ a b, a $\leqslant 0$ -> $0 \leqslant$ b -> |a-b| = |a| + |b|.
Proof.
  intros; destruct H.
  - destruct H0.
    + destruct a, b; inversion H; inversion H0.
      unfold Minus_R; simpl; auto.
    + subst b; simpl; Simpl_R.
  - subst a; simpl; Simpl_R. apply Theorem178.
Qed.

Lemma ociMu: $\forall$ a b c d l, d > 0 ->
  a $\in$ (0|(b/d)l - (c/d)l] -> (d·a) $\in$ (0|b-c].
Proof.
  intros; destruct H0, H0; constructor; split.
  - apply Pos; auto.
  - apply LeTi_R1' with (z:=d) in H1; auto.
    rewrite Theorem202 in H1; Simpl_Rin H1.
Qed.

Lemma ociMu': $\forall$ a b c d l, d > 0 ->
  (d·a) $\in$ (0|b-c] -> a $\in$ (0|(b/d)l - (c/d)l].
Proof.
  intros; destruct H0, H0; constructor; split.
  - destruct a, d; inversion H; inversion H0; auto.
  - apply LeTi_R2' with d; auto.
    rewrite Theorem202; Simpl_R.
Qed.

Lemma ociDi: $\forall$ {c} n, c > 0 -> (RdiN c n) $\in$ (0|c].
Proof.
  intros; constructor; split; unfold RdiN.

```
- apply Pos'; simpl; auto.
- apply LeTi_R2 with (z:=n); Simpl_R; [reflexivity|].
  pattern c at 1. rewrite <- Theorem195.
  apply LeTi_R1'; auto. apply OrderNRle, Theorem24'.
Qed.
```

```
Lemma ocisub: ∀ u v a b h, u ∈ [a|b] -> v ∈ [a|b] ->
 h ∈ (O|u-v] -> h ∈ (O|b-a].
Proof.
  intros; destruct H, H, HO, HO, H1, H1.
  split; split; auto. eapply Theorem173; eauto. unfold Minus_R.
  apply Theorem191'; auto. apply -> LEminus; auto.
Qed.
```

```
Lemma ccil: ∀ {x a b}, x ∈ [a|b] -> a ∈ [a|b].
Proof.
  intros. destruct H, H. split; split; red; auto.
  eapply Theorem173; eauto.
Qed.
```

```
Lemma ccir: ∀ {x a b}, x ∈ [a|b] -> b ∈ [a|b].
Proof.
  intros. destruct H, H. split; split; red; auto.
  eapply Theorem173; eauto.
Qed.
```

```
Lemma ccil': ∀ x h, h > O -> x ∈ [x | x+h].
Proof.
  intros. split; split; red; auto. left. apply Pl_R; auto.
Qed.
```

```
Lemma ccir': ∀ x h, - h > O -> x ∈ [x+h | x].
Proof.
  intros. split; split; red; auto. left.
  apply Theorem188_1 with (Z:=-h); Simpl_R. apply Pl_R; auto.
Qed.
```

```
Lemma ccimi: ∀ a b c, c ∈ [a|b] -> (-c) ∈ [(-b)|(-a)].
Proof.
  intros; destruct H, H. apply LEminus in H.
  apply LEminus in HO. split; auto.
Qed.
```

Lemma cciMu: ∀ a b c d l, d > 0 ->
 a ∈ [(b/d)l|(c/d)l] -> (d·a) ∈ [b|c].
Proof.
  intros; destruct H0, H0; constructor; split.
  - apply LeTi_R1' with (z:=d) in H0; Simpl_Rin H0.
  - apply LeTi_R1' with (z:=d) in H1; Simpl_Rin H1.
Qed.

Lemma cciMi: ∀ a b c d, a ∈ [b-c|d-c] -> (a+c) ∈ [b|d].
Proof.
  intros; destruct H, H; constructor; split;
  apply LePl_R with (z:=-c); Simpl_R.
Qed.

Lemma ccisub: ∀ u v {a b h}, u ∈ [a|b] -> v ∈ [a|b] ->
 h ∈ [u|v] -> h ∈ [a|b].
Proof.
  intros; destruct H, H, H0, H0, H1, H1. split; split;
  [apply (Theorem173 a u h)|apply (Theorem173 h v b)]; auto.
Qed.

Lemma ccisub1: ∀ {a b c d}, c ∈ [a|b] -> d ∈ [c|b] -> d ∈ [a|b].
Proof.
  intros. destruct H, H, H0, H0. split; split; auto.
  apply (Theorem173 _ c); auto.
Qed.

Lemma ccile1: ∀ {a b c d}, c ∈ [a|b] -> d ∈ [a|b] -> |d-c| ⩽ b-a.
Proof.
  intros; destruct H, H, H0, H0. apply -> Ab1'; split.
  - rewrite Theorem181. apply Theorem191'; auto.
    apply -> LEminus; auto.
  - apply Theorem191'; auto. apply -> LEminus; auto.
Qed.

Lemma ccile2: ∀ a x h, a ∈ [x | x+h] -> |a-x| ⩽ h.
Proof.
  intros. destruct H, H. apply -> Ab1'. split.
  - apply LePl_R with (z:=x); Simpl_R. eapply Theorem173; eauto.
    rewrite Theorem175. apply LePl_R with (z:=h); Simpl_R.
    eapply Theorem173; eauto.

```
- apply LePl_R with (z:=x); Simpl_R. rewrite Theorem175; auto.
Qed.
```

```
Lemma ccile3: ∀ a x h, a ∈ [x+h | x] -> |a-x| ⩽ |h|.
Proof.
  intros. destruct H, H. apply Rle1.
  - destruct (Pl_R x h), (Co_T167 h O); auto.
    eapply Theorem173 in H0; eauto. LEGR H0 (H1 H3).
  - apply LePl_R with (z:=x); Simpl_R.
  - apply LePl_R with (z:=x); Simpl_R. rewrite Theorem175; auto.
Qed.
```

上述预备知识及基本概念的 Coq 描述对构建第三代微积分理论已足够.

5.2 导数和定积分的初等定义

自本节起, 后续内容严格按照文献 [218] 的结构顺序, 在相关定义和定理的人工描述之后, 相应给出其精确的 Coq 描述代码, 并实现所有定理的完整 Coq 形式化证明.

本节给出一致连续、一致 (强) 可导、积分系统及其相关定义, 在此基础上验证了一致 (强) 可导的基本性质和积分估值定理.

定义 5.1(函数的一致连续) 设 $f(x)$ 是定义在区间 $[a,b]$ 上的函数, 若对于 $\forall x \in [a,b]$ 和 $\forall h$, 均有下列不等式成立:

$$|f(x+h) - f(x)| \leqslant d(h), \tag{5.1}$$

其中, $d(h)$ 为 $(0, b-a]$ 上与点 x 无关的正值单调不减函数, 并且倒数无界. 则称 $f(x)$ 在 $[a,b]$ 上一致连续.

```
(** A_3 *)

(* THE THIRD GENERATION CALCULUS *)

(* SECTION II Elementary Definition of Derivative and Integral *)

Require Export R_sup1.

Definition uniform_continuous f a b:=
  ∃ f1, pos_inc f1 (O|b-a] /\ bounded_rec_f f1 (O|b-a] /\
  (∀ x h, x ∈ [a|b] /\ (x+h) ∈ [a|b] /\ h<>0
  -> |f(x+h) - f(x)| ⩽ f1(|h|)).
```

定义 5.2 (一致可导)　设函数 $F(x)$ 在区间 $[a,b]$ 上有定义, 如果存在一个在 $[a,b]$ 上有定义的函数 $f(x)$ 和正数 M, 使得对 $[a,b]$ 上任意的 x 和 $x+h$, 有下列不等式:

$$|F(x+h) - F(x) - f(x)h| \leqslant M|h|d(|h|), \tag{5.2}$$

其中, $d(h)$ 为 $(0, b-a]$ 上与点 x 无关的正值单调不减函数, 并且倒数无界. 则称 $F(x)$ 在 $[a,b]$ 上一致可导, 并且称 $f(x)$ 为 $F(x)$ 的导数, 记作 $F'(x) = f(x)$.

```
Definition uniform_derivability F a b:=
  ∃ d, pos_inc d (0|b-a) /\ bounded_rec_f d (0|b-a) /\
  ∃ f M, 0<M /\ ∀ x h, x ∈ [a|b] /\ (x+h) ∈ [a|b] /\ h<>0
  -> |F(x+h) - F(x) - f(x)·h| ≤ M·|h|·d(|h|).
```

```
Definition derivative F f a b:=
  ∃ d, pos_inc d (0|b-a) /\ bounded_rec_f d (0|b-a) /\
  ∃ M, 0<M /\ ∀ x h, x ∈ [a|b] /\ (x+h) ∈ [a|b] /\ h<>0
  -> |F(x+h) - F(x) - f(x)·h| ≤ M·|h|·d(|h|).
```

在定义 5.2 中取 $d(x) = x$, 就是强可导的定义:

```
Definition str_derivability F a b:=
  ∃ f M, 0<M /\ ∀ x h, x ∈ [a|b] /\
  (x+h) ∈ [a|b] -> |F(x+h) - F(x) - f(x)·h| ≤ M·(h^2).
```

```
Definition str_derivative F f a b:=
  ∃ M, 0<M /\ ∀ x h, x ∈ [a|b] /\
  (x+h) ∈ [a|b] -> |F(x+h) - F(x) - f(x)·h| ≤ M·(h^2).
```

易见, 强可导蕴涵一致可导, 且导数相同.

```
Corollary strder_Deduce_der: ∀ {F f a b},
  a < b -> str_derivative F f a b -> derivative F f a b.
Proof.
  intros; red; intros. destruct H0 as [M [H0]].
  apply Theorem182_1' in H.
  exists (λ x, x); repeat split; try red; intros; auto.
  - destruct H2, H2; auto.
  - destruct (Co_T167 M0 0).
    + set (1:=uneqOP H).
      exists (b-a), 1; repeat split; unfold ILE_R; auto.
    * assert (|(1/(b-a)) 1| > 0).
      { assert ((1/(b-a)) 1 > 0).
        { apply Pos'; simpl; auto. } rewrite Ab3; auto. }
      eapply Theorem172; eauto.
    + set (R:=R2min (b-a) (((RdiN 1 2)/M0) (uneqOP H2))).
```

```
        assert (R > 0). { apply R2mgt; auto. apply Pos'; auto.
          apply ociDi; reflexivity. }
        exists R, (uneqOP H3). repeat split; auto.
        * eapply Theorem173; try apply Pr_min2; red; eauto.
        * apply (Theorem203_1' _ _ R); auto. rewrite Ab3; Simpl_R.
          { pose proof (Pr_min3 (b-a) (((RdiN 1 2)/M0) (uneqOP H2))).
            apply LeTi_R1' with (z:=M0) in H4; auto.
            eapply Theorem172; left; split; try apply H4. Simpl_R.
            unfold RdiN. apply Pr_2b; simpl; auto. }
          { apply Pos'; simpl; auto. }
  - exists M; split; intros; auto.
    rewrite Theorem199, absqu. apply H1; tauto.
Qed.
```

容易证明:

定理 5.1 设 $F(x)$, $G(x)$ 一致 (强) 可导, 并且导数分别为 $f(x)$ 和 $g(x)$, 则

(1) 对任意常数 c, $cF(x)$ 一致 (强) 可导, 且其导数是 $cf(x)$;

(2) $F(x) + G(x)$ 一致 (强) 可导, 且其导数为 $f(x) + g(x)$;

(3) $F(cx + d)$ 一致 (强) 可导, 且其导数为 $cF(cx + d)$.

```
Theorem Theorem5_1_1: ∀ {a b F f} c, derivative F f a b
  -> derivative (mult_fu c F) (mult_fu c f) a b.
Proof.
  intros; red. destruct H, H, H0, H1, H1.
  exists x; split; auto. split; auto.
  destruct (classic (c=0)) as [H3 | H3]; unfold mult_fu.
  - subst c; exists x0; split; intros; Simpl_R; simpl.
    eapply Theorem173; eauto; apply Theorem168, Theorem170.
  - exists (|c|·x0); split; intros.
    + apply Pos; auto. destruct c; simpl; tauto.
    + apply H2 in H4. rewrite Theorem199.
      repeat rewrite <- Theorem202, Theorem199.
      rewrite Theorem193, <- (Theorem199 x0).
      apply LeTi_R'; auto. apply Theorem170'.
Qed.
```

```
Theorem Theorem5_1_1': ∀ {a b F f} c, str_derivative F f a b
  -> str_derivative (mult_fu c F)(mult_fu c f) a b.
Proof.
  intros; red. destruct H, H.
  destruct (classic (c=0)) as [H1 | H1]; unfold mult_fu.
  - exists x. split; auto; intros. subst c; Simpl_R.
    apply Rle3; [red; auto|apply square_p1].
```

```
  - exists (|c|·x). split; intros.
    + apply Pos; auto. apply Ab8; auto.
    + apply H0 in H2. rewrite Theorem199, <- Theorem202.
      rewrite <- Theorem202, Theorem193, Theorem199.
      apply LeTi_R'; auto. apply Theorem170'.
Qed.

Definition max_f1_f2 (f1 f2:Rfun):= λ x,
  match (Rcase (f1 x)(f2 x)) with
  | left _ => f2 x
  | right _ => f1 x
  end.

Theorem Theorem5_1_2: ∀ {F G f g a b},
  derivative F f a b -> derivative G g a b
  -> derivative (plus_Fu F G) (plus_Fu f g) a b.
Proof.
  intros; red. destruct H, H, H1, H2, H2. rename x into d1;
  rename x0 into M1. destruct H0, H0, H4, H5, H5.
  rename x into d2; rename x0 into M2.
  exists (max_f1_f2 d1 d2); try repeat apply conj; intros.
  - unfold max_f1_f2; destruct (Rcase).
    apply H0; auto. apply H; auto.
  - do 2 pose proof H9. apply H in H9; apply H0 in H10; auto.
    unfold max_f1_f2; destruct (Rcase), (Rcase); auto.
    + left; eapply Theorem172; eauto.
    + eapply Theorem173; eauto.
  - red; intros. rename M into r3.
    destruct (H1 (|r3|)) as [r1 [H7 [H8]]],
      (H4 (|r3|)) as [r2 [H10 [H11]]].
    assert (G1: max_f1_f2 d1 d2 (R2min r1 r2) > 0).
      { destruct (Pr_min4 r1 r2); rewrite H13.
        - unfold max_f1_f2. destruct Rcase.
          apply H0; auto. apply H; auto.
        - unfold max_f1_f2. destruct Rcase.
          apply H0; auto. apply H; auto. }
    assert (neq_zero (max_f1_f2 d1 d2 (R2min r1 r2))).
    { destruct (max_f1_f2 d1 d2 (R2min r1 r2)); simpl; tauto. }
    exists (R2min r1 r2), H13; split.
    + destruct (Pr_min4 r1 r2); rewrite H14; auto.
    + assert (|r3| < |(1/max_f1_f2 d1 d2 (R2min r1 r2)) H13|).
      { apply Rlt1; apply Rlt1 in H9; apply Rlt1 in H12.
```

```
      assert ((R2min r1 r2) ∈ (O | b - a]).
      { destruct (Pr_min4 r1 r2); rewrite H14; auto. }
      unfold max_f1_f2. destruct Rcase.
      - eapply Theorem172; left; split; eauto. apply LeTi_R'.
        + apply Theorem168, Theorem170.
        + destruct (Pr_min3 r1 r2).
          * repeat rewrite Ab3; try apply H0; auto.
          * rewrite H15; red; auto.
      - eapply Theorem172; left; split; try apply H9; eauto.
        apply LeTi_R'.
        + apply Theorem168, Theorem170.
        + destruct (Pr_min2 r1 r2).
          * repeat rewrite Ab3; try apply H; auto.
          * rewrite H15; red; auto. }
    pose proof (Ab7 r3). eapply Theorem172; eauto.
  - exists (M1 + M2); split; intros.
    + destruct M1, M2; simpl; auto; inversion H2; inversion H5.
    + pose proof (H3 _ _ H7). pose proof (H6 _ _ H7).
      apply Theorem168' in H8. apply Theorem168' in H9.
      pose proof (Theorem168 _ _ (Theorem191 H8 H9)).
      pose proof (Ab2 (F(x+h)-F x-f x·h)(G(x+h)-G x-g x·h)).
      eapply Theorem173 in H10; eauto.
      rewrite Mi_R, <- Theorem201', Mi_R in H10.
      eapply Theorem173; eauto. repeat rewrite Theorem201'.
      apply Theorem191'.
      * apply LeTi_R'; auto; red.
        { destruct M1, h; simpl; tauto. }
        { unfold max_f1_f2. destruct Rcase; auto. }
      * apply LeTi_R'; auto; red.
        { destruct M2, h; simpl; tauto. }
        { unfold max_f1_f2; destruct Rcase; auto. }
Qed.

Theorem Theorem5_1_2': ∀ {F G f g a b},
  str_derivative F f a b -> str_derivative G g a b
  -> str_derivative (plus_Fu F G) (plus_Fu f g) a b.
Proof.
  intros; red; intros. destruct H, H, H0, H0.
  exists (x + x0); intros; split; intros.
  - destruct x, x0; simpl; auto; inversion H; inversion H0.
  - pose proof (H1 _ _ H3). pose proof (H2 _ _ H3).
    apply Theorem168' in H4. apply Theorem168' in H5.
```

```
  pose proof (Theorem168 _ _ (Theorem191 H4 H5)).
  pose proof (Ab2 (F(x1+h)-F x1 -f x1·h) (G(x1+h)-G x1-g x1·h)).
  eapply Theorem173 in H6; eauto.
  rewrite Mi_R, <- Theorem201', Mi_R, <- Theorem201' in H6; auto.
Qed.

Theorem Theorem5_1_3: ∀ F f a b c d l,
  derivative F f a b -> derivative (multfu_pl F c d) (mult_fu c
  (multfu_pl f c d))(((a-d)/c) (uneqOP l))(((b-d)/c) (uneqOP l)).
Proof.
  intros; red; intros.
  destruct H, H, H0, H1, H1. rename x into p; rename x0 into M.
  exists (multfu_ p c); repeat apply conj; unfold multfu_; intros.
  - destruct H3, H3. apply H; constructor; split.
    + apply Pos; auto.
    + apply LeTi_R' with (z:=c) in H4; try red; auto.
      rewrite Theorem202 in H4. Simpl_Rin H4.
      rewrite Mi_R' in H4. Simpl_Rin H4.
  - apply H.
    + apply ociMu in H3; auto. rewrite Mi_R' in H3; Simpl_Rin H3.
    + apply ociMu in H4; auto. rewrite Mi_R' in H4; Simpl_Rin H4.
    + rewrite Theorem194, (Theorem194 c). apply Theorem203_1; auto.
  - red; intros. destruct (H0 M0), H3, H3.
    assert (neq_zero (p (c · (x / c) (uneqOP l)))). Simpl_R.
    exists ((x/c) (uneqOP l)), H5; split.
    + apply ociMu'; Simpl_R. rewrite Mi_R'; Simpl_R.
    + apply Rlt1 in H4. apply Rlt1. Simpl_R.
  - exists (c·M); split; intros.
    + apply Pos; auto.
    + unfold multfu_pl, mult_fu. destruct H3, H4.
      apply cciMu, cciMi in H3; auto.
      apply cciMu, cciMi in H4; auto.
      assert (c·h<>0).
      { intro. destruct (Theorem192 _ _ H6); try tauto. EGR H7 l. }
      rewrite Theorem201, Theorem186,
        (Theorem175 _ d), <- Theorem186 in H4.
      pose proof (H2 _ _ (conj H3 (conj H4 H6))).
      rewrite (Theorem194 _ (f(c·x+d))), Theorem199, Theorem201.
      rewrite Theorem186, (Theorem175 _ d), <- Theorem186.
      pattern c at 6 7; rewrite <- Ab3; auto.
      rewrite (Theorem194 (|c|)), (Theorem199 M).
      rewrite <- Theorem193; auto.
```

Qed.

Theorem Theorem5_1_3': ∀ F f a b c d l, str_derivative F f a b ->
  str_derivative (multfu_pl F c d) (mult_fu c
  (multfu_pl f c d))(((a-d)/c) (uneqOP l))(((b-d)/c) (uneqOP l)).
Proof.
  intros; red; intros. destruct H, H. rename x into M.
  exists (c^2·M); split; intros.
  - apply Pos; auto. apply Pos; auto.
  - unfold multfu_pl, mult_fu. destruct H1.
    apply cciMu, cciMi in H1; auto. apply cciMu, cciMi in H2; auto.
    rewrite Theorem201, Theorem186,
      (Theorem175 _ d), <- Theorem186 in H2.
    pose proof (H0 _ _ (conj H1 H2)).
    rewrite (Theorem194 _ (f(c·x+d))), Theorem199, Theorem201.
    rewrite Theorem186, (Theorem175 _ d), <- Theorem186.
    rewrite (Theorem194 _ M), Theorem199, powT; auto.
Qed.

Corollary dermi: ∀ {F f a b}, derivative F f a b ->
  derivative (minus_Fu F) (minus_Fu f) a b.
Proof.
  intros; red; intros. destruct H as [d [H [H2 [M [H3]]]]].
  exists d; split; auto. split; auto.
  exists M; split; intros; auto.
  unfold minus_Fu. rewrite <- Theorem178.
  unfold Minus_R. repeat rewrite Theorem180. Simpl_R.
  rewrite Theorem197'; Simpl_R.
Qed.

Corollary sdermi: ∀ {F f a b}, str_derivative F f a b ->
  str_derivative (minus_Fu F) (minus_Fu f) a b.
Proof.
  intros; red; intros. destruct H as [M [H]].
  exists M; split; intros; auto.
  unfold minus_Fu. rewrite <- Theorem178.
  unfold Minus_R. repeat rewrite Theorem180. Simpl_R.
  rewrite Theorem197'; Simpl_R.
Qed.

Corollary derMi: ∀ {F G f g a b},
  derivative F f a b -> derivative G g a b

```
-> derivative (Minus_Fu F G) (Minus_Fu f g) a b.
Proof.
  intros. exact (Theorem5_1_2 H (dermi H0)).
Qed.

Corollary sderMi: ∀ {F G f g a b},
  str_derivative F f a b -> str_derivative G g a b
  -> str_derivative (Minus_Fu F G) (Minus_Fu f g) a b.
Proof.
  intros. exact (Theorem5_1_2' H (sdermi H0)).
Qed.
```

定义 5.3 (积分系统) 设 $f(x)$ 在区间 $[a,b]$ 上有定义, 如果有一个二元函数 $S(u,v)(u \in [a,b], v \in [a,b])$, 满足

(I) 可加性: 对 $[a,b]$ 上任意的 w_1, w_2, w_3, 有 $S(w_1,w_2) + S(w_2,w_3) = S(w_1,w_3)$;

(II) 非负性: 在 $[a,b]$ 上的任意子区间 $[w_1,w_2]$ 上, 如果 $m \leqslant f(x) \leqslant M$, 就必然有

$$m(w_2 - w_1) \leqslant S(w_1,w_2) \leqslant M(w_2 - w_1),$$

则称 $S(u,v)$ 是 $f(x)$ 在 $[a,b]$ 上的一个积分系统. 如果 $f(x)$ 在 $[a,b]$ 上有唯一的积分系统 $S(u,v)$, 则称 $f(x)$ 在 $[a,b]$ 上可积, 并称数值 $S(w_1,w_2)$ 为 $f(x)$ 在 $[w_1,w_2]$ 上的定积分.

```
Definition additivity S a b:=
  ∀ w1 w2 w3, w1 ∈ [a|b] /\ w2 ∈ [a|b] /\ w3 ∈ [a|b]
  -> S w1 w2 + S w2 w3 = S w1 w3.

Definition nonnegativity S f a b:=
  ∀ w1 w2, w1 ∈ [a|b] /\ w2 ∈ [a|b] /\ w2 - w1 > 0
  -> (∀ m, (∀ x, x ∈ [w1|w2] -> m ≤ f x)
  -> m·(w2-w1) ≤ S w1 w2) /\ (∀ M, (∀ x,
    x ∈ [w1|w2] -> M ≥ f x) -> S w1 w2 ≤ M·(w2-w1)).

Definition integ_sys S f a b:=
  additivity S a b /\ nonnegativity S f a b.

Definition integrable f a b:=
  ∃ S, integ_sys S f a b /\ ∀ S', integ_sys S' f a b -> S = S'.
```

上述导数和积分的定义没有用到极限概念, 比传统教材上的导数和 Riemann 积分的定义简明得多, 以此为基础建立起来的微积分学也很容易被学生接受和掌

握[218]. 注意, 在上述定义中, 积分系统要满足的非负性是一个非严格的不等式, 但按照通常定积分的几何意义就是由曲线与坐标轴所围成的面积, 当然面积满足严格不等式[218]. 所谓的严格不等式就是:

定义 5.4 (积分严格不等式) 设 $S(u,v)$ 是 $f(x)$ 在区间 $[a,b]$ 上的一个积分系统, 在任意的子区间 $[w_1, w_2] \in [a,b]$ 上, 如果 $m < f(x) < M$, 就必有

$$m(w_2 - w_1) < S(w_1, w_2) < M(w_2 - w_1),$$

则称积分系统 $S(u,v)$ 在区间 $[a,b]$ 上满足积分严格不等式.

```
Definition strict_unequal S f a b:=
  integ_sys S f a b
  -> ∀ w1 w2, w1 ∈ [a|b] /\ w2 ∈ [a|b] /\ w2 - w1 > 0
  -> (∀ m, (∀ x, x ∈ [w1|w2] -> m < f x)
  -> m·(w2 - w1) < S w1 w2) /\ (∀ M, (∀ x,
     x ∈ [w1|w2] -> M > f x) -> S w1 w2 < M·(w2 - w1)).
```

对定义 5.3 进一步研究可知, 若 $S(u,v)$ 是 $f(x)$ 在 $[a,b]$ 上的一个积分系统, 令 $G(x) := S(a,x)$, 由于它满足可加性, 所以 $S(u,v)$ 可以写成如下的等价形式:

$$S(u,v) = S(a,v) - S(a,u) = G(v) - G(u).$$

下面证明: 如果积分系统满足积分严格不等式, 则可以得到估值定理.

定理 5.2 (估值定理) 假设 $S(x,y) = G(y) - G(x)$ 是 $f(x)$ 在区间 $[a,b]$ 上定义的积分系统, 并且满足积分严格不等式, 则对于任意的子区间 $[u,v] \subseteq [a,b]$, 都存在 $x_1, x_2 \in [u,v]$ 使得下式成立:

$$f(x_1)(v-u) \leqslant G(u) - G(v) \leqslant f(x_2)(v-u). \tag{5.3}$$

```
Theorem Valuation_Theorem:∀ {S G f a b}, integ_sys S f a b
  -> (∀ y x, y ∈ [a|b] -> x ∈ [a|b] -> G x = S y x)
  -> strict_unequal S f a b -> ∀ u v, u ∈ [a|b] /\ v ∈ [a|b] /\
  v - u > 0 -> ∃ x1 x2, x1 ∈ [u|v] /\ x2 ∈ [u|v] /\
    (f x1)·(v-u) ≤ G(v) - G(u) /\ G(v) - G(u) ≤ (f x2)·(v-u).
Proof.
  intros. pose proof (H1 H _ _ H2). destruct H2, H3, H4.
  assert (∃ x1, x1 ∈ [u|v] /\ (f x1)·(v-u) ≤ G(v)-G(u)).
  { Absurd. pose proof (H3 (((G v - G u)/(v-u)) (uneqOP H6))).
    Simpl_Rin H8. assert (G v - G u < S u v).
    { apply H8; intros. apply (Theorem203_1' _ _ (v-u)); Simpl_R.
      destruct (Co_T167 (f x · (v-u)) (G v - G u)); auto.
```

```
    elim H7; eauto. } do 2 erewrite H0 in H9; eauto.
  apply Theorem188_1' with (Z:=S v u) in H9; Simpl_Rin H9.
  rewrite Theorem175 in H9. apply OrdR1 in H9; try tauto.
  apply H; auto. }
assert (∃ x2, x2 ∈ [u|v] /\ G(v)-G(u) ⩽ (f x2)·(v-u)).
{ Absurd. pose proof (H5 (((G v - G u)/(v-u)) (uneqOP H6))).
  Simpl_Rin H9. assert (G v - G u > S u v).
  { apply H9; intros. apply (Theorem203_1' _ _ (v-u)); Simpl_R.
    destruct (Co_T167 (G v - G u) (f x · (v - u))); auto.
    elim H8; eauto. } do 2 erewrite H0 in H10; eauto.
  apply Theorem188_1' with (Z:=S v u) in H10; Simpl_Rin H10.
  rewrite Theorem175 in H10. apply OrdR1 in H10; try tauto.
  symmetry; apply H; auto. }
destruct H7, H7, H8, H8. exists x, x0; auto.
Qed.
```

5.3　积分与微分的新视角

本节引入一个函数的差商是另一个函数中值的概念, 在此基础上探讨了积分系统、强可导、一致可导的性质.

定义 5.5 (差商与中值)　设 $F(x)$ 和 $f(x)$ 为在 $[a,b]$ 上定义的两个函数, 对任意区间 $[u,v] \subseteq [a,b]$ 均存在 $p \in [u,v]$ 和 $q \in [u,v]$ 满足不等式

$$f(p) \leqslant \frac{F(v) - F(u)}{(v - u)} \leqslant f(q), \tag{5.4}$$

则称 $F(x)$ 的差商是 $f(x)$ 的中值.

```
(** A_4 *)

(* THE THIRD GENERATION CALCULUS *)

(* SECTION III A New Perspective of Integral and Derivative *)

Require Export A_3.

Definition diff_quo_median F f a b:=
  ∀ u v l, u ∈ [a|b] /\ v ∈ [a|b]
  -> ∃ p q, p ∈ [u|v] /\ q ∈ [u|v] /\
  f p ⩽ ((F v - F u)/(v - u))(uneqOP l) /\
  ((F v - F u)/(v - u))(uneqOP l) ⩽ f q.
```

若 $f(x)$ 的差商是 $g(x)$ 的中值, 求导数和积分的问题实际上就是已知一个函数, 求另一个函数的问题.

下面用一个函数的差商是另一个函数的中值来刻画积分和微分.

定理 5.3 设 $S(u,v)$ 为 $f(x)$ 在 $[a,b]$ 上的积分系统, 并且满足积分严格不等式. 在 $[a,b]$ 上取一点 c, 令 $F(x) = S(c,x)$, 则在 $[a,b]$ 上 $F(x)$ 的差商是 $f(x)$ 的中值; 反之, 若在 $[a,b]$ 上 $F(x)$ 的差商是 $f(x)$ 的中值, 令 $S(u,v) = F(v) - F(u)$, 则 $S(u,v)$ 是 $f(x)$ 上的一个积分系统, 并且满足积分严格不等式.

```
Theorem Theorem5_3_1: ∀ S f F a b,
  integ_sys S f a b -> strict_unequal S f a b
  -> (∀ y x, y ∈ [a|b] -> x ∈ [a|b] -> F x = S y x)
  -> diff_quo_median F f a b.
Proof.
  intros; red; intros. destruct H2.
  eapply Valuation_Theorem in H; eauto.
  destruct H, H, H, H4, H5.
  exists x, x0; split; auto. split; auto.
  split; apply LeTi_R2 with (z:=v-u); Simpl_R.
Qed.

Theorem Theorem5_3_2: ∀ S f F a b,
  (∀ u v, u ∈ [a|b] /\ v ∈ [a|b] -> S u v = F v - F u)
  -> diff_quo_median F f a b
  -> integ_sys S f a b /\ strict_unequal S f a b.
Proof.
  intros; repeat split; intros.
  - red; intros. generalize (H w1 w3) (H w2 w3) (H w1 w2); intros.
    rewrite Theorem175, H2, H3, H4; try tauto.
    unfold Minus_R at 2; rewrite <- Theorem186; Simpl_R.
  - destruct H1, H3, (H0 w1 w2 H4); auto. destruct H5, H5, H6, H7.
    apply LeTi_R1 with (z:=w2-w1) in H7; Simpl_Rin H7.
    rewrite H; auto. eapply Theorem173; eauto. apply LeTi_R1; auto.
  - destruct H1, H3, (H0 w1 w2 H4); auto. destruct H5, H5, H6, H7.
    apply LeTi_R1 with (z:=w2-w1) in H8; Simpl_Rin H8.
    rewrite H; auto. eapply Theorem173; eauto.
    apply LeTi_R1; auto. apply Theorem168; auto.
  - destruct H2, H4, (H0 w1 w2 H5); auto. destruct H6, H6, H7, H8.
    apply LeTi_R1 with (z:=w2-w1) in H8; Simpl_Rin H8.
    rewrite H; auto. eapply Theorem172; right; split; eauto.
    apply Theorem203_1; auto. apply H3; auto.
  - destruct H2, H4, (H0 w1 w2 H5); auto. destruct H6, H6, H7, H8.
    apply LeTi_R1 with (z:=w2-w1) in H9; Simpl_Rin H9.
```

```
    rewrite H; auto. eapply Theorem172; left; split; eauto.
    apply Theorem203_1; auto.
Qed.
```

在上节定义中, 积分系统不一定满足积分严格不等式. 但常用的积分系统都满足积分严格不等式. 如果我们只对满足积分严格不等式的积分系统感兴趣, 由上面的定理, 可用下面更直观的定义来代替以前所给出的积分系统的定义.

定义 5.6 (积分系统和定积分)　设 $f(x)$ 在区间 $[a,b]$ 上有定义, 如果存在一个二元函数 $S(x)$, $x \in [a,b]$, $y \in [a,b]$, 满足

(I) 可加性: 对 $[a,b]$ 上任意的 u, v, w 有 $S(u,v) + S(v,w) = S(u,w)$;

(II) 中值性: 对 $[a,b]$ 上任意的 $u < v$, 在 $[u,v]$ 上必有两点 p 和 q, 使得

$$f(p)(v-u) \leqslant S(u,v) \leqslant f(q)(v-u),$$

则称 $S(x,y)$ 是 $f(x)$ 在 $[a,b]$ 上的一个积分系统. 如果 $f(x)$ 在 $[a,b]$ 上有唯一的积分系统 $S(x,y)$, 则称 $f(x)$ 在 $[a,b]$ 上可积, 并称数值 $S(u,v)$ 为 $f(x)$ 在 $[u,v]$ 上的定积分.

```
Definition additivity' S a b:=
  ∀ u v w, u ∈ [a|b] /\ v ∈ [a|b] /\ w ∈ [a|b]
  -> S u v + S v w = S u w.

Definition median S f a b:=
  ∀ u v, u ∈ [a|b] /\ v ∈ [a|b] /\ v - u > 0
  -> ∃ p q, p ∈ [u|v] /\ q ∈ [u|v] /\
  f p ·(v - u) ≤ S u v /\ S u v ≤ f q ·(v - u).

Definition integ_sys' S f a b:=
  additivity S a b /\ median S f a b.

Notation " S ∫ f '(x)dx' ":= (integ_sys' S f)(at level 10).

Definition integrable' f a b:=
  ∃ S, integ_sys' S f a b /\ (∀ S', integ_sys' S' f a b -> S' = S).
```

类似前面 "不确定描述的构造" 原理的描述, 将非构造性的存在性元素选取出来, 我们约定:

```
Axiom ex_trans: ∀ {A: Type} {P: A->Prop},
  (∃ x, P x) -> { x: A | P x }.

Definition Getele {A: Type} {P: A->Prop} (Q: ∃ x, P x):=
  proj1_sig (ex_trans Q).
```

以下探讨 $f(x)$ 在什么条件下, 存在唯一积分系统, 该积分系统就是它的定积分.

定理 5.4 设在 $[a,b]$ 上, $F(x)$ 的差商是 $f(x)$ 的中值, 且 $f(x)$ 一致连续, 则 $f(x)$ 在 $[a,b]$ 上具有唯一的积分系统 $S(x,y) = F(y) - F(x)$, 其中 $x,y \in [a,b]$.

```
Fixpoint Cum f n:=
  match n with
    | 1 => f 1
    | p` => Cum f p + f p`
  end.

Lemma cump1: ∀ f1 f2 n, (∀ i, ILE_N i n -> f1 i ≤ f2 i)
  -> Cum f1 n ≤ Cum f2 n.
Proof.
  intros; revert H; induction n; intros; simpl; f_equal.
  - apply H; apply Theorem13; apply Theorem24.
  - apply Theorem168, Theorem191; apply Theorem168'.
    + apply IHn; intros; apply H; left; apply Le_Lt; auto.
    + f_equal; apply H; red; tauto.
Qed.

Lemma cump2: ∀ h f n, Cum (λ x, h· (f x)) n = h · (Cum f n).
Proof.
  intros; induction n; simpl; auto.
  rewrite IHn, Theorem201; auto.
Qed.

Lemma cump3: ∀ f1 f2 n, Cum (λ x, (f1 x)) n -
  Cum (λ x, (f2 x)) n = Cum (λ x, (f1 x)-(f2 x)) n.
Proof.
  intros; induction n; simpl; auto.
  rewrite <- Mi_R, IHn; auto.
Qed.

Lemma cump4: ∀ f1 n h, |h| · |Cum (λ x, (f1 x)) n| ≤
  |h| · Cum (λ x, |f1 x|) n.
Proof.
  intros. apply LeTi_R'; [apply Theorem170'|].
  induction n; simpl; [red; auto|].
  apply LePl_R with (z:=|f1 n`|) in IHn.
  eapply Theorem173; eauto. apply Ab2.
Qed.
```

Lemma cump5: ∀ n z, Cum (λ x, z) n = n·z.
Proof.
  intros; induction n; Simpl_R.
  simpl Cum. rewrite IHn. pattern z at 2.
  rewrite <- (RTi1_ z), <- Theorem201'; Simpl_R.
Qed.

Definition fu_seg f i n x1 x2:Real:=
  match i with
  | 1 => f(x1+(RdiN (x2-x1) n)) - f x1
  | p` => f(x1+(RdiN ((x2-x1)· p`) n)) - f(x1+(RdiN ((x2-x1)· p) n))
  end.

Definition sum_fseg f i n x1 x2:= Cum (λ i, fu_seg f i n x1 x2) i.

Lemma fseg1: ∀ f u v i n, fu_seg f i n u v =
  f(u+(RdiN ((v-u)· i) n)) - f(u+(RdiN ((v-u)· (i-1)) n)).
Proof.
  intros. induction i; unfold fu_seg; Simpl_R.
Qed.

Lemma fseg2: ∀ f u v i n,
  sum_fseg f i n u v = f(u+(RdiN ((v-u)·i) n)) - f u.
Proof.
  intros; unfold sum_fseg. induction i; simpl; Simpl_R.
  rewrite IHi, Theorem175, Mi_R, Theorem175, <- Mi_R. Simpl_R.
Qed.

Lemma fseg3: ∀ f u v n, sum_fseg f n n u v = f v - f u.
Proof.
  intros. rewrite fseg2. unfold RdiN. Simpl_R.
Qed.

Lemma fseg4: ∀ f n x1 x2 m,
  Cum (λ i, fu_seg f i n x1 x2) m = sum_fseg f m n x1 x2.
Proof.
  intros; unfold sum_fseg. induction m; simpl; unfold fu_seg; auto.
Qed.

Lemma Rdle1: ∀ {i n z}, ILE_N i n -> z > 0 ->
  0 ≤ RdiN (z·(i-1)) n /\ RdiN (z·(i-1)) n ≤ z.

Proof.
  split; intros; red; destruct i; Simpl_R; left.
  - apply RdN1. apply Pos; simpl; auto.
  - unfold RdiN. apply (Theorem203_1' _ _ n); Simpl_R.
    2: reflexivity. rewrite Theorem194, (Theorem194 _ i).
    apply Theorem203_1; auto. pose proof (Nlt_S_ i).
    apply OrderNRlt. eapply Theorem16; eauto.
Qed.

Lemma Rdle2: ∀ {i n z}, ILE_N i n -> z > 0 ->
  0 ⩽ RdiN (z·i) n /\ RdiN (z·i) n ⩽ z.
Proof.
  split; intros.
  - left; apply RdN1; apply Pos; simpl; auto.
  - unfold RdiN. apply (LeTi_R2 _ _ n); Simpl_R; [reflexivity|].
    apply LeTi_R1'; auto. apply OrderNRle; auto.
Qed.

Lemma Rdint: ∀ {i n u v a b}, u ∈ [a|b] -> v ∈ [a|b] -> v-u > 0
  -> ILE_N i n -> (u+(RdiN (((v-u)·(i-1)))) n)) ∈ [a | b] /\
  (u+(RdiN (((v-u)·i)) n)) ∈ [a | b].
Proof.
  intros; destruct H, H, H0, H0. repeat split.
  - eapply Theorem173; try apply H. apply LeRp1, Rdle1; auto.
  - eapply Theorem173; try apply H4. apply LeRp2, Rdle1; auto.
  - eapply Theorem173; try apply H. apply LeRp1, Rdle2; auto.
  - eapply Theorem173; try apply H4. apply LeRp2, Rdle2; auto.
Qed.

Lemma lemmaT5_4: ∀ F f a b, diff_quo_median F f a b
  -> ∀ u v, u ∈ [a|b] /\ v ∈ [a|b] /\ v - u > 0
  -> ∀ n i, (ILE_N i n) -> ∃ x1 x2,
    x1∈[(u+(RdiN (((v-u)·(i-1))) n))|(u+(RdiN ((v-u)·i) n))]/\
    x2∈[(u+(RdiN ((v-u)·(i-1)) n))|(u+(RdiN ((v-u)·i) n))] /\
    (RdiN (v-u) n) · f x1 ⩽ fu_seg F i n u v
    /\ fu_seg F i n u v ⩽ (RdiN (v-u) n) · f x2.
Proof.
  intros. destruct H0, H2, (Rdint H0 H2 H3 H1).
  assert ((u+(RdiN (((v-u)·i)) n))-(u+(RdiN (((v-u)·(i-1))) n))>0).
  { rewrite <- Mi_R; Simpl_R. unfold RdiN.
    rewrite Di_Rm, <- Theorem202; Simpl_R.
    apply Pos; simpl; auto. }

```
  destruct (H _ _ H6); auto. destruct H7, H7, H8, H9.
  exists x, x0. split; auto. split; auto. split.
  - eapply LeTi_R1' in H9; try apply H6. Simpl_Rin H9.
    rewrite <- Mi_R, RdN4, <- Theorem202, <- fseg1 in H9.
    Simpl_Rin H9.
  - eapply LeTi_R1' in H10; try apply H6. Simpl_Rin H10.
    rewrite <- Mi_R, RdN4, <- Theorem202, <- fseg1 in H10.
    Simpl_Rin H10.
Qed.


Corollary Co_der: ∀ {f d a b},
  (∀ x h, x ∈ [a|b] /\ (x+h) ∈ [a|b] /\ h <> 0 ->
  |f(x+h) - f x| ≤ d(|h|)) -> (∀ p q, p ∈ [a|b] ->
  q ∈ [a|b] -> q-p <> 0 -> |f q - f p| ≤ d(|q-p|)).
Proof.
  intros. assert (q=p+(q-p)). { Simpl_R. }
  pattern q at 1; rewrite H3. apply H. Simpl_R.
Qed.


Corollary Co_posinc: ∀ a b d, pos_inc d (0 | b - a] ->
  (∀z1 z2, z1 ∈ (0|b-a] -> z2 ∈ (0|b-a] -> z1≤z2 -> d z1 ≤ d z2).
Proof.
  intros; destruct H, H2; auto. subst z1; red; auto.
Qed.


Corollary Natord: ∀ n m, {ILE_N n m} + {ILT_N m n}.
Proof.
  intros. unfold ILE_N; destruct (Ncase n m) as [[H|H]|H]; auto.
Qed.


Ltac fo54 a H H0 a0:= unfold a; destruct Natord; [|LEGN H H0];
  unfold Getele; destruct (ex_trans), a0; simpl proj1_sig.


Theorem Theorem5_4: ∀ F f a b,
  diff_quo_median F f a b -> uniform_continuous f a b
  -> integ_sys' (λ u v, F v-F u) f a b /\
  (∀ G, diff_quo_median G f a b
  -> ∀ u v, u ∈ [a|b] /\ v ∈ [a|b] /\ v-u>0
  -> G v - G u = F v - F u).
Proof.
  split.
  - red; split; red; intros.
```

```
  + rewrite Mi_R, Theorem175, <- Mi_R; Simpl_R.
  + destruct H1, H2, (H u v H3); auto. destruct H4, H4, H5, H6.
    eapply LeTi_R1' in H6; try apply H3. Simpl_Rin H6.
    eapply LeTi_R1' in H7; try apply H3. Simpl_Rin H7.
    rewrite Theorem194 in H6, H7. exists x, x0; auto.
- assert (a < b).
  { destruct H0, H0, H1, (H1 0), H3, H3, H3, H3.
    destruct (Co_T167 (b-a) 0).
    - eapply Theorem173 in H6; eauto. LEGR H6 H3.
    - apply Theorem182_1; auto. } intros. Absurd.
  apply Ab8' in H4. destruct H0 as [d [H0 [H5]]].
  set (c:=|G v - G u - (F v - F u)|) in *.
  assert(∀ n, c≤(v-u)·d((RdiN (v-u) n))) as G1.
  { intros. set (h:=(RdiN (v-u) n)).
    pose proof (lemmaT5_4 _ _ _ _ H _ _ H3 n).
    assert (∀i, ILE_N i n -> ∃ x1,
    x1 ∈ [u + (RdiN ((v-u)·(i-1)) n)|u+(RdiN ((v - u)·i) n)] /\
    h · f x1 ≤ fu_seg F i n u v) as K1.
    { intros. destruct (H7 _ H8), H9, H9, H10, H11. eauto. }
    assert (∀i, ILE_N i n -> ∃ x2,
    x2 ∈ [u + (RdiN ((v-u)·(i-1)) n)|u+(RdiN ((v - u)·i) n)] /\
    fu_seg F i n u v ≤ h · f x2) as K2.
    { intros. destruct (H7 _ H8), H9, H9, H10, H11. eauto. }
    clear H7. pose proof (lemmaT5_4 _ _ _ _ H2 _ _ H3 n).
    assert (∀i, ILE_N i n -> ∃ x1,
    x1 ∈ [u + (RdiN ((v-u)·(i-1)) n)|u+(RdiN ((v - u)·i) n)] /\
    h · f x1 ≤ fu_seg G i n u v) as K3.
    { intros. destruct (H7 _ H8), H9, H9, H10, H11. eauto. }
    assert (∀i, ILE_N i n -> ∃ x2,
    x2 ∈ [u + (RdiN ((v-u)·(i-1)) n)|u+(RdiN ((v - u)·i) n)] /\
    fu_seg G i n u v ≤ h · f x2) as K4.
    { intros. destruct (H7 _ H8), H9, H9, H10, H11. eauto. }
    clear H7. set (ξ1:= λ m, match Natord m n with
          | left l => Getele (K1 m l) | right _ => 0 end).
    set (ξ2:= λ m, match Natord m n with
          | left l => Getele (K2 m l) | right _ => 0 end).
    set (η1:= λ m, match Natord m n with
          | left l => Getele (K3 m l) | right _ => 0 end).
    set (η2:= λ m, match Natord m n with
          | left l => Getele (K4 m l) | right _ => 0 end).
    assert ((Cum (λ m, h· (f (ξ1 m))) n) ≤ F v - F u) as L1.
    { rewrite <- (fseg3 F u v n), <- fseg4. apply cump1; intros.
```

```
     fo54 ξ1 H7 i0 a0; auto. }
   assert (F v - F u ≤ (Cum (λ m, h· (f (ξ2 m))) n)) as L2.
   { rewrite <- (fseg3 F u v n), <- fseg4. apply cump1; intros.
     fo54 ξ2 H7 i0 a0; auto. }
   assert ((Cum (λ m, h· (f (η1 m))) n) ≤ G v - G u) as L3.
   { rewrite <- (fseg3 G u v n), <- fseg4. apply cump1; intros.
     fo54 η1 H7 i0 a0; auto. }
   assert (G v - G u ≤ (Cum (λ m, h· (f (η2 m))) n)) as L4.
   { rewrite <- (fseg3 G u v n), <- fseg4. apply cump1; intros.
     fo54 η2 H7 i0 a0; auto. } rewrite cump2 in L1, L2, L3, L4.
   pose proof (R2Mge (Rle2 L1 L2 L3 L4)). destruct H3, H8.
   assert (T:h ∈ (0|v-u]). { unfold h. apply ociDi; auto. }
   assert (|h · Cum (λ x,f (ξ1 x)) n -
     h · Cum (λ x,f (η2 x)) n| ≤ (v - u) · d h) as M1.
   { rewrite <- Theorem202, Theorem193, cump3.
     pose proof (cump4 (λ x,f (ξ1 x) - f (η2 x)) n h).
     eapply Theorem173; eauto.
   assert (∀ x, ILE_N x n -> |f(ξ1 x) - f(η2 x)| ≤ d(h)).
   { intros. destruct (classic (ξ1 x = η2 x)).
     - rewrite H12; Simpl_R; simpl.
       left; apply H0, (ocisub v u); auto.
     - assert (d(|ξ1 x-η2 x|) ≤ d(h)).
       { assert (|ξ1 x - η2 x| ≤ h).
         { fo54 η2 H11 i a0; fo54 ξ1 H11 i2 a0.
           pose proof (ccile1 i0 i3). rewrite <- Mi_R, RdN4,
             <- Theorem202 in H13. Simpl_Rin H13. }
         assert (h ∈ (0 | b - a]). { apply (ocisub v u); auto. }
         eapply Co_posinc; eauto.
         split; split; [apply Ab8'; auto|].
         destruct H14, H14. eapply Theorem173; eauto. }
       eapply Theorem173; eauto. revert H12.
       fo54 η2 H11 i a0. fo54 ξ1 H11 i2 a0. intro.
       destruct (Rdint H3 H8 H9 H11). eapply Co_der; eauto.
       + apply (ccisub _ _ H14 H15); auto.
       + apply (ccisub _ _ H14 H15); auto.
       + intro. apply H12. apply Theorem182_2; auto. }
   apply cump1 in H11. apply LeTi_R' with (z:=|h|) in H11.
   - eapply Theorem173; eauto. rewrite cump5, <- Theorem199.
     right. f_equal. unfold h, RdiN. destruct (ociDi n H9), H12.
     rewrite Ab3; Simpl_R.
   - apply Theorem170'. }
   assert (|h · Cum (λ x,f (ξ2 x)) n -
```

```
    h · Cum (λ x,f (η1 x)) n| ⩽ (v - u) · d h) as M2.
  { rewrite <- Theorem202, Theorem193, cump3.
    pose proof (cump4 (λ x,f (ξ2 x) - f (η1 x)) n h).
    eapply Theorem173; eauto. clear H10.
    assert (∀ x, ILE_N x n -> |f(ξ2 x) - f(η1 x)| ⩽ d(h)).
    { intros. destruct (classic (ξ2 x = η1 x)).
      - rewrite H11; Simpl_R; simpl.
        left; apply H0, (ocisub v u); auto.
      - assert (d(|ξ2 x-η1 x|) ⩽ d(h)).
        { assert (|ξ2 x - η1 x| ⩽ h).
          { fo54 η1 H10 i a0; fo54 ξ2 H10 i2 a0.
            pose proof (ccile1 i0 i3). rewrite <- Mi_R, RdN4,
              <- Theorem202 in H12. Simpl_Rin H12. }
          assert (h ∈ (0|b-a]). { apply (ocisub v u); auto. }
          eapply Co_posinc; eauto.
          split; split; [apply Ab8'; auto|].
          destruct H13, H13. eapply Theorem173; eauto. }
        eapply Theorem173; eauto. revert H11.
        fo54 η1 H10 i a0. fo54 ξ2 H10 i2 a0. intro.
        destruct (Rdint H3 H8 H9 H10). eapply Co_der; eauto.
        + apply (ccisub _ _ H13 H14); auto.
        + apply (ccisub _ _ H13 H14); auto.
        + intro. apply H11. apply Theorem182_2; auto. }
    apply cump1 in H10. apply LeTi_R' with (z:=|h|) in H10.
    - eapply Theorem173; eauto. rewrite cump5, <- Theorem199.
      right. f_equal. unfold h, RdiN.
      destruct (ociDi n H9), H11. rewrite Ab3; Simpl_R.
    - apply Theorem170'. }
  unfold c. rewrite <- Theorem178, Theorem181.
  eapply Theorem173; eauto. apply R2Mle; auto. }
destruct (H5 (((v-u)/c) (uneqOP H4))) as [x [l H7]], H7.
assert ((v - u) · d x < c) as G2.
{ apply H0 in H7. rewrite Ab3 in H8.
  - apply Theorem203_1 with (Z:=c) in H8; Simpl_Rin H8.
    rewrite Theorem194, Di_Rt in H8; Simpl_Rin H8.
    apply Theorem203_1 with (Z:=d x) in H8; Simpl_Rin H8.
  - apply Pos'; simpl; auto. }
assert (c ⩽ (v - u) · d x) as G3.
{ destruct H7, H7, (Archimedes (((v-u)/x) (uneqOP H7))) as [N].
  assert ((RdiN (v - u) N) < x).
  { apply (Theorem203_1 _ _ x) in H10; Simpl_Rin H10.
    unfold RdiN. apply (Theorem203_1' _ _ N); Simpl_R.
```

```
   2:reflexivity. rewrite Theorem194; auto. }
 destruct H3, H12. apply H0 in H11; [ | |split; auto].
 - apply LeTi_R1' with (z:=(v - u)) in H11; auto.
   eapply Theorem173; eauto.
 - apply (ocisub v u); auto. apply ociDi; auto. }
   LEGR G3 G2.
Qed.
```

下面考察强可导函数和一致可导函数的性质, 有如下定理.

定理 5.5   设在 $[a, b]$ 上, $F(x)$ 的差商是 $f(x)$ 的中值, 且 $f(x)$ 的差商有界 (即存在正数 $M > 0$, 使得 $|f(x+h) - f(x)| \leqslant M|h|$), 当且仅当 $F(x)$ 在 $[a, b]$ 上强可导 (即满足不等式 $|F(x+h) - F(x) - f(x)h| \leqslant Mh^2$).

```
Lemma lemma5_5A: ∀ F f a b, derivative F f a b ->
  (∀ x, x ∈ [a|b] -> f(x) ≥ 0) -> mon_increasing F [a|b].
Proof.
  intros; red; intros.
  destruct H as [d1 [H [H2 [M [H3]]]]], H1, H5.
  destruct (Co_T167 (F x) (F y)); auto.
  apply Theorem182_3' in H7.
  set (u:=y - x) in *. set (d:=F y - F x) in *.
  assert(∀ n, ∃ i, (ILE_N i n) /\
   F(x+u·(RdiN i n))-F(x+u·(RdiN (i-1) n))≤(RdiN d n)).
  { intros. Absurd. pose proof (not_ex_and _ _ H8). clear H8.
    assert(0 < sum_fseg F n n x y).
    { assert(∀ i, (ILE_N i n) ->
       sum_fseg F i n x y > (RdiN (i·d) n)).
     { intros. induction i.
       - apply H9 in H8. rewrite RdN2 in H8. Simpl_Rin H8.
         unfold sum_fseg, Cum, fu_seg, RdiN. Simpl_R.
         destruct (Co_T167 (F(x+RdiN u n)-F x) (RdiN d n)); tauto.
       - unfold sum_fseg. simpl Cum. assert (ILE_N i n).
         { eapply Theorem17; eauto. left. apply Nlt_S_. }
         apply IHi in H10. unfold sum_fseg in H10.
         pattern (i`) at 1. rewrite <- (RN3 i), Theorem201'.
         unfold RdiN at 3. rewrite <- Di_Rp. Simpl_R.
         apply Theorem189; auto. apply H9 in H8.
         repeat rewrite RdN2 in H8. Simpl_Rin H8.
         destruct (Co_T167 (F(x+RdiN ((y-x)·i`) n)-
           F(x+RdiN ((y-x)·i) n)) (RdiN d n)); tauto. }
      assert (ILE_N n n). { red; auto. } apply H8 in H10.
      unfold RdiN in H10. Simpl_Rin H10.
      rewrite fseg3 in H10. apply OrdR1 in H10; tauto. }
```

```
  rewrite fseg3 in H8. LGR H7 H8. }
assert (|d| > 0). { destruct d; inversion H7; auto. }
destruct (H2 (M·((u/|d|) (uneqOP H9)))) as [r [H10 [H11]]].
assert (r > 0). { destruct H11; tauto. }
destruct (Archimedes ((u/r) (uneqOP H13))) as [n H14].
destruct (H8 n) as [i [H16]].
assert (u·RdiN i n = u·RdiN (i-1)n + u·RdiN 1 n).
{ rewrite <- Theorem201. unfold RdiN. rewrite Di_Rp; Simpl_R. }
assert (|RdiN d n| ⩽ |F(x+u·RdiN (i-1)n + u·RdiN 1 n)
  - F(x+u·RdiN (i-1)n) - f(x+u·RdiN (i-1)n)·(u·RdiN 1 n)|).
{ rewrite Theorem186, <- H17.
  assert (RdiN d n < 0). { unfold RdiN.
    apply (Theorem203_1' _ _ n); Simpl_R. reflexivity. }
  assert (F(x+u·RdiN i n) - F(x+u·RdiN (i-1)n) < 0).
  { eapply Theorem172; eauto. }
  assert (0 ⩽ f(x+u·RdiN (i-1)n)).
  { rewrite RdN2. apply Theorem168, H0, (Rdint H1 H5 H6 H16). }
  assert (0 ⩽ (u·RdiN 1 n)).
  { rewrite RdN2. left. apply RdN1; Simpl_R. }
  pose proof (Rle3 _ _ H20 H21). rewrite Abope1;[|red|]; auto.
  rewrite <- (Theorem175' (|RdiN d n|)).
  apply Theorem191'; [|apply Theorem170'].
  repeat rewrite Ab3''; auto. apply -> LEminus; auto. }
assert (|F(x+u·RdiN (i-1)n + u·RdiN 1 n)
  - F(x+u·RdiN (i-1)n) - f(x+u·RdiN (i-1)n)·(u·RdiN 1 n)|
  ⩽ M·|(u·RdiN 1 n)|·d1(|(u·RdiN 1 n)|)).
{ destruct (Rdint H1 H5 H6 H16). apply H4. repeat rewrite RdN2.
  rewrite Theorem186, RdN3, <- Theorem201; Simpl_R.
  split; auto. split; auto. intro. EGR H21 (RdN1 u n H6). }
eapply Theorem173 in H19; eauto.
assert (M·|(u·RdiN 1 n)|·d1(|(u·RdiN 1 n)|)⩽
M·|(u·RdiN 1 n)|·d1(r)).
{ assert (RdiN u n > 0). { apply RdN1; auto. }
  repeat rewrite RdN2; Simpl_R; apply LeTi_R1'.
  - apply Pos; auto; Simpl_R. rewrite Ab3; auto.
  - apply H; auto.
    + rewrite Ab3; auto. apply (ocisub y x); auto.
      apply ociDi; auto.
    + rewrite Ab3; [|apply RdN1; auto].
      apply Theorem203_1 with (Z:=r) in H14; Simpl_Rin H14.
      rewrite Theorem194 in H14. unfold RdiN.
      apply Theorem203_1' with (Z:=n); Simpl_R. reflexivity. }
```

```
eapply Theorem173 in H20; eauto.
assert (|d| ≤ M·|u|· d1 r).
{ rewrite RdN2 in H20; Simpl_Rin H20.
  apply (LeTi_R1 _ _ (|n|)) in H20; [| rewrite Ab3; reflexivity].
  rewrite Theorem199, (Theorem194 (d1 r)), <-Theorem199 in H20.
  rewrite (Theorem199 M), <- Theorem193, <- Theorem193 in H20.
  unfold RdiN in H20. Simpl_Rin H20. }
apply Theorem203_1 with (Z:=|d|) in H12; auto. destruct H.
rewrite Theorem199, <- Theorem193 in H12. Simpl_Rin H12.
apply Theorem203_1 with (Z:=d1 r) in H12; auto.
pattern (d1 r) at 2 in H12. rewrite <- (Ab3 (d1 r)) in H12; auto.
rewrite <- Theorem193, Theorem194, <- Theorem199 in H12.
Simpl_Rin H12. rewrite (Ab3 u) in H21; auto. LEGR H21 H12.
Qed.

Lemma lemma5_5B: ∀ F f a b, derivative F f a b ->
  (∀ x, x ∈ [a|b] -> f(x) ≤ 0) -> mon_decreasing F [a|b].
Proof.
  intros. apply dermi in H.
  assert (mon_increasing (minus_Fu F) [a|b]).
  { eapply lemma5_5A; eauto. intros. unfold minus_Fu.
    apply Theorem168', LEminus; Simpl_R. }
  red in H1|-*; intros. unfold minus_Fu in H1.
  apply Theorem168', LEminus; auto.
Qed.

Lemma lemma5_5C: ∀ F f a b, derivative F f a b ->
  (∀ x, x ∈ [a|b] -> f(x) > 0) -> strict_mon_increasing F [a|b].
Proof.
  intros; red; intros. pose proof H.
  apply lemma5_5A in H2; [| intros; red; auto ].
  destruct (H2 _ _ H1); auto.
  destruct H as [d [H [H4 [M [H5]]]]], H1, H7. set (1:= H0 _ H1).
  destruct (H4 ((M/((f x))) (uneqOP 1))) as [z [10 [H9]]].
  set (r:= R2min (RdiN z 2) (RdiN (y-x) 2)).
  assert (r<z).
  { unfold r. pose proof (Pr_min2 (RdiN z 2) (RdiN (y-x) 2)).
    eapply Theorem172; left; split; eauto.
    destruct H9, H9. unfold RdiN. apply Pr_2b; auto. }
  assert (r<(y-x)).
  { unfold r. pose proof (Pr_min3 (RdiN z 2) (RdiN (y-x) 2)).
    eapply Theorem172; left; split; eauto.
```

```
    unfold RdiN. apply Pr_2b; auto. }
  assert (r>0). { unfold r. apply R2mgt.
    - destruct H9, H9. apply RdN1; auto. - apply RdN1; auto. }
  assert ((x+r) ∈ [a|b]).
  { split; split.
    - destruct H1, a0. eapply Theorem173; eauto.
      apply LeRp1; red; auto.
    - apply Theorem188_1' with (Z:=x) in H12; Simpl_Rin H12.
      destruct H7, H7. eapply Theorem173; eauto.
      rewrite Theorem175; red; auto. }
  assert (F (x+r) - F x = 0).
  { assert(F x ≤ F (x+r)).
    { apply H2. split; auto. split; Simpl_R. }
    assert(F (x+r) ≤ F y).
    { apply H2. split; auto. split; auto.
      apply Theorem188_1' with (Z:=x) in H12; Simpl_Rin H12.
      rewrite Theorem175 in H12.
      apply Theorem188_1 with (Z:=x+r); Simpl_R. }
    rewrite H3 in *. apply Theorem182_2', OrdR5; auto. }
  assert (r<>0). { intro. EGR H16 H13. }
  pose proof (H6 _ _ (conj H1 (conj H14 H16))).
  rewrite H15 in H17. simpl in H17. rewrite Theorem178 in H17.
  rewrite Theorem194, Theorem193,(Theorem194 M), Theorem199 in H17.
  apply LeTi_R2' in H17; [| rewrite Ab3; auto ].
  do 2 rewrite Ab3 in H17; auto. destruct H.
  apply Theorem203_1 with (Z:=(d z)) in H10; auto.
  pattern (d z) at 2 in H10. rewrite <- Ab3 in H10; auto.
  rewrite <- Theorem193 in H10; Simpl_Rin H10. simpl in H10.
  rewrite Theorem194, Di_Rt, Theorem194 in H10.
  apply Theorem203_1 with (Z:=(f x)) in H10; Simpl_Rin H10.
  assert (f x > M · d r).
  { eapply Theorem172; left; split; eauto.
    apply LeTi_R1'; auto. apply H18; auto.
    apply (ocisub y x); auto. split; unfold ILE_R; auto. }
  LEGR H17 H19.
Qed.


Lemma lemma5_5D: ∀ F f a b, derivative F f a b ->
  (∀ x, x ∈ [a|b] -> f(x) < 0) -> strict_mon_decreasing F [a|b].
Proof.
  intros. apply dermi in H.
  assert (strict_mon_increasing (minus_Fu F) [a|b]).
```

```
  { eapply lemma5_5C; eauto. intros. unfold minus_Fu.
    apply Theorem176_3; auto. }
  red in H1|-*; intros. unfold minus_Fu in H1.
  apply Theorem183_3'; auto.
Qed.


Lemma ccilt: ∀ v u a b, v ∈ [a|b] /\ u ∈ [a|b] /\ u-v > 0 -> a<b.
Proof.
  intros; destruct H, H, H, H0, H0, H0. apply Theorem182_1 in H2.
  eapply Theorem172; left; split; try apply H; eauto.
  eapply Theorem172; eauto.
Qed.


Lemma lemma5_5a: ∀ F f a b, str_derivative F f a b ->
  (∀ x, x ∈ [a|b] -> f(x) ≥ 0) -> mon_increasing F [a|b].
Proof.
  intros; red; intros. eapply lemma5_5A; eauto.
  apply strder_Deduce_der; auto. eapply ccilt; eauto.
Qed.


Lemma lemma5_5b: ∀ F f a b, str_derivative F f a b ->
  (∀ x, x ∈ [a|b] -> f(x) ≤ 0) -> mon_decreasing F [a|b].
Proof.
  intros; red; intros. eapply lemma5_5B; eauto.
  apply strder_Deduce_der; auto. eapply ccilt; eauto.
Qed.


Lemma lemma5_5c: ∀ F f a b, str_derivative F f a b ->
  (∀ x, x ∈ [a|b] -> f(x) > 0) -> strict_mon_increasing F [a|b].
Proof.
  intros; red; intros. eapply lemma5_5C; eauto.
  apply strder_Deduce_der; auto. eapply ccilt; eauto.
Qed.


Lemma lemma5_5d: ∀ F f a b, str_derivative F f a b ->
  (∀ x, x ∈ [a|b] -> f(x) < 0) -> strict_mon_decreasing F [a|b].
Proof.
  intros; red; intros. eapply lemma5_5D; eauto.
  apply strder_Deduce_der; auto. eapply ccilt; eauto.
Qed.


Lemma T3a: ∀ a b C, str_derivative (λ _, C) (λ _, 0) a b.
```

```
Proof.
  intros; red; intros.
  exists 1; split; intros; try reflexivity.
  Simpl_R; destruct h; red; simpl; auto.
Qed.

Lemma T3b: ∀ a b C, str_derivative (λ x, C·x) (λ _, C) a b.
Proof.
  intros; red; intros.
  exists 1; split; intros; try reflexivity.
  rewrite Theorem201; Simpl_R. destruct h; red; simpl; auto.
Qed.

Lemma T3A: ∀ a b C, a < b -> derivative (λ _, C) (λ _, 0) a b.
Proof.
  intros. apply (strder_Deduce_der H (T3a a b C)).
Qed.

Lemma T3B: ∀ a b C, a < b -> derivative (λ x, C·x) (λ _, C) a b.
Proof.
  intros. apply (strder_Deduce_der H (T3b a b C)).
Qed.

Lemma T7der: ∀ {F G f g a b}, a < b -> derivative F f a b ->
  derivative G g a b -> F(b) - F(a) = G(b) - G(a) ->
  (∃ u, u∈[a|b] /\ g(u)≤f(u)) /\ ∃ v, v∈[a|b] /\ f(v)≤g(v).
Proof.
  intros. pose proof (derM1 H0 H1).
  assert (a∈[a|b] /\ b ∈[a|b] /\ b-a> 0).
  { repeat split; red; auto. apply Theorem182_1'; auto. } split.
  - Absurd. assert(∀ x, x ∈ [a|b] -> (Minus_Fu f g) x < 0); intros.
    { unfold Minus_Fu. apply Theorem182_3'.
      destruct (Co_T167 (g x) (f x)); auto. elim H5; eauto. }
    apply lemma5_5D in H3; auto.
    apply H3 in H4. unfold Minus_Fu in H4.
    apply Theorem182_2' in H2. rewrite Mi_R' in H2.
    apply Theorem182_2 in H2. ELR H2 H4.
  - Absurd. assert(∀ x, x ∈ [a|b] -> (Minus_Fu f g) x > 0); intros.
    { unfold Minus_Fu. apply Theorem182_1'.
      destruct (Co_T167 (f x) (g x)); auto. elim H5; eauto. }
    apply lemma5_5C in H3; auto.
    apply H3 in H4. unfold Minus_Fu in H4.
```

```
      apply Theorem182_2' in H2. rewrite Mi_R' in H2.
      apply Theorem182_2 in H2. EGR H2 H4.
   Qed.


   Lemma T7std: ∀ {F G f g a b}, a < b -> str_derivative F f a b ->
      str_derivative G g a b -> F(b) - F(a) = G(b) - G(a) ->
      (∃ u, u∈[a|b] /\ g(u)≤f(u)) /\ ∃ v, v∈[a|b] /\ f(v)≤g(v).
   Proof.
      intros. eapply T7der; eauto; apply strder_Deduce_der; auto.
   Qed.


   Lemma sdersub: ∀ F f u v a b, u ∈ [a|b] -> v ∈ [a|b] ->
      str_derivative F f a b -> str_derivative F f u v.
   Proof.
      intros. destruct H1 as [M [H1]].
      red. exists M; split; intros; auto. apply H2.
      destruct H3. split; apply (ccisub u v); auto.
   Qed.


   Lemma lemmaT5_5: ∀ {f M} a b p q, (∀ x h, x ∈ [a | b] /\
      (x + h) ∈ [a | b] -> | f (x + h) - f x | ≤ M · | h |) ->
      p ∈ [a | b] -> q ∈ [a | b] -> (∀ u v, u ∈ [p | q] ->
      v ∈ [p | q] -> | f (v) - f u | ≤ M · | v-u |).
   Proof.
      intros. assert (v=u+(v-u)). { Simpl_R. }
      pattern v at 1 in H3; rewrite H4 in H3.
      eapply (ccisub p q) in H2; eauto.
      eapply (ccisub p q) in H3; eauto.
      pose proof (H _ _ (conj H2 H3)). Simpl_Rin H5.
   Qed.


   Theorem Theorem5_5: ∀ F f a b, diff_quo_median F f a b /\
      (∃ M, M>0 /\ ∀ x h, x ∈ [a|b] /\ (x+h) ∈ [a|b]
      ->(|f(x+h) - f(x)|) ≤ M·(|h|))
      <-> str_derivative F f a b.
   Proof.
      repeat split; intros; try red; intros.
      - destruct H, H0 as [M [H0]].
        exists M; split; intros; auto.
        destruct (Theorem167 0 h) as [H5 | [H5 | H5]], H2.
        + subst h; Simpl_R; simpl; red; auto.
        + assert (x + h - x > 0). { Simpl_R. }
```

```
    destruct (H _ _ H4) as [p [q [H6 [H7 [H8]]]]]; auto.
    apply LePl_R with (z:=-f(x)) in H8; Simpl_Rin H8.
    apply LePl_R with (z:=-f(x)) in H9; Simpl_Rin H9.
    pose proof (R2Mge (conj H8 H9)).
    assert (R2max (|f p - f x|) (|f q - f x|) ⩽ M·h).
    { apply R2Mle.
      - assert (|p - x| ⩽ h). { apply ccile2; auto. }
        apply LeTi_R1' with (z:=M) in H11; auto.
        eapply Theorem173; eauto.
        apply (lemmaT5_5 a b x (x+h)); auto. apply ccil'; auto.
      - assert (|q - x| ⩽ h). { apply ccile2; auto. }
        apply LeTi_R1' with (z:=M) in H11; auto.
        eapply Theorem173; eauto.
        apply (lemmaT5_5 a b x (x+h)); auto. apply ccil'; auto. }
    eapply Theorem173 in H11; eauto.
    apply LeTi_R1 with (z:=(x + h - x)) in H11; auto.
    pattern (x + h - x) at 3 in H11. rewrite <- Ab3 in H11; auto.
    rewrite <- Theorem193, Theorem202' in H11; Simpl_Rin H11.
    rewrite Theorem199 in H11; auto.
  + assert ((x+h+(-h)) ∈ [a | b]). { Simpl_R. }
    apply Theorem176_3 in H5.
    assert (x+h+(-h) - (x+h) > 0). { Simpl_R. }
    destruct (H _ _ H6 (conj H3 H4)) as [p [q [H7 [H8 [H9]]]]].
    apply LePl_R with (z:=-f(x)) in H9; Simpl_Rin H9.
    apply LePl_R with (z:=-f(x)) in H10; Simpl_Rin H10.
    pose proof (R2Mge (conj H9 H10)). Simpl_Rin H7. Simpl_Rin H8.
    assert (R2max (|f p - f x|) (|f q - f x|) ⩽ M · |h|).
    { apply R2Mle.
      - assert (|p - x| ⩽ |h|). { apply ccile3; auto. }
        apply LeTi_R1' with (z:=M) in H12; auto.
        eapply Theorem173; eauto.
        apply (lemmaT5_5 a b (x+h) x); auto. apply ccir'; auto.
      - assert (|q - x| ⩽ |h|). { apply ccile3; auto. }
        apply LeTi_R1' with (z:=M) in H12; auto.
        eapply Theorem173; eauto.
        apply (lemmaT5_5 a b (x+h) x); auto. apply ccir'; auto. }
    eapply Theorem173 in H12; eauto.
    apply LeTi_R1 with (z:=(x + h + - h - (x + h))) in H12; auto.
    pattern (x+h+-h-(x+h)) at 3 in H12.
    rewrite <- Ab3 in H12; auto.
    rewrite <- Theorem193, Theorem202' in H12; Simpl_Rin H12.
    unfold Minus_R at 1. rewrite <- Theorem178,
```

```
      Theorem180, Theorem181, <- Theorem197''; Simpl_R.
    pattern (-h) at 2 in H12; rewrite <- Ab3 in H12; auto.
    rewrite Theorem178, Theorem199 in H12; auto.
    rewrite <- square_p2; auto.
 - assert (str_derivative F f u v).
    { destruct H0. eapply sdersub; eauto. }
    set (G:= λ x, (((F v - F u)/(v-u)) (uneqOP 1))· x -
      (((F v - F u)/(v-u)) (uneqOP 1))· u).
    assert (str_derivative G
      (λ _,((F v - F u)/(v-u)) (uneqOP 1)) u v).
    { pose proof (T3b u v (((F v - F u)/(v-u)) (uneqOP 1))).
      pose proof (T3a u v (((F v - F u)/(v-u)) (uneqOP 1)· u)).
      pose proof (sderMi H2 H3).
      unfold Minus_Fu in H4. Simpl_Rin H4. }
    assert (F(v) - F(u) = G(v) - G(u)).
    { unfold G. repeat rewrite <- Theorem202. Simpl_R. }
    pose proof 1. apply Theorem182_1 in H4.
    destruct (T7std H4 H1 H2 H3), H5 as [p H5], H5.
    destruct H6 as [q H6], H6. exists q, p; auto.
 - destruct H as [M [H]]. exists (2·M); split; intros.
    + apply Pos; simpl; auto.
    + destruct (classic (h = 0)).
      * subst h; Simpl_R; simpl; red; auto.
      * apply Ab8 in H2.
        destruct H1. assert ((x+h+(-h)) ∈ [a | b]). { Simpl_R. }
        pose proof (H0 _ _ (conj H1 H3)).
        pose proof (H0 _ _ (conj H3 H4)); Simpl_Rin H6.
        rewrite square_p3 in H6. pose proof (Theorem191' H5 H6).
        eapply Theorem173 in H7; try apply Ab2; eauto.
        rewrite Mi_R, (Mi_R (F(x+h))), (Theorem175 (F x)) in H7.
        Simpl_Rin H7. simpl in H7. rewrite Theorem197'' in H7.
        Simpl_Rin H7. rewrite Theorem181 in H7.
        apply LeTi_R2 with (z:=|h|); auto.
        rewrite <- Theorem193, Theorem202', Theorem199, Theorem199.
        rewrite R_T2, absqu; auto.
Qed.
```

关于一致可导的问题, 有如下定理.

定理 5.6　函数 $F(x)$ 在 $[a, b]$ 上一致可导, 其导函数为 $f(x)$, 当且仅当 $F(x)$ 的差商是 $f(x)$ 的中值, 并且 $f(x)$ 在 $[a, b]$ 上一致连续.

```
Lemma dersub: ∀ F f u v a b, u ∈ [a|b] -> v ∈ [a|b] -> v-u> 0 ->
  derivative F f a b -> derivative F f u v.
```

Proof.
    intros. destruct H2 as [d [H2 [H5 [M [H6]]]]], H2.
    red. exists d. repeat split; intros.
    - apply H2, (ocisub v u); auto.
    - apply H4; auto; apply (ocisub v u); auto.
    - red; intros. destruct (H5 M0) as [z [l [H7]]].
      destruct (Co_T167 z (v-u)), H7, H7.
      + exists z, l; split; auto. split; split; auto.
      + assert ((v-u) ∈ (0 | b-a]).
        { apply (ocisub v u); auto. split; unfold ILE_R; auto. }
        assert (z ∈ (0 | b-a]). { split; unfold ILE_R; auto. }
        assert (neq_zero (d(v-u))).
        { apply H2 in H11. destruct (d (v-u)); simpl; auto. }
        exists (v-u), H13; split.
        * split; unfold ILE_R; auto.
        * eapply Theorem172; right; split; eauto.
          pose proof (H2 _ H11). pose proof (H2 _ H12).
          rewrite Ab3; [| apply Pos'; simpl; auto].
          rewrite Ab3; [| apply Pos'; simpl; auto].
          apply LeTi_R2' with (z:=(d z)); Simpl_R.
          rewrite Di_Rt; Simpl_R.
          apply LeTi_R2' with (z:=(d (v-u))); Simpl_R.
    - exists M; split; intros; auto. apply H3. destruct H7, H8.
      apply (ccisub _ _ H H0) in H7.
      apply (ccisub _ _ H H0) in H8; auto.
Qed.

Theorem Theorem5_6: ∀ F f a b, derivative F f a b
    <-> diff_quo_median F f a b /\ uniform_continuous f a b.
Proof.
    repeat split; red; intros.
    - destruct H0. assert (derivative F f u v).
      { eapply dersub; eauto. }
      set (G:= λ x, (((F v - F u)/(v-u)) (uneqOP 1))· x -
        (((F v - F u)/(v-u)) (uneqOP 1))· u).
      pose proof 1. apply Theorem182_1 in H3.
      assert (derivative G (λ _,((F v - F u)/(v-u)) (uneqOP 1)) u v).
      { pose proof (T3B u v (((F v - F u)/(v-u)) (uneqOP 1)) H3).
        pose proof (T3A u v (((F v - F u)/(v-u)) (uneqOP 1)· u) H3).
        pose proof (derMi H4 H5).
        unfold Minus_Fu in H6. Simpl_Rin H6. }
      assert (F(v) - F(u) = G(v) - G(u)).

```
  { unfold G. repeat rewrite <- Theorem202. Simpl_R. }
  destruct (T7der H3 H2 H4 H5), H6 as [p H6], H6.
  destruct H7 as [q H7], H7. exists q, p; auto.
- destruct H as [d [H [H0 [M [H1]]]]]. set (D:= λ x, 2·M·d(x)).
  assert (G1:2·M > 0). { apply Pos; simpl; auto. } destruct H.
  assert (G2:pos_inc D (0 | b - a]).
  { red; split; intros; unfold D.
    - apply Pos; auto.
    - apply LeTi_R1'; auto. }
  assert (G3:bounded_rec_f D (0 | b - a]).
  { red; intros; unfold D. destruct (H0 (2·M·M0)) as [z [l [H4]]].
    assert ((2·M·d(z)) > 0). { apply Pos; auto. }
    exists z, (uneqOP H6); split; auto.
    apply Theorem203_1' with (Z:=2·M·d(z)); auto.
    pattern (2·M·d(z)) at 3. rewrite <- Ab3; auto.
    rewrite <- Theorem193; Simpl_R.
    apply Theorem203_1 with (Z:=d(z)) in H5; auto.
    pattern (d z) at 2 in H5. rewrite <- Ab3 in H5; auto.
    rewrite <- Theorem193, Theorem199 in H5; Simpl_Rin H5.
    rewrite Theorem194, Theorem199, (Theorem194 _ M0); auto. }
  exists D; split; auto. split; intros; auto. destruct H4, H5.
  assert (|h|>0). { destruct h; simpl; tauto. }
  assert (-h <> 0).
  { intro. elim H6. destruct h; inversion H8; auto. }
  assert ((x+h+(-h)) ∈ [a | b]). { Simpl_R. }
  pose proof (H2 _ _ (conj H4 (conj H5 H6))).
  pose proof (H2 _ _ (conj H5 (conj H9 H8))); Simpl_Rin H11.
  rewrite Theorem178 in H11. pose proof (Theorem191' H10 H11).
  pose proof (Ab2 (F(x+h) - F x - f x · h)
    (F x - F(x+h) - f (x+h) ·- h)).
  eapply Theorem173 in H12; eauto.
  rewrite Mi_R, (Mi_R (F(x+h))), (Theorem175 (F x)) in H12.
  Simpl_Rin H12. simpl in H12.
  rewrite Theorem197'' in H12. Simpl_Rin H12.
  rewrite Theorem181 in H12. apply LeTi_R2 with (z:=|h|); auto.
  rewrite <- Theorem193, Theorem202'. unfold D.
  rewrite Theorem199, (Theorem194 (d(|h|))).
  rewrite Theorem199, <- (Theorem199 M), R_T2; auto.
- destruct H, H0 as [d [H0 [H1]]].
  exists d; split; auto. split; auto.
  exists 1; split; intros; try reflexivity. Simpl_R.
  assert (G:(|h|) ∈ (0 | b-a]).
```

```
{ destruct H3, H4. pose proof H5. apply Ab8 in H5.
  destruct (Theorem167 h 0) as [H7|[H7|H7]]; try tauto.
  - apply (ocisub x (x+h)); auto. split; split; auto.
    rewrite <- Theorem181; Simpl_R; red. rewrite Ab3''; auto.
  - apply (ocisub (x+h) x); Simpl_R. rewrite Ab3; auto.
    split; split; red; auto. }
destruct (Theorem167 h 0) as [H4|[H4|H4]], H3, H5; try tauto.
+ assert ((x+h+(-h)) ∈ [a | b]). { Simpl_R. }
  apply Theorem176_3 in H4.
  assert (x+h+(-h) - (x+h) > 0). { Simpl_R. }
  destruct (H _ _ H8 (conj H5 H7)) as [p [q [H9 [H10 [H11]]]]].
  apply LePl_R with (z:=-f(x)) in H11; Simpl_Rin H11.
  apply LePl_R with (z:=-f(x)) in H12; Simpl_Rin H12.
  pose proof (R2Mge (conj H11 H12)).
  Simpl_Rin H9. Simpl_Rin H10.
  assert (R2max (|f p - f x|) (|f q - f x|) ≤ d(|h|)).
  { apply R2Mle.
    - destruct (classic (p = x)).
      + subst p; Simpl_R; simpl. left. apply H0; auto.
      + assert (d(|p - x|) ≤ d(|h|)).
        { assert (|p - x| ≤ |h|). { apply ccile3; auto. }
          apply (Co_posinc a b); auto. apply Ab8' in H14.
          destruct G, H16. eapply Theorem173 in H17; eauto.
          split; split; auto. }
        eapply Theorem173; eauto. eapply Co_der; eauto.
        * apply (ccisub (x+h) x); auto.
        * intro. apply H14, Theorem182_2; auto.
    - destruct (classic (q = x)).
      + subst q; Simpl_R; simpl. left. apply H0; auto.
      + assert (d(|q - x|) ≤ d(|h|)).
        { assert (|q - x| ≤ |h|). { apply ccile3; auto. }
          apply (Co_posinc a b); auto. apply Ab8' in H14.
          destruct G, H16. eapply Theorem173 in H17; eauto.
          split; split; auto. }
        eapply Theorem173; eauto. eapply Co_der; eauto.
        * apply (ccisub (x+h) x); auto.
        * intro. apply H14, Theorem182_2; auto. }
  eapply Theorem173 in H14; eauto.
  apply LeTi_R1 with (z:=(x + h + - h - (x + h))) in H14; auto.
  pattern (x+h+-h-(x+h)) at 3 in H14.
  rewrite <- Ab3 in H14; auto.
  rewrite <- Theorem193, Theorem202' in H14; Simpl_Rin H14.
```

```
   unfold Minus_R at 1. rewrite <- Theorem178, Theorem180,
     Theorem181, <- Theorem197''; Simpl_R.
   pattern (-h) at 2 in H14; rewrite <-Ab3 in H14; auto.
   rewrite Theorem178 in H14.
   rewrite (Theorem194 (|h|)); auto.
 + assert (x + h - x > O). { Simpl_R. }
   destruct (H _ _ H7) as [p [q [H8 [H9 [H10]]]]]; auto.
   apply LeP1_R with (z:=-f(x)) in H10; Simpl_Rin H10.
   apply LeP1_R with (z:=-f(x)) in H11; Simpl_Rin H11.
   pose proof (R2Mge (conj H10 H11)).
   assert (R2max (|f p - f x|) (|f q - f x|) ⩽ d(|h|)).
   { rewrite (Ab3 h) in G|-*; auto. apply R2Mle.
     - destruct (classic (p = x)).
       + subst p; Simpl_R; simpl. left. apply HO; auto.
       + assert (d(|p - x|) ⩽ d(h)).
         { assert (|p - x| ⩽ h). { apply ccile2; auto. }
           apply (Co_posinc a b); auto. apply Ab8' in H13.
           destruct G, H15. eapply Theorem173 in H16; eauto.
           split; split; auto. }
         eapply Theorem173; eauto. eapply Co_der; eauto.
         * apply (ccisub x (x+h)); auto.
         * intro. apply H13, Theorem182_2; auto.
     - destruct (classic (q = x)).
       + subst q; Simpl_R; simpl. left. apply HO; auto.
       + assert (d(|q - x|) ⩽ d(h)).
         { assert (|q - x| ⩽ h). { apply ccile2; auto. }
           apply (Co_posinc a b); auto. apply Ab8' in H13.
           destruct G, H15. eapply Theorem173 in H16; eauto.
           split; split; auto. }
         eapply Theorem173; eauto. eapply Co_der; eauto.
         * apply (ccisub x (x+h)); auto.
         * intro. apply H13, Theorem182_2; auto. }
   eapply Theorem173 in H13; eauto.
   apply LeTi_R1 with (z:=(x + h - x)) in H13; auto.
   pattern (x + h - x) at 3 in H13. rewrite <- Ab3 in H13; auto.
   rewrite <- Theorem193, Theorem202' in H13; Simpl_Rin H13.
   rewrite (Ab3 h) in *; auto. rewrite (Theorem194 h); auto.
Qed.
```

5.4   微积分系统的基本定理

本节将在新定义的基础上证明微积分系统的基本定理, 从而建立起微积分体系.

定理 5.7 设 $F(x)$ 在 $[a,b]$ 上一致可导, 其导数为 $f(x)$. 若在 $[a,b]$ 上, 恒有 $f(x) \geqslant 0$, 则 $F(x)$ 单调增; 若在 $[a,b]$ 上, 恒有 $f(x) \leqslant 0$, 则 $F(x)$ 单调减. 当不等式中等号不成立时, 则 $F(x)$ 严格单调增或严格单调减.

```
(** A_5 *)

(* THE THIRD GENERATION CALCULUS *)

(* SECTION IV Fundamental Theorem of Calculus System *)

Require Import A_4.

Theorem Theorem5_7: ∀ F f a b, derivative F f a b ->
  ((∀ x, x ∈ [a|b] -> f(x)⩾0) -> mon_increasing F [a|b]) /\
  ((∀ x, x ∈ [a|b] -> f(x)⩽0) -> mon_decreasing F [a|b]) /\
  ((∀ x, x ∈ [a|b] -> f(x)>0) -> strict_mon_increasing F [a|b]) /\
  ((∀ x, x ∈ [a|b] -> f(x)<0) -> strict_mon_decreasing F [a|b]).
Proof.
  intros. repeat split; [apply lemma5_5A | apply lemma5_5B
  | apply lemma5_5C | apply lemma5_5D]; auto.
Qed.
```

由定理 5.6 可知, $F(x)$ 的差商是 $f(x)$ 的中值, 进而容易得到定理的证明.

定理 5.8 (微积分基本定理) 设 $F(x)$ 在 $[a,b]$ 上一致可导, 其导数为 $f(x)$. 则有 Newton-Leibniz 公式:

$$\int_a^b f(x)\,dx = F(b) - F(a). \tag{5.5}$$

```
Theorem Theorem5_8: ∀ F f a b , derivative F f a b
  -> (λ u v,F v-F u) ∫ f (x)dx a b.
Proof.
  intros. apply Theorem5_6 in H; destruct H.
  apply Theorem5_4 in H; tauto.
Qed.
```

已知 $F(x)$ 在 $[a,b]$ 上一致可导, 其导数为 $f(x)$, 由定理 5.6 可得 $F(x)$ 的差商是 $f(x)$ 的中值, 再由定理 5.4 可知, $F(b) - F(a)$ 是 $f(x)$ 在 $[a,b]$ 上的定积分. Newton-Leibniz 公式只是 $f(x)$ 在 $[a,b]$ 上的定积分的记号.

定理 5.9 (变上限定积分可导性) 设 $f(x)$ 在 $[a,b]$ 上一致连续并且其定积分存在, 定义 $G(x) = \int_a^x f(t)\,dt$, 则 $G(x)$ 的差商在 $[a,b]$ 上一致可导, 并且 $G'(x) = f(x)$.

```
Theorem Theorem5_9: ∀ G f a b, uniform_continuous f a b
  -> (∃ S, integ_sys' S f a b /\
  ∀ x, x ∈ [a|b] -> G(x) = S a x) -> derivative G f a b.
Proof.
  intros. destruct H0 as [S [H0]].
  apply Theorem5_6; split; auto. destruct H0.
  red in H0, H2|-* ; intros. destruct H3. pose proof (ccil H3).
  pose proof (conj H5 (conj H3 H4)). apply H0 in H6.
  pose proof (conj H3 (conj H4 1)). apply H2 in H7.
  repeat rewrite H1; auto. rewrite <- H6; Simpl_R.
  destruct H7 as [p [q [H7 [H8 [H9]]]]].
  exists p, q. split; auto. split; auto.
  split; apply LeTi_R2 with (z:=v-u); Simpl_R.
Qed.
```

由函数 $G(x)$ 的定义可知, $G(v) - G(u)$ 为 $f(x)$ 在 $[a, b]$ 上的积分系统, 容易推出 $G(x)$ 的差商是 $f(x)$ 的中值, 又因为 $f(x)$ 在 $[a, b]$ 上一致连续, 由定理 5.6 可知, $G(x)$ 一致可导且导函数为 $f(x)$.

为证明 Taylor 公式, 首先补充与 Taylor 公式相关的一些定义及性质验证代码. 这里引入的定义和性质虽然是基本的, 但较为烦琐, 而对于 Taylor 公式是必要的, 因此将代码详细给出.

```
Fixpoint factorial n:=
  match n with
  | 1 => n
  | p` => Times_N p` (factorial p)
  end.

Lemma fapo: ∀ n, neq_zero (factorial n).
Proof.
  intros. destruct n; simpl; auto.
Qed.

Definition Rdifa r n:= (r/(factorial n)) (fapo n).

Lemma rdit: ∀ a b n, a·(Rdifa b n) = Rdifa (a·b) n.
Proof.
  intros. unfold Rdifa. rewrite Di_Rt; auto.
Qed.

Lemma rdipow: ∀ a k l, (Rdifa (Pow a k`) k`) · ((k`/a) l)
  = Rdifa (Pow a k) k.
Proof.
```

```
  intros. apply eqTi_R with (z:=a);
  [ intro; destruct a, 1; inversion H|].
  rewrite Theorem199; Simpl_R. rewrite (Theorem194 _ a).
  apply eqTi_R with (z:=factorial k); [intro; inversion H|].
  unfold Rdifa. rewrite (Theorem199 a); Simpl_R.
  simpl factorial. rewrite Theorem199, Real_TZp. Simpl_R.
  rewrite Theorem194; auto.
Qed.

Lemma xcp1: ∀ a b c, str_derivative (λ x,(x-c)) (λ _,1) a b.
Proof.
  intros. pose proof (T3b a b 1). pose proof (T3a a b c).
  pose proof (sderMi H H0). unfold Minus_Fu in H1.
  assert ((λ x,1·x - c) = (λ x,x - c)).
  { apply fun_ext; intros. Simpl_R. } rewrite <- H2; auto.
Qed.

Lemma xcpm: ∀ a b c m, str_derivative (λ x,m·(x-c)) (λ _,m) a b.
Proof.
  intros. pose proof (Theorem5_1_1' m (xcp1 a b c)).
  unfold mult_fu in H. Simpl_Rin H.
Qed.

Lemma boundlemma: ∀ {f a b M}, M > 0 ->
  (∀ x h,x ∈ [a|b] /\ (x+h) ∈ [a|b] -> |f(x+h) - f x| ≤ M·|h|) ->
  (∃ A, A > 0 /\ (∀ x,x ∈ [a|b] -> |f x| < A)).
Proof.
  intros. assert (|f a| + M·|b-a| + 1 > 0).
  { destruct (f a), M, (b-a); simpl; auto; inversion H. }
  exists (|f a| + M·|b-a| + 1); split; auto; intros.
  pose proof (ccil H2). rewrite <- (RMi1' x a) in H2.
  pose proof (H0 _ _ (conj H3 H2)). Simpl_Rin H4.
  eapply Theorem173 in H4; try apply Ab2'.
  apply LePl_R with (z:=|f a|) in H4; Simpl_Rin H4.
  assert (M·|x-a | + |f a| ≤ M·|b-a | + |f a|).
  { apply LePl_R, LeTi_R1'; auto. Simpl_Rin H2. destruct H2, H2.
    pose proof (Theorem173 _ _ _ H2 H5).
    apply LePl_R with (z:=-a) in H6; Simpl_Rin H6.
    rewrite (Ab3' (b-a)); auto. apply -> Ab1'''. Simpl_R.
    apply LEminus in H6.
    pose proof (Theorem191' H2 H6). Simpl_Rin H7. }
  eapply Theorem173 in H5; eauto. rewrite (Theorem175 (|f a|)).
```

```
    eapply Theorem172; left; split; eauto. apply Pl_R; reflexivity.
Qed.


Lemma boundstd1: ∀ {F f a b}, str_derivative F f a b ->
  ∃ A, A > 0 /\ (∀ x, x ∈ [a|b] -> |f(x)| < A).
Proof.
    intros. apply Theorem5_5 in H. destruct H as [_ [M [H]]].
    eapply boundlemma; eauto.
Qed.


Lemma boundstd2: ∀ {F f a b}, str_derivative F f a b ->
  (∃ M, M>0 /\ ∀ x h, x ∈ [a|b] /\ (x+h) ∈ [a|b] ->
  (|F(x+h) - F(x)|) ⩽ M·(|h|)).
Proof.
    intros. destruct (boundstd1 H) as [A [H0]], H as [M [H]].
    assert (M·|b-a|+A > 0).
    { destruct M, (b-a), A; simpl; auto; inversion H; inversion H0. }
    exists (M·|b-a|+A). split; auto. intros. pose proof (H2 _ _ H4).
    eapply Theorem173 in H5; try apply Ab2'. destruct H4.
    apply LePl_R with (z:=|f x · h|) in H5; Simpl_Rin H5.
    rewrite <- absqu, Theorem193 in H5. simpl in H5.
    rewrite <- Theorem199, <- Theorem201' in H5.
    eapply Theorem173; eauto. apply LeTi_R; [apply Theorem170'|].
    apply Theorem191'; [| left; auto]. apply LeTi_R1'; auto.
    pose proof (ccile1 H4 H6); Simpl_Rin H7.
    eapply Theorem173; eauto; apply Ab7.
Qed.


Lemma boundstd3: ∀ {F f a b}, str_derivative F f a b ->
  ∃ A, A > 0 /\ (∀ x, x ∈ [a|b] -> |F(x)| < A).
Proof.
    intros. destruct (boundstd2 H) as [M [H0]].
    eapply boundlemma; eauto.
Qed.


Lemma strmuFu: ∀ {F G f g a b}, str_derivative F f a b ->
  str_derivative G g a b -> str_derivative (λ x, F x · G x)
  (λ x, (f x)·(G x) + (F x)·(g x)) a b.
Proof.
    intros. destruct (boundstd2 H) as [M1 [H1]],
      (boundstd2 H0) as [M2 [H3]], (boundstd3 H) as [A1 [H5]],
      (boundstd3 H0) as [A2 [H7]].
```

```
destruct H as [M3 [H]], H0 as [M4 [H0]].
assert (M1·M2 + A2·M3 + A1·M4 > 0).
{ generalize (Pos _ _ H1 H3) (Pos _ _ H7 H)
    (Pos _ _ H5 H0); intros. pose proof (Theorem189
    (Theorem189 H11 H12) H13). Simpl_Rin H14. }
exists (M1·M2 + A2·M3 + A1·M4); split; auto; intros.
generalize (H9 _ _ H12) (H10 _ _ H12)
    (H2 _ _ H12) (H4 _ _ H12); intros.
apply LeTi_R' with (z:=|G x|) in H13; [|apply Theorem170'].
apply LeTi_R' with (z:=|F x|) in H14; [|apply Theorem170'].
apply (LeTi_R3 (|G(x+h) - G x|) (M2·|h|)) in H15; auto.
2:apply Theorem170'. 2:apply Rle3; red; auto; apply Theorem170'.
rewrite <- Theorem193, Theorem199, (Theorem194 (|h|)) in H15.
do 2 rewrite <- Theorem199 in H15.
rewrite <- Theorem199, <- Theorem193 in H13, H14.
rewrite (Theorem199 _ (|h|)), absqu in H15. clear H16.
pose proof (Theorem191' H13 H14).
eapply Theorem173 in H16; try apply Ab2.
pose proof (Theorem191' H15 H16).
eapply Theorem173 in H17; try apply Ab2.
rewrite Theorem202, Theorem202, (Theorem194 (G x)) in H17.
unfold Minus_R in H17. repeat rewrite <- Theorem186 in H17.
Simpl_Rin H17. do 2 rewrite Theorem202 in H17.
rewrite Mi_R, Theorem202' in H17. unfold Minus_R in H17.
rewrite <- Theorem186 in H17. Simpl_Rin H17.
rewrite <- Theorem199, (Theorem194 (G x)), <- Theorem199 in H17.
repeat rewrite <- Theorem201' in H17. destruct H12.
eapply Theorem173; eauto.
apply LeTi_R; [simpl; apply square_p1|].
do 2 rewrite Theorem186. rewrite Theorem175,(Theorem175 (M1·M2)).
apply LePl_R, Theorem191'; apply LeTi_R1; auto; left; auto.
Qed.

Lemma sdpow1: ∀ a b c n,
  str_derivative (λ x, (x-c)^n`)(λ x, n`·(x-c)^n) a b.
Proof.
  intros. pose proof (xcp1 a b c). induction n.
  - pose proof (strmuFu H H). cbv beta in H0.
    assert ((λ x, 1·(x - c) + (x - c)·1) = (λ x,2·(x - c)^1)).
    { apply fun_ext; intros. Simpl_R. rewrite R_T2; auto. }
    rewrite <- H1; auto.
  - pose proof (strmuFu IHn H). cbv beta in H0.
```

```
      assert ((λ x, (n`·(x-c)^n)·(x-c) + (x-c)^n`·1)
        = (λ x,(n`)`·(x-c)^n`)).
      { apply fun_ext; intros. Simpl_R. rewrite <- (RN3 (n`)),
        Theorem201', Theorem199; Simpl_R. } rewrite <- H1; auto.
Qed.


Lemma sdpow2: ∀ a b c n z,
  str_derivative (λ x, (z·Rdifa ((x-c)^n`) n`))
  (λ x, (z·Rdifa ((x-c)^n) n)) a b.
Proof.
  intros. apply Theorem5_1_1'. pose proof (sdpow1 a b c n).
  pose proof (Theorem5_1_1' (Rdifa 1 n`) H). unfold mult_fu in H0.
  assert ((λ x,Rdifa 1 n` · (x-c)^n`) = (λ x,Rdifa ((x-c)^n`) n`)).
  { apply fun_ext; intros. rewrite Theorem194, rdit; Simpl_R. }
  assert ((λ x,Rdifa 1 n` · (n`·(x-c)^n))=(λ x,Rdifa ((x-c)^n) n)).
  { apply fun_ext; intros. rewrite Theorem194. unfold Rdifa.
    apply eqTi_R with (z:=factorial n`); [ intro; inversion H2|].
    rewrite Theorem199. Simpl_R.
    rewrite (Theorem194 _ (factorial n`)). simpl factorial.
    rewrite <- Real_TZp, Theorem199. Simpl_R. }
  rewrite <- H1, <- H2; auto.
Qed.


Lemma unabstrpre: ∀ {F f1 f2 a b}, str_derivative F f1 a b ->
  str_derivative F f2 a b -> ∀x, x ∈ [a|b] -> x < b -> f1 x=f2 x.
Proof.
  intros. rename H2 into G.
  destruct H as [M1 [H]], H0 as [M2 [H0]]. Absurd.
  assert (l1:(M1+M2)> 0). { eapply Theorem171; eauto.
    rewrite Theorem175. apply Pl_R; auto. } set (l:=uneqOP l1).
  set (h2:=((|f1 x - f2 x|/(M1+M2)) 1)).
  assert (l2: h2 > 0). { apply Pos'; [apply Ab8'|]; auto. }
  set (h1:=(RdiN h2 2)).
  assert (l3: h1 > 0). { apply Pos'; [|reflexivity]; auto. }
  set (h:= R2min (b-x) h1). assert (l4: h > 0 ).
  { unfold h. destruct H1, H1, (Pr_min4 (b-x) h1); rewrite H6;
    [apply Theorem182_1'|]; auto. }
  assert ((x+h) ∈ [a | b]).
  { destruct H1, H1. split; split.
    - eapply Theorem173; eauto. pattern x at 1.
      rewrite <- Theorem175'. apply Theorem191'; red; auto.
    - pose proof (Pr_min2 (b-x) h1).
```

```
    apply LePl_R with (z:=x) in H6; Simpl_Rin H6.
    rewrite Theorem175; auto. } pose proof (conj H1 H5).
  pose proof (H2 _ _ H6). pose proof (H3 _ _ H6).
  rewrite <- Theorem178 in H8. pose proof (Theorem191' H7 H8).
  eapply Theorem173 in H9; try apply Ab2. Simpl_Rin H9.
  rewrite Mi_R' in H9. Simpl_Rin H9. simpl in H9.
  rewrite Theorem178, <- Theorem202', Theorem193 in H9.
  pose proof (square_p2 h). unfold Pow in H10.
  rewrite <- Theorem201', <- H10, <- Theorem199 in H9. clear H10.
  pose proof (Pr_2b l2). pose proof (Pr_min3 (b-x) h1).
  assert (h < h2). { eapply Theorem172; eauto. } unfold h2 in H12.
  apply Theorem203_1 with (Z:=(M1 + M2)) in H12; Simpl_Rin H12.
  rewrite (Ab3 h) in H9; auto. apply LeTi_R2 in H9; auto.
  rewrite Theorem194 in H12. LEGR H9 H12.
Qed.


Lemma strfm: ∀ F f a b, str_derivative F f a b ->
  str_derivative (λ x, F(-x)) (λ x, (-(1))·f(-x)) (-b) (-a).
Proof.
  intros. destruct H as [M [H]].
  exists M; split; intros; auto.
  destruct H1. apply ccimi in H1. Simpl_Rin H1.
  apply ccimi in H2. Simpl_Rin H2. rewrite Theorem180 in H2.
  pose proof (H0 _ _ (conj H1 H2)). Simpl_R.
  rewrite Theorem180, Theorem197, <- square_p3. auto.
Qed.


Theorem unabstr: ∀ {F f1 f2 a b}, a<b -> str_derivative F f1 a b ->
  str_derivative F f2 a b -> ∀x, x ∈ [a|b] -> f1 x=f2 x.
Proof.
  intros. assert (a<x\/x<b).
  { destruct H2, H2, H2; auto. right. subst a; auto. } destruct H3.
  - apply strfm in H0. apply strfm in H1.
    apply ccimi in H2. apply Theorem183_1 in H3.
    pose proof (unabstrpre H0 H1 _ H2 H3). cbv beta in H4.
    Simpl_Rin H4. apply Theorem183_2'; auto.
  - eapply unabstrpre; eauto.
Qed.


Fixpoint N_str_derivative F f a b n: Prop:=
  match n with
  | 1 => str_derivative F f a b
```

```
| p` => ∃ f1, str_derivative F f1 a b /\
  N_str_derivative f1 f a b p
end.


Lemma nsdfk: ∀ {F f1 f2 a b k}, N_str_derivative F f1 a b k ->
  (∀ x, x ∈ [a | b] -> f1 x = f2 x) -> N_str_derivative F f2 a b k.
Proof.
  intros. generalize dependent F. induction k; intros.
  - simpl in *. destruct H as [M [H]].
    exists M; split; intros; auto.
    elim H2; intros. apply H1 in H2. rewrite H0 in H2; auto.
  - destruct H as [f3 [H]]. simpl. eauto.
Qed.


Lemma sdFk: ∀ {F1 F2 f a b}, str_derivative F1 f a b ->
  (∀ x, x ∈ [a | b] -> F1 x = F2 x) -> str_derivative F2 f a b.
Proof.
  intros. destruct H as [M [H]]. exists M; split; intros; auto.
  elim H2; intros. apply H1 in H2. do 2 rewrite H0 in H2; auto.
Qed.


Lemma nsdFk: ∀ {F1 F2 f a b k}, N_str_derivative F1 f a b k ->
  (∀ x, x ∈ [a | b] -> F1 x = F2 x) -> N_str_derivative F2 f a b k.
Proof.
  intros. generalize dependent f. induction k; intros.
  - simpl in *. eapply sdFk; eauto.
  - destruct H as [f3 [H]]. exists f3. split; auto.
    eapply sdFk; eauto.
Qed.


Theorem unabstrk: ∀ {F f1 f2 a b k}, a < b ->
  N_str_derivative F f1 a b k -> N_str_derivative F f2 a b k ->
  ∀ x, x ∈ [a|b] -> f1 x = f2 x.
Proof.
  intros. generalize dependent F. induction k; intros.
  - eapply unabstr; eauto.
  - destruct H0 as [f3 [H0]], H1 as [f4 [H1]].
    eapply IHk; eauto. pose proof (unabstr H H1 H0).
    eapply nsdFk; eauto.
Qed.


Definition N_str_derivability F a b n: Prop:=
```

∃ f, N_str_derivative F f a b n.

Lemma Nstrvety: ∀ {F f a b n}, N_str_derivative F f a b n ->
 N_str_derivability F a b n.
Proof.
 intros. red; eauto.
Qed.

Definition njie {F a b n} (H:N_str_derivability F a b n):=
 Getele H.

Lemma Nstp: ∀ {F a b n},
 N_str_derivability F a b n` -> N_str_derivability F a b n.
Proof.
 intros. generalize dependent F. induction n; intros.
 - destruct H as [f [f1 [H]]]. red; eauto.
 - destruct H as [f [f1 [H]]]. apply Nstrvety in H0.
  destruct (IHn _ H0) as [f2 H1]. red; exists f2. red; eauto.
Qed.

Definition pjie {F a b n} (H:N_str_derivability F a b n`)
:= Getele (Nstp H).

Lemma Nstk: ∀ {F a b n k}, N_str_derivability F a b n ->
 ILT_N k n -> N_str_derivability F a b k.
Proof.
 intros. induction n; [N1F H0|].
 apply Theorem26 in H0. destruct H0.
 - apply Nstp in H; auto.
 - subst k. apply Nstp; auto.
Qed.

Definition kjie {F a b n} k (H:N_str_derivability F a b n)
 (H0:ILT_N k n):= Getele (Nstk H H0).

Lemma Nstm: ∀ {F a b n m} l, N_str_derivability F a b n ->
 N_str_derivability F a b (Minus_N n` m (Le_Lt l)).
Proof.
 intros. destruct m; Simpl_N. eapply Nstk; eauto.
 apply Theorem20_1 with (z:=m`); Simpl_N.
 do 2 rewrite <- NPl_1. apply Theorem19_1, Theorem18.
Qed.

```
Definition mjie {F a b n} k (H:N_str_derivability F a b n)
  (H0:ILE_N k n):= Getele (Nstm H0 H).

Ltac mdg1 f:= unfold mjie, Getele;
  destruct (ex_trans) as [f ]; simpl proj1_sig.
Ltac mdh1 f H:= unfold mjie, Getele in H;
  destruct (ex_trans) as [f ]; simpl proj1_sig in H.
Ltac kdg1 f:= unfold kjie, Getele;
  destruct (ex_trans) as [f ]; simpl proj1_sig.
Ltac kdh1 f H:= unfold kjie, Getele in H;
  destruct (ex_trans) as [f ]; simpl proj1_sig in H.
Ltac ndg1 f:= unfold njie, Getele;
  destruct (ex_trans) as [f ]; simpl proj1_sig.
Ltac ndh1 f H:= unfold njie, Getele in H;
  destruct (ex_trans) as [f ]; simpl proj1_sig in H.
Ltac ndh2 f H H0:= unfold njie, Getele in H, H0;
  destruct (ex_trans) as [f ]; simpl proj1_sig in H, H0.
Ltac ndg2 f l f1:= unfold njie, Getele;
  destruct (ex_trans l) as [f ], ex_trans as [f1]; simpl proj1_sig.
Ltac pdg1 f:= unfold pjie, Getele;
  destruct (ex_trans) as [f ]; simpl proj1_sig.
Ltac pdg2 f l f1:= unfold pjie, Getele;
  destruct (ex_trans l) as [f ], ex_trans as [f1]; simpl proj1_sig.

Lemma sd_le: ∀ {F f a b}, b ⩽ a -> str_derivative F f a b.
Proof.
  intros. exists 1; split; intros;[reflexivity|].
  destruct H0. pose proof H0. destruct H0, H0.
  eapply Theorem173 in H3; eauto. LEGER H H3. subst b.
  destruct H1, H1, H2, H2. LEGER H0 H5. LEGER H1 H4. subst a.
  rewrite <- H7. apply (Theorem188_2' _ _ (-x)) in H7. Simpl_Rin H7.
  subst h. Simpl_R. apply square_p1.
Qed.

Lemma sd_lt: ∀ {F f a b}, (a < b -> str_derivative F f a b)
  -> str_derivative F f a b.
Proof.
  intros. destruct (Co_T167 b a); auto. apply sd_le; auto.
Qed.

Lemma nsd_lt: ∀ {F f a b k},
```

```
    (a < b -> N_str_derivative F f a b k)
    -> N_str_derivative F f a b k.
Proof.
    intros. destruct (Co_T167 b a); auto. clear H. induction k.
    - simpl. apply sd_le; auto.
    - exists F. split; auto. apply sd_le; auto.
Qed.

Lemma Nsdp1: ∀ {F f1 f2 a b n}, N_str_derivative F f1 a b n
    -> N_str_derivative F f2 a b n` -> str_derivative f1 f2 a b.
Proof.
    intros. generalize dependent F. induction n; intros.
    - destruct H0 as [f [H0]]. simpl in *. apply sd_lt; intros.
      pose proof (unabstr H2 H0 H). eapply sdFk; eauto.
    - destruct H as [f [H]], H0 as [f3 [H0]]. eapply IHn; eauto.
      apply nsd_lt; intros. pose proof (unabstr H3 H0 H).
      eapply nsdFk; eauto.
Qed.

Lemma Nsdp2: ∀ {F f f1 a b n}, N_str_derivative F f a b n ->
    str_derivative f f1 a b -> N_str_derivative F f1 a b n`.
Proof.
    intros. generalize dependent F; induction n; intros.
    - simpl in H. red; eauto.
    - destruct H as [f2 [H]]. apply IHn in H1. simpl; eauto.
Qed.

Lemma Nsdp3: ∀ {F f G g a b n},
    N_str_derivative F f a b n -> N_str_derivative G g a b n
    -> N_str_derivative (plus_Fu F G) (plus_Fu f g) a b n.
Proof.
    intros. generalize dependent F; generalize dependent G.
    induction n; intros.
    - simpl in *. apply Theorem5_1_2'; auto.
    - destruct H as [f1 [H]], H0 as [g1 [H0]].
      exists(plus_Fu f1 g1). split; auto. apply Theorem5_1_2'; auto.
Qed.

Lemma Nsdp4: ∀ {F f G g a b n},
    N_str_derivative F f a b n -> N_str_derivative G g a b n
    -> N_str_derivative (Minus_Fu F G) (Minus_Fu f g) a b n.
Proof.
```

```
  intros. generalize dependent F; generalize dependent G.
  induction n; intros.
  - simpl in *. apply sderMi; auto.
  - destruct H as [f1 [H]], H0 as [g1 [H0]].
    exists(Minus_Fu f1 g1). split; auto. apply sderMi; auto.
Qed.

Lemma Nsdp5: ∀ a b c n z,
  N_str_derivative (λ x, z·Rdifa ((x-c)^n) n) (λ _, z) a b n.
Proof.
  intros. induction n.
  - simpl. assert ((λ x, z·Rdifa (x-c) 1) = (λ x,z·(x-c))).
    { apply fun_ext; intros. unfold Rdifa, factorial; Simpl_R. }
    rewrite H. apply xcpm.
  - pose proof (sdpow2 a b c n z). red; eauto.
Qed.

Lemma Nsdp6: ∀ {F f a b n}, N_str_derivative F f a b n ->
  N_str_derivative (λ x, F(-x))
  (λ x, (-(1))^n · f(-x)) (-b) (-a) n.
Proof.
  intros. generalize dependent f. induction n; intros.
  - unfold N_str_derivative in *. unfold Pow. apply strfm; auto.
  - pose proof (Nstp (Nstrvety H)).
    destruct H0 as [f1 H0]. pose proof (IHn _ H0).
    pose proof (Nsdp1 H0 H). apply strfm in H2.
    apply Theorem5_1_1' with (c:=(-(1))^n) in H2.
    unfold mult_fu in H2.
    assert ((λ x,(-(1))^n`·f(-x)) = (λ x,(-(1))^n·(-(1)· f(-x)))).
    { apply fun_ext; intros. rewrite PowS, Theorem199; auto. }
    rewrite H3. eapply Nsdp2; eauto.
Qed.

Lemma Nsdein: ∀ {F f a b c n}, c ∈ [a|b]
  -> N_str_derivative F f a b n -> N_str_derivative F f c b n.
Proof.
  intros. generalize dependent F; induction n; auto; intros.
  - simpl in H0|-*. destruct H0 as [f1 [H0]].
    exists f1; split; intros; auto. apply H1. destruct H2.
    eapply ccisub1 in H2; eauto. eapply ccisub1 in H3; eauto.
  - destruct H0 as [f1 [H0]]. apply IHn in H1.
    exists f1; split; auto. eapply sdersub; eauto. apply (ccir H).
Qed.
```

Qed.

Lemma Nsdyin: ∀ {F a b c n}, c ∈ [a|b]
  -> N_str_derivability F a b n -> N_str_derivability F c b n.
Proof.
  intros. destruct H0 as [f1 H0].
  eapply Nsdein in H0; eauto. red; eauto.
Qed.

Lemma tlp: ∀ {x a b}, x ∈ (a|b] -> neq_zero (x-a).
Proof.
  intros. destruct H, H. apply Theorem182_1' in H.
  destruct (x-a); auto. destruct H.
Qed.

Lemma stdp1: ∀ {F G f g a b}, str_derivative F f a b ->
  str_derivative G g a b -> F a = G a ->
  (∀ x, x ∈ [a|b] -> f x ⩽ g x) -> ∀ x, x ∈ [a|b] -> F x ⩽ G x.
Proof.
  intros. pose proof (sderMi H H0).
  assert (∀x, x ∈ [a|b] -> (Minus_Fu f g) x ⩽ 0).
  { intros. unfold Minus_Fu.
    apply LePl_R with (z:=g x0); Simpl_R. }
  pose proof (lemma5_5b _ _ _ _ H4 H5).
  pose proof H3. destruct H7, H7, H7.
  - apply Theorem182_1' in H7. pose proof (ccil H3).
    pose proof (H6 a x (conj H9 (conj H3 H7))).
    unfold Minus_Fu in H10. rewrite H1 in H10. Simpl_Rin H10.
    apply Theorem168, LePl_R with (z:=G x) in H10; Simpl_Rin H10.
  - subst x; red; auto.
Qed.

定理 5.10 (Taylor 公式预备定理) 若 H 在 $[a,b]$ 上 n 阶一致 (强) 可导 (n 为正整数), 且有

    (1) 当 $k = 0, 1, \cdots, n-1$ 时, $H^{(k)}(a) = 0$;

    (2) 在 $[a,b]$ 上有 $m \leqslant H^{(n)}(x) \leqslant M$,

则在 $[a,b]$ 上有

$$\frac{m(x-a)^k}{k!} \leqslant H^{(n-k)}(x) \leqslant \frac{M(x-a)^k}{k!}, \quad k = 0, 1, \cdots, n.$$

下面给出 Taylor 公式预备定理的描述及证明.

Theorem Taylor_Lemma1:
 ∀ {H a b n m M} (l:N_str_derivability H a b n),
 (∀ k l1, (kjie k l l1) a = 0) ->
 (∀ x, x ∈ [a|b] -> m ≤ (njie l) x) ->
 (∀ x, x ∈ [a|b] -> (njie l) x ≤ M) ->
 (∀ k l1, ∀ x (l2: x ∈ (a|b]),
 m·((Rdifa ((x-a)^k) k)·((k/(x-a)) (tlp l2)))≤(mjie k l l1) x /\
 (mjie k l l1) x ≤ M·((Rdifa ((x-a)^k) k)·((k/(x-a)) (tlp l2)))).
Proof.
  intros. assert (G:a < b).
  { elim l2; intro. eapply Theorem172; eauto. }
  assert (x ∈ [a|b]).
  { destruct l2, H3. split; split; red; auto. } destruct k.
  - mdg1 f. unfold Rdifa. Simpl_R.
    assert (Minus_N n` 1 (Le_Lt l1) = n).
    { apply Theorem20_2 with (z:=n); Simpl_N. } rewrite H4 in n0.
    ndh2 f1 H1 H2. rewrite (unabstrk G n0 n1); auto.
  - rewrite rdipow. clear l2.
    generalize dependent x; induction k; intros.
    + mdg1 f. unfold Rdifa. Simpl_R. ndh2 f1 H1 H2.
      assert (ILT_N (Minus_N n` 2 (Le_Lt l1)) n).
      { apply Theorem20_1 with (z:=2); Simpl_N. apply Nlt_S_. }
      pose proof (H0 _ H4). kdh1 f2 H5.
      rewrite <- (unabstrk G n0 n2) in H5; [|eapply ccil; eauto].
      assert (n = Plus_N (Minus_N n` 2 (Le_Lt l1)) 1).
      { apply Theorem20_2 with (z:=1).
        rewrite Theorem5; Simpl_N. } rewrite H6 in n1.
      generalize (Nsdp1 n0 n1) (xcpm a b a m)
        (xcpm a b a M); intros.
      assert ((λ x, m·(x-a)) a = f a). { Simpl_R. }
      assert (f a = (λ x, M·(x-a)) a). { Simpl_R. }
      pose proof (stdp1 H8 H7 H10 H1 _ H3).
      pose proof (stdp1 H7 H9 H11 H2 _ H3). auto.
    + assert (ILE_N k` n). { eapply Theorem17; eauto.
      left; apply Nlt_S_. } pose proof (IHk H4). mdg1 f.
      assert (IGT_N n k`).
      { apply Theorem20_1 with (z:=1), Theorem26'; auto. }
      assert (Minus_N n` (k`)` (Le_Lt l1) = Minus_N n k` H6).
      { apply Theorem20_2 with (z:=(k`)`). Simpl_N. f_equal.
        rewrite <- NP1_1, Theorem5; Simpl_N. } rewrite H7 in n0.
      pose proof (sdpow2 a b a k m).
      pose proof (sdpow2 a b a k M). mdh1 f1 H5.

```
   assert (Minus_N n` k` (Le_Lt H4) = (Minus_N n k` H6)`).
   { apply Theorem20_2 with (z:=k`). Simpl_N. f_equal.
     rewrite <- NPl_1, Theorem5; Simpl_N. }
   rewrite H10 in n1. clear H10. pose proof (Nsdp1 n0 n1).
   assert (ILT_N (Minus_N n k` H6) n).
   { apply Theorem20_1 with (z:=k`); Simpl_N.
     eapply Theorem15; [apply Theorem18| apply Nlt_S_ ]. }
   pose proof (H0 _ H11). kdh1 f3 H12.
   rewrite <- (unabstrk G n0 n2) in H12; [|eapply ccil; eauto].
   assert ((λ x, m· (Rdifa ((x - a)^k`) k`)) a = f a).
   { unfold Rdifa. Simpl_R. rewrite pow0. Simpl_R. }
   assert (f a = (λ x, M· (Rdifa ((x - a)^k`) k`)) a).
   { unfold Rdifa. Simpl_R. rewrite pow0. Simpl_R. }
   assert (∀x, x ∈ [a|b] -> m · Rdifa ((x-a)^ k) k ≤ f1 x).
   { apply H5. } pose proof (stdp1 H8 H10 H13 H15 _ H3).
   assert (∀x, x ∈ [a|b] -> f1 x ≤ M · Rdifa ((x-a)^ k) k).
   { apply H5. } pose proof (stdp1 H10 H9 H14 H17 _ H3). auto.
Qed.


Theorem Taylor_Lemma:
  ∀ {H a b n m M} (l:N_str_derivability H a b n),
  H a = 0 -> (∀ k l1, (kjie k l l1) a = 0) ->
  (∀ x, x ∈ [a|b] -> m ≤ (njie l) x) ->
  (∀ x, x ∈ [a|b] -> (njie l) x ≤ M) ->
  ∀ x, x ∈ [a|b] -> m·(Rdifa ((x-a)^n) n) ≤ H x /\
  H x ≤ M·(Rdifa ((x-a)^n) n).
Proof.
  intros. assert (ILE_N n n). { red; auto. }
  pose proof H4. destruct H6, H6, H6.
  - assert (G:a < b). { eapply Theorem172; eauto. }
    generalize (ccil H4) (Taylor_Lemma1 l H1 H2 H3 _ H5); intros.
    mdh1 f H9. assert (Minus_N n` n (Le_Lt H5) = 1).
    { apply Theorem20_2 with (z:=n); Simpl_N. }
    rewrite H10 in n0. simpl in n0. destruct n.
  + unfold Rdifa, Pow. Simpl_R. ndh2 f1 H2 H3.
    generalize (xcpm a b a m) (xcpm a b a M); intros.
    simpl in n. pose proof (unabstr G n0 n).
    assert (∀ x, x ∈ [a|b] -> m ≤ f x).
    { intros. rewrite H13; auto. }
    assert (∀ x, x ∈ [a|b] -> f x ≤ M).
    { intros. rewrite H13; auto. }
    assert ((λ x, m·(x-a)) a = H a). { Simpl_R. }
```

```
      assert ((λ x, H a = M·(x-a)) a). { Simpl_R. }
      pose proof (stdp1 H11 n0 H16 H14 _ H4).
      pose proof (stdp1 n0 H12 H17 H15 _ H4). auto.
    + assert (ILT_N 1 n`). { apply Le_Lt, Theorem24'. }
      pose proof (H1 _ H11). kdh1 f1 H12. simpl in n1.
      rewrite (unabstr G n1 n0) in H12; [|eapply ccil; eauto].
      assert (∀ x, x ∈ [a | b] -> m · Rdifa ((x-a)^n) n ≤ f x).
      { intros. destruct H13, H13, H13.
        + assert (x0 ∈ (a | b]). { split; auto. }
          destruct (H9 _ H15). rewrite rdipow in H16; auto.
        + subst a. Simpl_R. rewrite H12, pow0, rdit.
          unfold Rdifa. Simpl_R. unfold ILE_R; auto. }
      assert (∀ x, x ∈ [a | b] -> f x ≤ M · Rdifa ((x-a)^n) n).
      { intros. destruct H14, H14, H14.
        + assert (x0 ∈ (a | b]). { split; auto. }
          destruct (H9 _ H16). rewrite rdipow in H18; auto.
        + subst a. Simpl_R. rewrite H12, pow0, rdit.
          unfold Rdifa. Simpl_R. unfold ILE_R; auto. }
      pose proof (sdpow2 a b a n m).
      pose proof (sdpow2 a b a n M).
      assert ((λ x, m·(Rdifa ((x-a)^n`) n`)) a = H a).
      { rewrite H0. Simpl_R. unfold Rdifa. rewrite pow0. Simpl_R. }
      assert ((λ x, H a = M·(Rdifa ((x-a)^n`) n`)) a).
      { rewrite H0. Simpl_R. unfold Rdifa. rewrite pow0. Simpl_R. }
      pose proof (stdp1 H15 n0 H17 H13 _ H4).
      pose proof (stdp1 n0 H16 H18 H14 _ H4). auto.
  - subst a. Simpl_R. rewrite H0, pow0.
    unfold Rdifa. Simpl_R. unfold ILE_R; auto.
Qed.
```

定理 5.11 (Taylor 公式) 若 $F(x)$ 在 $[a,b]$ 上 n 阶一致 (强) 可导, 且在 $[a,b]$ 上有 $|F^n(x)| \leqslant M$, 对 $[a,b]$ 上任意点 c 和 x, 记

$$T_n(x,c) = F(c) + F^{(1)}(c)(x-c) + \frac{F^{(2)}(c)(x-c)^2}{2!} + \cdots + \frac{F^{(n)}(c)(x-c)^n}{n!},$$

则有

$$|F(x) - T_n(x,c)| \leqslant M\frac{(x-c)^n}{n!}.$$

```
Fixpoint Taylor_Formula F a b c n x
  :N_str_derivability F a b n -> Real:= match n with
  | 1 => fun _ => F c
```

```
  | p` => fun l => (pjie l c)·(Rdifa ((x-c)^p) p) +
    Taylor_Formula F a b c p x (Nstp l) end.

Lemma Ndec: ∀ n m, {ILT_N n m} + {ILE_N m n}.
Proof.
  intros. destruct (Natord m n); auto.
Qed.

Lemma Nledec: ∀ {n m}, ILT_N n m` -> {ILT_N n m} + {n = m}.
Proof.
  intros. destruct (Ncase n m) as [[HO|HO]|HO]; auto.
  LEGN (Theorem26 _ _ H) HO.
Qed.

Fixpoint Taylor_FormulaDer F a b n x c k
 :N_str_derivability F a b n -> Real:= match n with
  | 1 => fun _ => O
  | p` => fun l => match Ndec k p` with
    |left l1 => match Nledec l1 with
      | left l2 => ((njie (Nstp l)) c)·
          (Rdifa ((x-c)^(Minus_N p k l2)) (Minus_N p k l2))
        +(Taylor_FormulaDer F a b p x c k (Nstp l))
      | right _ => ((njie (Nstp l)) c)
        +(Taylor_FormulaDer F a b p x c k (Nstp l)) end
    |right _ => O end end.

Lemma tay1: ∀ F a b c p l, (λ x, Taylor_Formula F a b c p` x l)
  = plus_Fu (λ x, (pjie l c)·(Rdifa ((x-c)^p) p))
    (λ x, Taylor_Formula F a b c p x (Nstp l)).
Proof.
  intros. apply fun_ext; unfold plus_Fu; intros. simpl; auto.
Qed.

Lemma tay2: ∀ {F a b c n l}, c ∈ [a|b] -> N_str_derivative
  (λ x,Taylor_Formula F a b c n` x l)
  (λ _,njie (Nstp l) c) a b n.
Proof.
  intros. induction n. simpl.
  - pdg1 f1. ndg1 f2. simpl in n, n0.
    apply sd_lt; intros. rewrite (unabstr HO n n0); auto.
    assert ((λ _,f2 c) = (λ _:Real,f2 c + O)).
    { apply fun_ext; intros. Simpl_R. }
```

```
      rewrite H1. apply Theorem5_1_2'; [|apply T3a].
      assert ((λ x, f2 c · Rdifa (x-c) 1) = (λ x,f2 c · (x-c))).
      { apply fun_ext; intros. unfold Rdifa; Simpl_R. }
      rewrite H2. apply xcpm.
    - pose proof (IHn (Nstp l)). rewrite tay1.
      pdg1 f1. ndg1 f2.
      apply nsd_lt; intros. rewrite (unabstrk H1 n0 n1); auto.
      assert ((λ _,f2 c) = (λ _:Real,f2 c + 0)).
      { apply fun_ext; intros. Simpl_R. } rewrite H2. apply Nsdp3.
      + exact (Nsdp5 a b c n` (f2 c)).
      + eapply Nsdp2; eauto. apply T3a.
Qed.


Lemma tay3: ∀ F a b c n l, F c = Taylor_Formula F a b c n c l.
Proof.
   intros. induction n; simpl; auto. rewrite (IHn (Nstp l)).
   Simpl_R. unfold Rdifa. rewrite pow0; Simpl_R.
Qed.


Lemma tayc1: ∀ F a b c n l x,
   Taylor_FormulaDer F a b n x c n l = 0.
Proof.
   intros. induction n; simpl; auto. destruct Ndec; auto.
   pose proof i. apply OrdN2 in H; tauto.
Qed.


Lemma tayc2: ∀ F a b c n l,
   (λ x,Taylor_FormulaDer F a b n` x c n l) =
   (λ _,njie (Nstp l) c).
Proof.
   intros. simpl. destruct Ndec. destruct Nledec.
   - pose proof i0. apply OrdN2 in H; tauto.
   - apply fun_ext; intros. rewrite tayc1. Simpl_R.
   - pose proof (Nlt_S_ n). LEGN i H.
Qed.


Lemma tayc3: ∀ F a b c n l k l1, c ∈ [a|b] -> a < b ->
   Taylor_FormulaDer F a b n c c k l = kjie k l l1 c.
Proof.
   intros. induction n; [N1F l1|].
   simpl. destruct Ndec; [|LEGN i l1]. destruct Nledec.
   - pose proof (IHn (Nstp l) i0).
```

```
  Simpl_R. unfold Rdifa. rewrite pow0. Simpl_R.
  kdg1 f. rewrite H1. kdg1 f1. rewrite (unabstrk H0 n0 n1); auto.
- subst k. rewrite tayc1; Simpl_R. kdg1 f. ndg1 f1.
  rewrite (unabstrk H0 n0 n1); auto.
Qed.


Lemma taystr_onC1:
  ∀ {F a b n} l c, c ∈ [a|b] -> ∀ k, ILT_N k n ->
  N_str_derivative (λ x, Taylor_Formula F a b c n x l)
  (λ x, (Taylor_FormulaDer F a b n x c k l)) a b k.
Proof.
  intros. generalize dependent k. induction n; intros; [N1F H0|].
  apply Theorem26 in H0. destruct H0.
  - pose proof (Nstp l). pose proof (IHn H1 _ H0).
    simpl Taylor_Formula. rewrite <- (proof_irr H1 (Nstp l)).
    simpl Taylor_FormulaDer. destruct Ndec. destruct Nledec.
    + rewrite <- (proof_irr H1 (Nstp l)).
      assert (N_str_derivative (λ x,pjie l c · Rdifa ((x-c)^n) n)
      (λ x,njie H1 c ·
        Rdifa ((x-c)^(Minus_N n k i0)) ((Minus_N n k i0))) a b k).
      { pdg1 f. ndg1 f1. apply nsd_lt; intros. rename H3 into l2.
        rewrite (unabstrk l2 n0 n1); auto.
        clear IHn l H2 H1 n0 n1 H0 i. rename i0 into H0.
        induction k. simpl.
        - destruct n; [N1F H0|]. Simpl_N.
          exact (sdpow2 a b c n (f1 c)).
        - assert (ILT_N k n).
          { pose proof (Nlt_S_ k). eapply Theorem15; eauto. }
          generalize (IHk H1)
            (sdpow2 a b c (Minus_N n k` H0) (f1 c)); intros.
          assert ((Minus_N n k` H0)` = (Minus_N n k H1)).
          { apply Theorem20_2 with (z:=k); Simpl_N.
            rewrite <- NPl_1, Theorem5; Simpl_N. }
          rewrite H4 in H3. pose proof (Nsdp2 H2 H3). auto. }
      apply Nsdp3; auto.
    + ELN e H0.
    + assert (ILT_N k n`). { pose proof (Nlt_S_ n).
      eapply Theorem15; eauto. } LEGN i H3.
  - subst k. clear IHn. induction n. unfold N_str_derivative.
    + unfold Taylor_Formula, Taylor_FormulaDer. pdg1 f. ndg1 f1.
      destruct Ndec. destruct Nledec; [N1F i0|].
      * simpl in n, n0. apply sd_lt; intros.
```

```
          rewrite (unabstr H0 n n0); auto.
          apply Theorem5_1_2'; try apply T3a.
          assert ((λ x,f1 c · Rdifa ((x-c)^1) 1) = (λ x,f1 c · (x-c))).
          { apply fun_ext; intros. unfold Rdifa, factorial. Simpl_R. }
          rewrite H1. apply xcpm.
        * LEGN i (Nlt_S_ 1).
     + rewrite tayc2. apply tay2; auto.
Qed.


Lemma taystr_onC1': ∀ {F a b n} l c, c ∈ [a|b] ->
  ∀ k, ILT_N k n ->
  N_str_derivative (λ x, Taylor_Formula F a b c n x l)
  (λ x, (Taylor_FormulaDer F a b n x c k l)) c b k.
Proof.
  intros. eapply Nsdein; eauto. apply taystr_onC1; auto.
Qed.


Lemma taystr_onC2: ∀ F a b c n l, c ∈ [a|b] -> N_str_derivative
  (λ x,Taylor_Formula F a b c n x l) (λ _,0) a b n.
Proof.
  intros. destruct n; [simpl; apply T3a|].
  pose proof (taystr_onC1 l c H _ (Nlt_S_ n)).
  assert ((λ x,Taylor_FormulaDer F a b n` x c n l) =
    (λ x,njie (Nstp l) c)).
  { simpl. destruct Ndec; [|LEGN i (Nlt_S_ n)]. destruct Nledec.
    - pose proof i0. apply OrdN2 in H1; tauto.
    - apply fun_ext; intros. rewrite tayc1; Simpl_R. }
   rewrite H1 in H0. pose proof (T3a a b (njie (Nstp l) c)).
  eapply Nsdp2; eauto.
Qed.


Lemma TaylorTheorem_pre: ∀ {F a b n M l},
  (∀ x, x ∈ [a|b] -> |(njie l) x| ⩽ M) ->
  ∀ c x, c ∈ [a|b] -> x ∈ [c|b] ->
  |F(x)-(Taylor_Formula F a b c n x l)|⩽ M·(Rdifa (|x-c|^n) n).
Proof.
  intros. pose proof l. destruct H2 as [f H2].
  pose proof (taystr_onC2 F a b c n l H0).
  set (G:= λ x, F(x)-(Taylor_Formula F a b c n x l)).
  assert (N_str_derivative G f a b n).
  { pose proof (Nsdp4 H2 H3). unfold Minus_Fu in H4.
    assert (f=(λ x,f x - 0)). { apply fun_ext; intros. Simpl_R. }
```

```
    rewrite H5; auto. }
assert (N_str_derivability G a b n). { red; eauto. }
pose proof (Nsdein H0 H2). apply (Nsdein H0) in H3.
apply (Nsdein H0) in H4. pose proof (Nstrvety H4).
assert (G c = O). { unfold G. apply Theorem182_2', tay3. }
assert (K:c ⩽ x). { destruct H1; tauto. } destruct K as [K|K].
2: { subst x. rewrite <- tay3; Simpl_R. simpl Abs_R.
     rewrite powO. unfold Rdifa. Simpl_R; red; auto. }
assert (l2:c < b). { destruct H1, H1. eapply Theorem172; eauto. }
assert (l3:a < b). { destruct H0, H0. eapply Theorem172; eauto. }
assert (∀ k l1,kjie k H7 l1 c = O); intros.
{ kdg1 f1. pose proof (taystr_onC1' l c H0 _ l1).
  assert (N_str_derivability F c b n). { red; eauto. }
  pose proof (Nstk H10 l1). destruct H11 as [f2].
  pose proof (Nsdp4 H11 H9). unfold Minus_Fu in H12.
  rewrite (unabstrk l2 n0 H12); [|eapply ccil; eauto].
  rewrite tayc3 with (l1:=l1); auto. kdg1 f3.
  rewrite (unabstrk l2 (Nsdein H0 n1) H11); Simpl_R.
  eapply ccil; eauto. }
assert (∀x, x ∈ [c|b] -> |njie H7 x| ⩽ M); intros.
{ pose proof H10. eapply ccisub in H10; eauto; [|apply (ccir H0)].
  pose proof H10. apply H in H10.
  assert (njie H7 x0 = njie l x0).
  { ndg2 f1 H7 f2. rewrite (unabstrk l3 n1 H2),
    (unabstrk l2 n0 H4); auto. } rewrite H13; auto. }
assert (∀x, x ∈ [c|b] -> -M ⩽ njie H7 x).
{ intros; apply (Ab1' M); auto. }
assert (∀x, x ∈ [c|b] -> njie H7 x ⩽ M).
{ intros; apply (Ab1' M); auto. }
pose proof (Taylor_Lemma H7 H8 H9 H11 H12 _ H1).
rewrite Theorem197' in H13. apply Ab1' in H13.
rewrite powp1; auto.
destruct H1, H1. apply LePl_R with (z:=c); Simpl_R.
Qed.

Theorem TaylorTheorem: ∀ {F a b n l},
  ∀ M, (∀ x, x ∈ [a|b] -> |(njie l) x|⩽M) ->
  ∀ c x, c ∈ [a|b] -> x ∈ [a|b] ->
  |F(x)-(Taylor_Formula F a b c n x l)|⩽ M·(Rdifa (|x-c|^n) n).
Proof.
  intros. assert (x ∈ [c|b] \/ x ∈ [a|c]).
  { destruct H0, H0, H1, H1, (Rcase2 x c).
```

```
    - right. split; split; auto.
    - left. split; split; auto. } destruct H2.
- apply TaylorTheorem_pre; auto.
- assert (G:x ≤ c). { destruct H2; tauto. } destruct G as [G|G].
  2: { subst x. rewrite <- tay3; Simpl_R. simpl Abs_R.
      rewrite pow0. unfold Rdifa. Simpl_R; red; auto. }
  assert (l3:x<b). { destruct H0, H0. eapply Theorem172; eauto. }
  assert (l2:a<b). { destruct H1, H1. eapply Theorem172; eauto. }
  clear l3. elim l; intros f H3. pose proof (Nsdp6 H3).
  pose proof (Nstrvety H4).
  assert (∀x, x ∈[(-b)|(-a)] -> | njie H5 x | ≤ M); intros.
  { pose proof H6. apply ccimi in H6; Simpl_Rin H6. apply H in H6.
    assert (|njie H5 x0| = |njie l (-x0)|).
    { ndg2 f1 H5 f2. apply Nsdp6 in n1. apply Theorem183_1 in l2.
      rewrite (unabstrk l2 n0 n1), Theorem193, powp2; Simpl_R. }
    rewrite H8; auto. } pose proof H0.
  apply ccimi in H0. apply ccimi in H2.
  pose proof (TaylorTheorem_pre H6 _ _ H0 H2).
  simpl in H8. Simpl_Rin H8.
  rewrite <- (Theorem178 (-x+c)), Theorem180 in H8. Simpl_Rin H8.
  assert (Taylor_Formula F a b c n x l =
    Taylor_Formula (λ x,F(- x)) (-b) (-a) (-c) n (-x) H5 ).
  { clear H H3 H6 H8 H4. induction n; simpl; Simpl_R.
    f_equal; auto. pdg2 f1 (Nstp l) f2.
    apply Nsdp6 in n1. Simpl_Rin n1.
    assert ((λ x,F(--x))=(λ x,F(x))).
    { apply fun_ext; intro; Simpl_R. } rewrite H in n1.
    rewrite (unabstrk l2 n0 n1), Theorem175; Simpl_R.
    rewrite (Theorem194 ((-(1))^n)), Theorem199. f_equal.
    rewrite <- Theorem181, (powm (c-x)), <- rdit.
    rewrite <- Theorem199, powp3; Simpl_R. } rewrite H9; auto.
Qed.
```

　　至此, 利用交互式定理证明工具 Coq, 严格按照文献 [218] 中的结构, 建立了基于初等数学的第三代微积分理论的机器证明框架系统, 包括一致连续、一致 (强) 可导、积分系统、积分严格不等式等定义及估值定理的形式化描述和证明; 在此基础上, 迅速且自然地实现了微积分的基本理论: 函数的单调性与导函数的关系定理、Newton-Leibniz 公式、变上限定积分可导性和 Taylor 公式的形式化验证. 全部的定理均给出了对应的机器证明代码, 并且编译运行通过.

　　本章所搭建的第三代微积分形式化系统是基于初等数学的微积分系统的首次形式化实现, 验证了微积分初等化的可行性及严谨性, 对第三代微积分的发展和推广有一定的促进意义. 传统微积分的形式化实现在 Coq 库中已有一些工作, 较为通用的可参见文献 [15].

本章代码在我们分析基础形式化系统下, 仅需读入实数运算文件 (R_sup), 读者即可运行验证.

第 6 章 总结与注记

本书利用交互式定理证明工具 Coq, 完整实现 Landau 的《分析基础》中实数理论的形式化系统, 形式化证明了实数八大完备性定理间的等价性, 进一步给出闭区间上连续函数的重要性质的机器证明. 另外, 还给出张景中院士提出的第三代微积分的形式化系统实现, 体现了基于 Coq 的数学定理机器证明具有可读性和交互性的特点, 其证明过程规范、严谨、可靠. 本形式化系统可方便地应用于分析学理论的形式化构建.

本系统中, 全部定理无例外地给出机器证明代码, 所有形式化过程已被 Coq 8.9.1 验证, 并在计算机上运行通过. 需要说明的是, 在本书给出代码的过程中, 为了增加可读性, 将一些非纯文本表示的数学字符, 用一些标准的数学字符替换了. 我们的完整代码, 读者可通过扫描本书封底的二维码下载并运行验证.

表 6.1 至表 6.4 分别提供了分析基础形式化系统、实数完备性及其等价命题形式化系统、闭区间上连续函数性质、第三代微积分形式化相关文件的简要说明和统计数据. 表中标注了每个文件所对应的章节, 并从规范和证明两方面统计了每个文件的代码行数.

表 6.1　分析基础形式化系统代码量统计

文件	对应章节	规范	证明
Pre_Logic.v (基本逻辑)	1.2 节	86	35
Pre_Ensemble.v (集合与映射)	1.3 节	107	3
Nats.v (自然数)	2.1 节	191	499
finite.v (有限)	2.1.5 节	50	148
frac.v (分数)	2.2 节	450	865
cuts.v (分割)	2.3 节	346	961
reals.v (实数)	2.4 节	413	596
DFT.v (Dedekind 基本定理)	2.4.5 节	65	109
R_sup.v (实数运算)	2.4.6 节	200	454
Seq.v (实数序列)	2.4.7 节	111	241
complex.v (复数)	2.5 节	938	1780

表 6.2　　实数完备性及其等价命题形式化系统代码量统计

文件	对应章节	规范	证明
t1.v (确界存在定理)	3.1.1 节	33	53
t1_1.v (确界存在定理证 Dedekind 基本定理)	3.1.2 节	35	21
t2.v (单调有界定理)	3.2 节	22	27
t3.v (闭区间套定理)	3.3 节	32	36
t4.v (有限覆盖定理)	3.4 节	104	154
t5.v (聚点原理)	3.5 节	47	107
t6.v (列紧性定理)	3.6 节	72	120
t7.v (Cauchy 收敛准则)	3.7 节	20	75
t8.v (Cauchy 收敛准则证 Dedekind 基本定理)	3.8 节	103	155

表 6.3　　闭区间上连续函数性质形式化系统代码量统计

文件	对应章节	规范	证明
fun.v (闭区间上连续函数性质)	第 4 章	102	772

表 6.4　　第三代微积分形式化系统代码量统计

文件	对应章节	规范	证明
Basic.v (基本定义)	5.1.1 节	74	3
R_sup1.v (一些引理)	5.1.2 节	99	182
A_3.v (导数和定积分的初等定义)	5.2 节	130	209
A_4.v (积分与微分的新视角)	5.3 节	195	716
A_5.v (微积分系统的基本定理)	5.4 节	281	607

几点注记如下：

(1) Coq 定理的描述接近自然数学语言, 可以看成是一种忠实的"翻译", 当然, 这种"翻译"是建立在严格、准确的形式化基础上的. Coq 定理的证明过程具有规范、严格和可靠的特点. Coq 中所有的证明程序都严格按照已给出的定义、公理及已完成证明的定理形式化地进行.

(2) Coq 内核较小, 运行速度快, 除具有高效搜索和自动匹配等功能外, 通过优化证明策略, 可以呈现更简明甚至结构化的证明代码, 充分体现 Coq 的智能性.

(3) Coq 证明体现交互性, 如图 6.1 所示, 证明过程中我们在 Coq 软件平台的左侧编写程序, 在右侧上方实时地显示证明条件和证明目标, 充分体现 Coq 证明的可读性. 右侧下方实时显示证明是否成功, 若失败还能显示具体错误, 具有提示功能.

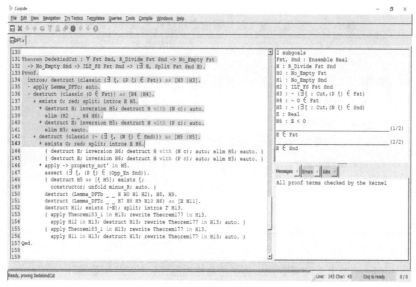

图 6.1   Dedekind 基本定理的证明截图

本书给出的代码是完整的. 读者在计算机上运行我们代码的过程中完全可以中断命令、逐条验证定理证明过程的每一细节 (当然可以对照人工证明), 包括人工证明省略的部分, 从而既学习理解相关数学理论, 又实践提高利用计算机证明辅助工具形式化数学的能力, 将人的智慧与机器的智能结合起来, 充分体会基于 Coq 的数学定理机器证明的可读性、交互性和智能性特点, 以及证明过程的规范性、严谨性和可靠性. 在一定意义上, 实现了读者跟随计算机学习、理解、构建、教育乃至发展数学的尝试. 本书相关工作已获国家计算机软件著作权登记 (图 6.2).

正如著名数学家和计算机专家 Wiedijk 指出, 当前正在进行的形式化数学是一次数学革命[26,183]. 当今数学论证变得如此复杂, 而计算机软件能够检查卷帙浩繁的数学证明正确性, 人类的大脑无法跟上数学不断增长的复杂性, 计算机检验将是唯一的解决方案[168,169]. 今后, 每一本严谨的数学专著, 甚至每一篇数学论文, 都可由计算机检验其细节的正确性, 这正发展为一种趋势. 英国帝国理工学院的数学教授 Buzzard 在剑桥举办的一次研讨会上指出: 证明是一种很高的标准, 我们不需要数学家像机器一样工作, 而是可以要他们去使用机器. 最近, 不时有人声称攻克了某个著名的数学难题, 引起了媒体和学术界的关注与争议. 其实, 声称者若能够提供一份形式化验证代码的话, 其正确与否便可容易得到同行专家的检验.

需要说明的是, 本书中各定理给出的证明策略可能不是最优的, 证明代码也有进一步简化的余地, 读者完全可以根据自己的证明思路, 在我们代码的基础上, 充分利用 Coq 的智能性, 采用更为优化的策略, 写出更加可读、简明, 甚至具有结构化[10] 的证明代码. 这当然要求读者既有对数学思想的深刻理解, 又有对 Coq 的熟练使用技巧, 这也是一种艺术, 需要长期实践积累, 也是今后努力的方向.

图 6.2　计算机软件著作权登记证书

　　在完成本书的过程中, 课题组年轻的研究生们付出了艰辛的努力, 他们也充分感受到了使用 Coq 的乐趣. 有研究生反馈说, "老师, 这两天通过证得的几个定理, 终于体会到您之前说的, 借助计算机可以更好地理解定理的证明思路. 直接看书遇到的障碍, 可通过读代码迎刃而解, 有一种豁然开朗的感觉". 这也是我们真诚希望读者能体会到的境界. 本书完成之际, 恰如鲁迅先生在《坟·题记》中所说的: "我十分感谢我的几个朋友, 替我搜集、抄写、校印, 各费去许多追不回来的光阴. 我的报答, 却只能希望当这书印钉成工时, 或者可以博得各人的真心愉快的一笑." "只要这样, 我就非常满足了; 那满足, 盖不下于取得富家的千金云."[①]

---

① 鲁迅全集. 第一卷: 4-5. 北京: 人民文学出版社, 2005.

　　形式化数学与计算机工具的结合, 前景大有可为! 让我们在数学与信息科学的交叉领域中充分感受类似西方哥特式建筑所具有的崇高、庄严、神圣、清俊和终极的美吧!

参 考 文 献

[1] 阿黑波夫, 萨多夫尼奇, 丘巴里阔夫. 数学分析讲义. 王昆扬译. 北京: 高等教育出版社, 2006.

[2] Aleksandrov A D, Kolmogorov A N, Lavrent'ev M A. Mathematics: Its Content, Methods, and Meaning. Massachusetts: MIT Press, 1963.

[3] Amann H, Escher J. Analysis. Basel: Birkhäuser, 2005.

[4] Appel A W, Dockins R, Hobor A, et al. Program Logics for Certified Compilers. New York: Cambridge University Press, 2014.

[5] Appel K, Haken W. Every planar map is four colorable. Bulletin of the American Mathematical Society, 1976, 82(5): 711-712.

[6] Appel K, Haken W. Every planar map is four colorable. Part I: Discharging. Illinois Journal of Mathematics, 1977, 21(3): 429-490.

[7] Appel K, Haken W, Koch J. Every planar map is four colorable. Part II: Reducibility. Illinois Journal of Mathematics, 1977, 21(3): 491-567.

[8] Banner A. The Calculus Lifesaver: All the Tools You Need to Excel at Calculus (Princeton Lifesaver Study Guides). Princeton: Princeton University Press, 2007.

[9] Barras B. Sets in Coq, Coq in sets. Journal of Formalized Reasoning, 2010, 3(1): 29-48.

[10] Beeson M. Mixing computations and proofs. Journal of Formalized Reasoning, 2016, 9(1): 71-99.

[11] Belinfante J G F. On computer-assisted proofs in ordinal number theory. Journal of Automated Reasoning, 1999, 22(3): 341-378.

[12] Bell J L. Set Theory: Boolean-valued Models and Independence Proofs (Oxford Logic Guides 47). 3rd ed. Oxford: Clarendon Press, 2005.

[13] van Benthem Jutting L S. Checking Landau's "Grundlagen" in the AUTOMATH System. Amsterdam: North-Holland, 1979.

[14] Bertot Y, Castéran P. Interactive Theorem Proving and Program Development——Coq'Art: The Calculus of Interactive Constructions. Berlin: Spring-Verlag, 2004. (中译本, 交互式定理证明与程序开发——Coq 归纳构造演算的艺术. 顾明, 等译. 北京: 清华大学出版社, 2010.)

[15] Boldo S, Lelay C, Melquiond G. Coquelicot: A user-friendly library of real analysis for Coq. Mathematics in Computer Science, 2015, 9(1): 41-62.

[16] Booker A R. Turing and the Riemann hypothesis. Notice of the American Mathematical Society, 2006, 53(10): 1208-1211.

[17] Boulier S, Pédrot P, Tabareau N. The next 700 syntactical models of type theory. CPP 2017: Proceedings of the 6th ACM SIGPLAN Conference on Certified Programs and Proofs. ACM, 2017: 182-194.

[18] Bourbaki N. The architecture of mathematics. American Mathematical Monthly, 1950, 57(4): 221-232. (中文编译本, 数学的建筑. 胡作玄编译. 大连: 大连理工大学出版社, 2014.)

[19] Bourbaki N. Elements of Mathematics: Algebra I. Berlin: Spring-Verlag, 1989.

[20] Bourbaki N. Elements of Mathematics: General Topology, Part 1. Berlin: Spring-Verlag, 1995.

[21] Bourbaki N. Elements of Mathematics: Theory of Sets. Berlin: Spring-Verlag, 2004.

[22] Brown C E. Faithful reproductions of the Automath Landau formalization. 2011(https://www.ps.uni-saarland.de/Publications/documents/Brown2011b.pdf).

[23] Cantor G. Contributions to the Founding of the Theory of Transfinite Numbers. New York: Dover Publications, 1915.

[24] 常庚哲, 史济怀. 数学分析教程. 3 版. 北京: 高等教育出版社, 2012.

[25] 陈传璋, 金福临, 朱学炎, 欧阳光中. 数学分析. 2 版. 北京: 高等教育出版社, 1983.

[26] 陈钢. 形式化数学和证明工程. 中国计算机学会通讯, 2016, 12(9): 40-44.

[27] 陈纪修, 於崇华, 金路. 数学分析. 2 版. 北京: 高等教育出版社, 2004.

[28] 陈天权. 数学分析讲义. 北京: 北京大学出版社, 2009.

[29] 程艺, 陈卿, 李平. 数学分析讲义. 北京: 高等教育出版社, 2019.

[30] Chlipala A. Certified Programming with Dependent Types. Massachusetts: MIT Press, 2013.

[31] Chirimar J, Howe D J. Implementing constructive real analysis: Preliminary report. Constructivity in Computer Science, Summer Symposium, 1992: 165-178.

[32] Ciaffaglione A, Di Gianantonio P. A co-inductive approach to real numbers. Selected Papers from the International Workshop on Types for Proofs and Programs, TYPES 1999 (Goos G, Hartmanis J, van Leeuwen J, ed), LNCS, 1956: 114-130.

[33] Constable R L, Allen S F, Bromley H M, et al. Implementing Mathematics with the Nuprl Proof Development System. Ithaca: Cornell University, 1985.

[34] Cohen P J. Set Theory and the Continuum Hypothesis. New York: W A Benjamin. Inc, 1966.

[35] The Coq Development Team. The Coq Proof Assistant Reference Manual (Version 8.9.0). 2019(https://coq.inria.fr/distrib/current/refman).

[36] Courant R, John F. Introduction to Calculus and Analysis. New York: Springer-Verlag, 1989.

[37] Courant R, Robbins H. What is Mathematics. New York: Oxford University, 1996.

[38] Davis M. Applied Nonstandard Analysis. New York: John Wiley & Sons, Inc, 1977.

[39] Davis M. Engines of Logic, Mathematicians and the Origin of the Computer. New York and London: W. W. Norton & Company, 2000.

[40] Davis M. The Universal Computer, The Road from Leibniz to Turing. London and New York: Taylor & Francis Group, LLC, 2018.

[41] Dechesne F, Nederpelt R. N. G. de Bruijn (1918—2012) and his road to Automath, the earliest proof checker. The Mathematical Intelligencer, 2012, 34(4): 4-11.

[42] 邓东皋, 尹小玲. 数学分析简明教程. 2 版. 北京: 高等教育出版社, 2006.

[43] Dieudonné J. Foundation of Modern Analysis. New York: Academic Press Inc, 1950.

[44] 丁彦恒, 刘笑颖, 吴刚. 数学分析讲义. 北京: 科学出版社, 2018.

[45] Dovermann K H. Applied Calculus. 1999(http://www.math.hawaii.edu/ %7Eheiner/-calculus.pdf).

[46] Ewald W. From Kant to Hilbert: A Source Book in the Foundations of Mathematics. Oxford: Clarendon Press, 2007.

[47] 范一凡. 基于 Coq 的 "模" 观点下线性代数机器证明系统. 北京: 北京邮电大学, 2020.

[48] 方企勤. 数学分析. 北京: 高等教育出版社, 2014.

[49] Feferman S. The Number Systems: Foundations of Algebra and Analysis. London: Addison-Wesley Publishing Company, 1964.

[50] 菲赫金哥尔茨. 微积分学教程. 杨弢亮, 等译. 北京: 高等教育出版社, 2006.

[51] 菲赫金哥尔茨. 数学分析原理. 吴亲仁, 等译. 北京: 高等教育出版社, 2013.

[52] 冯琦. 数理逻辑导引. 北京: 科学出版社, 2017.

[53] 冯琦. 线性代数导引. 北京: 科学出版社, 2018.

[54] 冯琦. 集合论导引. 北京: 科学出版社, 2019.

[55] Fracnkel A A. Abstract Set Theory. 3rd revised ed. Amsterdam: North Holland Publishing Company, 1966.

[56] Fraenkel A A, Bar-Hillel Y, Levy A. Foundations of Set Theory. 2nd revised ed. Amsterdam: Elsevier, 1973.

[57] Fu Y S, Yu W S. A formalization of properties of continuous functions on closed intervals. ICMS 2020: (Bigatti A M et al. ed), LNCS, 2020, 12097: 272-280.

[58] 高木贞治. 高等微积分. 冯速, 等译. 北京: 人民邮电出版社, 2011.

[59] 高小山, 王定康, 裘宗燕, 等. 方程求解与机器证明——基于 MMP 的问题求解. 北京: 科学出版社, 2006.

[60] Geuvers H, Niqui M. Constructive reals in Coq: axioms and categoricity. Selected Papers from the International Workshop on Types for Proofs and Programs, TYPES 2000 (Goos G, Hartmanis J, van Leeuwen J. ed), LNCS, 2002, 2277: 79-95.

[61] Gödel K. Consistency-proof for the generalized continuum-hypothesis. Proceedings of the National Academy of Sciences, 1939, 25(4): 220-224.

[62] Gödel K. The Consistency of the Axiom of Choice and of the Generalized Continuum Hypothesis With the Axioms of Set Theory. Princeton: Princeton University Press, 1940.

[63] Godement R. Algebra. Paris: Hermann, 1968. (中译本, 代数学教程. 王耀东译. 北京: 高等教育出版社, 2013.)

[64] Godement R. Analysis. New York: Springer-Verlag, 2004.

[65] 龚昇. 微积分五讲. 北京: 科学出版社, 2004.

[66] Gong S. Concise Calculus. New Jersey: World Scientific Publishing Company, 2010.

[67] Gonthier G. Formal proof - the Four Color Theorem. Notices of the American Mathematical Society, 2008, 55(11): 1382-1393.

[68] Gonthier G. Feit thomson proved in coq. 2012(http://www.msr-inria.fr/news/feit-thomson-proved-in-coq/).

[69] Gonthier G, Asperti A, Avigad J, et al. Machine-checked proof of the Odd Order Theorem. Proceedings of the Interactive Theorem Proving 2013//Blazy S, Paulin-Mohring C, Picharidie D, ed. LNCS, 2013, 7998: 163-179.

[70] Goodstein R L. On the restricted ordinal theorem. Journal of Symbolic Logic, 1944, 9(2): 33-41.

[71] Gordon M J C, Melham T F. Introduction to HOL: A Theorem Proving Environment for Higher Order Logic. Cambridge: Cambridge University Press, 1993.

[72] Gowers W T. Rough Structure and Classification. Visions in Mathematics. GAFA Geometric and Functional Analysis, Special Volum-GAFA, 2000, 2000: 79-117.

[73] Gowers W T. The Princeton Companion to Mathematics. Princeton: Princeton University Press, 2008.

[74] Grabiner J V. Who gave you the epsilon? Cauchy and the origins of rigorous calculus. The American Mathematical Monthly, 1983, 90(3): 185-194.

[75] Grattan-Guinness I. Companion Encyclopedia of the History and Philosophy of the Mathematical Sciences. London and New York: Routledge, 1994.

[76] Grattan-Guinness I. From the Calculus to Set Theory, 1630—1910, An Introductory History. Princeton and Oxford: Princeton University Press, 2000.

[77] Grattan-Guinness I. The Search for Mathematical Roots, 1870—1940, Logics, Set Theories and the Foundations of Mathematics from Cantor through Russell to Gödel. Princeton and Oxford: Princeton University Press, 2000.

[78] Grimm J. Implementation of Bourbaki's mathematics in Coq: Part two, ordered sets, cardinals, integers. Research Report RR-7150, INRIA, 2009(http://hal.inria.fr/inria-00440786/en/).

[79] Grimm J. Implementation of Bourbaki's mathematics in Coq: Part one, theory of sets. Journal of Formalized Reasoning, 2010, 3(1): 79-126.

[80] Grimm J. Implementation of Bourbaki's mathematics in Coq: Part two, from natural to real numbers. Journal of Formalized Reasoning, 2016, 9(2): 1-52.

[81] 关永, 李黎明, 施智平. 几何代数的形式化与初步应用. 北京: 科学出版社, 2020.

[82] 郭大钧, 陈玉妹, 裘卓明. 数学分析. 3 版. 北京: 高等教育出版社, 2015.

[83] 郭礼权. 基于 Coq 的第三代微积分机器证明系统. 北京: 北京邮电大学, 2020.

[84] 郭礼权, 付尧顺, 郁文生. 基于 Coq 的第三代微积分机器证明系统. 中国科学: 数学, 2021, A-51(1): 115-136.

[85] 郝兆宽, 杨跃. 集合论: 对无穷概念的探索. 上海: 复旦大学出版社, 2014.

[86] Hales T C. Formal proof. Notices of the American Mathematical Society, 2008, 55(11): 1370-1380.

[87] Hales T, Adams M, Bauer G, et al. A formal proof of the Kepler conjecture. 2015(http://arxiv.org/pdf/1501.02155.pdf).

[88] Halmos P R. Naive Set Theory. New York: Springer-Verlag, 1974.

[89] Hardy R H. A Course of Pure Mathematics. London: Cambridge University Press, 1921.

[90] Harrison J. Constructing the real numbers in HOL. Formal Methods in System Design, 1994, 5(1): 35-59.

[91] Harrison J. Theorem Proving with the Real Numbers. New York: Springer-Verlag, 1998.

[92] Harrison J. Formal proof - theory and practice. Notices of the American Mathematical Society, 2008, 55(11): 1395-1406.

[93] Harrison J, Urban J, Wiedijk F. History of interactive theorem proving. Handbook of the History of Logic, 2014, 9: 135-214.

[94] Hatcher W S. The Logical Foundations of Mathematics. Oxford and New York: Pergamon Press, 1982.

[95] Heijenoort J V. From Frege To Gödel: A Source Book in Mathematical Logic, 1879-1931. Cambridge: Harvard University Press, 1967.

[96] Heyting A. Intuitionism: An introduction. Amsterdam: North-Holland Pub. Co, 1971.

[97] Hilbert D. The Foundations of Geometry. Chicago: The Open Court Publishing Company, 1902. Translation of the 1899 German edition.

[98] Holden H, Piene R. The Abel Prize 2003—2007: The First Five Years. New York: Springer-Verlag, 2010.

[99] Hornung C. Constructing Number Systems in Coq. Saarbrücken: Saarland University, 2011.

[100] 华东师范大学数学系. 数学分析. 北京: 人民教育出版社, 1980.

[101] 华东师范大学数学系. 数学分析. 4 版. 北京: 高等教育出版社, 2010.

[102] 华东师范大学数学系. 数学分析简明教程. 北京: 高等教育出版社, 2014.

[103] 郏中丹, 刘永平, 王昆扬. 简明数学分析. 2 版. 北京: 高等教育出版社, 2009.

[104] 洪加威. 形式证明的复杂性. 中国科学, 1999, A-14(6): 565-572.

[105] Huet G, Kahn G, Paulin-Mohring C. The Coq Proof Assistant: A Tutorial (Version 8.5). Technical Report 178, INRIA 2016(https://coq.inria.fr/tutorial/).

[106] Huntington E V, Cantor G. The Continuum, and Other Types of Serial Order: With an Introduction to Cantor's Transfinite Numbers. 2nd ed. New York: Dover Publications, 2003.

[107] 嘉当. 微分学. 余家荣译. 北京: 高等教育出版社, 2009.

[108] 江南, 李清安, 汪吕蒙, 等. 机械化定理证明研究综述. 软件学报, 2020, 31(1): 82-112.

[109] Jech T. Set Theory. 3rd ed, revised and expanded. Berlin: Springer-Verlag, 2003.

[110] Kanamori A. The Higher Infinite: Large Cardinals in Set Theory from Their Beginnings. 2nd ed. Berlin: Springer-Verlag, 2009.

[111] Katz V J. A History of Mathematics: An Introduction. 3rd ed. Boston: Addison-Wesley, 2009.

[112] Kelley J L. General Topology. New York: Springer-Verlag, 1955.

[113] Kennedy H C. Selected Works of Guiseppe Peano. London: George Allen and Unwin, Ltd., 1973.

[114] Kirby L, Paris J. Accessible independence results for Peano arithmetic. Bull. London Math. Soc., 1982, 14: 285-293.

[115] Kline M. Mathematical Thought from Ancient to Moderns Times. Oxford: Oxford University Press, 1972.

[116] Landau E. Differential and Integral Calculus. New York: Chelsea Publishing Company, 1965.

[117] Landau E. Foundations of Analysis: The Arithmetic of Whole, Rational, Irrational, and Complex Numbers. 3rd ed. New York: Chelsea Publishing Company, 1966. Translation of the 1929 German edition. (中译本, 分析基础: 整数、有理数、无理数、复数的运算 (微积分补充教材). 刘绂堂译. 北京: 高等教育出版社, 1958.)

[118] Laudet M, Lacombe D, Nolin L, Schützenberger N. Symposium on Automatic Demonstration (Lecture Notes in Mathematics 125). Berlin: Springer-Verlag, 1970.

[119] 李忠, 方丽萍. 数学分析教程. 北京: 高等教育出版社, 2008.

[120] 李成章, 黄玉民. 数学分析. 2 版. 北京: 科学出版社, 2007.

[121] 李心灿. 微积分的创立者及其先驱. 3 版. 北京: 高等教育出版社, 2007.

[122] 李仲来. 代数与数理逻辑——王世强文集. 北京: 北京师范大学出版社, 2005.

[123] 梁崇民. 求同伦映射的一个方法. 数学的实践与认识, 2004, 34(4): 168-169.

[124] 梁治安. 万物皆数新说. 上海: 上海财经大学出版社, 2019.

[125] Lin Q. Free Calculus: A Liberation from Concepts and Proofs. Singapore: World Scientific Publishing Company, 2008.

[126] 林群. 微积分快餐. 3 版. 北京: 科学出版社, 2013.

[127] 林群, 张景中. 微积分之前可以做些什么. 高等数学研究, 2019, 22(1): 1-15.

[128] 林源渠. 数学分析精选习题解析. 北京: 北京大学出版社, 2016.

[129] 刘太平, 叶永南. 有朋自远方来——专访 Ronald Graham 教授. 数学传播, 2019, 43(2): 3-14.

[130] 刘雅静. 基于交互式定理证明工具 Coq 的群论体系形式化. 北京: 北京邮电大学, 2020.

[131] 刘玉琏, 傅沛仁, 林玎, 等. 数学分析讲义. 5 版. 北京: 高等教育出版社, 2008.

[132] Livshits M. Simplifying calculus by using uniform estimates. 2004(http://www.mathfoolery.org /calculus.html).

[133] Livshits M. You could simplify calculus. 2009(https://arxiv.org/abs/0905.3611v1).

[134] 陆汝钤. 人工智能. 北京: 科学出版社, 1988.

[135] 陆汝钤. 数学·计算·逻辑. 北京: 科学出版社, 1988.

[136] 陆汝钤. 计算机系统的形式语义. 北京: 清华大学出版社, 2017.

[137] Lusternik L A, Sobolev V J. Elements of Functional Analiysis. 3rd ed. New York: John Wiley & Sons Inc, 1975.

[138] 刘春根, 朱少红, 李军, 等. 数学分析. 北京: 高等教育出版社, 2014.

[139] McCarthy J. Computer programs for checking mathematical proofs. Recursive Function Theory, Proc. of Symposia in Pure Mathematics, 1962, 5: 219-227.

[140] 梅加强. 数学分析. 2 版. 北京: 高等教育出版社, 2020.

[141] Mendelson E. Introduction to Mathematical Logic. 4th ed. London: Chapman and Hall, 1997.

[142] Mendelson E. Number Systems and the Foundations of Analysis. New York: Dover Publications Inc, 2009.

[143] Morse A P. A Theory of Sets. New York: Academic Press, 1965.

[144] Nederpelt R P, Geuvers J H, de Vrijer R C. Selected Papers on Automath (Studies in Logic and the Foundations of Mathematics 133). New York: North-Holland, 1994.

[145] Nipow T, Paulson L C, Wenzel M. Isabelle/HOL: A Proof Assistant for Higher-Order Logic. Berlin: Springer-Verlag, 2002.

[146] Paris J B. Some independence results for Peano arithmetic. The Journal of Symbolic Logic, 1978, 43(4): 725-731.

[147] O'Connor R S S. Incompleteness & Completeness: Formalizing Logic and Analysis in Type Theory. Enschede: Ipskamp Drukkers B V, 2009.

[148] Pierce B C, de Amorim A A, Casinghino C, et al. Software Foundation. 2017(http://softwarefoundations.cis.upenn.edu/).

[149] Propp J. Real Analysis in Reverse. The American Mathematical Monthly, 2013, 120(5): 392-408.

[150] Pugh C C. Real Mathematical Analysis. New York: Springer-Verlag, 2017.

[151] 齐民友. 重温微积分. 北京: 高等教育出版社, 2004.

[152] Rudin W. Principles of Mathematical Analysis. New York: McGraw-Hill, 1976.

[153] Ruelle D. The Mathematician's Brain. Princeton and Oxford: Princeton University Press, 2007.

[154] Rusnock P, Kerr-Lawson A. Bolzano and uniform continuity. Historia Mathematica, 2005, 32(3): 303-311.

[155] Schechter E. Handbook of Analysis and its Foundations. San Diego: Academic Press, 1997.

[156] Shoenfield J R. Mathematical Logic. London: Addison-Wesley Publishing Company, 1967.

[157] 数学辞海总编辑委员会. 数学辞海. 太原: 山西教育出版社; 南京: 东南大学出版社; 北京: 中国科学技术出版社, 2002.

[158] Sparks J C. Calculus Without Limits. Bloomington: Author House, 2005.

[159] Stillwell J. The Real Numbers: An Introduction to Set Theory and Analysis. New York: Springer, 2013.

[160] 孙天宇. 基于定理证明器 Coq 的公理化集合论形式化系统及其应用研究. 北京: 北京邮电大学, 2020.

[161] Sun T Y, Yu W S. Machine proving system for mathematical theorems based on Coq - Machine proving of Hausdorff Maximal Principle and Zermelo Postulate. Proceedings of the 36th Chinese Control Conference, 2017: 9871-9878.

[162] 孙天宇, 郁文生. 基于 Coq 的选择公理及其等价命题的机器实现. 2017 中国智能物联系统会议, 2017.

[163] 孙天宇, 郁文生. 选择公理与 Tukey 引理等价性的机器证明. 北京邮电大学学报 (自然科学版), 2019, 42(5): 1-7.

[164] Sun T Y, Yu W S. Formalization of axiomatic set theory in Coq. IEEE Access, 2020, 8: 21510-21523.

[165] Tao T. Analysis. Singapore: Springer, 2006.

[166] Tarski A. Introduction to Logic and to the Methodology of the Deductive Sciences. New York: Oxford University Press, 1994.

[167] Thurston W P. On proof and progress in mathematics. Bulletin (New Series) of the American Mathematical Society, 1994, 30(2): 161-177.

[168] Vivant C. Thèoréme Vivamt. Prais: Bernard Grasset, 2011. (中译本, 一个定理的诞生. 马跃, 杨苑艺译. 北京: 人民邮电出版社, 2016.)

[169] Voevodsky V. Univalent foundations of mathematics. Proceedings of the 18th International Workshop on Logic, Language, Information and Computation (Beklemishev L, de Queiroz R, ed. WoLLIC 2011, Philadelphia, PA, USA). LNAI 6642: 4, 2011.

[170] 汪芳庭. 公理集论. 合肥: 中国科学技术大学出版社, 1995.

[171] 汪芳庭. 数理逻辑. 2 版. 合肥: 中国科学技术大学出版社, 2010.

[172] 汪芳庭. 算术超滤: 自然数的紧化延伸. 合肥: 中国科学技术大学出版社, 2016.

[173] 汪芳庭. 数学基础. 2 版. 北京: 高等教育出版社. 2018.

[174] Wang H. On Zermelo's, Von Neumann's axioms for set theory. Proc. Natl. Acad. Sci., 1949, 35(3): 150-155.

[175] Wang H. Toward mechanical mathematics. IBM Journal of Research and Development, 1960, 4(1): 2-22.

[176] 王建林. 基于 Isabelle 平台的一般拓扑学机械化及自动定理证明研究. 上海: 华东师范大学, 2012.

[177] 王昆扬. 实数的十进表示. 北京: 科学出版社, 2011.

[178] 王昆扬. 数学分析简明教程. 北京: 高等教育出版社, 2015.

[179] 文兰. 悖论的消解. 北京: 科学出版社, 2018.

[180] Werner B. Sets in types, types in sets. Proceedings of TACS, 1997: 530-546.

[181] Whitehead A N, Russell B. Principia Mathematica. 2nd ed. Cambridge: Cambridge University Press, 1963.

[182] Wiedijk F. A new implementation of Automath. Mechanizing and automating mathematics: in honor of N. G. de Bruijn. Journal of Automated Reasoning, 2002, 29(3-4): 365-387.

[183] Wiedijk F. Formal proof-getting started. Notices of the American Mathematical Society, 2008, 55(11): 1408-1414.

[184] Wu W T. Mechanical Theorem Proving in Geometries: Basic Principles (Translated by Jin X F, Wang D M). New York: Springer-Verlag, 1994. Translation of the 1984 Chinese edition.

[185] Wu W T. Mathematics Mechanization: Mechanical Geometry Theorem-Proving, Mechanical Geometry Problem-Solving, and Polynomial Equations-Solving (Mathematics and Its Applications, Volume 489, Hazewinkel M, ed). Beijing: Science Press, Dordrecht: Kluwer Academic Publishers, 2000.

[186] 吴文俊. 数学机械化研究回顾与展望. 系统科学与数学, 2008, 28(8): 898-904.

[187] 伍胜健. 数学分析. 北京: 北京大学出版社, 2009.

[188] 席文琦. 基于 Coq 的环和域理论基本框架形式化. 北京: 北京邮电大学, 2020.

[189] Xia B C, Yang L. Automated Inequality Proving and Discovering. Singapore: World Scientific Publishing Company, 2016.

[190] 项武义. 微积分大意. 北京: 高等教育出版社, 2014.

[191] 小平邦彦. 微积分入门. 裴东河译. 北京: 人民邮电出版社, 2019.

[192] 辛钦. 数学分析八讲. 王会林, 等译. 北京: 人民邮电出版社, 2015.

[193] 熊金城. 点集拓扑讲义. 4 版. 北京: 高等教育出版社, 2011.

[194] 徐森林, 薛春华. 数学分析. 北京: 清华大学出版社, 2005.

[195] 徐宗本. 从大学数学走向现代数学. 北京: 科学出版社, 2007.

[196] 严士健. 严士健简历. 2000(http://www.gerenjianli.com/Mingren/05/r1ebt0r4ct0s0s4.html).

[197] Yang L, Hou X R, Zeng Z B. A complete discrimination system for polynomials. Science in China, 1996, E-39(6): 628-646.

[198] 杨路, 夏壁灿. 不等式机器证明与自动发现. 北京: 科学出版社, 2008.

[199] 杨路, 郁文生. 常用基本不等式的机器证明. 智能系统学报, 2011, 6(5): 377-390.

[200] Yang L, Yu W S, Yuan R Y. Mechanical decision for a class of integral inequalities. Science in China, 2011, F-53(9): 1800-1815.

[201] 郁文生, 孙天宇, 付尧顺. 公理化集合论机器证明系统. 北京: 科学出版社, 2020.

[202] Yu Y. Computer proofs in group theory. Journal of Automated Reasoning, 1990, 6(3): 251-286.

[203] Yuan J, Yu W S. Formalization of modern algebra theory in Coq—Formal proof of the Rank-nulity theorem. Proceedings of 2018 China Intelligent Network of Things System Conference, 2018.

[204] 袁文俊. 实数基本定理的相互证明 (技术报告). 广州: 广州大学, 2005.

[205] 袁文俊, 邓小成. 实数连续性定理的教学研究. 广州大学学报 (自然科学版), 2005, 4(增刊): 1-3.

[206] Zankl H, Winkler S, Middeldorp A. Beyond polynomials and Peano arithmetic—automation of elementary and ordinal interpretations. Journal of Symbolic Computation, 2015, 69: 129-158.

[207] Zao X Y, Sun T Y, Fu Y S, et al. Formalization of general topology in Coq—A formal proof of Tychonoff's theorem. Proceedings of the 38th Chinese Control Conference, 2019: 2685-2691.

[208] 曾振柄, 王建林. 杨争峰, 小林英恒. 点集拓扑学之杨忠道定理的一个机械化证明. 中国科学: 数学, 2021, A-51(1): 257-288.

[209] Zermelo E. Collected Works (Volume I: Set Theory) (von Herausgegeben, Ebbinghaus H D, Kanamori A, ed). Berlin: Springer-Verlag, 2010.

[210] 张奠宙, 柴俊. 大学数学教学概说. 北京: 高等教育出版社, 2014.

[211] 张恭庆. 丁石孙老师. 2019(http://pkunews.pku.edu.cn/xwzh/2a13744718fa486999c8c58cc162eb7e.htm).

[212] 张禾瑞. 近世代数基础. 1978 年修订版. 北京: 人民教育出版社, 1978.

[213] 张锦文. 公理化集合论导论. 北京: 科学出版社, 1991.

[214] 张景中. 微积分学的初等化. 华中师范大学学报 (自然科学版), 2006, 40(4): 475-484, 487.

[215] 张景中. 定积分的公理化定义方法. 广州大学学报 (自然科学版), 2007, 6(6): 1-5.

[216] 张景中. 直来直去的微积分. 北京: 科学出版社, 2010.

[217] 张景中, 曹培生. 从数学教育到教育数学. 武汉: 湖北科学技术出版社, 2017.

[218] 张景中, 冯勇. 微积分基础的新视角. 中国科学, 2009, 39(2): 247-256.

[219] 张景中, 冯勇. 第三代的微积分. 自然杂志, 2010, 32(2): 67-71.

[220] 张景中, 李永彬. 几何定理机器证明三十年. 系统科学与数学, 2009, 29(9): 1155-1168.

[221] 张景中, 梁松新. 复系数多项式完全判别系统及其自动生成. 中国科学, 1999, E-29(1): 61-75.

[222] 张筑生. 数学分析新讲. 北京: 北京大学出版社, 2014.

[223] 郑建华. 数学分析教程 (预印本). 北京: 清华大学数学科学系, 2019.

[224] 郑维行, 王声望. 实变函数与泛函分析概要. 5 版. 北京: 高等教育出版社, 2019.

[225] 周民强. 数学分析. 北京: 科学出版社, 2014.

[226] 周运明, 尚德生. 数学分析. 北京: 科学出版社, 2008.

[227] Zorich V A. Mathematical Analysis. New York: Springer-Verlag, 2004.

[228] 邹应. 数学分析. 北京: 高等教育出版社, 1995.

附录 Coq 指令说明

为方便读者, 附录给出本书中涉及的所有 Coq 基本指令与术语的简要说明,
各指令的详细功能可参阅 [14, 35, 105, 148].

A.1 Coq 专用术语

Arguments	参数
Axiom	公理
Coercion	强制转换
Corollary	推论
Defined	定义结束
Definition	定义
End	模块结束
Export	导入多个库文件
Fixpoint	定义递归函数
Hint	证明策略管理命令
Hypothesis	假设
Implicit	声明隐式参数
Import	加载一个指定模块或库
Inductive	定义归纳类型
Lemma	引理
Let	局部定义
Ltac	集成策略命令
Module	开启一个模块
Notation	声明新符号

Open	打开辖域
Parameter	声明全局变量
Proposition	命题
Record	记录类型
Require	加载模块或库
Resolve	存储定理到库中
Rewrite	存储等式到库中
Scope	解释辖域
Search	搜索定理
SearchAbout	精确的搜索模式
Section	模块
Set	设定
Theorem	定理
Unfold	存储定义到库中
Variable	局部变量
Proof	开始证明
Qed	证毕

A.2 Coq 证明指令

absurd	将子目标转为证明某命题及其否命题均成立
apply	应用一个假设或定理
assert	声明一个新的子目标, 先证明后使用
associativity	声明符号的结合方向
assumption	遍历上下文寻找与结论一致的假设
auto	自动重复执行 intros, apply, assumption 等策略
autorewrite	根据重写库反复重写
binder	将变量绑定在函数表达式中

case	分情况讨论
clear	清除指定假设
compute	对表达式进行计算
constructor	寻找可以应用到解决当前目标的构造子
contradiction	寻找与 False 等价的假设, 并推出目标
cut	声明一个新的子目标, 先使用后证明
dependent	依赖参数
destruct	展开归纳类型定义或实例化存在量词
discriminate	通过矛盾式证明目标
eapply	不指定中间变量来完成 apply 功能
eauto	通过上下文推出目标中未指定的变量并完成 auto 功能
econstructor	不指定中间变量来完成 constructor 功能
elim	展开归纳类型定义或实例化存在量词, 放到目标的前提中
end	匹配模式结束
exists	存在量词
filed	同 ring, 但是可以使用在域上
forall	任意量词
format	声明符号表达式的格式
fun	函数
f_equal	将证明相同构造的等式转为证明对应变量相等
generalize	引入上下文中的假设到目标中
ident	标识符
induction	对表达式或变量进行归纳
intro	引入一个新的假设
intros	intro 的变体, 引入多个新的假设
inversion	推出假设中的矛盾式或得到该假设的单射构造子
left	当目标是析取式时, 得到析取式左边的目标
level	优先级

match	模式匹配
omega	对整数和自然数上的等式和不等式进行求解
pattern	选中被替换子项的位置集和要替换的子项
pose proof	将已经证明的命题放进假设中
proj1_sig	投射到 $\{x\|Px\}$ 的第一坐标
red	打开定义
reflexivity	对等式进行验证的自反策略
rename	对指定参数重新命名
repeat	无限重复一个策略直到失败或完全成功
rewrite	重写证明策略, 用等式的一边代替另一边
right	当目标是析取式时, 得到析取式右边的目标
set	给出某个命题或函数的代称, 等同于数学证明中的 "令"
simpl	对假设或目标进行规约化简
specialize	对假设中任意量词进行实例化
split	对目标中的并结构进行拆分
subst	寻找含有指定参数的等式, 将出现该参数的地方替换
symmetry	对等式左右两边的顺序进行调换
tauto	处理由合取、析取、否定和蕴涵构成的直觉逻辑公式的自动证明策略
trivial	只需一步可以实现的自动证明策略
try	尝试使用某种策略
type_scope	Type 类型辖域
unfold	展开一个定义

Prop	Prop 基本类型
Set	Set 基本类型
Type	Type 基本类型

@	定理名之前使用, 将该定理所有变量列出

as

at

do

in

into

now

with

A.3　集 成 策 略

```
(** Pre_Logic *)
Ltac Absurd := apply peirce; intros.

(** Nats *)
Ltac EGN H H1 := destruct (OrdN1 H H1).
Ltac ELN H H1 := destruct (OrdN2 H H1).
Ltac LGN H H1 := destruct (OrdN3 H H1).
Ltac LEGN H H1 := destruct (OrdN4 H H1).
Ltac GELN H H1 := destruct (OrdN5 H H1).
Ltac Simpl_N := autorewrite with Nat; auto.
Ltac Simpl_Nin H := autorewrite with Nat in H; auto.
Ltac N1F H := destruct (OrdN6 H).

(** frac *)
Ltac autoF := try apply Theorem37; try apply Theorem38; auto.
Ltac EGF H H1 := destruct (OrdF1 H H1).
Ltac ELF H H1 := destruct (OrdF2 H H1).
Ltac LGF H H1 := destruct (OrdF3 H H1).

Ltac exel X f H := destruct (Rat_Ne X) as [f H].
Ltac chan X f H := destruct (Ratp X) as [f H];
  apply eq1 in H; subst X.
Ltac autoPr := try apply Theorem79; try apply Theorem78; auto.
Ltac EGPr H H1 := destruct (OrdPr1 H H1).
Ltac ELPr H H1 := destruct (OrdPr2 H H1).
```

```
Ltac LGPr H H1 := destruct (OrdPr3 H H1).
Ltac chan1 H H2 := pose proof ((Theorem78 _) _ _ H H2).
Ltac Simpl_Pr := autorewrite with Prat; auto.
Ltac Simpl_Prin H := autorewrite with Prat in H; auto.


(** cuts *)
Ltac EGC H H1 := destruct (OrdC1 H H1).
Ltac ELC H H1 := destruct (OrdC2 H H1).
Ltac LGC H H1 := destruct (OrdC3 H H1).
Ltac EC X ξ H := destruct (ex_In_C ξ) as [X H].
Ltac ENC X ξ H := destruct (ex_NoIn_C ξ) as [X H].
Ltac Simpl_C := autorewrite with Cut; auto.
Ltac Simpl_Cin H := autorewrite with Cut in H; auto.


(** reals *)
Ltac EGR H H1 := destruct (OrdR1 H H1).
Ltac ELR H H1 := destruct (OrdR2 H H1).
Ltac LGR H H1 := destruct (OrdR3 H H1).
Ltac LEGR H H1 := destruct (OrdR4 H H1).
Ltac LEGER H H1 := pose proof (OrdR5 H H1).
Ltac Simpl_R := autorewrite with Real; auto.
Ltac Simpl_Rin H := autorewrite with Real in H; auto.


(** complex *)
Ltac Simpl_Cn := autorewrite with Cn; auto.
Ltac Simpl_Cnin H := autorewrite with Cn in H; auto.


(** A_4 *)
Ltac fo54 a H H0 a0 := unfold a; destruct Natord; [|LEGN H H0];
  unfold Getele; destruct (ex_trans), a0; simpl proj1_sig.


(** A_5 *)
Ltac mdg1 f := unfold mjie, Getele;
  destruct (ex_trans) as [f ]; simpl proj1_sig.
Ltac mdh1 f H := unfold mjie, Getele in H;
  destruct (ex_trans) as [f ]; simpl proj1_sig in H.
Ltac kdg1 f := unfold kjie, Getele;
  destruct (ex_trans) as [f ]; simpl proj1_sig.
Ltac kdh1 f H := unfold kjie, Getele in H;
  destruct (ex_trans) as [f ]; simpl proj1_sig in H.
Ltac ndg1 f := unfold njie, Getele;
  destruct (ex_trans) as [f ]; simpl proj1_sig.
```

```
Ltac ndh1 f H := unfold njie, Getele in H;
  destruct (ex_trans) as [f ]; simpl proj1_sig in H.
Ltac ndh2 f H H0 := unfold njie, Getele in H, H0;
  destruct (ex_trans) as [f ]; simpl proj1_sig in H, H0.
Ltac ndg2 f l1 f1 := unfold njie, Getele;
  destruct (ex_trans l1) as [f], ex_trans as [f1]; simpl proj1_sig.
Ltac pdg1 f := unfold pjie, Getele;
  destruct (ex_trans) as [f ]; simpl proj1_sig.
Ltac pdg2 f l1 f1 := unfold pjie, Getele;
  destruct (ex_trans l1) as [f], ex_trans as [f1]; simpl proj1_sig.
```

索　引